教育部高等学校材料类专业教学指导委员会规划教材

国家级一流本科课程教材

国家精品在线开放课程配套教材

材料工程基础

（第2版）

文进 主编

FUNDAMENTALS OF MATERIALS ENGINEERING

化学工业出版社

·北京·

内容简介

《材料工程基础》（第2版）以材料制备与加工过程中涉及的工程基础理论为主线，从工程研究方法、工程基础理论和工程理论应用等方面介绍材料工程领域相关的基本理论及其应用。主要内容包括量纲分析理论与相似理论、流体力学基础、传热学基础、质量传递原理、物料干燥、燃料及其燃烧。

书中增加了对重点和难点的微视频讲解，可扫码学习。

教材注重各部分内容之间的逻辑性和整体性，加强对解决实际工程问题的研究分析方法的介绍。

本教材可作为高等学校材料类各专业的本科和研究生教学用书，以及相关学科专业的参考书，也可供材料类工业领域中从事科研、生产的工程技术人员参考。

图书在版编目（CIP）数据

材料工程基础 / 文进主编. -- 2版. -- 北京：化学工业出版社，2024. 9. -- (教育部高等学校材料类专业教学指导委员会规划教材). -- ISBN 978-7-122-45923-7

Ⅰ. TB3

中国国家版本馆 CIP 数据核字第 20246K77J3 号

责任编辑：陶艳玲
责任校对：王　静　　装帧设计：史利平

出版发行：化学工业出版社
(北京市东城区青年湖南街 13 号　邮政编码 100011)
印　　装：河北延风印务有限公司
787mm×1092mm　1/16　印张 21½　字数 529 千字
2024 年 9 月北京第 2 版第 1 次印刷

购书咨询：010-64518888　　售后服务：010-64518899
网　　址：http://www.cip.com.cn
凡购买本书，如有缺损质量问题，本社销售中心负责调换。

定　　价：59.00 元

前言

《材料工程基础》第一版自 2016 年发行以来，承蒙国内广大同行和读者的厚爱，先后印刷多次。本书 2018 年荣获中国石油和化学工业优秀出版物奖·教材奖二等奖。同时，本书作为“材料工程基础”国家精品在线开放课程及国家级一流本科课程（线上一流课程）的配套教材，受到大家的广泛关注，2022 年入选教育部高等学校材料类专业教学指导委员会规划教材进行建设。

在教材建设中，以立德树人的教育目标，着力培养价值为先、能力为重、知识为基的创新人才，使其能够很好地适应时代和未来变化。为此，结合以学生为中心的教育理念，吸纳第一版发行以来同行们提出的有价值的建议，完善在教学实践中发现的一些不足之处，对教材进行修订。

第二版在保持第一版体系和特点的基础上，力求关注学生的学习体验，把教材内容与信息化技术结合，同时体现能力培养的要求。在教材内容上重点修改了 1.2.3 节量纲的和谐性和完整性、1.4 节模型研究方法、2.3 节中的恒定气流能量方程、3.2.2 节导热微分方程。把拓展和加深的内容以“* ”进行标注，以便读者根据不同的学习要求进行选择。对原来的习题进行修改和更新，增加了习题答案；同时增加了以客观题为主的练习题，为学生的自主学习提供支持，培养学生利用理论知识解决和分析问题的能力。

为更好地满足读者的学习需求，以二维码的形式，对教材内容中的重点和难点增加了微视频讲解，以帮助读者更好地理解内容。

本书由武汉理工大学文进任主编，谢峻林和朱明参加编写。第 1 章由朱明编写，第 2~ 5 章由文进编写，第 6 章由谢峻林编写。第 2 版修改主要由文进进行。

由于编者学识所限，书中难免有疏漏和不足之处，敬请读者批评指正。

编者

2024 年 5 月

第1版前言

对材料制备与加工过程的研究是材料研究领域的一个主要方面。材料在制备与加工过程中要经过许多的物理和化学过程。不同材料由于其结构、性质及工艺要求的不同，制备与加工过程由各自不同的单元操作过程组成。但是，无论哪种材料，其不同生产过程均需要遵循共同的工程原理，包括流体流动（动量传递）、热量传递、质量传递等。围绕着材料制备与加工过程中涉及的基本理论和基本知识，探讨需要解决的基本问题，是材料工程领域的主要任务。

“材料工程基础”是材料科学与工程专业及相关专业的课程体系中一门重要的基础课程。教材以材料工程共性基础理论为主线，从工程研究方法、工程基础理论和工程理论应用等方面介绍材料工程领域相关基本理论及其应用。主要内容包括量纲分析及相似理论、流体流动基本原理及流体输送机械、热量传递原理及其应用、质量传递原理、物料干燥原理及技术、燃料及其燃烧过程与技术。

教材对工程研究方法的基础——量纲分析及相似理论进行了较系统地介绍，同时对动量传递、热量传递和质量传递的共性进行分析，不仅体现了教材中各部分内容之间的逻辑性和整体性，也有利于学习者理解和掌握实际工程中的单元操作的规律。在此基础上，通过实际应用例子，加强学习者分析与解决工程问题的能力，增强工程意识。

本书由武汉理工大学文进任主编，武汉理工大学谢峻林和朱明参加编写。第 1 章由朱明编写，第 2~ 5 章由文进编写，第 6 章由谢峻林编写。

教材可作为材料科学与工程一级学科专业及其相应的二级学科专业的本科教学用书，以及相关学科专业的参考书，也可供材料类工业领域中从事科研、生产的工程技术人员参考。

由于水平有限，书中不完善之处在所难免，敬请同仁和读者批评指正，以使本教材日臻完善。

编者

2016 年 3 月

《材料工程基础》(第2版)教材配套线上资源说明

《材料工程基础》（第2版）教材为国家精品在线开放课程及国家级一流本科课程（线上一流课程）的配套教材。

“材料工程基础”的慕课课程于2017年3月在“中国大学MOOC”平台上线运行，2018年被认定为国家精品在线开放课程。慕课课程的内容与教材对应，包括：量纲分析理论与相似原理、流体力学基础、传热学基础、质量传递原理、物料干燥和燃料及其燃烧六个部分内容。为满足信息化时代学生的碎片化学习要求，按照知识点对课程教学资源进行整理，满足学生自主学习的需要。

“材料工程基础”慕课课程教学资源包括教学视频、教学课件PPT、讨论题、单元测验、作业和期末考试题6个方面的资源。慕课课程一共58讲，针对细分的知识点一共有139个教学视频，每一讲的教学内容对应有PPT课件和讨论题，通过讨论题帮助学生理解知识点的内涵及其应用。对每个章节设计有单元测验和综合训练的作业，一共215道测验题。课程学习结束，设计有课程期末考试。在MOOC平台上设有课程交流区和老师答疑区，课程团队随时与学生进行在线交流，帮助学生解决课程学习中的问题，为学生营造良好网络学习环境。“材料工程基础”的慕课同时也为教师的课程教学提供有价值的参考。

《材料工程基础》（第2版）精选了部分MOOC视频，以二维码形式嵌入本教材，以方便读者随时理解书中重难点。

“材料工程基础” MOOC二维码

目 录

第1章 量纲分析理论与相似原理

第2章 流体力学基础

第4章　质量传递原理

第5章 物料干燥

第6章 燃料及其燃烧

附录

参考文献

第1章

量纲分析理论与相似原理

1.1 引言

面对自然界和工程技术领域中存在的大量物理现象以及复杂的化学-物理过程，通常采用理论分析方法、数值计算方法和实验方法对各种现象进行研究。这些研究方法的有机结合可以有效解决工程实际中出现的大量复杂问题。

（1）理论分析方法

理论分析方法是运用基本物理概念、定律和数学工具对具体问题进行定量分析，以得到定量的结论。这种方法的主要步骤可概括为：①通过实验和观察对现象的性质及特性进行分析，确定主要影响因素和次要因素，设计出合理的理论模型；②利用物理学上的普遍规律（例如质量守恒定律、动量定理、能量守恒定律和热力学定律等），建立描述现象的方程；③利用各种数学工具，求解出方程；④对方程的解进行分析，揭示现象规律，并将其与实验或观察结果进行比较，以确定解的准确度和适用范围。

理论分析方法过程严谨，结论准确。但是对于某些复杂的实际工程问题，目前无法直接采用理论分析方法进行求解。

（2）实验研究方法

通过一定的测试技术对现象进行观测和研究，从中发现并确立支配所研究现象的规律。实验研究方法的一般步骤为：①对所给定的问题，分析影响因素，确定主要影响因素；②制订实验方案并进行实验；③整理和分析实验结果，得到所研究现象的规律；④对现象规律进行验证，并解释数据分析的结果，提出研究结论。

实验研究方法能够直接解决生产中的复杂问题，其结果可以作为检验其他方法是否正确的依据。任何实验都是在一定条件下进行的，所得的实验结果并不都具有普适性。实际工程中的一些问题，在实验室内进行研究有一定困难，或者无法直接进行实验研究，只能采用数值计算方法以及其他的方法进行研究。

（3）数值计算方法

在科学研究和工程技术中面对不同数学模型要用到各种计算方法，数值计算方法是一种研究并解决数学问题的数值近似解方法。这种方法的主要步骤是：①依据理论分析的结果确定数学模型及其边界条件；②选用适当的计算方法；③编制程序，进行具体计算；④对计算结果进行分析、比较以确定计算的精确度。

随着计算机技术的发展，一些原来不能用解析方法求解的问题得到解决，它是理论分析方法的延伸和拓宽。特别是在某些无法进行实验或实验耗费巨大的工程领域，数值计算方法体现了其优越性。但是数值计算方法的数学模型必须以理论分析和实验研究为基础，而且往往难以包括所有的物理特性。

综上所述，理论分析方法、实验研究方法和数值计算方法这三种方法各有利弊，在研究过程中，可以互相补充、取长补短。用理论分析来指导实验研究和数值计算，使其进行得更有成效，少出偏差。通过实验研究对理论分析和数值计算的正确性与可靠性进行检验，提供建立理论模型的依据。数值计算则可以弥补理论分析和实验方法的不足，对复杂问题快速开展有效的研究。

对于许多的复杂工程问题，由于描述现象或过程的基础方程在数学求解上存在困难，单凭数学分析方法难以得到实用的结果；一些现象或过程是因为人们对其本质了解不深入，还难以用方程进行描述，需要借助于实验。因此，必须应用定性理论分析方法和实验研究方法结合，对问题进行分析与研究。在有限的实验次数内，获得具有通用性的规律。量纲分析和相似原理为科学地组织实验及整理实验结果提供理论依据和指导。

当所研究的现象影响因素很复杂，人们不得不借助模型实验时，就提出了模型现象与原型现象的相似问题，以及如何把模型实验的成果推广并应用到实际过程中等一系列的问题。相似理论是关于现象相似的基本原理，确定了相似现象之间存在着的相似关系，是进行模型实验的理论基础。量纲分析理论或称作量纲分析方法，是研究物理量的量纲之间固有联系的理论。它通过研究决定现象的各参量的量纲，建立物理量之间的关系。利用量纲分析和相似原理，可以得到有助于进行实验设计的相似准则，为有效完成模型实验提供可靠依据。在流体力学、弹性力学、传热学以及燃烧动力学等领域的研究中，量纲分析和相似原理都是重要的工具。随着人们研究各类物理现象越来越复杂，量纲分析与相似理论在解决工程实际问题中成为有力工具，应用领域也在不断扩大。

本章将对量纲分析和相似原理的基本概念、基本理论和实际应用进行扼要介绍，重点介绍获得相似准则的若干方法。

1.2 量纲分析原理

1.2.1 物理量的单位与量纲

1.2.1.1 物理量的单位和单位制度

描述现象或物体可定量测量的属性称为物理量，如质量、密度、温度、速度、压强等，在使用时不仅要给出数值，还要标明计量单位。显然，给描述自然现象的每个物理量都赋予一个独立的、与其他物理量没有任何联系的单位会是烦琐的，也是没有必要的。事实上，自然界中的各种现象总是相互联系的，各种物理量通过一定的物理定理发生联系。为了便于应用，约定选取某些彼此独立的物理量作为基本物理量，并规定它们的量度单位。基本物理量所采用的量度单位称为物理量的基本量度单位，简称为基本单位。由基本量通过物理关系导出的量称为导出量，导出物理量的量度单位以基本物理的量度单位为基础，根据其自身的物理意义，由相关基本单位组合而成。这种组合单位称为导出单位。

由于基本物理量和基本物理量的量度单位的选取是人为的，并具有一定的任意性，这样便形成了不同的单位制度。由确定的一组基本物理量、基本物理量的量度单位以及根据定义方程式而确定的导出单位，所构成的单位体系称为单位制度。显然选取的基本物理量不同，基本单位不同，单位制度也就不同。

对于力学问题，只需选三个量纲独立的基本物理量并确定其量度单位，通过力学定律就可以对所有的力学问题进行表述。通常取长度、质量和时间为基本物理量，以厘米(cm)、克(g)和秒(s)作为基本单位的单位制度称为厘米·克·秒制(CGS制)。以米(m)、千克(kg)和秒(s)作为基本单位的单位制度称为米·千克·秒制(MKS制)。若取长度、力和时间为基本物理量，用米(m)、千克力(kgf)和秒(s)作为基本量度单位，则形成工程单位制。

1960年第十一届国际计量大会通过并建立了一种科学、简单并适用的计量单位制——国际单位制，简称为SI制。SI制是一种完整的单位制，它包括了所有领域中的计量单位，具有通用性和一贯性。目前SI制是世界上公认的先进、科学的单位制，也是我国的法定计量单位。本教材中主要采用国际单位制，为了方便应用，对一些工程中常用的其他单位制的单位、非法定计量单位也会进行相应的说明。

在国际单位制（SI制）中确定了七个基本单位和两个辅助单位，表1-1中列出了SI制中各个基本物理量及相应的单位。

表1-1　国际单位制（SI制）的基本物理量和量度单位

量的名称		单位名称	单位代号
基本量的名称	长度	米	m
	质量	千克(公斤)	kg
	时间	秒	s
	电流(强度)	安培	A
	温度	开尔文	K
	光强	坎得拉	cd
	物质的量	摩尔	mol
辅助量的名称	平面角	弧度	rad
	立体角	球面度	Sr

1.2.1.2　量纲的概念

（1）物理量的量纲

每个物理量都有数量大小和种类上的差别，根据物理量性质不同而划分的类别就是物理量的量纲。量度物理量数值大小的标准就是单位。“量纲”一词在英语中用“dimension”表示，有“尺寸”“维”和“元”等含义。量纲通常定义为以某单位制中基本量的幂积形式表示单位制中一个物理量的表达式，表示物理量的实质。在量纲分析中，量纲可以定性地确定量之间的关系。

一般来说，在选定足够的基本物理量之后，任何物理量都可以根据物理定义或物理定律用基本物理量表示出来。通过基本物理量（基本量纲）去表示某一物理量的式子就称为该物理量的量纲。物理量的量纲有基本量纲和导出量纲。某一单位制中的基本物理量用来确定某一体系特点和本质时，该单位制的基本物理量为基本量纲。基本物理量的量纲为其本身，均用相应的大写字母表示。例如国际单位制中的七个基本物理量的量纲分别为：长度（L）、质量（M）、时间（T）、温度（Θ）、电流（I）、物质的量（N）、发光强度（J）。由基本物理量根据物理关系导出的那些物理量的量纲就被称为导出量纲。

按照国际标准，物理量 Q 的量纲记为 dim$Q$，国际物理学界习惯沿用［Q］表示。

$$[Q]=\mathrm{M}^a\,\mathrm{L}^b\,\mathrm{T}^c\,\Theta^d \tag{1-1}$$

式（1-1）称为物理量 Q 的量纲表达式，式中指数 a、b、c 和 d 称为量纲指数。

例如，速度 v 和密度 ρ 的量纲分别可以表示为：

$$[v]=\mathrm{LT}^{-1},[\rho]=\mathrm{ML}^{-3}$$

以上两个量纲表达式能够确定地反映速度和密度这两个物理量的实质。

量纲表达式

只有在确定的单位制中才有确定物理量的量纲。同一个物理量在不同的单位制中可能具有不同的量纲。例如在 SI 制、CGS 制和 MKS 制中，力的量纲都是 MLT^{-2}。在工程单位制中，力的量纲是 F。造成这一差别的原因在于不同单位制中基本物理量的不同。

物理量的单位和量纲有着密切的联系，又有一定的区别。单位是量纲的基础，物理量的单位与量纲之间存在一定的对应关系。量纲只是涉及物理量的特点和性质，是对物理本质即内在关系的表述。单位除指明物理量性质外，还涉及物理量数值的大小。量纲是物理量“质”的表征，单位是物理量“量”的量度。物理量的量纲与量度单位无关。采用不同的测量单位，只会改变物理量的数值，但是不会改变物理量的性质。量纲比单位更具有普遍性。一个物理量的单位可以有多种，对某一量纲体系，量纲只能有一个。常用物理量的量纲见表 1-2。

表 1-2　常用物理量量纲（SI 制）

物理量	量纲	单位
质量	M	千克，kg
时间	T	秒，s
长度	L	米，m
热力学温度	Θ	开（尔文），K
角度	$\mathrm{M}^0\mathrm{L}^0\mathrm{T}^0$	径，弧度，rad
面积	L^2	平方米，m^2
体积	L^3	立方米，m^3
线速度	LT^{-1}	米/秒，m/s
角速度	T^{-1}	径/秒，弧度/秒，rad/s
线加速度	LT^{-2}	米/秒^2，$\mathrm{m/s}^2$
体积流量	$\mathrm{L}^3\mathrm{T}^{-1}$	米^3/秒，m^3/s
力	MLT^{-2}	牛（顿），N

续表

物理量	量纲	单位
力矩	ML^2T^{-2}	牛·米,焦耳,N·m,J
密度	ML^{-3}	千克/米^3,kg/m^3
压强	$ML^{-1}T^{-2}$	牛顿/米^2 或帕,N/m^2,Pa
体积弹性模量	$ML^{-1}T^{-2}$	牛顿/米^2 或帕,N/m^2,Pa
动量	MLT^{-1}	千克·米/秒,kg·m/s
动量矩	ML^2T^{-1}	千克·米^2/秒,kg·m^2/s
功、能量、热量	ML^2T^{-2}	焦(耳),J
功率	ML^2T^{-3}	瓦(特),W
动力黏性系数	$ML^{-1}T^{-1}$	帕·秒,Pa·s
运动黏性系数	L^2T^{-1}	米^2/秒,m^2/s
表面张力系数	MT^{-2}	牛顿/米,N/m
气体常数(R),比热容	$L^2T^{-2}\Theta^{-1}$	焦耳/(千克·开),J/(kg·K)

在对实际问题的研究过程中，量纲的应用有重要的意义。所有的物理量都具有一定的量纲，因此，量纲可以反映出各个相关物理量之间的本质关系。任何学科领域中的规律、定律都是通过各个相关量的函数关系式表达，即通过一组选定的基本量以及导出量来表示，以量纲之间关系式进行体现。

（2）无量纲量

当物理量的量纲表达式中各个量纲指数均为零时，该物理量是无量纲量。当量纲指数 $a=b=c=d=0$，则$[Q]=M^0L^0T^0\Theta^0$，物理量 Q 为无量纲量。

一个物理量是有量纲量还是无量纲量是一个相对的概念，与所选用的量度单位有密切的关系。

例如，几何图形中的平面角可以用度和弧度来量度，这时平面角就是有量纲量。当把角定义为它所张圆弧的弧长与半径之比，则这时平面角就是无量纲量。

无量纲量可由两个具有相同量纲的物理量相比得到，如线应变 $\varepsilon=\Delta L/L$。也可以由两个有量纲物理量通过乘除组合，使组合量的量纲指数为零。例如，

$$[Re]=\left[\frac{\rho vd}{\mu}\right]=\frac{LT^{-1}\times L\times ML^{-3}}{ML^{-1}T^{-1}}=M^0L^0T^0$$

Re 数是由 3 个有量纲量组合得到的无量纲量，关于 Re 数的物理意义将在后面进行详细讨论。

根据无量纲量的定义和构成，无量纲量具有以下特点：

① 客观性　凡是有量纲的物理量都有单位。同一物理量因选取的度量单位不同，数值不同。如果用有量纲的物理量作为自变量，由此得到的方程中因变量的数值将会随着选取单位的不同而不同。如果把方程各项物理量组合成无量纲量，方程的求解结果不受度量单位变化的影响。从这个意义上，由无量纲量组成的方程式是真正客观的方程式。

② 不受运动规模的影响　无量纲量是纯数，数值大小与度量单位无关，也不受运动规模的影响。规模大小不同的运动，如果两者是相似的运动，则相应的无量纲数相同。

③ 可进行超越函数的运算　由于有量纲量之间只能进行简单的代数运算，对数、指数和三角函数等超越函数的运算往往是对无量纲量来讲的。经过无量纲化的无量纲量可以解析

这些函数的运算。

1.2.1.3 量纲表达式

根据物理量的性质、定义或定律用基本物理量的量纲表示该物理量的量纲式称为物理量的量纲表达式，量纲表达式是导出物理量的扼要定义及物理本质的表征。

写出物理量的量纲表达式的量纲分析的基础。量纲表达式的导出方法可根据物理量的性能或定义，直接写出物理量的量纲表达式。如，面积的量纲为 L^2；体积的量纲为 L^3；速度的定义式为 $v=l/\tau$，其量纲表达式为 LT^{-1}。也可以根据物理定律来导出物理量的量纲。例如，根据牛顿第二定律，$F=ma$，则有 $[F]=MLT^{-2}$。

在不同的量度单位制中，同一个物理量的量纲表达式中可以包含不同数目的基本量纲，也可能具有不同的形式。在国际单位制中，任意一个物理量的量纲表达式都可以用相关物理量的幂积单项式表示。假定物理量 y 是物理量 x_1，x_2，…，x_k 的一个函数，即 $y=f(x_1,x_2,\cdots,x_k)$，则可以写出，

$$[y]=[x_1]^{a_1}[x_2]^{a_2}[x_3]^{a_3}\cdots[x_k]^{a_k} \tag{1-2}$$

对函数 $y=f(x_1,x_2,\cdots,x_n)$，有以下公理：

【公理 1】 任一个物理量的量纲都可由基本量纲的指数幂乘积表示，即

$$[y]=A_1^{\alpha}A_2^{\beta}\cdots A_k^{\gamma} \tag{1-3}$$

式中，y 为任一物理量；A_1，A_2，…，A_k 为基本物理量的量纲；α、β、γ，称为量纲指数为有理数。

【公理 2】 量纲不独立量可由量纲独立量的指数幂乘积表示。

对函数 $y=f(x_1,x_2,\cdots,x_k,x_{k+1},x_{k+2},\cdots,x_n)$，如果 k 个物理量是量纲独立量，则 $n-k$ 个物理量的量纲可以用 k 个量纲独立量的指数幂乘积表示，即

$$\left.\begin{aligned}
&[x_{k+1}]=[x_1]^{\alpha_1}[x_2]^{\alpha_2}[x_3]^{\alpha_3}\cdots[x_k]^{\alpha_k}\\
&[x_{k+2}]=[x_1]^{\beta_1}[x_2]^{\beta_2}[x_3]^{\beta_3}\cdots[x_k]^{\beta_k}\\
&\qquad\vdots\\
&[x_n]=[x_1]^{\gamma_1}[x_2]^{\gamma_2}[x_3]^{\gamma_3}\cdots[x_k]^{\gamma_k}
\end{aligned}\right\} \tag{1-4}$$

【公理 3】 物理方程中各项的量纲相同且与度量单位无关。

凡各项量纲相同且与度量单位无关的方程，称为量纲齐次性方程，即量纲和谐方程。

1.2.2 物理量间函数关系的结构和 π 定理

1.2.2.1 物理量的量纲独立

对于 k 个物理量，其中任一个物理量的量纲均不能用其他物理量的量纲组合来表示，则称 k 个物理量的量纲独立。例如长度的量纲 L、速度的量纲 LT^{-1} 和能量的量纲 ML^2T^{-2}，这 3 个物理量中任一个物理量的量纲都不可能通过其他 2 个物理量的量

纲组合来表示，它们的量纲是独立的。长度的量纲 L、速度的量纲 LT^{-1} 和加速度的量纲 LT^{-2}，这 3 个物理量的量纲是不独立的。

如何判断物理量的量纲是否独立，以下面例子进行说明。

假设物理量 R 的表达式为，$R=a^x b^y c^z$，如果确定出指数 x、y 和 z 的值，使物理量 R 成为无量纲量，则物理量 a、b 和 c 之间的量纲是不独立。这时，只要确定 a、b 和 c 中的任意 2 个量，第三个量也就确定了。

假设物理量 a、b 和 c 的量纲分别为：

$$[a]=M^{\alpha_1}L^{\beta_1}T^{\gamma_1}$$
$$[b]=M^{\alpha_2}L^{\beta_2}T^{\gamma_2}$$
$$[c]=M^{\alpha_3}L^{\beta_3}T^{\gamma_3}$$

则，$(M^{\alpha_1}L^{\beta_1}T^{\gamma_1})^x(M^{\alpha_2}L^{\beta_2}T^{\gamma_2})^y(M^{\alpha_3}L^{\beta_3}T^{\gamma_3})^z=[R]$

要使物理量 R 成为无量纲量，必须满足，$[R]=M^0L^0T^0$

即是必须满足

$$M^{\alpha_1 x+\alpha_2 y+\alpha_3 z}L^{\beta_1 x+\beta_2 y+\beta_3 z}T^{\gamma_1 x+\gamma_2 y+\gamma_3 z}=M^0L^0T^0$$

$$\left.\begin{aligned}\alpha_1 x+\alpha_2 y+\alpha_3 z=0\\ \beta_1 x+\beta_2 y+\beta_3 z=0\\ \gamma_1 x+\gamma_2 y+\gamma_3 z=0\end{aligned}\right\}$$

根据齐次方程的性质可知，只有当

$$\Delta=\begin{vmatrix}\alpha_1 & \alpha_2 & \alpha_3\\ \beta_1 & \beta_2 & \beta_3\\ \gamma_1 & \gamma_2 & \gamma_3\end{vmatrix}\neq 0$$

物理量 a、b 和 c 为具有彼此独立量纲的物理量。

1.2.2.2 π 定理

根据理论分析或模型实验建立的各物理量之间的函数关系，其物理量的数值依赖于所采用的量度单位。因此，为了使描述物理现象的函数关系不受度量单位选择的影响，则要求用来描述与量度单位无关的物理现象的函数关系应具有某种特殊的结构形式。

设所研究现象的函数关系是有量纲的物理量 x_1，x_2，…，x_n 的函数，即

$$f(x_1,x_2,\cdots,x_n)=0 \tag{1-5}$$

其中在物理量 x_1，x_2，…，x_n 中的 k 个物理量（$k\leqslant n$）的量纲是彼此独立的（基本量纲的数目应当大于或等于 k），即 k 个量中的任何一个量的量纲都不能表示为其他各物理量量纲的幂积单项式形式。

假定 k 是 n 个参量中量纲独立参量的最大数目，则其余的物理量 x_{k+1}，x_{k+2}，…，x_n 的量纲可以通过量纲独立参量 x_1，x_2，…，x_k 的量纲组合表示出来。

如果 k 个量纲独立量的量纲写为$[x_1]$，$[x_2]$，…，$[x_k]$，取 x_1、$x_2\cdots x_k$ 为重复变量，

则根据公理 2，其余 $n-k$ 个物理量的量纲可表示为

$$\left.\begin{aligned}[x_{k+1}]&=[x_1]^{\alpha_1}[x_2]^{\alpha_2}\cdots[x_k]^{\alpha_k}\\ [x_{k+2}]&=[x_1]^{\beta_1}[x_2]^{\beta_2}\cdots[x_k]^{\beta_k}\\ &\vdots\\ [x_n]&=[x_1]^{\gamma_1}[x_2]^{\gamma_2}\cdots[x_k]^{\gamma_k}\end{aligned}\right. \tag{1-6}$$

其中方程组中指数 α_1，α_2，…，α_k；β_1，β_2，…，β_k；γ_1，γ_2，…，γ_k 均为无量纲数。

由式(1-6) 可以得到

$$\left.\begin{aligned}\left[\frac{x_{k+1}}{x_1^{\alpha_1}x_2^{\alpha_2}\cdots x_k^{\alpha_k}}\right]&=1\\ \left[\frac{x_{k+2}}{x_1^{\beta_1}x_2^{\beta_2}\cdots x_k^{\beta_k}}\right]&=1\\ &\vdots\\ \left[\frac{x_n}{x_1^{\gamma_1}x_2^{\gamma_2}\cdots x_k^{\gamma_k}}\right]&=1\end{aligned}\right\} \tag{1-7}$$

从前面讲述中可知，如两个物理量的量纲的比值为 1，则两物理量之比为无量纲量。用 π 表示无量纲量，有

$$\left.\begin{aligned}\pi_1&=\frac{x_n}{x_1^{\alpha_1}x_2^{\alpha_2}\cdots x_k^{\alpha_k}}\\ \pi_2&=\frac{x_{k+2}}{x_1^{\beta_1}x_2^{\beta_2}\cdots x_k^{\beta_k}}\\ &\vdots\\ \pi_{n-k}&=\frac{x_n}{x_1^{\gamma_1}x_2^{\gamma_2}\cdots x_k^{\gamma_k}}\end{aligned}\right\} \tag{1-8}$$

这样，把函数关系 $f(x_1,x_2,\cdots,x_n)=0$ 中量纲不独立的物理量 x_{k+1}，x_{k+2}，…，x_n 用量纲独立的物理量 x_1，x_2，…，x_k 组成的若干个无量纲量来表示。

对于具有独立量纲的物理量 x_1，x_2，…，x_k 同样可以写成

$$\left.\begin{aligned}\left[\frac{x_1}{x_1^{1}x_2^{0}\cdots x_k^{0}}\right]&=1\\ \left[\frac{x_2}{x_1^{0}x_2^{1}\cdots x_k^{0}}\right]&=1\\ &\vdots\\ \left[\frac{x_k}{x_1^{0}x_2^{0}\cdots x_k^{1}}\right]&=1\end{aligned}\right\} \tag{1-9}$$

经过处理后，式(1-9) 中各个表达式，不仅量纲为 1，而且数值也等于 1。经过上述各项变换后，式(1-5) 可变为

$$f(1,1,\cdots,1,\pi_1,\pi_2,\cdots,\pi_{n-k})=0$$

简化为，

$$f(\pi_1,\pi_2,\cdots,\pi_{n-k})=0 \tag{1-10}$$

式(1-10) 表明，参与现象或过程的 n 个有量纲物理量 x_1，x_2，…，x_n，如果其中 k 个物理量是量纲独立的，则描述现象的函数关系式 $f(x_1,x_2,\cdots,x_n)=0$ 可简化为由 n 个有量纲量组合而成的 $n-k$ 个无量纲量 π，π_1，…，π_{n-k} 之间的关系函数式，即无量纲方程。这就是著名的 π 定理，也叫白金汉（E. Buckingham）定理。显然，函数关系式(1-10) 与单位制的选择无关，式中 π 是由有量纲量构成的无量纲组合或称为无量纲乘积。当 $k\leqslant n$，π 的数目为 $n-k$。

一般地，参量的数目越少，函数关系式就越简单。如果基本物理量的数目等于独立参量数目，利用量纲分析可以得到无量纲乘积之间的函数关系，这时，只需要通过实验或理论分析确定待定的常数因子，即可以得到精确的函数表达式。例如，函数关系式中 $y=cx_1^{m_1}x_2^{m_2}\cdots x_n^{m_n}$，指数 m_1，m_2，…，m_n 由通过量纲分析确定，无量纲常数 c 则由实验或相应的理论分析确定。

当 $n=k$ 时，所有参量的量纲独立，则参量 x_1，x_2，…，x_n 不能组成无量纲组合。

π 定理是量纲分析理论的基础，它在各种实验定律的发展上起着重要的作用。但是在实际应用过程中会存在一些制约。首先，如何确定描述现象或过程的相关物理量，并判断哪些是主要参量。特别是对于一些复杂的现象或过程，还不甚了解其规律和本质。参量的过多、过少或是误判都会影响分析结果。其次，就是如何决定作为重复变量的物理量。当重复变量的选取不同时，所得到的无量纲组合 π 的集合亦不同，会得到不同的函数关系。

1.2.3 量纲的和谐性和完整性

1.2.3.1 量纲和谐性

有物理意义的代数表达式或根据物理规律建立的完整的物理方程是量纲和谐的，这就是量纲和谐性原则。量纲和谐性原则也称为量纲一致性原则，它表明一个完整的物理方程中所有项的量纲都是相同的，同名物理量应采用同一种单位。

方程式中各项的量纲和谐是从所研究物理量的物理意义进行考察，而方程式的齐次性是从数学概念上进行表达，二者是一致的。只有方程式中各项量纲和谐，才能满足数学齐次性的条件。相反，只有方程式具有数学齐次性，才是物理上量纲和谐的完整方程式。因此量纲的和谐性也称为量纲的齐次性。

一个方程式量纲上和谐的一个必要条件就是它可以化为无量纲量之间的方程。因此，量纲和谐的物理方程的形式与基本量度单位的选择无关。例如，根据单摆摆动周期方程 $T=2\pi\sqrt{l/g}$，不管长度是采用米、英尺或公里，时间是采用秒、分还是小时，结果都是不变的。

只有量纲和谐的方程才可能是完整的物理方程，因此，应用量纲一致性原则可以检验导出的物理方程的正确性。同时，量纲一致性原则也是求取无量纲组合的重要理论基础，在量纲分析理论中有着十分重要的作用。

一般情况下，除非知道导出的物理方程已经包含了支配现象的所有参量，否则不能断言

一个未知方程是量纲和谐的。例如在研究水流中的球体上曳力问题时，鉴于水的密度和黏滞性在常温常压时的数值为常数，认为密度和黏度可以不考虑，则此时的曳力方程形式即为 $F=f(v, d)$。显然，由此函数关系不可能建立量纲和谐的方程式，因为速度 v 和球径 d 中不包含力或质量的量纲。事实上，水流中的球体曳力不仅与水的密度、黏度有关，还与重力加速度 g 有关。

由此可见，在对问题进行量纲分析时，首先要确定哪些参量与研究的现象相关。如果引入某些与现象无关的参量，在方程中会出现多余的项。相反，如果影响现象的参量被遗漏，则可能导致方程的不完全或错误。由此参量的确定在量纲分析是一个至关重要的问题。

从前面叙述可以看到，密度、黏度这些物理常数往往是支配现象的重要因素。因此，在决定描述现象的参数时，不能忽略物理常数，需要考虑它们对现象的影响。

1.2.3.2 无量纲乘积的完整集合

如果总参量数为 n 个的函数关系式 $f(x_1, x_2, \cdots, x_n)=0$ 中有 k 个基本量（$k \leqslant n$），根据 π 定理，则此函数关系可简化为 $n-k$ 个无量纲乘积 π 之间的函数关系，且这 $n-k$ 个无量纲乘积就是该函数无量纲乘积 π 的完整集合。

以流体力学为例，描述流体运动的参量是力 F、长度 l、速度 v、密度 ρ、动力黏度 μ、重力加速度 g、声速 c 和表面张力 σ，总参量 $n=8$，基本量 $k=3$，完整集合中无量纲乘积的数目为 $n-k=8-3=5$，这些无量纲乘积分别是：

雷诺数（Reynolds number）：$Re=\dfrac{\rho v l}{\mu}$

欧拉数（Euler number）或称为压力系数（Pressure number）：$Eu=\dfrac{F}{\rho v^2 l^2}=\dfrac{p}{\rho v^2}$

弗鲁德数（Froude number）：$Fr=\dfrac{v^2}{g l}$

马赫数（Mach number）：$Ma=\dfrac{v}{c}$

韦伯数（Weber number）：$We=\dfrac{\sigma}{\rho v^2 l}$

无量纲乘积的完整集合有两个特点，第一特点是集合中的各无量纲乘积是独立的。即在这些乘积中没有一个可以表示成其他量纲乘积的幂次单项式形式。这是因为无量纲乘积完整集合的各无量纲乘积，都是根据 π 定理由选作重复变量的参量以外的其余各参量单独对重复变量求出的。第二特点是无量纲乘积完整集合以外的无数个无量纲乘积 π，必然可由完整集合中各乘积的幂次单项式表示。即当指数 α_i 中两个或两个以上不为 0 时，可组合得到其他形式的无量纲乘积 π，但这些无量纲乘积不再独立。例如由参量 F、l、v、ρ、μ、g、c 和 σ 组成的无量纲乘积 π，$\pi=Re^{\alpha_1} Eu^{\alpha_2} Fr^{\alpha_3} Ma^{\alpha_4} We^{\alpha_5}$，取 $\alpha_1=2$，$\alpha_2=1$，$\alpha_3=\alpha_4=\alpha_5=0$，则有

$$Re^2 \cdot Eu=\frac{\rho F}{\mu^2}$$

取 $\alpha_1=1$，$\alpha_3=1$，$\alpha_2=\alpha_4=\alpha_5=0$，则有

$$Re \cdot Fr=\frac{\rho v^3}{\mu g}$$

由于 Re、Eu、Fr、Ma 是无量纲的，所以它们的幂积也是无量纲的。但它们不再是独立的了，而是新的无量纲乘积。

因此，无量纲乘积的完整集合也可表述为，一定数目参数的无量纲乘积的集合是完整的，那么该集合中每一乘积都独立于其他乘积，而且各参数的任一个无量纲乘积都是集合中各无量纲乘积的幂次单项式。

1.2.4 量纲分析的指数法

量纲分析方法是以量纲和谐性原则为基础，借助支配现象各物理量之间的量纲和谐性来探求物理方程形式的一种方法。采用量纲分析方法时，只需要对描述研究现象所涉及的各个物理量进行量纲分析，不需要建立描述现象的物理方程。

量纲分析法分为指数方法和矩阵方法两大类。量纲分析的指数法有两种，一种是适用于较简单问题的瑞利法，一种是具有普遍意义的 π 定理法。

1.2.4.1 π 定理法

著名美国学者白金汉（E. Buckingham）于1941年首先在特定条件下证明了 π 定理，所以，π 定理法也称为白金汉法。

运用 π 定理法进行量纲分析的步骤为：

① 确定参与现象过程的全部物理量，写出描述现象的一般函数关系式

$$f(x_1, x_2, \cdots, x_n)=0$$

② 从 n 个物理量中选择 k 个量纲彼此独立的物理量 x_1，x_2，…，x_k 作为重复变量；

③ 用 k 个量纲独立量的量纲组合表示其余 $n-k$ 个量的量纲，写出 $n-k$ 个关系式 π_i；

$$\pi_i = \frac{x_i}{x_1^{\alpha_1} x_2^{\alpha_2} \cdots x_k^{\alpha_k}}$$

④ 写出 π_i 式中各物理量的量纲式，并根据 $[\pi_i]=\mathrm{M}^0\mathrm{L}^0\mathrm{T}^0$ 列出量纲和谐性方程，求解全部指数 α_1、$\alpha_2 \cdots \alpha_k$，写出 π_i；

⑤ 用无量纲量的函数关系取代 n 个物理量之间的函数关系式。

$$f(\pi_1, \pi_2, \pi_3, \cdots, \pi_{n-k})=0$$

无量纲量函数式的具体形式通过实验确定。

【例 1-1】 流体流过一个球体时，球体所产生的流动阻力 F 与球体直径 d、流动速度 v、流体的密度 ρ 和黏度 μ 有关，试用 π 定理法建立水流中球体阻力的无量纲方程。

解 ① 写出描述流体中球体阻力的一般函数关系式

$$f(F, v, d, \rho, \mu)=0$$

② 对于力学问题，选取直径 d，速度 v 和密度 ρ 作为量纲彼此独立的重复变量，它们分别包含了基本量纲 L，T 和 M。

③ 写出无量纲 π_i 的表达式。因为 $n=5$，$k=3$，则 $\pi=5-3=2$，即

$$\pi_1 = \frac{F}{d^{a_1} v^{b_1} \rho^{c_1}}$$

$$\pi_2=\frac{\mu}{d^{a_2}v^{b_2}\rho^{c_2}}$$

④ 求解量纲指数的值。

根据量纲和谐性，对 π 有 $[F]=[d]^{a_1}[v]^{b_1}[\rho]^{c_1}$ 即

$$MLT^{-2}=L^{a_1}(LT^{-1})^{b_1}(ML^{-3})^{c_1}=M^{c_1}L^{a_1+b_1-3c_1}T^{-b_1}$$

根据量纲和谐性，列出指数方程组：$\begin{cases}M：1=c_1\\L：1=a_1+b_1-3c_1\\T：-2=-b_1\end{cases}$

解得，$a_1=2$，$b_1=2$，$c_1=1$，有，$Eu=\frac{F}{\rho v^2 d^2}=\frac{p}{\rho v^2}$

对 $\pi_2[\mu]=[d]^{a_2}[v]^{b_2}[\rho]^{c_2}$，即

$$ML^{-1}T^{-1}=L^{a_2}(LT^{-1})^{b_2}(ML^{-3})^{c_2}=M^{c_2}L^{a_2+b_2-3c_2}T^{-b_2}$$

指数方程组：$\begin{cases}M：1=c_2\\L：-1=a_2+b_2-3c_2\\T：-1=-b_2\end{cases}$

解得：$a_2=1$，$b_2=1$，$c_2=1$。

则 $\pi_2=\frac{\mu}{\rho v d}=\frac{1}{Re}$。

⑤ 写出无量纲量的函数关系为 $f(Eu,Re)=0$，或者 $Eu=f(Re)$。

1.2.4.2 瑞利法

瑞利（Lord Rayleigh）量纲分析法产生在 π 定理提出之前，1899 年瑞利通过研究“温度对气体黏滞性影响”提出的一种量纲分析方法，主要是根据物理方程中量纲和谐性原理，进行量纲分析。

运用瑞利法确定无量纲量的步骤如下：

① 分析现象，确定影响现象的主要因素 $x_i(i=1,2,\cdots,n)$，并用函数式 $y=f(x_1,x_2,\cdots,x_n)$ 表示。

② 将影响现象的全部物理量表示成幂函数的形式，$y=Cx_1^{\alpha_1}x_2^{\alpha_2}$，…，$x_n^{\alpha_n}$，式中 C 为待定无量纲常数。

③ 写出各物理量的量纲式：$[y]=M^{b_1}L^{b_2}T^{b_3}$ 和 $[x_i]^{\alpha_i}=M^{a_{i1}}L^{a_{i2}}T^{a_{i3}}$，$i=1$，2，…，$n$。

④ 由物理量的函数式写出其量纲方程式 $[y]=[x_1]^{\alpha_1}[x_2]^{\alpha_2}\cdots[x_n]^{\alpha_n}$，即

$$M^{b_1}L^{b_2}T^{b_3}=M^{a_{11}\alpha_1+a_{21}\alpha_2+\cdots+a_{n1}\alpha_n}L^{a_{12}\alpha_1+a_{22}\alpha_2+\cdots+a_{n2}\alpha_n}T^{a_{13}\alpha_1+a_{23}\alpha_2+\cdots+a_{n3}\alpha_n} \tag{1-11}$$

⑤ 依据量纲的和谐性写出和谐性方程

$$\begin{cases}b_1=a_{11}\alpha_1+a_{21}\alpha_2+\cdots+a_{n1}\alpha_n\\ b_2=a_{12}\alpha_1+a_{22}\alpha_2+\cdots+a_{n2}\alpha_n\\ b_3=a_{13}\alpha_1+a_{23}\alpha_2+\cdots+a_{n3}\alpha_n\end{cases} \tag{1-12}$$

⑥ 求解式(1-12)。如果 $n\leqslant k$（k 为基本量纲数）可得到确定的指数关系式的形式；如果 $n>k$，则有 $n-k$ 个指数有待试验进一步确定。

【例 1-2】 直径为 d 的球体在水流中运动，试用瑞利法导出描述水流中的球体阻力的无量纲方程式。

解 ① 分析影响水流中球体阻力 F 的主要因素有流速 v，球径 d，流体密度 ρ 和动力黏度 μ，当地重力加速度 g，则描述此现象的函数关系为

$$F=f(v,d,\rho,\mu,g)$$

② 写出描述该现象的幂函数式

$$F=Cv^{\alpha_1}d^{\alpha_2}\rho^{\alpha_3}\mu^{\alpha_4}g^{\alpha_5} \tag{1-13}$$

式中，α_1，α_2，α_3，α_4，α_5 分别是 v，d，ρ，μ，g 各物理量的待定指数；C 为无量纲比例常数。

③ 写出各物理量的量纲式

$$[F]=\mathrm{LMT}^{-2} \qquad [v]=\mathrm{LT}^{-1} \qquad [d]=\mathrm{L}$$
$$[\rho]=\mathrm{L}^{-3}\mathrm{M} \qquad [\mu]=\mathrm{L}^{-1}\mathrm{MT}^{-1} \qquad [g]=\mathrm{LT}^{-2}$$

④ 写出式(1-13) 的量纲式

$$\begin{aligned}\mathrm{LMT}^{-2}&=(\mathrm{LT}^{-1})^{\alpha_1}\mathrm{L}^{\alpha_2}(\mathrm{L}^{-3}\mathrm{M})^{\alpha_3}(\mathrm{L}^{-1}\mathrm{MT}^{-1})^{\alpha_4}(\mathrm{LT}^{-2})^{\alpha_5}\\ &=\mathrm{M}^{\alpha_3+\alpha_4}\mathrm{L}^{\alpha_1+\alpha_2-3\alpha_3-\alpha_4+\alpha_5}\mathrm{T}^{-\alpha_1-\alpha_4-2\alpha_5}\end{aligned}$$

⑤ 根据量纲和谐原理，列出各个基本量纲的和谐性方程

$$\begin{cases}\mathrm{L}：1=\alpha_1+\alpha_2-3\alpha_3-\alpha_4+\alpha_5\\ \mathrm{M}：1=\alpha_3+\alpha_4\\ \mathrm{T}：-2=-\alpha_1-\alpha_4-2\alpha_5\end{cases}$$

⑥ 由于 3 个方程包含 5 个未知量，需将其中的 2 个假设为已知，才能求解。不妨取 α_4，α_5 为待定指数，解此联立方程组，可得

$$\begin{cases}\alpha_1=2-\alpha_4-2\alpha_5\\ \alpha_2=2-\alpha_4+\alpha_5\\ \alpha_3=1-\alpha_4\end{cases}$$

将此结果代入幂函数式 (1-13)，得

$$F=Cv^{2-\alpha_4-2\alpha_5}d^{2-\alpha_4+\alpha_5}\rho^{1-\alpha_4}\mu^{\alpha_4}g^{\alpha_5}$$

$$=C\rho v^2 d^2\left(\frac{\mu}{\rho v d}\right)^{\alpha_4}\left(\frac{gd}{v^2}\right)^{\alpha_5}$$

整理后，得

$$Eu=CRe^{-\alpha_4}Fr^{-\alpha_5}$$

式中，$Eu=\frac{F}{\rho v^2 d^2}$，$Re=\frac{\rho v d}{\mu}$，$Fr=\frac{v^2}{gl}$，$C$ 和 α_4，α_5 须由实验确定。

根据 π 定理，相似准则的个数为 $\pi=n-k=6-3=3$。相符。

由此可见，瑞利法和 π 定理法没有本质的差别，它们的步骤基本上是相同的，并且无量纲函数关系的具体形式均需通过实验才能确定。采用 π 定理法可以避免不加选择地使用无限级数，而无限级数的建立是瑞利法中不可缺少的一步。

1.2.5 量纲分析的矩阵法

1.2.5.1 量纲独立参量的个数与矩阵的秩

根据数学知识，对于线性方程组

$$\begin{cases} a_{11}x_1+a_{21}x_2+\cdots+a_{n1}x_n=b_1 \\ a_{12}x_1+a_{22}x_2+\cdots+a_{n2}x_n=b_2 \\ \vdots \\ a_{1n}x_1+a_{2n}x_2+\cdots+a_{nn}x_n=b_n \end{cases} \tag{1-14}$$

其系数行列式可记为

$$\Delta=\begin{vmatrix} a_{11} & a_{21} & \cdots & a_{n1} \\ a_{12} & a_{22} & \cdots & a_{n2} \\ \vdots & \vdots & \cdots & \vdots \\ a_{1n} & a_{2n} & \cdots & a_{nn} \end{vmatrix} \tag{1-15}$$

则当 $\Delta=0$ 时，方程组（1-14）有非零解，此时 x_i（$i=1$，2，…，n）线性相关；当 $\Delta\neq0$ 时，无非零解，则只有 $x_1=x_2=\cdots=x_n=0$。如果一个矩阵包含 1 个 r 阶不为零的行列式，且矩阵中所有高于 r 阶的行列式都为零，则该矩阵的秩为 r。根据这一理论，不难证明量纲独立参量的个数等于矩阵的秩。

设所考察的现象涉及的参量是力 F，长度 l，流速 v，流体密度 ρ 和重力加速度 g，动力黏度 μ。各个参量的量纲可以由以下形式表示，其中每一列为对应参量的量纲指数的值，

$$\begin{array}{c|cccccc} & F & v & l & \rho & \mu & g \\ \hline \mathrm{M} & 1 & 0 & 0 & 1 & 1 & 0 \\ \mathrm{L} & 1 & 1 & 1 & -3 & -1 & 1 \\ \mathrm{T} & -2 & -1 & 0 & 0 & -1 & -2 \end{array} \tag{1-16}$$

式（1-16）是由参量的量纲指数组成的一个矩阵，称为参量的量纲矩阵。于是有以下定理：在一个完整集合中，无量纲乘积的数目等于参量总数减去量纲矩阵的秩。

1.2.5.2 量纲分析的矩阵法

量纲分析的指数法对于现象所涉及的参量数目不多，并且熟悉无量纲乘积标准形式的人来说是比较方便的。但是它缺少关于无量纲乘积计算的完整描述，而且在参量数目较多时计算也不方便。这时可以采用完整集合中无量纲乘积的系统计算，也就是量纲矩阵法。

下面以力学问题为例说明矩阵法求无量纲乘积的步骤：

① 分析并确定参与现象的全部 n 个参量，各物理量的量纲为$[x_i]^{a_i}=\mathrm{M}^{a_{i1}}\ \mathrm{L}^{a_{i2}}\ \mathrm{T}^{a_{i3}}$，其中 $i=1，2，3，\cdots，n$。

② 写出总参量数为 n 的量纲矩阵，并求出矩阵的秩（r）。

$$\begin{array}{c|ccccc} & x_1 & x_2 & x_3 & \cdots & x_n \\ \hline \mathrm{M} & a_{11} & a_{21} & a_{31} & \cdots & a_{n1} \\ \mathrm{L} & a_{12} & a_{22} & a_{32} & \cdots & a_{n2} \\ \mathrm{T} & a_{13} & a_{23} & a_{33} & \cdots & a_{n3} \end{array} \tag{1-17}$$

③ 求出无量纲乘积的个数 m：$m=n-r$。

④ 写出无量纲乘积的一般式。无量纲乘积 π 以幂积单项式表示，$\pi=x_1^{k_1}x_2^{k_2}\cdots x_n^{k_n}$。则

$$\mathrm{M}^0\mathrm{L}^0\mathrm{T}^0=\mathrm{M}^{a_{11}k_1+a_{21}k_2+\cdots+a_{n1}k_n}\mathrm{L}^{a_{12}k_1+a_{22}k_2+\cdots+a_{n2}k_n}\mathrm{T}^{a_{13}k_1+a_{23}k_2+\cdots+a_{n3}k_n}$$

⑤ 根据量纲和谐性列齐次线性方程组：

$$\begin{cases} M: a_{11}k_1+a_{21}k_2+a_{31}k_3+\cdots+a_{n1}k_n=0 \\ L: a_{12}k_1+a_{22}k_2+a_{32}k_3+\cdots+a_{n2}k_n=0 \\ T: a_{13}k_1+a_{23}k_2+a_{33}k_3+\cdots+a_{n3}k_n=0 \end{cases} \tag{1-18}$$

⑥ 求解齐次线性方程组(1-18) 得出无量纲乘积的结果矩阵。

因为方程(1-18) 中只有 3 个方程，而未知量 $k_i>3$，方程不封闭。为求解，假定 k_1，k_2，$\cdots k_{n-3}$ 为已知数 k_j，并将 k_{n-2}，k_{n-1}，k_n 表示为k_j 的函数，设其形式为：

$$\begin{cases} k_{n-2}=c_{11}k_1+c_{21}k_2+\cdots+c_{n-3,1}k_{n-3} \\ k_{n-1}=c_{12}k_1+c_{22}k_2+\cdots+c_{n-3,2}k_{n-3} \\ k_n=c_{13}k_1+c_{23}k_2+\cdots+c_{n-3,3}k_{n-3} \end{cases} \tag{1-19}$$

由于 k_j 为已知，所以 k_j 可任意取值，从而每假设一组 k_j，可得到对应的一组 k_{n-2}，k_{n-1}，k_n，特作如下取值：

取 $k_1=1$，$k_2=k_3=\cdots=k_{n-3}=0$，得 $k_{n-2}=c_{11}$，$k_{n-1}=c_{12}$，$k=c_{13}$；

再取 $k_2=1$，$k_1=k_3=\cdots=k_{n-3}=0$，得 $k_{n-2}=c_{21}$，$k_{n-1}=c_{22}$，$k_n=c_{23}$；$\cdots$如此进行，直至取 $k_{n-3}=1$，$k_1=k_2=\cdots=k_{n-4}=0$，得到 $k_{n-2}=c_{(n-3)1}$，$k_{n-1}=c_{(n-3)2}$，

$k=c_{(n-3)3}$，从而解得无量纲乘积的结果矩阵形式如下：

$$\begin{array}{c|cccccccc} & k_1 & k_2 & k_3 & \cdots & k_{n-3} & k_{n-2} & k_{n-1} & k_n \\ & x_1 & x_2 & x_3 & \cdots & x_{n-3} & x_{n-2} & x_{n-1} & x_n \\ \hline \pi_1 & 1 & 0 & 0 & \cdots & 0 & c_{11} & c_{12} & c_{13} \\ \pi_2 & 0 & 1 & 0 & \cdots & 0 & c_{21} & c_{22} & c_{23} \\ \vdots & \vdots & \vdots & \vdots & \cdots & \vdots & \vdots & \vdots & \vdots \\ \pi_{n-r} & 0 & 0 & 0 & \cdots & 1 & c_{(n-3)1} & c_{(n-3)2} & c_{(n-3)3} \end{array} \tag{1-20}$$

⑦ 写出无量纲乘积组合

$$\begin{cases} \pi_1=x_1 x_{n-2}^{c_{11}} x_{n-1}^{c_{12}} x_n^{c_{13}} \\ \pi_2=x_2 x_{n-2}^{c_{21}} x_{n-1}^{c_{22}} x_n^{c_{23}} \\ \qquad\vdots \\ \pi_{n-r}=x_{n-3} x_{n-2}^{c_{(n-3)1}} x_{n-1}^{c_{(n-3)2}} x_n^{c_{(n-3)3}} \end{cases}$$

【例 1-3】 船体外形尺寸已知时，用量纲分析方法研究船体阻力大小，并确定船体阻力的量纲方程通用形式。

解 ① 参量分析：影响船体阻力 F 的因素有船的长度 l，船的行进速度 v 和水的物理参数 ρ，μ，g（推动船体前进消耗的能量大部分耗散在波浪中，而波浪的能量与 g 有关），总参量数 $n=6$。

② 列量纲矩阵

$$\begin{array}{c|cccccc} & F & v & l & \rho & \mu & g \\ \hline M & 1 & 0 & 0 & 1 & 1 & 0 \\ L & 1 & 1 & 1 & -3 & -1 & 1 \\ T & -2 & -1 & 0 & 0 & -1 & -2 \end{array}$$

③ 求无量纲乘积的个数，上述矩阵后三列组成的三阶行列式

$$\begin{vmatrix} 1 & 1 & 0 \\ -3 & -1 & 1 \\ 0 & -1 & -2 \end{vmatrix}=-3\neq 0$$

即参量无量纲矩阵的秩 $r=3$。所以，无量纲乘积个数为 $6-3=3$。

④ 以幂积单项式的形式，写出无量纲乘积的一般式

$$\pi=F^{k_1} v^{k_2} l^{k_3} \rho^{k_4} \mu^{k_5} g^{k_6}$$

⑤ 根据量纲和谐性得齐次线性方程组

$$M^0 L^0 T^0=M^{k_1+k_4+k_5} L^{k_1+k_2+k_3-3k_4-k_5+k_6} T^{-2k_1-k_2-k_5-2k_6}$$

$$\begin{cases} k_1+k_4+k_5=0 \\ k_1+k_2+k_3-3k_4-k_5+k_6=0 \\ -2k_1-k_2-k_5-2k_6=0 \end{cases}$$

⑥ 求解无量纲乘积的结果矩阵

设 k_1，k_2，k_3 为已知，解上述⑤中的齐次线性方程组，得 $\begin{cases} k_4=k_1+\dfrac{1}{3}k_2+\dfrac{2}{3}k_3 \\ k_5=-2k_1-\dfrac{1}{3}k_2-\dfrac{2}{3}k_3 \\ k=-\dfrac{1}{3}k_2+\dfrac{1}{3}k_3 \end{cases}$

则无量纲乘积的结果矩阵为

	k_1	k_2	k_3	k_4	k_5	k_6
	F	v	l	ρ	μ	g
π_1	1	0	0	1	-2	0
π_2	0	1	0	$\frac{1}{3}$	$-\frac{1}{3}$	$-\frac{1}{3}$
π_3	0	0	1	$\frac{2}{3}$	$-\frac{2}{3}$	$\frac{1}{3}$

即：$\pi_1=\dfrac{\rho F}{\mu^2}$，$\pi_2=v\left(\dfrac{\rho}{\mu g}\right)^{1/3}$，$\pi_3=l\left(\dfrac{\rho^2 g}{\mu^2}\right)^{1/3}$

或者 $f(\pi_1,\ \pi_2,\ \pi_3)=0$。

由于求得的三个无量纲乘积并非是约定的标准形态（已命名的常态形式），必须对其进行转换，采用幂运算的方式进行，有

$$\frac{\pi_1}{\pi_2^2\pi_3^2}=\frac{F}{\rho v^2 l^2}=\frac{p}{\rho v^2}=Eu$$

$$\pi_2 \cdot \pi_3=\frac{\rho v l}{\mu}=Re$$

$$\frac{\pi_2^2}{\pi_3}=\frac{v^2}{gl}=Fr$$

这就得到三个新的已命名的准则形式，并构成一个新的完整集合，因此，描述船体阻力的方程通用式可以写成

$$f(Eu,Re,Fr)=0 \qquad Eu=f(Re,Fr)$$

量纲分析过程通常是从所研究现象的参量的完整集合开始，由这些参量写出支配现象的无量纲量一般函数关系式 $f(\pi_1,\pi_2,\pi_3,\cdots,\pi_{n-k})=0$，变量从 n 减少为 $n-k$。最后确定具体的函数式要结合所研究问题已经获得的成果或通过实验确定具体的函数关系式。

应用量纲分析方法不需要预先建立数理方程，但必须正确确定与所研究物理现象有关的物理参量，并用这些参量组成无量纲乘积。描述所研究物理现象的物理量不完整，或是错

误，会造成所获得的研究结果的错误。

量纲分析可以提供一个完整集合的无量纲乘积，但它的解并不是唯一的。量纲分析本身并不能指出哪一个解是最适合的。这需要结合已有的研究成果和经验、对物理概念的理解以及无量纲量的转换来确定。

1.3 相似理论基础

由于工程现象的复杂性，在工程实际中，对工程技术问题的研究是通过模型试验进行的。模型实验是指不直接研究自然现象或过程本身，而是用与这些现象或过程相似的模型进行研究的一种方法，也称为模化方法。广义地讲，模化是对真实事物的形态、工作规律或信息传递规律在特定条件下的一种相似再现。模化方法的一般程序是：首先导出相似准则，根据相似原理建立的模型，通过模型实验确定相似准则之间的函数关系；然后将此函数关系推广运用到原型（设备实物）上，从而得到原型工作规律。相似理论作为模型实验的理论基础解决了进行模型实验必须面对的三个问题，即应该在什么条件下进行实验，实验中应该对哪些物理量进行测定，怎样整理实验结果以及采用什么方法把模型实验结果推广到实物上。

相似理论的最大价值在于它使研究者可以用最低的成本、在最短的运转周期内认识所研究模型的内部规律。它以完整的数理方程的量纲和谐性和正确性不受测量单位制选择的影响为前提，从现象发生和发展的内部规律（数理方程）和外部条件（定解条件）出发，获得现象或过程的规律、得到设备设计或工作的最佳方案。目前相似理论已经成为一门完整的学科，是探索自然规律广为应用且行之有效的研究方法。

本节中扼要介绍相似理论及其基本应用。

1.3.1 相似的概念

相似的概念最早出现在几何学中，即几何图形的相似。随着技术的发展，将这一概念引申到所有物理量中就是物理相似。物理相似强调的是对应空间、对应时间上的物理量相似，如运动相似、动力相似、热相似和物理现象之间的相似等。

1.3.1.1 物理相似

物理量相似在形式上可以归纳为标量场的相似和矢量场的相似。对于 2 个相似系统，物理量相似在数学上可以表述为下列形式：

标量相似

$$\frac{\varphi_1'}{\varphi_1''}=\frac{\varphi_2'}{\varphi_2''}=\cdots=\frac{\varphi_i'}{\varphi_i''}=C_\varphi \tag{1-21}$$

矢量相似

$$\frac{\varphi_i'}{\varphi_i''}=\frac{\varphi_{ix}'}{\varphi_{ix}''}=\frac{\varphi_{iy}'}{\varphi_{iy}''}=\frac{\varphi_{iz}'}{\varphi_{iz}''}=C_\varphi \tag{1-22}$$

式中，φ 代表任意一个物理量，可以是标量，也可以是矢量；对于矢量，φ 应理解为矢量的模。下标 1，2，…，i 表示各对应点、对应时刻上的物理量，下标 x，y，z 表示矢量 φ_i 在对应坐标上的分量。

C_φ 是比例常数，称为物理量的相似倍数，或是相似常数。相似常数是同类量的比值，因此没有量纲，其大小与位置和时间无关。

（1）几何相似

几何上相似的物体其对应部位尺寸比值为一常数，且对应的夹角相等。也可以这样说，在取定的坐标系中，使具有相同方位的任何形状的两个物体的重心相重合，若经均匀变形后，两个形状能够完全重合，那么它们就是几何相似的。

几何相似用数学表达式表示为：

$$\frac{x'}{x''}=\frac{y'}{y''}=\frac{z'}{z''}=\frac{l'_1}{l''_1}=\frac{l'_2}{l''_2}=\cdots=\frac{l'_i}{l''_i}=C_l \tag{1-23}$$

式中 x'，y'，z'和x''，y''，z''——A、B 两个物体对应点的空间坐标；

l'_1，l'_2，…，l'_i和l''_1，l''_2，…，l''_i——A、B 两个物体在不同空间点上对应的各几何参数；

C_l——几何相似倍数。

（2）时间相似

时间相似是指过程进程中对应的时间间隔对应成比例。

若在 A 和 B 两个过程中，以 τ'_i 和 τ''_i 分别表示对应进程中某物理量变化的对应时间间隔，图 1-1 所示，则有

$$\frac{\tau'_1}{\tau''_1}=\frac{\tau'_2}{\tau''_2}=\cdots=\frac{\tau'}{\tau''}=C_\tau \tag{1-24}$$

式中，C_τ 称为时间相似倍数。这时，A 和 B 两个过程存在时间相似。

当 $C_\tau=1$ 时，两个过程的时间进程相同，则称这两个过程具有同步性。

（3）动力相似

动力相似是指力场的相似。如图 1-2 所示，在两个几何相似、时间相似的系统中，对应点上的同一性质作用力（同名力）都有一致的方向，其大小则对应成比例。

$$\frac{l'_1}{l''_1}=\frac{l'_2}{l''_2}=\cdots=\frac{l'_i}{l''_i}=C_l \tag{1-25}$$

$$\frac{f'_1}{f''_1}=\frac{f'_2}{f''_2}=\cdots=\frac{f'_i}{f''_i}=C_f \tag{1-26}$$

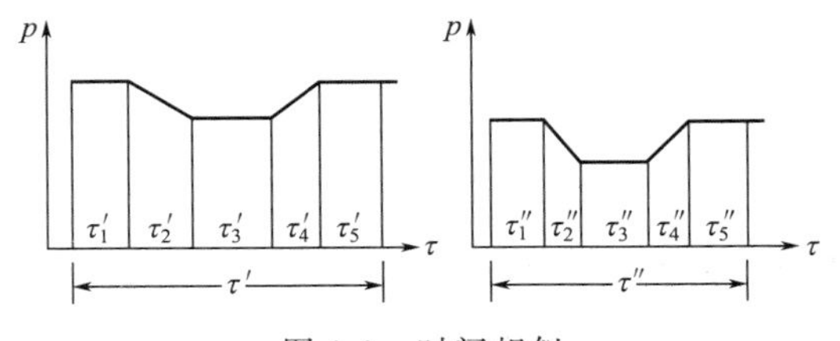

图 1-1　时间相似

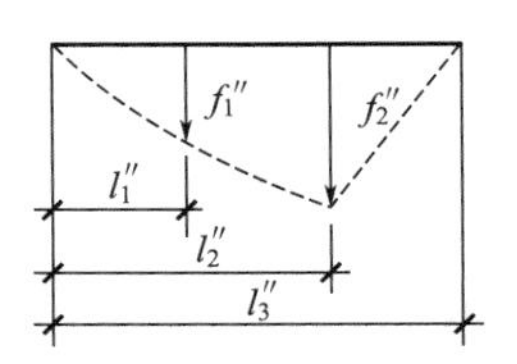

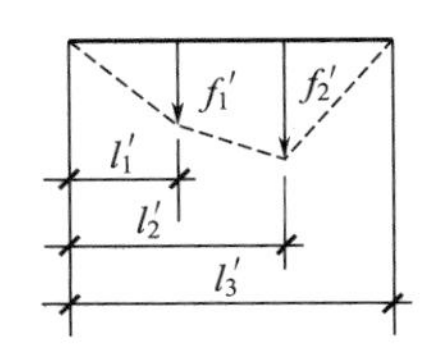

图 1-2　动力相似

例如黏性不可压缩流体的恒定流动，其作用力通常包括压力 p，黏滞力 T，重力 G 和惯性力 f，其合力为 F。要保持两个流动现象的动力相似，对于作用点 1 和作用点 2，必须满足

$$\frac{p_1'}{p_1''}=\frac{T_1'}{T_1''}=\frac{G_1'}{G_1''}=\frac{f_1'}{f_1''}=\frac{F_1'}{F_1''}=\frac{p_2'}{p_2''}=\frac{T_2'}{T_2''}=\frac{G_2'}{G_2''}=\frac{f_2'}{f_2''}=\frac{F_2'}{F_2''}=C_f \tag{1-27}$$

（4）运动相似

运动相似通常包括速度场相似和加速度场的相似。在满足几何相似的两个运动现象中，如果各对应点在对应时刻的速度（加速度）的方向分别相同，且大小都对应成一定的比例关系，则这两个运动现象存在速度（加速度）相似。如图 1-3 所示。

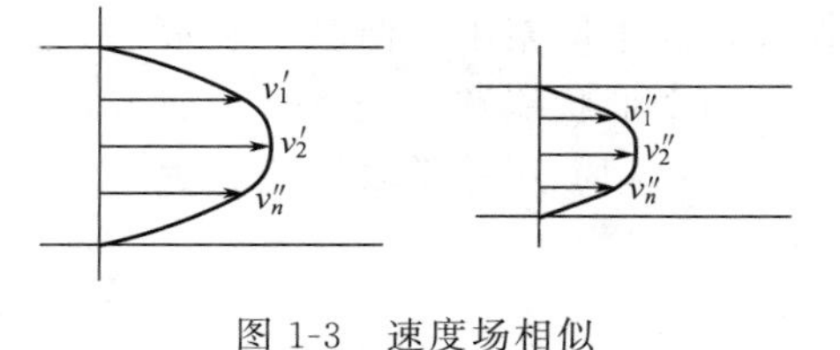

图 1-3　速度场相似

$$\frac{v_1'}{v_1''}=\frac{v_2'}{v_2''}=\cdots=\frac{v_n'}{v_n''}=C_v \tag{1-28}$$

式中，C_v 为速度相似倍数。

速度相似必然速度场相似。不难证明，速度相似，加速也必然相似；反之亦然。

几何相似和时间相似是现象相似的前提条件；动力相似是决定运动相似的主要因素，是运动相似的保证。运动相似则是几何相似、时间相似和动力相似的必然表现。

（5）热相似

热相似是指在空间对应点及时间上相对应的各个瞬间，所有与热现象有关的诸物理量对应成比例。

热相似通常包括两个系统里温度场相似和热流相似。两系统中各对应点及对应时刻的温度对应成比例，称为温度相似或温度场相似。C_t 称为温度相似倍数。

1.3.1.2　相似现象

（1）同类现象与类似现象

遵从相同的自然规律，能够用相同数学方程或方程组进行描述的现象称为可类比现象。可类比现象又分为同类现象和类似现象两大类。当描述现象的方程组中的各对应项具有相同的物理意义时，称为同类现象。若现象之间虽然在形式上具有相同的数学方程，但方程中各个参量具有不同的物理意义时，称为类似现象，也称异类相似。

如在传递过程中，动量传递、能量传递和质量传递各个体系的物理量性质不同，但它们的变化过程都遵从相同的规律。例如

$$u_x\frac{\partial\varphi}{\partial x}+u_y\frac{\partial\varphi}{\partial y}=B\frac{\partial^2\varphi}{\partial y^2} \tag{1-29}$$

在不可压缩流体沿平壁流动时，对于动量传递，φ 表示速度 u_x，B 表示动量扩散系数 ν；对于能量传递，φ 表示过余温度 θ，B 表示温度扩散系数 a；对于质量传递，φ 表示浓度 c_A，B 表示质量扩散系数 D。这三种现象的相似则为异类相似，速度 u_x，过余温度 θ 和浓

度c_A称为类比物理量。又如，水在管道中的流动与电流在导线中的流动等是异类相似的现象。

对于黏性流体等温运动，根据质量守恒定律可导出方程：

$$\frac{\partial \rho}{\partial \tau}+\frac{\partial(\rho u_x)}{\partial x}+\frac{\partial(\rho u_y)}{\partial y}+\frac{\partial(\rho u_z)}{\partial z}=0 \tag{1-30}$$

式(1-30) 描述了流体运动过程中各个物理量之间的依赖关系。既可以是描述海水的运动，也可以是描述管道中油的运动；运动状态可以是层流，也可以是湍流。它描述的是一类普遍的、共同的现象。因此，凡满足上述方程的流体流动现象，即为同类现象。

（2）单值条件

同类现象是一类具有共性的现象，而不是某一具体的现象。为了从同类现象中区别出某一具体的个别现象，还需要在方程组之外附加条件，使方程的解单值化。

单值条件是能够从遵从同一方程组的若干现象中确定出某一具体现象的条件，它是说明现象变化过程特点的条件。单值条件具体包括：

① 几何条件　也称空间条件，指参与现象或过程发生物体的空间几何形状和大小。例如，圆管内的流体流动，管径d、管长l及壁面粗糙度ε等为此流动现象的几何条件。

② 物理条件　指参与过程的介质的物理参数。对于黏性流体等温运动，物理条件则是流体的密度ρ、黏度μ及重力加速度g等数值。

③ 边界条件　所有具体现象必然受到与其直接相邻的周围环境的影响，因此，说明在边界上过程进行的特点、表征边界性质的物理量是单值条件。例如进出口的速度分布、压强分布，壁面上的温度分布条件等都属于边界条件。边界条件可以分为三大类。直接给出界面上的已知函数称为第一类边界条件，如$t_w(x,y,z,\tau)=0$。给出界面上的法向导数，称为第二类边界条件如$-k\left.\frac{\partial t}{\partial n}\right|_w=q_w$。给出界面与介质间质量或能量交换的规律称为第三类边界条件，如$-k\left.\frac{\partial t}{\partial n}\right|_w=h(t_w-t_f)$。

微课2

边界条件

④ 时间条件　说明过程在时间上预知的特点。对于稳定过程，时间对过程不产生影响，不存在时间条件。对于不稳定过程，通常用初始时刻各个参量在系统中分布表示，称为初始条件。

单值条件把个别现象从同类现象中区别出来，由单值条件的相似可以确定现象相似，所有单值条件相似的若干现象，构成一组相似现象。因此，相似现象可以表述为：同类现象中单值条件彼此相似的现象。

（3）现象相似的条件

现象相似的条件通常包含以下四个方面的内容：

① 对物理现象，相似的概念只能应用于可用同一数学方程或方程组描述的同类现象或类似现象。

② 几何相似是现象相似的先决条件。即相似现象只能在几何形状相似的体系中发生。

③ 在分析现象相似时，仅同类量或可类比量才能进行比较，并且这种比较限于空间上的对应点和时间上的对应瞬间。所谓同类量，是指具有相同物理意义和相同量纲的物理量。

④ 两个现象相似，意味着所有用来描述现象性质的一切参量之间的相似。即在对应空间点和对应时间瞬间，现象之间的同类参量对应成比例。

由于许多物理量如速度、温度、压力、密度等在所研究的现象中，这些物理量是空间位置的函数，具有场的性质。所以现象相似必然是所有这些量在所研究体系的整个范围内的相似，即场的相似。

对于类似现象，可以进行可类比物理量之间的比较。如不可压缩流体沿平壁流动时，在动量、能量和质量的传递过程中，壁面边界层中的速度、过余温度和组分浓度之间可以进行比较。

1.3.1.3 相似准则

运动速度是物体通过距离 l 与对应时间 τ 的比值表示。在彼此相似的两个运动现象中，对于第一个物体，有

$$v'=\frac{\mathrm{d}l'}{\mathrm{d}\tau'}$$

对于第二个物体，有

$$v''=\frac{\mathrm{d}l''}{\mathrm{d}\tau''}$$

将此二式相除，得

$$\frac{v'}{v''}=\frac{\mathrm{d}l'/\mathrm{d}\tau'}{\mathrm{d}l''/\mathrm{d}\tau''} \tag{1-31}$$

由于它们是相似现象，相似倍数为

$$\frac{v'}{v''}=C_v,\ \frac{l'}{l''}=C_l,\ \frac{\tau'}{\tau''}=C_\tau$$

将各物理量的相似倍数代入式(1-31)，得

$$C_v=\frac{C_l}{C_\tau}$$

即是

$$\frac{C_vC_\tau}{C_l}=1 \tag{1-32}$$

式(1-32) 称为相似倍数式。它表明相似倍数 C_v、C_τ、C_l 之间存在一定的内在联系，各相似倍数的值不能全部随意确定。式(1-32) 实际上是各相似倍数之间的一个约束条件，此约束条件可以改写成无量纲组合的形式，即

$$\frac{v'\tau'}{l'}=\frac{v''\tau''}{l''}=\frac{v\tau}{l}=\text{不变量}$$

$Ho=\frac{v\tau}{l}$称为谐时准则，也称为斯特罗哈数。

以上是运动相似的情况，下面再看一下动力相似的情况。作用在两个物体上的力有惯性力 F 和重力 G，依据牛顿第二定律，作用于物体上的力 F 可表示为

$$F=ma=\rho Va$$

对于两个动力相似的系统，有

$$\frac{F'}{F''}=\frac{\rho'V'a'}{\rho''V''a''}=C_\rho C_l^3\frac{C_l}{C_\tau^2}=C_\rho C_l^2 C_v^2$$

$$\frac{G'}{G''}=\frac{m'g}{m''g}=C_\rho C_l^3 C_g$$

根据动力相似条件，应有

$$\frac{F'}{F''}=\frac{G'}{G''}\quad \text{即}\quad \frac{\rho' l'^2 v'^2}{\rho'' l''^2 v''^2}=\frac{\rho' l'^3 g'}{\rho'' l''^3 g''}$$

整理
$$\frac{C_v^2}{C_g C_l}=1\quad \text{即}\quad \frac{v'^2}{g'l'}=\frac{v''^2}{g''l''}=\frac{v^2}{gl}$$

式中，$Fr=\frac{v^2}{gl}$称为弗鲁德（Froude）数，用于表征作用在动力相似的物体的对应点上惯性力与重力之比。

上述例子表明，相似现象各量的相似倍数之间存在一定的约束条件，不能任意选择。由相似倍数的约束条件可以得到一些表述现象特征的无量纲组合量，这就是相似准则，也称为相似准数。相似准则指的是所有彼此相似的现象，在对应部位上存在的由若干物理量按照一定规律组合而成的无量纲组合量。这些无量纲组合量在彼此相似现象的对应部位上具有相同的数值。

相似准则并不是任意几个物理量的随意组合，相似准则有以下几个主要性质。

① 相似准则应是无量纲的。零量纲是相似准则的基本属性，可以用来检验导出的相似准则的正确性。

② 相似准则具有一定的物理意义。实际上相似准则是一种比值，反映系统中两种因素的对比关系。

③ 由于组成相似准则的各个物理量是空间位置的函数，因此，相似准则也会随空间位置而变化，因此称之为“不变量”（idem）。但是在相似体系中的对应点上相似准则的数值相等。

相似准则的特点

④ 对非稳定态过程，相似准数是空间和时间的函数。

相似准则通常用在相应领域内已经有突出成就的科学家的姓氏来命名，例如牛顿（Newton）准则用 Ne 表示，雷诺（Reynolds）准则用 Re 表示，欧拉（Euler）准则用 Eu 表示等。

根据构成相似准则物理量的不同，又可把相似准则分为已定准则和待定准则。已定准则又称为定性准则，指完全由包含在单值条件中的已知物理量所构成的准则。凡是包含有待定的未知物理量所组成的准则就称为待定准则或称为非定性准则。表 1-3 中列出常用相似准则的表达式及其物理意义。

表 1-3 常用基本相似准则数一览表

准数	表达式	物理意义
谐时数,Ho	$\frac{v\tau}{l}$	速度改变与流体在系统内停留时间之比;描述非恒定流动
雷诺数,Re	$\frac{\rho vl}{\mu}$	惯性力与黏滞力之比;描述黏滞力主导的流动
欧拉数,Eu	$\frac{p}{\rho v^2},\frac{\Delta p}{\rho v^2}$	压力与惯性力之比;描述不可压缩流动
弗鲁德数,Fr	$\frac{v^2}{gl}$	惯性力与重力之比;描述自然流动
伽利略数,Ga	$\frac{gl^3}{\nu^2}$	重力与黏滞力平方的比值;描述浮力引起的流动
葛拉晓夫数,Gr	$\frac{gl^3}{\nu^2}\beta\Delta t$	浮升力乘以惯性力与黏滞力的平方之比;描述浮升力引起的自由流动
阿基米德数,Ar	$Ga\frac{\rho-\rho_o}{\rho}$	浮升力与黏滞力之比;描述浮升力引起的自由流动
马赫数,M	$\frac{v}{c}$	速度与音速之比;描述可压缩流动
韦伯数,We	$\frac{\sigma}{\rho v^2 l}$	表面张力与重力之比;描述表面张力支配的现象
施米特数,Sc	$\frac{\nu}{D}$	动量迁移特性与质量迁移特性之比,描述动量传递与质量传递伴随的现象
刘易斯数,Le	$\frac{a}{D}$	质量迁移特性与热量迁移特性之比,描述质量传递与热量传递伴随的现象
修伍德数,Sh	$\frac{hl}{D}$	对流中传递质量与扩散质量之比;描述对流换热现象
傅里叶数,Fo	$\frac{a\tau}{l^2}$	固体表面的导热热流与固体的焓随时间变化之比,描述非稳态导热现象
贝克列数,Pe	$\frac{vl}{a}$	流体内对流换热能力与导热能力之比,描述对流换热现象
普朗特数,Pr	$\frac{\nu}{a}$	流体动量迁移特性与热量迁移特性之比,描述动量传递与热量传递伴随的现象
努谢尔特数,Nu	$\frac{hl}{k}$	导热热阻与对流换热热阻之比;无量纲放热系数
斯坦顿数,St	$\frac{h}{\rho vc_p}$	流体与管道内壁之间的对流换热热量与流体通过管道进出口的焓的变化量之比

1.3.2 相似理论基本定理

相似理论迄今已有 100 多年的发展历史。1848 年由法国学者 J. Bertrand 首先确定了相似现象的基本性质，提出了相似第一定理。相似第一定理提出后，在声学、气体力学及传热学等各个领域获得了广泛的应用。1911～1914 年间由俄国学者 ФеπерМэН 和美国学者 E. Buckinghan 提出并导出相似第二定理。1930 年由苏联学者 Кцрпцчев 等提出并证明了相似第三定理。

相似三定理构成了完整的相似理论，不仅对任何相似现象都具有指导作用，而且同样适用于类似现象的研究。

1.3.2.1 相似第一定理

相似第一定理的完整表述为：凡是相似的现象，在对应部位上的各同名相似准则分别等值。

相似第一定理亦称相似正定理，它规定了现象相似的必要条件及彼此相似的现象具有的性质，其基本点在于：

① 相似现象都是同类现象，因此可以用相同的数学方程或方程组来描述。这组完整的方程包括基本方程和单值条件方程。

② 用来表征现象相似的一切物理量场都相似。

③ 相似现象必须发生在几何相似的空间中，所以几何的边界条件必定相似。

④ 描述相似现象的各物理量对应成比例。物理量由同一组方程相联系，所以各物理量的相似倍数是彼此既有联系又互相约束的，这种约束关系表现为在对应部位上同名相似准则分别等值。

1.3.2.2 相似第二定理

相似第二定理的表述为：对于包含 n 个物理量的现象，若全部 n 个有量纲的物理量中有 k 个物理量的量纲是独立的，则描述现象的函数关系式 $f(x_1,x_2,\cdots,x_n)=0$，可转化成由 $n-k$ 个无量纲乘积的函数关系式 $f(\pi_1,\pi_2,\cdots,\pi_{n-k})=0$。无量纲量的函数关系式称为准数（准则）方程。相似第二定理也称为 π 定理。

若现象同名已定准则在对应部位上等值，则现象一定是相似现象，待定准则等值是现象相似的结果。

由于彼此相似的现象在对应部位上各个同名相似准则、无量纲坐标等在数值上相等，各相似现象的准则方程也相同，则所得出的无量纲因变量场可推广到任意相似现象中去。因此相似第二定理也可表述为：描述现象的函数关系可以改用相似准则之间的单值函数关系——准则方程来表示。

只有对某些具有相似解的微分方程组才能够直接用理论方程确定准数方程的具体形式。对于很多复杂的工程现象，准数方程的具体形式只能通过模型试验进行确定。这种用实验方法确定的准数方程，实质上是描述现象的微分方程组的解。采用准则方程的形式描述现象，使描述现象的变量的数目由 n 个降低到 $n-k$ 个，可使实验次数大幅度地减少。只要把实验结果整理成准数方程的形式，就可以把它应用到所有与实验过程相似的现象中。

1.3.2.3 相似第三定理

相似第三定理指出：凡同类现象，若单值条件彼此相似，并且同名已定准则在对应部位上等值，则这些现象必然是相似现象。

相似第三定理也称为相似逆定理，它给出了现象相似的充分条件，即在怎样的条件下才能保证所研究的现象是相似现象。现象相似的充分条件是：

① 相似的现象一定是同类现象。相似现象遵从相同自然规律，且能用同一个数学方程组进行描述。

② 单值条件彼此相似。

③ 由单值条件中的物理量所组成的同名相似准数等值。

单值条件强调了现象的几何特征、物理参数的数值、边界条件和初始条件，通过它可以把个别现象从同类现象中区分出来。在单值条件相似，由其中各个物理量组成的相似指数等值的情况下，由同一方程描述的现象必然是相似现象。

相似第三定理的意义在于为了保证模型与原型之间的相似，只要保障单值条件和原型相似，并且由这些单值条件所组成的相似指数对应等值，就可以保证在模型中所进行的过程与原型中的过程相似。所以，现象相似的充分条件也称为模化法则。

对于复杂的工程问题，需要通过模型实验开展研究。进行模型实验必须解决三个问题：一是实验中应该对哪些物理量进行测定？二是怎样整理实验结果？三是怎样一些现象才是与所研究现象相似的现象？从相似第一定理中可知，在实验中必须测定各个相似指数中所包含的所有物理量。相似第二定理指出，必须把实验结果整理成由若干个相似指数组成的准数方程的形式。相似第三定理给出判断现象相似的标准，确定实验结果可以推广到哪些实际现象中。

综上所述，相似三定理为指导模型实验提供了理论依据。相似三定理把数学分析方法和实验研究方法紧密结合，克服了数学分析和实验研究中的困难，为解决了大量的工程实际问题提供了有效方法。

1.3.3 相似准则的导出方法

用相似三定理指导模型实验研究，其关键是导出被研究现象的相似准则。相似准数的重要作用在于，它不仅反映了每个物理量对过程的影响，而且综合反映了各个因素对过程的影响，更深刻地揭示了过程的内在联系。

相似准则的导出方法主要有量纲分析方法、方程分析方法和物理法则法三种，其中以量纲分析法和方程分析法最常用。量纲分析方法已经在1.2的内容中进行了详细的介绍，本节主要讲解方程分析法，并对几种相似准数导出方法进行对比分析。

1.3.3.1 方程分析法

方程分析法是根据描述现象的基本方程和单值条件导出相似准数的方法，物理方程的量纲和谐是方程分析法的基础。方程分析法包括相似转换法、积分类比法和无量纲化法三种方法。

（1）相似转换法

相似转换是将某物理现象以一定倍数放大或缩小为另一相似现象的转换过程。

相似转换法的基本步骤为：

① 写出描述现象的基本数理方程组和全部单值条件；

② 写出所有物理量的相似倍数：$\frac{\varphi''}{\varphi'}=C_{\varphi}$；

③ 将相似倍数式代入方程组和单值条件进行相似变换，得到含有相似倍数的新方程组和单值条件；

④ 由方程及单值条件各项的相似倍数组合量分别相等，得到相似指标式；

⑤ 用相似指标式中的某一项除以其他各项，可得到若干个相似倍数的组合量，将相似倍数代入组合量就可得到相应的相似准则；

⑥ 将所求得的相似准则中形式与常用准则不同的相似准则进行幂运算，使其尽可能地转化成常用准则的形式。

【例 1-4】 对三维不稳定导热问题，通过相似转换法求相应的相似准则。

解 ① 描述现象的基本方程为

$$\frac{\partial t}{\partial \tau}=a\left(\frac{\partial^2 t}{\partial x^2}+\frac{\partial^2 t}{\partial y^2}+\frac{\partial^2 t}{\partial z^2}\right)=a\nabla^2 t$$

单值条件包括：

几何条件：导热物体的特征尺寸 l；

物理条件：物体的热导率 k 和导温系数 a；

边界条件：设周围介质温度为 t_f，物体表面温度为 t_w，采用第三类边界条件，即

$$-k\frac{\partial t}{\partial n}\bigg|_w=h(t_w-t_f)$$

初始条件：给出初始时刻物体内的温度分布，$\tau=0$ 时，$t=t_0$。

② 写出各物理量的相似倍数表达式。

第一体系的物理量以记号（′）表示，第二体系的物理量以记号（″）表示。对于两个彼此相似体系，第一体系有

$$\frac{\partial t'}{\partial \tau'}=a'\left(\frac{\partial^2 t'}{\partial x'^2}+\frac{\partial^2 t'}{\partial y'^2}+\frac{\partial^2 t'}{\partial z'^2}\right)$$

$$-k'\frac{\partial t'}{\partial n'}\bigg|_w=h'(t'_w-t'_f)$$

第二体系有

$$\frac{\partial t''}{\partial \tau''}=a''\left(\frac{\partial^2 t''}{\partial x''^2}+\frac{\partial^2 t''}{\partial y''^2}+\frac{\partial^2 t''}{\partial z''^2}\right) \tag{1-33}$$

$$-k''\frac{\partial t''}{\partial n''}\bigg|_w=h''(t''_w-t''_f) \tag{1-34}$$

对于彼此相似的现象物理量对应成比例，则

$$\frac{t'}{t''}=C_t,\ \frac{\tau'}{\tau''}=C_\tau,\ \frac{a'}{a''}=C_a,\ \frac{x'}{x''}=\frac{y'}{y''}=\frac{z'}{z''}=C_l,\ \frac{k'}{k''}=C_k,\ \frac{h'}{h''}=C_h$$

③ 进行相似转换，将相似倍数代入基本方程和单值条件。

$$\frac{C_t}{C_\tau}\frac{\partial t''}{\partial \tau''}=\frac{C_a C_t}{C_l^2}a''\left(\frac{\partial^2 t''}{\partial x''^2}+\frac{\partial^2 t''}{\partial y''^2}+\frac{\partial^2 t''}{\partial z''^2}\right) \tag{1-35}$$

$$C_k\frac{C_t}{C_l}\left(-k''\frac{\partial t''}{\partial n''}|_{\mathrm{w}}\right)=C_h C_t h''(t''_{\mathrm{w}}-t''_{\mathrm{f}}) \tag{1-36}$$

④ 将式(1-33) 与式(1-35)、式(1-34) 与式(1-36) 进行对比，方程各项相似倍数的组合量彼此相等，写出相似指标式：

$$\frac{C_t}{C_\tau}=\frac{C_a C_t}{C_l^2}$$

$$\frac{C_k C_t}{C_l}=C_h C_t$$

⑤ 相似倍数的表示式代入式(1-43) 和式(1-44) 中，得：

$$\frac{a'\tau'}{l'^2}=\frac{a''\tau''}{l''^2}=\text{不变量，即}\frac{a\tau}{l^2}=Fo$$

$$\frac{h'l'}{k'}=\frac{h''l''}{k''}=\text{不变量，即}\frac{hl}{k}=Nu$$

所得准则为 Nu 和 Fo，为常用相似准则的形式。

（2）积分类比法

积分类比法依据的基本原理是置换法则，即任意阶导数可以用它们的积分类比项代替。

① 置换法则　根据相似的概念，对于两个相似体系中的某物理量 φ，可写出其相似倍数关系

$$\frac{\varphi'}{\varphi''}=\frac{\varphi'_1}{\varphi''_1}=\frac{\varphi'_2}{\varphi''_2}=C_\varphi$$

根据比例的性质可得

$$\frac{\varphi'}{\varphi''}=\frac{\varphi'_2-\varphi'_1}{\varphi''_2-\varphi''_1}=\frac{\Delta\varphi'}{\Delta\varphi''}=C_\varphi$$

对上式进行极限运算，由于相似倍数 C_φ 为常数，因此

$$\lim_{\Delta\varphi\to 0}\left(\frac{\Delta\varphi'}{\Delta\varphi''}\right)=\frac{\mathrm{d}\varphi'}{\mathrm{d}\varphi''}=C_\varphi$$

即

$$\frac{\mathrm{d}\varphi'}{\mathrm{d}\varphi''}=\frac{\varphi'}{\varphi''}=C_\varphi$$

这说明物理量的各阶导数可以用相应的物理量的比值，即积分类比项来代替，这就是置换法则。例如，导数项$\frac{\partial t}{\partial \tau}$，$\frac{\partial t}{\partial x}$和$\frac{\partial^2 t}{\partial x^2}$，可以分别用它们的积分类比项$\frac{t}{\tau}$，$\frac{t}{x}$和$\frac{t}{x^2}$来代替。

在基本方程中经常出现哈密尔顿算子∇ 和拉普拉斯算子∇^2，为使用方便，这里给出它

们的积分类比式。根据直角坐标系中哈密顿算子和拉普拉斯算子的数学表达式

$$\nabla=\frac{\partial}{\partial x}+\frac{\partial}{\partial y}+\frac{\partial}{\partial z}$$

$$\nabla^2=\frac{\partial^2}{\partial x^2}+\frac{\partial^2}{\partial y^2}+\frac{\partial^2}{\partial z^2}$$

根据置换法则

$$\nabla\varphi\sim\frac{\varphi}{l}\qquad\nabla^2\varphi\sim\frac{\varphi}{l^2}$$

式中，φ 为任何物理量，当 φ 为向量时，用向量的模表示。

② 积分类比法的步骤

a. 写出描述现象的基本方程和用方程表示的单值条件；

b. 方程中所有导数项均运用置换法则，用积分类比项进行替代；

c. 用相似符号“～”代替所有用以区别方程中各独立项的符号（包括=、+和-等），得出比例关系式；

d. 用比例关系式中任意一项除其余各项，得出各无量纲组合量；

e. 将所求得的无量纲组合量的形式转换为常用的相似准则形式。

这里需要说明的是，在进行积分类比置换和列出比例关系式时要注意以下几点：

a. 方程中所有向量沿坐标轴的分量都用向量的绝对值，即向量的模代替。

b. 物理量的坐标分量，用物理量本身替代，坐标用特征长度代替，如$\frac{\partial v_x}{\partial x}$和$\frac{\partial^2 v_x}{\partial y^2}$，分别用$\frac{v}{l}$和$\frac{v}{l^2}$代替。

c. 方程中具有相同性质的项，取其中一项代替其余各项。

【例 1-5】 对于三维不稳定导热问题，采用积分类比法求出描述现象的准则方程。

解 ① 写出描述现象的全部方程，包括基本方程和单值条件。

基本方程

$$\frac{\partial t}{\partial \tau}=a\left(\frac{\partial^2 t}{\partial x^2}+\frac{\partial^2 t}{\partial y^2}+\frac{\partial^2 t}{\partial z^2}\right)=a\nabla^2 t$$

边界条件

$$-k\frac{\partial t}{\partial n}\Big|_{\mathrm{w}}=h(t_{\mathrm{w}}-t_{\mathrm{f}})$$

② 对方程中各项运用置换法则，用积分类比项进行代替，并写出比例关系式

$$\frac{t}{\tau}\sim\frac{at}{l^2}\tag{1-37}$$

$$\frac{kt}{l}\sim ht\tag{1-38}$$

③ 将式(1-37) 和式(1-38) 中其中一项除以另一项，得出无量纲组合量，整理，得到相似准则。即

$$Fo=\frac{a\tau}{l^2},\quad Nu=\frac{hl}{k}$$

④ 写出描述现象的准则方程，$f(Fo,Nu)=0$。

（3）无量纲化法

无量纲化法求相似准则，在过程上与相似转换法有某些类似，最大的差别在于在无量纲化法中通过对所有的物理量取特征值来形成各物理量的无量纲量。这种方法在诸如简化方程，求相似准则，求相似解等诸多方面有应用。方程无量纲化法的具体步骤是：

① 写出描述现象的基本方程和全部单值条件；

② 对基本方程和单值条件中所有物理量取特征值，如特征长度 l_0，特征速度 u_0 等；

③ 基本方程及方程单值条件中所有各量都用它们的无量纲量（各量与其所对应的特征量之比）替代，得到包含特征值的无量纲量的方程和方程单值条件；

④ 用包含特征值的无量纲量方程中的任意一项除其余各项，得到的无量纲因子就是欲求的相似准则。

【例 1-6】 三维不稳定导热问题的无量纲化法求相似准则。

解 ① 写出描述现象的基本方程

$$\frac{\partial t}{\partial \tau}=a\left(\frac{\partial^2 t}{\partial x^2}+\frac{\partial^2 t}{\partial y^2}+\frac{\partial^2 t}{\partial z^2}\right)$$

边界单值条件

$$-k\frac{\partial t}{\partial n}\Big|_{\mathrm{w}}=h(t_{\mathrm{w}}-t_{\mathrm{f}})$$

② 选取各物理量特征值：l_0、τ_0、k_0、a_0、h_0 和 t_0。

③ 写出包含特征量的各物理量的无量纲量及方程，用上标“*”表示，

$$x^*=\frac{x}{l_0},\quad y^*=\frac{y}{l_0},\quad z^*=\frac{z}{l_0},\quad \tau^*=\frac{\tau}{\tau_0}$$

$$t^*=\frac{t}{t_0},\quad a^*=\frac{a}{a_0},\quad k^*=\frac{k}{k_0},\quad h^*=\frac{h}{h_0}$$

把无量纲量代入基本方程和单值条件中，有

$$\frac{t_0}{\tau_0}\frac{\partial t^*}{\partial \tau^*}=\frac{a_0 t_0}{l_0^2}a^*\left(\frac{\partial^2 t^*}{\partial x^{*2}}+\frac{\partial^2 t^*}{\partial y^{*2}}+\frac{\partial^2 t^*}{\partial z^{*2}}\right)$$

$$-\frac{k_0 t_0}{l_0}k^*\cdot\frac{\partial t^*}{\partial n^*}\Big|_{\mathrm{w}}=h_0 t_0 h^* t_{\mathrm{w}}^*$$

④ 根据方程的量纲和谐性，求无量纲因子，有

$$\frac{t_0/\tau_0}{a_0 t_0/l_0^2}\text{和}\frac{k_0 t_0/l_0}{h_0 t_0}$$

整理，并略去下标，得相似准则

$$Fo=\frac{a\tau}{l^2} \quad 和 \quad Nu=\frac{hl}{k}$$

通过以上方程分析的三种方法的讨论可知，无论采用哪种方法，都可以求出相同的相似准则。

1.3.3.2 相似准则导出方法的分析比较

导出相似准数是模型研究的主要内容之一。方程分析法和量纲分析法是相似准数导出常用的主要方法，在不同情况下，它们有各自的优势和特点。

(1) 量纲分析法的特点

量纲分析法不需要深入了解现象的作用机理，只要能够罗列出全部涉及现象的参量就可进行分析，因而对于不能建立方程的复杂现象似乎特别有效。

量纲分析法的优势具体体现在：

① 可以不局限于已有微分方程描述的物理现象，可求得与 π 定理一致的函数式，直接进行相似推广。这对于一些机理尚不确定，规律还未被充分认识的复杂现象尤其明显。

② 可以通过相似性试验快速核定所选参量的正确性。

③ 凡是方程分析方法适用的场合，量纲分析方法同样适用。凡是方程分析方法不适用的场合，量纲分析方法依然适用，因而应用范围广泛。

量纲分析方法的缺点是参量的确定比较困难，如果确定参与现象的参量发生错误，则在导出相似准则的过程中该错误不能得到修正而将一直被保留。利用量纲分析法推导相似准数时，应当注意的问题有：

① 全面考虑到所研究现象的全部物理量；

② 不能够组成相似准数的物理量（即包含有重复量纲的物理量），应当删除；

③ 非独立的物理量不考虑在内；

④ 当基本量成组出现时，应当按一个量纲考虑；

⑤ 任何假定多余的未知数，对结果无影响。

(2) 方程分析法的特点

方程分析法是以描述现象的数理方程为基础，依据方程的量纲和谐性进行相似准数的导出，因此与量纲分析法相比较，它的特点在于：

① 可以准确无误地导出所有准则，对于已有方程描述的现象是最可靠的方法。

② 如果已有的方程存在错误，会直接影响相似准数的正确性。正确的数理方程是导出相似准数的前提。

③ 对许多工程实际问题，当人们还无法或很难建立方程时，这种方法是无效的。即使能够建立方程，各量间的定量关系在导出相似准则过程中却又失去了，这样做往往是不合算的。

方程分析法中，可以选择不同的组合量作为除数，得到的相似准则可以有不同的无量纲组合的形式。一般地，相似准则以选择已有的标准形式或便于问题处理的形式为好，以便与已有的结果进行对照。通常，可以通过一定规则进行相似准则的转换，可以得到保持其全部性质的新相似准则。

1.3.3.3 无量纲乘积的转换

利用量纲分析法和方程分析法可以导出一个完整的无量纲乘积的集合。为了研究方便，经常需要对无量纲乘积的形式进行转换。通过无量纲乘积的转换一方面便于实验研究时安排实验，对实验结果进行比较；另一方面，将一些无量纲乘积转换为常用的标准形式。同时，还可以把已引入的某些对现象影响不大或可以忽略的参量剔除。例如，某一参量对现象的影响可以忽略不计，如果此参量仅出现在独立的无量纲乘积的某一个之中，则此无量纲乘积可以忽略。如果该参量出现在多于一个的无量纲乘积中，则把所有包含此参量的无量纲乘积都略去显然是不正确的。这时就有必要进行无量纲乘积完整集合的转换，使此可忽略的参量仅出现在某一无量纲乘积之中而去除掉。

无量纲乘积转换有以下几个原则：

① 导出的无量纲乘积应尽量变换成常用的准数形式，使其物理意义更明确，应用更方便。如雷诺数 $Re=\frac{\rho vl}{\mu}$，欧拉数 $Eu=\frac{p}{\rho v^2}$；

② 无量纲乘积的物理意义应与所研究的现象密切相关；

③ 无量纲乘积的形式应最简单，并尽可能包含物性参数，由无量纲乘积组成的 π 关系式也应采用最简单的一组；

④ 使相对次要的独立变量只出现在一个独立的无量纲乘积项中；

⑤ 无量纲乘积中所包括的物理量应是方便测量的，可通过代数转换去掉相似准则中无法测量或难以测量的量。

进行无量纲乘积转换的方式主要有：

① 幂运算　π^k（k 为常数）仍为无量纲量。例如 $Re=\frac{\rho vd}{\mu}$是无量纲量，$\left(\frac{\rho vd}{\mu}\right)^k$ 仍然是无量纲量。

② 无量纲乘积指数的幂积运算　即 $\pi_1^{\alpha_1}\cdot\pi_2^{\alpha_2}\cdots\cdot\pi_k^{\alpha_k}$（$\alpha_1$，$\alpha_2$，…，$\alpha_k$ 为常数）。例如 $Fr\cdot Re^2=\frac{gl}{v^2}\left(\frac{\rho ul}{\mu}\right)^2=\frac{g\rho^2 l^3}{\mu^2}=Ga$。

③ 无量纲乘积的和或差运算　即 $\pi_1^{\alpha_1}\pm\pi_2^{\alpha_2}\pm\cdots\pm\pi_k^{\alpha_k}$（$\alpha_1$，$\alpha_2$，…，$\alpha_k$ 是常数）。例如无量纲乘积 $\pi_1=\frac{\sigma}{\rho'' v^2 l}$，$\pi_2=\frac{\sigma}{\rho'' v^2 l}$，则 $(\pi_1^{-1}-\pi_2^{-1})^{-1}=\frac{\sigma}{(\rho'-\rho'')v^2 l}=We$，$We$ 仍为无量纲乘积。

④ 无量纲乘积与任意常数的和或差，即 $\pi\pm C$（C 为常数）。例如，无量纲温度$\frac{T_2}{T_1}$，则 $\frac{T_2}{T_1}-1=\frac{T_2-T_1}{T_1}$仍为无量纲乘积。

⑤ 无量纲乘积中任一物理量用其差值代替仍是无量纲乘积。例如 $Eu=\frac{p}{\rho v^2}$，则 $Eu=\frac{\Delta P}{\rho v^2}$ 仍旧是欧拉准则。

需要注意的是，当完成相似准数的转换后，必须对确定新的相似准数的数目与原来相似准数的数目相等。否则，不能构成一个完整的集合。

1.4 模型研究方法

模型研究方法是根据研究对象的本质和特征，建立或选择一种与研究对象相似的模型，任何在模型上进行实验研究，再按照相似理论把研究结果推广到实际的原型中。

按照系统工程的观点，模型研究分为物理模型和符号模型两大类。物理模型主要包括实体模型研究、近似模化研究和比例模化研究等，它是以相似理论为基本理论。在物理模型研究中，按工作介质的温度可分为冷模型和热模型；按几何形状分为三维模型和二维模型；按工作介质的性质可分为水模型、空气模型及气体模型等。符号模型研究包括数学模型研究和图形模型研究。在传统工程技术领域，数学模型研究可分为确定性模型和随机模型。图形模型研究主要包括逻辑图、工程图、示意图和示形图等。本节中主要介绍物理模型研究的方法。

1.4.1 模型实验的一般原则

以过程设备实物为原型，遵循相似理论设计、制造与原型结构几何相似的物理模型，开展模拟研究的方法，称为实体模型研究方法。实体模型研究方法可用于设备的设计改进、设计的验证、研究生产过程操作条件和过程规律等领域。

建立实体模型通常应遵循以下规则：

① 模型与原型必须保持几何相似；

② 模型所研究的现象与原型应属于同一性质的现象，可以用相同物理方程来描述；

③ 要保持模型与原型进行过程的单值条件相似；

④ 模型与原型的定性准数应当相等。

1.4.1.1 定性尺寸

对过程有决定性影响的几何特征量，称为定性尺寸或特征尺寸。定性尺寸选择不同，同一过程中同一准数的数值就不一样。因此定性尺寸的选择十分重要。

定性尺寸一般可以按以下原则进行确定：

① 对于一般通道试验，如烟道、风道和炉膛等，对于圆管以直径为定性尺寸，对于非圆管，选择通道的当量直径为定性尺寸；

② 当介质在管内流动时，取管道内径为定性尺寸；

③ 介质在管外横掠单管或管簇流动时，取管道外径作为定性尺寸；

④ 介质纵向掠过管外或平壁流动时，对于管道，定性尺寸为管道的长度；对平面，取沿着流动方向的壁面长度为定性尺寸。同时，为保证测量数据的可靠性，介质速度不宜低于2m/s。

1.4.1.2 定性温度

模型研究中涉及介质的物性参数如密度 ρ、黏度 μ、热导率 k 等，这些参数都会受到温度的影响，因此必须确定一个有代表性的温度作为依据，通常把决定物性参数数值的温度称为定性温度。一般地，习惯取某种平均温度作为定性温度。

对于研究管道流体换热过程，选用的定性温度如下。

① 壁面平均温度 t_w　研究局部换热时，常选取所研究截面处的壁面温度作为定性温度；研究平均换热时，选取壁面的平均温度来确定流体的物性参数。

② 流体平均温度 t_f　对于常物性流体，截面上平均温度按体积平均温度计算。当流速沿通道截面积的半径方向保持不变或等于零时，取面积平均温度计算。当流体的物性参数值随温度变化很大、流体的速度 v 沿半径方向也发生很大变化时，按照焓平均值确定整个截面上流体的平均温度。

③ 边界层平均温度 t_b　以壁面温度 t_w 和流体温度 t_f 的算术平均值确定边界层的平均温度。

$$t_b=\frac{t_f+t_w}{2}$$

计算流体沿长度方向温度的平均值，选择定性温度的方法如下。

① 当各个截面处的流体平均温度沿着流动方向变化不大时，平均温度可选择管道进、出口两个截面处流体平均温度的算术平均值。

② 当各个截面流体平均温度沿管长方向变化较大时，沿管长方向的流体平均温度为 $t_f=t_w\pm\Delta t$，式中，“+”号表示流体被冷却，“−”号表示流体被加热；Δt 为温差（t_f-t_w）的对数平均值。

不同情况下，定性尺寸和定性温度的选择是不同的。在选用相似准数时，必须说明在确定相似准数时物性参数所选用的定性尺寸和定性温度，并在相似准数的下标处注明。

1.4.1.3　工作介质与模型尺寸

进行模型研究时，模型工作介质的选择和模型尺寸的确定是根据对应部位上已定相似准则等值的条件，计算确定模型尺寸和介质在模型中的工作参数，也需要根据不同情况考虑各个方面的因素。

（1）工作介质的选择

由于在空气流中的测量较为可靠、准确，模型本身较简单，以空气作为模型介质的模型应用广泛。在进行热态模拟时，为使 Pr 准则近似等值，则只能采用气体介质。在研究低速运动问题时，则多用水作为模型介质。因为在相同温度下，$v_{水}\approx v_{空气}/10$，在保证 Re 准则等值的条件下，同一模型中 $v_{水}$ 可保持较小的值，有利于观察流动情况。特别是对于一些定性观察的实验，用水作为介质较为适宜。

（2）模型尺寸的确定

a. 考虑测量仪器的允许测量范围，为保证测量精确，研究区段的流动速度不低于测量的允许值，一般流速应不低于 2m/s；

b. 要便于对试验进行观测，模型高度通常在 1.5～3m；

c. 模型系统的阻力尽量小，方便风机与泵的选用。对于尺寸较大的设备，通常取 $c_l=10$ 或更大。对于特殊的问题，可取 $c_l=1$ 或 $c_l<1$ 的模型。

需要指出的是，如果先规定了工作介质的物性参数，然后寻找相应的介质是非常困难的。一般是先确定工作介质，再确定几何相似倍数，规定模型尺寸。

模型工作介质的选择和模型尺寸的确定还要考虑试验的技术条件，如场地、经费、人员、测试手段等方面的因素。

研究的现象具有自模性，模型实验是只要保证模型和原型处于同一自模区，不一定要求模型与原型的对应相似准数等值，给模型实验带来很大方便。目前，自模区只能通过实验确定。

对于复杂的物理现象，当某一种物理场量已进入自模区时，并不意味着其他物理量场也同时进入自模区。例如，在对流换热现象中，当流体动力达到自模化时，并不等于热力也已自模化。这一点在进行模型研究时必须引起足够的重视。

1.4.2 数据整理与综合方法

通过对所研究现象的分析，导出描述现象的相似准数之后，把待定准则 π_y 表示成已定准则 π_i（$i=1$，2，$\cdots$，m）的函数，得到一般形式的准则方程。准则方程的具体形式一般通过实验确定。实际上，描述各种现象的准则方程在自变量范围内可以采用幂函数的形式表示，即

$$\pi_y = c\pi_1^{n_1}\pi_2^{n_2}\cdots\pi_m^{n_m} \tag{1-39}$$

式中，c，n_1，n_2，$\cdots$，n_m 为常数，由实验确定。

为便于讨论，这里以包含两个已定准则的情况为例，讨论已定准则 π_1 和 π_2 对待定准则 π_y 的影响，准数方程可写为

$$\pi_y = A\pi_1^m\pi_2^n \tag{1-40}$$

第一步选择其中任意一个已定准则，设定一个常数值，例如对于已定准则 π_1，设 $\pi_1=c_1$，则式(1-40) 可写成 $\pi_y=Ac_1^m\pi_2^n$。然后在此条件下进行试验，可得到充分多的待定准则 π_y 的值，且这些值仅取决于一个已定准则 π_2。

当 $\pi_1=c_1$ 时，令 $A_1=Ac_1^m$，对式(1-40) 进行数学变换可得

$$\lg\pi_y = \lg A_1 + n\lg\pi_2$$

通过试验可以得到一组 π_y 和 π_2 的数据，把这种一一对应的关系绘制在对数坐标上，见图 1-4。显然，n 是直线的斜率，即

$$n = \tan\varphi = \frac{b}{a} = \frac{\lg\pi_{y_2} - \lg\pi_{y_1}}{\lg\pi_{22} - \lg\pi_{21}} \tag{1-41}$$

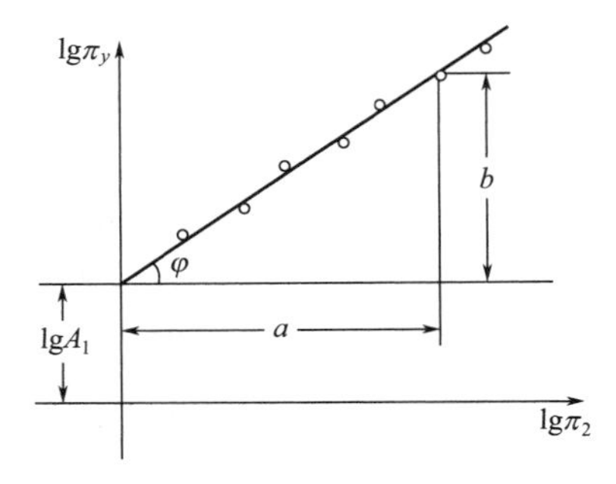

图 1-4 准则关系对数坐标图

式中，π_{ik} 中第 2 个下标“k”表示试验点序号。

系数 A_1 可以通过多个点上的算术平均值进行计算，

$$A_1 = \frac{1}{N}\sum_{k=1}^{N}\frac{\pi_{yk}}{\pi_{2k}^n} \quad (N\geqslant 3) \tag{1-42}$$

式中，n 为参加平均的 π 值的个数，通常不应少于 3 个。

第二步对另一个已定准则设定常数值，即 $\pi_2=c_2$，则式(1-40) 可写成 $\pi_y=A\pi_1^m c_2^n$。令

$A_2=Ac_2^n$，则有

$$\lg\pi_y=\lg A_2+m\lg\pi_1$$

同样，通过试验可以得到一组 π_y 和 π_1 的数据，按照前述的方法进行数据处理并计算可得到 m 值和 A_2 值。由获得的 m、n 值和 A_1、A_2 值，可计算得到 A 的值。

当全部试验点并不落在同一直线上，而是形成一条曲线带时，可沿着曲线带连成两段或多段直线相接的折线。分别确定这些直线的斜率和截距，从而得到不同区段范围使用的准数方程式。

【例 1-7】 某空气横向掠过外径 $d=12\text{mm}$ 的单管时，测得不同流速下的相似准则对应数据如下：

$Re\times10^{-3}$	5.45	6.87	8.04	9.55	11.6	15.1	20.2	20.4
Nu	39.9	45.1	50.6	56.4	62.5	74.5	86.1	87.9

试据此求该对流换热现象的准则方程。

解 依题目可知，描述此对流换热过程的相似准数有 Nu，Re 和 Pr。

设对流换热的准数方程式为

$$Nu=A_1Re^mPr^n$$

对于空气介质 $Pr\approx0.72$ 为常数，令 $A=A_1Pr^n$，则上式可写为

$$Nu=ARe^m$$

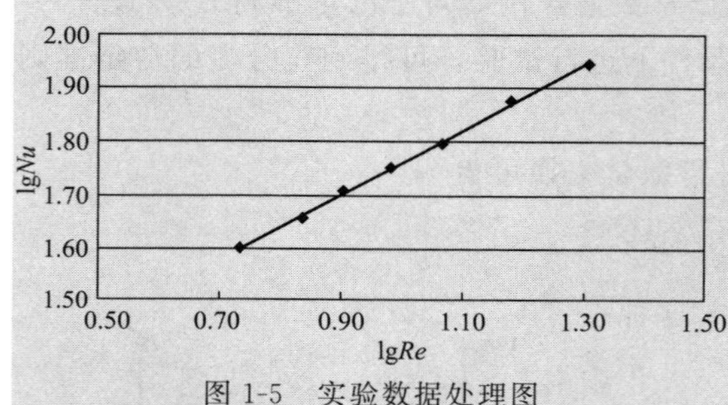

图 1-5 实验数据处理图

对上式两边同时取对数，有 $\lg Nu=\lg A+m\lg Re$。将试验数据绘制在对数坐标上，见图 1-5。

根据式(1-41) 有

$$m=\frac{\lg74.5-\lg39.9}{\lg15.1-\lg5.45}=0.612$$

根据式(1-42)，从实验数据中任取三组数据，计算 A 值。

$$A=\frac{1}{3}\sum_1^3\frac{Nu_k}{Re_k^{0.612}}$$
$$=\frac{1}{3}\left[\frac{39.9}{(5.45\times10^3)^{0.612}}+\frac{50.6}{(8.04\times10^3)^{0.612}}+\frac{74.5}{(15.1\times10^3)^{0.612}}\right]=0.206$$

从而，得到空气横掠单管时的换热准数方程式为

$$Nu=0.206Re^{0.612}$$

其适用范围是 $5\times10^3<Re<20\times10^3$。

1.4.3 实体模型研究方法*

1.4.3.1 近似模化研究方法

对复杂的物理现象，因其涉及的物理参量较多，导出的相似准则比较多，模型实验研究时要完全满足模型试验的相似条件就比较困难，有时甚至无法实现。

例如在流动的模型试验中，原型和模型中采用同一种流体，$\nu_p=\nu_m$。

如满足 Re 等值，则有： $$\left(\frac{vl}{\nu}\right)_p=\left(\frac{vl}{\nu}\right)_m$$

原型与模型的速度比为： $$\frac{v_p}{\nu_m}=\frac{l_m}{l_p}$$

如满足 Fr 等值，则有： $$\left(\frac{v^2}{gl}\right)_p=\left(\frac{v^2}{gl}\right)_m$$

原型和模型的速度比为： $$\frac{v_p}{\nu_m}=\sqrt{\frac{l_p}{l_m}}$$

比较两种情况下的原型和模型的速度比，可知，在流动过程中如果同时满足 Re 和 Fr 两个准数相等是困难的。

模型实验中要求满足的相似准则有两个或两个以上时，模型实验的介质选择受到限制，相似准数中其他物理量也是相互制约的。这种情况下，可以根据研究现象的本质，主要考虑对现象有决定性的影响因素，对现象影响较小的影响因素只做近似保证或忽略。这样，使模型研究结果不致引起较大的误差。这种模型研究方法称为近似模化研究方法。

近似模化研究方法不要求所有的相似条件都得到满足，只需要满足保证试验结果具有足够的准确性所必须满足的几个主要相似条件。工程实践证明，近似模化方法可以满足工程实际的要求。

下面以流体动力模型试验为例，讨论如何确定模型试验的主、次要因素。

① 黏性流体强制流动：对流动状态起主要作用的是 Re 准数，Gr 数和 Fr 数的作用不大，此时只要保证 $(Re)_p=(Re)_m$，Gr 数和 Fr 数可以忽略。

② 流体自由运动：对流动状态起主要作用的是 Gr 数或 Fr 数，这种情况下，只要保证模型的 Gr 数或 Fr 数与原型相等，而 Re 数可以忽略。

③ 温度场中的 Pr 数：对于气体来说，当原子数目相同时，Pr 数值几乎相等。用冷空气模拟不等温的热气体，Pr 数自行相等。

④ 通道的几何形状：保证通道的几何形状，特别是表面粗糙度的完全相似是不易实现的。由于黏性对离开表面一定距离的流动状态、速度分布不起影响作用，故通道的表面状态一般不必保证相似。

⑤ 流体温度不均匀情况：模型内部各点流体的物理参数要实现完全相似是很困难的。模型研究时，通常用等温的空气或水模拟不等温的热气体。当需要得出准确数量关系时，将模型上所得的准数关系式及流体温度分布情况做必要的修正。

⑥ 考虑化学反应：过程不仅包含物理传递过程，还有化学反应过程，例如燃烧过程。此时可以有条件地把流体流动的物理过程进行模拟，化学过程当作一个叠加变量来考虑。在

需要考虑化学反应时，可以用热源、点火温度等来代替实际的化学过程。

相似理论同样也适用于类似现象的研究。模型化研究方法是从容易研究、成本较低的现象研究中探索生产过程中同类现象的规律性。从一种现象的研究结果去确定另一种性质的现象的规律性，这种称为类比方法。类比法是一种广义的模化方法。类比法的优点在于可以模拟难于直接进行试验的物理过程，同时使试验结果具有较高的精确度。

1.4.3.2 自模区

根据相似第三定理，在进行模型设计时，要求模型和原型在对应时间和对应空间上的已定相似准则等值，以保证模型和原型描述的现象相似。但是，在一定条件下现象能够自动相似，这种性质称为现象的自模性，具有自模性的参数区间为自模区。研究的现象具有自模性，模型试验只要保证模型和原型处于同一自模区，不一定要求模型与原型的对应相似准数等值，这样给模型试验带来很大方便。目前，自模区只能通过实验确定。

对于黏性流体的流动，根据 Re 数的数值可分为第一自模区和第二自模区。当雷诺数 Re 小于第一临界雷诺数 Re_{k1} 时，流体的流动形态与 Re 数无关，La 的值不随 Re 的大小而变化，流动处于第一自模区，见图 1-6。当雷诺数 Re 大于第二临界雷诺数 Re_{k2} 时，流动状态、Eu 值与 Re 数无关，称为第二自模区，如图 1-7 所示。当原型和模型都处于自模区内，只需几何相似，不必严格保证模型 Re 数与原型 Re 数相等，就可实现动力相似。

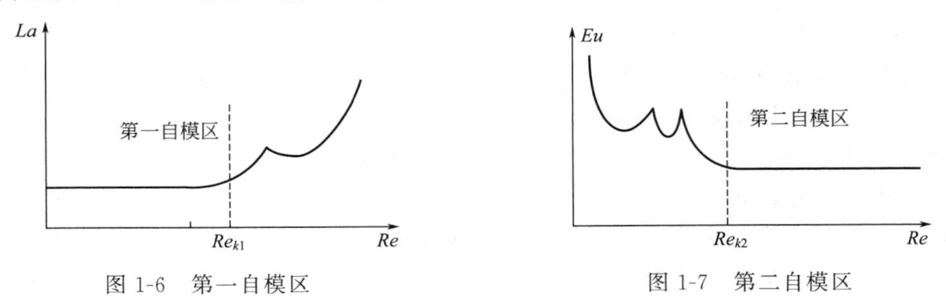

图 1-6　第一自模区　　　　图 1-7　第二自模区

对于复杂的物理现象，当某一种物理场量已进入自模区时，并不意味着其他物理量场也同时进入自模区。例如，在对流换热现象中，当流体动力达到自模化时，并不等于热力也达到自模化。这一点在进行模型研究时必须引起足够的重视。

1.4.3.3 模型设计

模型设计主要涉及的内容有：a. 明确研究问题的重点，简化模型，进行模型的结构设计；b. 根据实际情况确定模型尺寸；c. 选择工作介质，决定过程操作范围；d. 确定定性尺寸和定性温度；e. 确定模型研究的自模区。模型尺寸、工作介质和操作范围之间相互关联，为相似条件所约束。

进行模型设计通常是首先根据实验场地确定几何相似倍数，选定几何尺寸，得出模型区的几何边界；然后分析研究现象的主要因素，满足原型与模型相似条件，选择模型律；最后按照选用的相似准则，确定模型实验参数。

【例 1-8】 船在航行时的阻力系数 C_p 与雷诺数 Re 和弗汝德数 Fr 有关。在进行船模实验时，要求满足 Fr 准则。假设模型船的大小是原型的 1/20，而原型船的速度为 10m/s，模型船的速度应是多少？

解 由 $(Fr)_p=(Fr)_m$，得

$$\frac{v_p^2}{gl_p}=\frac{v_m^2}{gl_m}$$

$$\frac{v_p}{\nu_m}=\sqrt{\frac{l_p}{l_m}}$$

由于 $l_p/l_m=20$，$v_p=10\text{m/s}$，因此，模型船速度

$$v_m=2.236\text{m/s}$$

练习题

1. 下列各量中的无量纲数：________。

(a) 运动黏度；(b) 相对密度；(c) 比体积；(d) 都不是。

2. 函数 $F(V,h,g,v,\varphi)=0$，当取流量 V 和 g 为重复变量，下列组合中的无量纲参数是：________。

(a) V^2/g^5；(b) v^2/g^2V；(c) $V^2/g\phi^2$；(d) $V/\sqrt{gh}$。

3. Re 数的物理意义是________之比。

(a) 黏滞力与惯性力；(b) 黏滞力与重力；(c) 重力与惯性力；(d) 压力与黏滞力

4. 速度 v、长度 l、重力加速度 g 的无量纲集合是：________。

(a) $\frac{lv}{g}$；(b) $\frac{v}{gl}$；(c) $\frac{l}{gv}$；(d) $\frac{v^2}{gl}$

5. 速度 v、密度 ρ、压强 p 的无量纲集合是：________。

(a) $\frac{\rho p}{v}$；(b) $\frac{\rho v}{p}$；(c) $\frac{pv^2}{\rho}$；(d) $\frac{p}{\rho v^2}$

6. 输水管模型实验，几何比例为 8，模型水管的流量应为原型输水管流量的：________。

(a) 1/2；(b) 1/4；(c) 1/8；(d) 1/16

7. Fr 数起主要作用的流动模型实验中，几何相似倍数为 4，模型流量应为原型流量的：________。

(a) 1/2；(b) 1/4；(c) 1/8；(d) 1/32

8. 在水力模型实验中要实现有压管流的动力相似，应选的相似准则是：________。

(a) Re；(b) Fr；(c) Eu；(d) 其他

习题

1. 将下列各组参量组成无量纲乘积。

(1) Δp，v，ρ，g

(2) f，ρ，l，v

(3) v，l，ρ，σ

式中，Δp 为压强差；v 为流速；g 为重力加速度；f 为力；ρ 为密度；σ 为表面张力；l 为几何尺寸。

2. 以 L，M，T 为基本量纲，写出下列各量的量纲和 SI 制单位。

（1）力、压强、功、动能、功率、力矩

（2）密度、重度、体积流量、质量流量、重量流量

（3）速度、加速度、角速度、动量、动量矩

（4）动力黏度、运动黏度、表面张力

3. 检验下列各综合量是否为无量纲乘积。

（1）$\sqrt{\dfrac{\Delta p}{\rho}}\cdot\dfrac{V}{l^2}$　（2）$\dfrac{\rho V}{\Delta p l^2}$　（3）$\dfrac{\rho l}{\Delta p V^2}$

（4）$\dfrac{\Delta p l V}{\rho}$　（5）$\sqrt{\dfrac{\rho}{\Delta p}}\cdot\dfrac{V}{l^2}$

式中，Δp 为压强差；ρ 为密度；l 为长度；V 为体积流量。

4. 已知 $Re=f(v,l,\rho,\mu)$，试用量纲分析法求出 Re 的具体形式。

5. 若某现象的参量为体积 V，加速度 a，速度 v，功率 P，动量 M，角速度 ω，试计算其无量纲乘积的完整集合。

6. 确定以下量纲矩阵的秩和完整集合中的无量纲乘积的数目，并计算完整集合中的各个无量纲乘积，消除分数指数。

①

	A	B	C	D	E	F
M	1	1	−1	0	0	−2
L	3	2	1	−1	−4	0
T	−1	−2	2	0	8	1

②

	A	B	C	D
M	−7	−2	−3	14
L	−2	−4	3	1
T	−1	2	−3	4

③

	A	B	C	D	E	F	G	H
M	1	1	0	−2	0	1	−1	2
L	2	2	0	1	4	−2	−3	5
T	−3	2	0	−1	−4	3	1	4

④

	A	B	C	D
M	1	−1	2	0
L	−3	0	1	−2
T	−1	−2	5	−2
θ	4	−1	1	2

7. 海洋水面上发生一种所谓“白帽子”现象，它的移动速度 v 和水的质量密度 ρ_w，空气的质量密度 ρ_a，水的黏滞性系数 μ_w，空气的黏滞性系数 μ_a 和重力加速度 g 有关。则 v 的量纲和谐方程的最一般形式是什么？

8. 试用量纲分析证明任何形状的无摩阻力的摆的周期是与重力加速度的平方根成反比，且周期和摆的质量无关。

9. 假设自由落体的下落距离 l 与落体的质量 m、重力加速度 g 及下落时间 t 有关，试用瑞利法导出自由落体下落距离的关系式。

10. 设影响小球在流体中沉降阻力 f 的因素为流体的 ρ、μ，小球的直径 d 和沉降速度 v 等，试用 π 定理法确定它们之间的关系式。

11. 水泵的轴功率 N 与泵轴的转矩 M、角速度 ω 有关，试用瑞利法导出轴功率表达式。

12. 管道中的阀门、孔口及其他阻碍物引起的压降 Δp 与阻碍物的形状，管径 d，管中流体的平均速度 v，质量密度 ρ 和黏滞系数 μ 有关。试确定 Δp 量纲和谐方程的最一般形式。若 μ 可以忽略，则方程的形式又如何？

13. 已知文丘里流量计喉管流速 v 与流量计压强差 Δp、主管直径 d_1、喉管直径 d_2 以及流体的密度 ρ 和动力黏度 μ 有关，试用 π 定理证明流速关系式为

$$\frac{\rho v^2}{\Delta p}=f\left(\frac{\rho v d}{\mu},\frac{d_2}{d_1}\right)$$

14. 根据不可压缩流体 N-S 方程

$$\frac{\partial v}{\partial \tau}+v_x\frac{\partial v}{\partial x}+v_y\frac{\partial v}{\partial y}+v_z\frac{\partial v}{\partial z}=g-\frac{1}{\rho}\nabla P+\frac{\mu}{\rho}\nabla^2 v$$

导出流体动力相似准则，并写出准则关系式。

15. 根据流体导热微分方程 $\frac{\partial t}{\partial \tau}+v_x\frac{\partial t}{\partial x}+v_y\frac{\partial t}{\partial y}+v_z\frac{\partial t}{\partial z}=a\nabla^2 t$，用方程分析方法导出导热相似准则。

第2章

流体力学基础

2.1 引言

2.1.1 流体力学及其任务

2.1.1.1 流体力学的研究对象

流体力学是研究流体平衡和宏观运动规律的科学，是力学的分支学科。

从物理学观点看，按照分子聚集状态的不同，自然界物质有三种形态：固体、液体和气体。宏观上看，固体有一定的体积和形状，不易变形；液体有一定的体积，不易压缩，形状随容器形状而变化，有自由表面；气体容易压缩，充满整个容器，没有自由表面。

流体的基本特征是具有流动性，由于液体和气体具有通常所说的流动性，因此把液体和气体统称为流体。什么是流动性呢？观察生活中存在的现象，如微风吹过平静的水面，水面因为受到气流的摩擦力作用而波动；斜坡上的水，在重力沿坡面方向的切向分力作用下而往低处流淌……这些现象表明，流体在静止时不能承受剪切力，或者说，在任何微小剪切力作用下流体都将产生连续不断的变形，这就是流动。流体在微小剪切力作用下将发生连续不断的变形，直至剪切力消失为止，流体的这种特性称为流动性。按照力学的术语进行定义，在任何微小剪切力的作用下都能够发生连续变形的物质称为流体。

从力学分析角度来看，流体和固体的主要差别在于抵抗外力的能力不同。当固体受到外力作用时，它将产生相应的变形以抵抗外力的作用。固体在剪切力作用下可以维持平衡，它没有流动性。静止流体不能抵抗任何微小的拉力和剪切力作用，只要剪切力存在，流体产生持续的流动。此外，流体无论静止或是运动，都几乎不能承受拉力。所以，流动性是区别流体与固体的力学特征。

2.1.1.2 流体力学研究的意义

流体力学是人类在征服自然、改造自然的实践中产生和发展起来的。古代的人们在兴修水利、灌溉农田的实践活动中开始认识和利用水流的规律，在利用风能的实践中认识到空气的运动规律。18世纪中叶，航海、造船、水利以及城市建设等新兴产业的发展需求，作为近代自然科学基础的经典力学的成熟，为流体力学的建立奠定了理论基础，流体力学成为一门独立的科学。20世纪60年代以后，由于生产和技术发展需要，促使流体力学和其他学科相互渗透，出现了许多新的分支和交叉学科，如工程流体力学、稀薄流体力学、非牛顿流体力学、化学流体力学、生物流体力学、计算流体力学、磁流体力学等。

流体力学在许多工业技术中有着广泛的应用。水利工程的建设、造船工业的发展是与水静力学和水动力学密切相关的，航空工业中各种飞行器的设计都要依据空气动力学的基本原理。机械工业中的润滑、液压传动、气力输送和气动控制问题的解决，必须应用到流体力学理论，土木建筑工程中的给水排水、供热通风和空气调节是流体力学问题。海洋中的波浪、环流、潮汐以及大气中的气旋和季风等都是流体力学的问题。在诸多以液体或气体作为介质的行业，如电力行业、化工行业等，凡是以流体参与的设备和实施，其中的流体的必然受到流体力学相关规律的支配。

材料生产过程中，绝大部分生产工艺流程都是以流体为工作介质，同时伴随有化学反应、传质、传热过程，流体作为传热和传质的介质，其流动过程与传热过程、传质过程及化学反应过程相互作用，从而影响工艺控制条件。

对于材料工业生产中所用的各种设备，如窑炉、烟道和风管等，流动过程组织是否合理，将直接影响到设备的性能和经济性。研究这些设备中流体的流动，不仅可以了解流体运动的规律，还可以掌握流体在这些设备边界处的传热、传质规律，从而获得最优的系统设计和最佳的工作效率。

2.1.2 连续介质模型

物理学研究表明，流体由大量的分子组成，这些分子都在无休止地做不规则的热运动，分子间存在着一定尺度的间隙。严格地说，流体物理量在空间不是连续分布的。此外，由于分子的随机运动，导致任一空间点上的流体物理量对时间的变化也是不连续。因此，以分子作为流动的基本单元研究流体运动将极为困难。

流体力学是研究流体宏观机械运动的规律，它注重的是流体的宏观特性，即大量分子的平均运动及其统计特性。在标准状态下，$1cm^3$ 的水中约有 3.3×10^{22} 个水分子，相邻分子间的距离约为 $3\times10^{-8}cm$；$1cm^3$ 气体约有 2.7×10^{19} 个分子，相邻分子间的距离约为 $3\times10^{-7}cm$。分子距离如此微小，即使在很小的体积中，也含有大量的分子，足以得到有代表性的各项统计平均值。

在进行流体力学研究时，所取的最小流体微元是流体质点，它是宏观尺寸非常小而微观尺寸足够大，含有大量分子，具有一定质量的流体微团。在研究流体的力学行为时，把流体当作由无数个质点组成的、内部无间隙的连续体来研究，这就是连续介质模型。

按照连续介质模型，表征流体属性的物理量为空间和时间的连续函数，可用连续函数来表达和分析流体平衡和运动规律，为流体力学研究提供了很大的方便。

连续介质完全是宏观意义上的一个假想概念，是为了摆脱分子运动的复杂性，对流体物质结构的简化，用于一般流动是合理和有效的。在某些特殊问题中，例如当导弹和卫星在高空的稀薄气体中飞行时，气体分子的平均自由程很大，与物体的特征长度尺度相比为同阶量，此时便不能将稀薄气体看作连续介质。

2.1.3 流体的主要物理性质

2.1.3.1 密度、比体积和重度

（1）密度

密度是流体重要的物理属性，单位体积内流体的质量称为流体的密度，通常用符号 ρ 表

示。密度表征流体质量在空间的密集程度。

$$\rho=\lim_{\Delta V\to 0}\frac{\Delta m}{\Delta V}=\frac{\mathrm{d}m}{\mathrm{d}V} \tag{2-1}$$

式中　V——某空间点附近的流体的体积，m^3；

m——流体质量，kg；

ρ——流体密度，kg/m^3。

对于非均质流体，密度是空间位置的函数，对于均质流体，其密度可以表示为：

$$\rho=\frac{m}{V} \tag{2-2}$$

对于一定质量的流体，其体积与温度、压强有关，因此流体的密度是温度和压强的函数。表 2-1 中列出了水、空气和水银的密度随温度变化的数值。

对于混合气体，其密度的计算式为

$$\rho=a_1\rho_1+a_2\rho_2+\cdots+a_n\rho_n=\sum_{i=1}^{n}a_i\rho_i \tag{2-3}$$

式中　ρ_i——混合气体中各组分气体的密度；

a_i——混合气体中各组分气体所占体积的百分比。

表 2-1　标准大气压下不同温度时水、空气、水银的密度

温度/℃	水的密度/(kg/m^3)	空气的密度/(kg/m^3)	水银的密度/(kg/m^3)
0	999.87	1.293	13600
4	1000.00	—	—
5	999.99	1.273	—
10	999.73	1.248	13570
15	999.13	1.226	—
20	998.23	1.205	13550
25	997.00	1.185	—
30	995.70	1.165	—
40	992.24	1.128	13500
50	988.00	1.093	—
60	983.24	1.060	13450
70	977.80	1.029	—
80	971.80	1.000	13400
90	965.30	0.973	—
100	958.40	0.946	13350

(2) 比体积

流体的比体积是指单位质量流体所占有的体积，用符号 v 表示，其单位为 m^3/kg。

$$v=\lim_{\Delta V\to 0}\frac{\Delta V}{\Delta m}=\frac{\mathrm{d}V}{\mathrm{d}m} \tag{2-4}$$

根据上述比体积的定义可知，比体积是密度的倒数，即，

$$v=\frac{1}{\rho} \tag{2-5}$$

（3）重度

流体的重度是指单位体积内流体所受的重力，通常用符号 γ 表示，其单位为 N/m^3。

$$\gamma=\lim_{\Delta V\to 0}\frac{\Delta G}{\Delta V}=\frac{dG}{dV} \tag{2-6}$$

式中　V——某空间点附近的流体的体积，m^3；

G——流体所受的重力，N。

由于：
$$G=mg$$

式中，g 为重力加速度，因此重度与密度存在以下关系：

$$\gamma=\rho g \tag{2-7}$$

流体的密度、比体积和重度均为温度和压强的函数，因此给出流体的上述物理性质时，一定要说明其对应的温度和压强。

2.1.3.2 流体的压缩性和膨胀性

（1）流体的压缩性

流体在一定温度下，流体体积随着压强的增大而减小的特性称为流体的压缩性，通常用流体的压缩系数 β 表示流体压缩性的大小。

$$\beta=-\frac{\frac{dV}{V}}{dp}=-\frac{1}{V}\times\frac{dV}{dp}=\frac{1}{\rho}\times\frac{d\rho}{dp} \tag{2-8}$$

由上述定义式看出，流体的压缩系数是指增加单位压强引起的流体体积减小或密度增大的比率，单位为 m^2/N。式中的负号表示压强的变化趋势与流体体积的变化趋势相反。

工程上常用流体的弹性模量衡量流体的压缩性，用符号 E 表示。

$$E=\frac{1}{\beta}=\rho\frac{dp}{d\rho} \tag{2-9}$$

体积弹性模量表示流体体积的相对变化所需的压强增量，单位是 N/m^2。

（2）流体的膨胀性

流体在一定压强下，流体体积随着温度的升高而增大的特性称为流体的膨胀性，通常用流体的（热）膨胀系数 α 表示流体膨胀性的大小。

$$\alpha=\frac{\frac{dV}{V}}{dT}=\frac{1}{V}\times\frac{dV}{dT}=-\frac{1}{\rho}\times\frac{d\rho}{dp} \tag{2-10}$$

由上式看出，流体的膨胀系数表示当温度增加 1K（℃）时引起的流体体积变化率或流

体密度的相对减小率，单位为 K^{-1}（$℃^{-1}$）。

（3）压缩流体和不可压缩流体

一般情况下，需要考虑温度和压强对体积和密度的影响。在压强不是很大、温度不是很低的情况下，可以将实际气体视为完全气体，热力学上也称为理想气体，理想气体状态方程式为：

$$pV=RT \text{ 或 } \frac{p}{\rho}=RT \tag{2-11}$$

式中 p——气体的绝对压强，Pa；

V——气体的比体积，m^3/kg；

ρ——气体的密度，kg/m^3；

R——气体常数，J/(kg·K)；

T——热力学温度，K。

式(2-11) 表明，理想气体的密度与压强成正比，与温度成反比。当温度不变时，压强增加一倍，密度增大为原来的一倍；当压强不变时，温度升高 1K（℃），体积则比 0K（℃）时增加 1/273。

实际上，液体和气体都是可压缩的，只是压缩性的大小有区别。在流体力学中，为了处理问题的方便，常将压缩性很小的流体近似看为不可压缩流体，此时流体的密度可视为常数，否则就是可压缩流体。通常液体的压缩性很小，常常把它视为密度等于常数的不可压缩流体。具有明显的压缩性的气体，是可压缩流体。

在工程实际问题中，是否考虑流体的压缩性，需视具体情况而定。在流速较高、压强变化较大的场合，一定质量气体的体积改变是不容忽视的，必须将其密度作为可变化量。但在低速流动（小于 100m/s）情况下，气体的密度变化很小，可以忽略压缩性的影响，而把气体当作不可压缩流体处理。

2.1.3.3 流体的黏性

（1）流体的黏性

流体的黏性是流体固有的物理性质。流体在管道中流动，管道两端要有一定压强差或高度差；轮船在水中航行、飞机在空中飞行，需要动力，这都是为了克服流体黏性所产生的阻力。什么是流体的黏性？当流体内部质点或流层间存在相对运动时，在流体内部会互施作用力以阻碍流体层之间的相对运动，流体这种抵抗流体质点或流层之间相对运动的性质称为流体的黏性。抵抗流体相对运动或抵抗流体产生剪切形变的力称为黏性应力。

1687 年，牛顿（I. Newton，1642—1727）发表了一项有关剪切流动的实验结果。两块相距 h 水平放置平行平板，平板间充满流体，平板面积足够大，以至于可以忽略平板的边缘效应。下板固定不动，上板在作用力 F 的作用下以恒定速度 v 沿 x 方向做匀速直线运动。如图 2-1 所示。

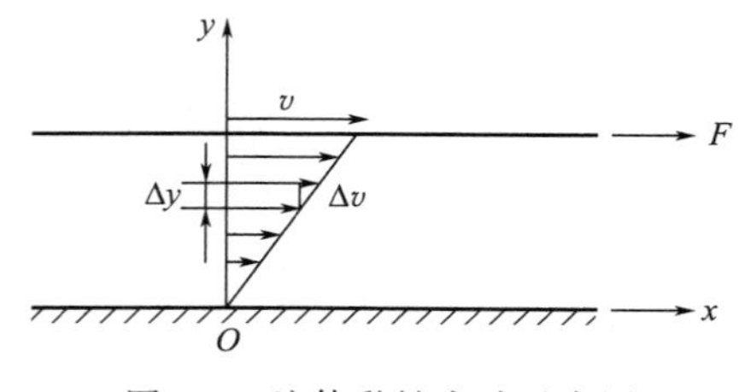

图 2-1 流体黏性实验示意图

实验结果表明：

① 黏性使流体黏附于它所接触的固体表面，与上平板接触的流体以速度 v 运动，与下平板接触的流体静止不动。

② 平板间各流层间都有相对运动。

③ 作用力 F 与速度梯度$\frac{\mathrm{d}v}{\mathrm{d}y}$及作用面积 A 成正比

$$F \propto \frac{\mathrm{d}v}{\mathrm{d}y}A$$

由于上平板做匀速运动，必定存在一个与 F 大小相等而方向相反的作用力，而只能由流体给予，这表明流体内部各流层之间存在着剪切力，即内摩擦力 T，这就是黏性的表象。黏性力大小可以表示为：

$$T=\mu \frac{\mathrm{d}v}{\mathrm{d}y}A \tag{2-12}$$

式中 A——黏性力的作用面积，m^2；

μ——流体的动力黏性系数，简称动力黏度，Pa·s；

T——流体的黏性力，N。

以应力表示：

$$\tau=\mu \frac{\mathrm{d}v}{\mathrm{d}y} \tag{2-13}$$

式中 τ——黏性应力，即单位面积上的黏滞力，N/m^2。

这就是著名的牛顿内摩擦定律，也称为牛顿黏性定律。式中，$\frac{\mathrm{d}v}{\mathrm{d}y}$为速度在流层法线方向的变化率，称为速度梯度。速度梯度越大，切向应力越大，能量损失越大；当速度梯度为 0 时，切向应力为 0，流体的黏性表现不出来。静止流体或以相同速度流动均属于这类情况。

微课4

牛顿黏性定律

流体流动速度与流体微团的剪切变形速度的关系，可推导如下：如图 2-2 所示，取一微小矩形流体微团，由于微团上下层存在速度差，经过时间 $\mathrm{d}t$，产生角变形 $\mathrm{d}\varphi$。

$$\mathrm{d}\varphi \approx \tan(\mathrm{d}\varphi)=\frac{\mathrm{d}v\mathrm{d}t}{\mathrm{d}y}$$

$$\frac{\mathrm{d}\varphi}{\mathrm{d}t}=\frac{\mathrm{d}v}{\mathrm{d}y} \tag{2-14}$$

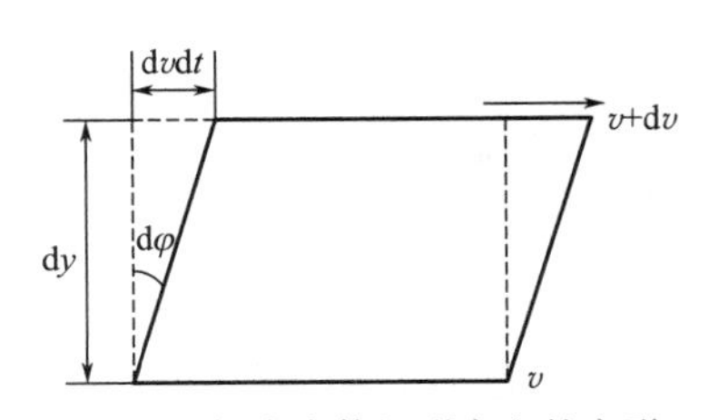

图 2-2 切应力使矩形产生的变形

可见，流体流动的速度梯度等于流体微团的角变形速度（剪切变形速度）。因此，牛顿黏性定律的物理意义也可表述为：各流层间的剪切应力与剪切变形速度成正比。

需要指出的是，凡遵循牛顿内摩擦定律的流体称为牛顿型流体，否则为非牛顿型流体。所有气体和大多数低分子量的液体均属牛顿型流体，如水、空气等；某些高分子溶液、油漆、血液等则属非牛顿型流体。非牛顿流体与牛顿流体具有不同的流动特性。本教材主要介绍牛顿型流体及其相关的力学行为。

（2）流体的黏度

通常情况下，形成流体黏性的因素主要有两个，一是由于流体分子间的引力在流体微团相对运动时形成的；二是流体分子的热运动导致的分子间相互碰撞，在不同流速的流层之间进行动量交换所形成的。对于气体，分子间距大，分子间的引力非常小，而分子的热运动剧烈，所以形成气体黏性的主要因素是分子热运动。对于液体，分子间距小，分子间的引力较大，而分子的热运动较弱，所以形成液体黏性的主要因素是分子引力。

黏性是流体的重要物理性质之一，黏度是流体黏性大小的度量，它是流体组成和状态（压强、温度）的函数。动力黏度 μ 值越大，流体黏性越大，流动性越差。

利用气体动力学理论可粗略推算流体的动力黏性系数与流体分子运动微观量之间的关系

$$\mu=\frac{1}{3}\rho\overline{v}\lambda \tag{2-15}$$

式中 ρ——流体的密度，kg/m^3；

$\overline{v}$——分子运动平均速度，m/s；

λ——分子运动平均自由程，m。

液体的动力黏性系数较气体要大得多，而且气体和液体的黏度随着温度变化的规律不同。随温度升高，液体分子间吸引力减小，动力黏性系数也减小。气体则随温度的升高，热运动加剧，动量交换加快，黏性增大。通常情况下，压强对流体黏性的影响很小，但在高压作用下流体的动力黏性系数随压强的增加而增加。

流体的黏性亦可用动力黏性系数 μ 与密度 ρ 的比值来表示，即运动黏性系数，也称为运动黏度，以 ν 表示，即：

$$\nu=\frac{\mu}{\rho} \tag{2-16}$$

运动黏性系数 ν 的单位为 m^2/s，量纲为 L^2T^{-1}。

（3）理想流体与黏性流体

自然界中的流体，无论液体或气体，都具有一定的黏性，称为实际流体或黏性流体。黏性的存在给流体运动规律的研究带来很大困难。为了简化理论分析，引入理想流体的概念，所谓理想流体是指 $\mu=0$ 的无黏性流体。无黏性流体实际上是不存在的，它只是一种对物性简化的力学模型。

引入理想流体概念的意义在于，一方面，在一些黏性并不起重要作用的情况下，忽略黏性，近似地把流体看成是无黏性流体，可简化问题容易得到理论分析结果，所得到的结果与实际出入也不大；另一方面，在黏性影响不可忽视的情况下，先分析掌握理想流体的流动规律，再通过实验加以修正，研究复杂的黏性流体的流动规律，从而比较容易地解决许多实际流动问题。在流体力学中，许多黏性流体力学问题往往都是以理想流体的运动规律为基础，再进一步研究分析解决的。

【例 2-1】 图 2-3 所示，转轴直径 $d=0.36$m，轴承长度 $L=1$m，轴与轴承之间的缝隙 $\delta=0.2$mm，其中充满动力黏度 $\mu=0.72$Pa·s 的油，如果轴以转速 $n=200$r/min 匀速运动时，求克服油的黏性阻力所消耗的功率。

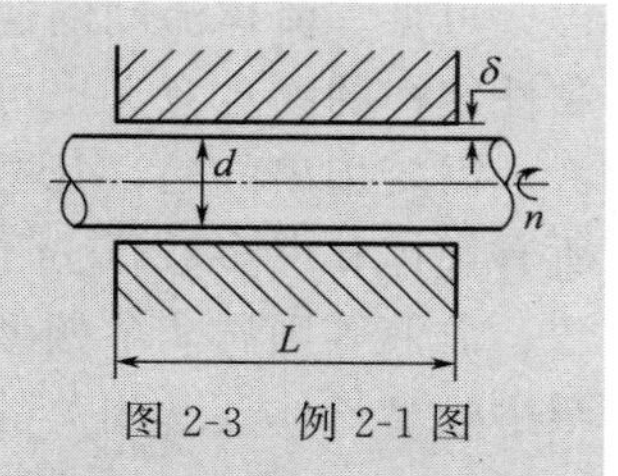

图 2-3 例 2-1 图

解 油层与轴承接触面上的速度为零，与轴接触面上的速度等于轴面上的线速度

$$v=r\omega=r\frac{\pi n}{30}=0.18\times\frac{\pi\times200}{30}=3.77(\mathrm{m/s})$$

油层在缝隙内速度为直线分布，

$$\frac{\mathrm{d}v}{\mathrm{d}y}=\frac{v}{\delta}$$

轴表面上切向力为

$$F=\mu\frac{\mathrm{d}v}{\mathrm{d}y}A=0.72\times\frac{3.77}{2\times10^{-4}}\times\pi\times0.36\times1=15.35(\mathrm{kN})$$

克服油的黏性阻力所消耗的功率为

$$N=Fv=15.35\times3.77=57.9(\mathrm{kW})$$

2.1.4 作用在流体上的力

力是使物体运动状态发生改变的原因，研究流体静止平衡和运动规律必须对流体所受的力进行分析。作用在流体上的力通常按照作用形式划分，可以分为质量力和表面力。

2.1.4.1 质量力

质量力是作用在流体每个质点上，并且力的大小与流体质量成正比的力。例如，重力场作用在流体上的重力和惯性力都属于质量力。在均质流体中，质量与体积成正比，因此流体受到的质量力也与其体积成正比。

质量力的大小通常用单位质量流体所受到的质量力表示，称为单位质量力。若流体微团的质量为 m，其受到的质量力为 F_b，则单位质量力为：

$$f_b=\frac{F_b}{m} \tag{2-17}$$

单位质量力在各坐标轴上的分量

$$\left.\begin{aligned}X=\frac{F_{bx}}{m}\\Y=\frac{F_{by}}{m}\\Z=\frac{F_{bz}}{m}\end{aligned}\right\} \tag{2-18}$$

则
$$f_b=X_i+Y_j+Z_k \tag{2-19}$$

若作用在流体的质量力只有重力 G，则

$$X=\frac{G_x}{m}=0,\quad Y=\frac{G_y}{m}=0,\quad Z=\frac{G_z}{m}=\frac{-mg}{m}=-g$$

符号表示重力方向与 z 轴方向相反。

单位质量力的单位为 m/s^2，量纲为 $[LT^{-2}]$。单位质量力具有与加速度相同的单位和量纲。

2.1.4.2 表面力

表面力是作用于流体表面上，并且大小与流体表面积成正比的力。在流体表面上某一点表面力大小通常用应力来表示。

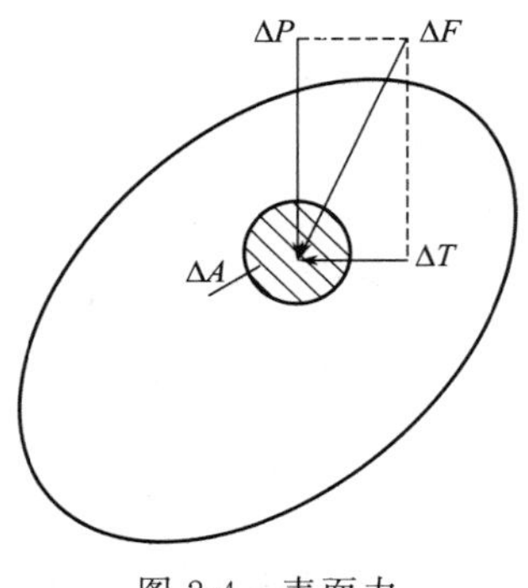

图 2-4 表面力

表面力不仅是点的坐标位置和时间 t 的函数，还与作用面的方向有关。在流体中取流体团，在其中取一微小面积 ΔA，若作用于表面 ΔA 上的表面力为 ΔF，将其分解为法向分力 ΔP 和切向分力 ΔT，如图 2-4 所示，其在法线和切线方向上的应力分别表示为：

法向应力：
$$p=\lim_{\Delta A\to 0}\frac{\Delta P}{\Delta A}=\frac{dP}{dA} \tag{2-20}$$

切向应力：
$$\tau=\lim_{\Delta A\to 0}\frac{\Delta T}{\Delta A}=\frac{dT}{dA} \tag{2-21}$$

应力的单位是 Pa，$1Pa=1N/m^2$。

2.2 流体静力学

流体静力学是研究流体在静止或相对静止状态下的力学规律及其在工程技术上的应用。流体处于静止或相对静止状态时，流层之间不存在相对运动，没有切向应力作用，流体不呈现黏性。所以，研究流体静力学所得到的结论对理想流体和黏性流体都适用。

2.2.1 流体静压强及其特性

在静止或相对静止状态的流体中，单位面积上流体所受到的静压力称为流体的静压强。静止或相对静止流体中的任意点 A 的静压强，以 p 表示，即

$$p=\lim_{\Delta A\to 0}\frac{\Delta p}{\Delta A}=\frac{dp}{dA} \tag{2-22}$$

静压强的单位是 Pa，量纲是 $ML^{-1}T^{-2}$。在工程上，有时以 bar 表示，$1bar=10^5Pa$。

流体静压强有以下两个特性。

特性一：流体静压强的作用方向沿着作用面的内法线方向。

从流体的定义和特征可知，在任何微小剪切力的作用下，流体都要发生流动，流体要保持静止状态，就不能有剪切力的作用。流体处于静止状态时，流体所受到的作用力只能是垂直于作用面。同时，流体在拉力作用下，也会产生流动，破坏流体的静止状态，所以，要保持流体的静止状态，作用力的方向只能是与作用面的内法线方向一致，即静止或相对静止状态的流体中，流体静压强的方向必然是沿着作用面的内法线方向。

特性二：静止或相对静止流体中，任一点流体静压强的大小与作用面的方向无关，只与该点的位置有关。即流体中某点处静压强的大小各向等值。

如图 2-5 所示，在静止或相对静止流体中任意取一点 A，对包含 A 点的微元四面体 $ABCD$，以 A 为坐标原点建立直角坐标系。微元四面体三个正交的边长分别为 $\mathrm{d}x$、$\mathrm{d}y$、$\mathrm{d}z$，作用在微小平面$\triangle ABD$、$\triangle ABC$、$\triangle ACD$ 和$\triangle BCD$ 上的静压强分别为 p_x、p_y、p_z 和 p_n。为了研究这些静压强之间的相互关系，我们来建立作用在微元四面体上的受力平衡关系。

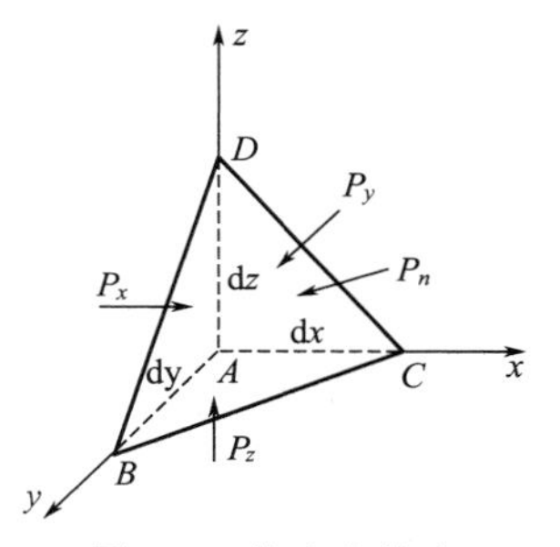

图 2-5　静止流体中的微元四面体

首先分析作用于微元体上的表面力。由于静止或相对静止流体不存在拉力和切力，因此，表面力只有压力。作用于微元体各个平面上的静压力为：

$$P_x = p_x \mathrm{d}A_x = \frac{1}{2} p_x \mathrm{d}y \mathrm{d}z$$

$$P_y = p_y \mathrm{d}A_y = \frac{1}{2} p_y \mathrm{d}x \mathrm{d}z$$

$$P_z = p_z \mathrm{d}A_z = \frac{1}{2} p_z \mathrm{d}y \mathrm{d}x$$

$$P_n = p_n \mathrm{d}A_n$$

$\mathrm{d}A_n$ 为倾斜面$\triangle BCD$ 的面积。

作用在微元四面体上的质量力。质量力等于单位质量力与流体质量的乘积，设流体的密度为 ρ，流体所受的单位质量力 f_b 在 x、y 和 z 方向的分量分别为 X、Y 和 Z，则作用在微元四面体上的质量力在 x、y 和 z 方向的分量为：

$$F_{bx} = \frac{1}{6} \rho \mathrm{d}x \mathrm{d}y \mathrm{d}z X$$

$$F_{by} = \frac{1}{6} \rho \mathrm{d}x \mathrm{d}y \mathrm{d}z Y$$

$$F_{bz} = \frac{1}{6} \rho \mathrm{d}x \mathrm{d}y \mathrm{d}z Z$$

由于流体是处于静止或相对静止状态，作用于微元四面体上各方向的合外力为 0。

x、y 和 z 方向的受力平衡关系为

$$P_x - P_n \cos(n, x) + F_{bx} = 0 \tag{a}$$

$$P_y - P_n \cos(n, y) + F_{by} = 0 \tag{b}$$

$$P_z - P_n \cos(n, z) + F_{bz} = 0 \tag{c}$$

以 α、β 和 γ 分别表示 n 方向与 x、y 和 z 轴方向的夹角。上述式(a) 可以写成：

$$\frac{1}{2} p_x \mathrm{d}y \mathrm{d}z - p_n \mathrm{d}A \cos\alpha + \frac{1}{6} \rho \mathrm{d}x \mathrm{d}y \mathrm{d}z X = 0$$

将 $\frac{1}{2}\mathrm{d}A\cos\alpha = \frac{1}{2}\mathrm{d}y\mathrm{d}z$ 代入上式，并略去高阶无穷小量 $\frac{1}{6}\rho\mathrm{d}x\mathrm{d}y\mathrm{d}zX$，则可得到：

$$p_x = p_n$$

同理，从式(b) 和式(c)，可得：

$$p_y = p_n$$
$$p_z = p_n$$

由此可得 $p_x = p_y = p_z = p_n$。

由于 A 点和斜面 n 方向的任意性，在静止流体中，任意一点上作用于任意方向上的静压强大小相等。静止流体中，任意一点静压强的大小只是与其位置有关，它是空间坐标的连续函数，$p = f(x, y, z)$。

这样，研究流体静压强即是研究流体静压强随空间位置的分布规律。

2.2.2 流体平衡微分方程

2.2.2.1 流体平衡微分方程

为了推求流体静止平衡状态下的压强分布规律，我们从微元体的受力平衡关系着手，建立流体平衡微分方程。

在静止流体中，取边长为 dx、dy、dz 的微元六面体，如图 2-6 所示。设微元体中心点的密度为 ρ，静压强为 p。下面分析微元六面体的受力平衡关系。

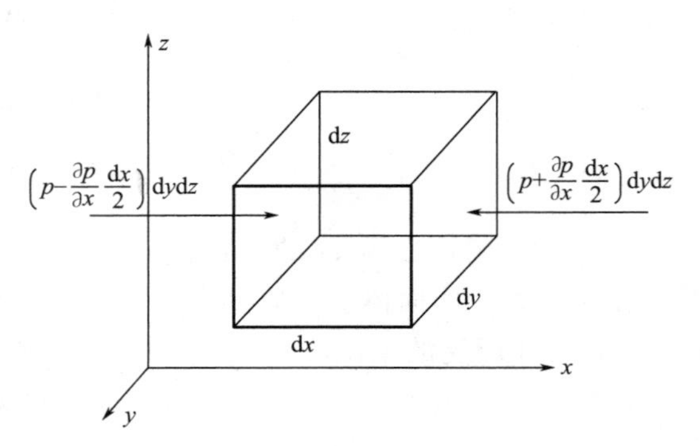

图 2-6　静止流体中的微元六面体

表面力：由于流体是静止的，表面力就只有压力。作用于 x 方向的压力

$$P_x = \left(p - \frac{\partial p}{\partial x}\frac{dx}{2}\right)dydz - \left(p + \frac{\partial p}{\partial x}\frac{dx}{2}\right)dydz = -\frac{\partial p}{\partial x}dxdydz$$

同理，对于 y、z 方向，其表面力为

$$P_y = -\frac{\partial p}{\partial y}dxdydz,\quad P_z = -\frac{\partial p}{\partial z}dxdydz$$

质量力：作用于微元六面体上的质量力在三个坐标轴方向的分量为

$$F_{bx} = X\rho dV = X\rho dxdydz$$
$$F_{by} = Y\rho dV = Y\rho dxdydz$$
$$F_{bz} = Z\rho dV = Z\rho dxdydz$$

式中，X、Y 与 Z 为 x、y 与 z 方向的单位质量力。

因为微元六面体处于静止平衡状态，所以作用在各个方向的合外力为 0。列出 x 方向的受力平衡方程：

$$F_x = F_{bx} + P_x = 0$$

$$X\rho dxdydz - \frac{\partial p}{\partial x}dxdydz = 0$$

化简后，可得：

同理，可得：

$$\left.\begin{aligned}X-\frac{1}{\rho}\frac{\partial p}{\partial x}=0\\Y-\frac{1}{\rho}\frac{\partial p}{\partial y}=0\\Z-\frac{1}{\rho}\frac{\partial p}{\partial z}=0\end{aligned}\right\}\tag{2-23}$$

这就是流体平衡微分方程式，方程是瑞士数学家和力学家欧拉在1755年首先导出，又称为欧拉平衡微分方程。方程的物理意义为：在静止流体中，作用于单位质量流体上的质量力分量与该方向上的表面力彼此相等，并且质量力作用方向与压强增加方向相同。方程表示流体在质量力和表面力作用下的平衡条件。

2.2.2.2 等压面

流体中压强相等的空间点构成的面称为等压面。例如，液体的自由液面就是一个等压面。等压面可以是平面，也可以是曲面。

将式(2-23) 中各分式分别乘以 dx、dy、dz 后相加，得到

$$\frac{\partial p}{\partial x}dx+\frac{\partial p}{\partial y}dy+\frac{\partial p}{\partial z}dz=\rho(Xdx+Ydy+Zdz)$$

上式的左边为压强的全微分式，因此，有

$$dp=\rho(Xdx+Ydy+Zdz)\tag{2-24}$$

该式表明，流体静压强的增量取决于单位质量力的坐标增量。

在等压面上，$dp=0$，而 $\rho\neq0$，则由式(2-24) 得

$$Xdx+Ydy+Zdz=0\tag{2-25}$$

写成矢量形式

$$\vec{f}_b\cdot d\vec{l}=0\tag{2-26}$$

这就是等压面微分方程。该式表明在静止流体中，作用于任意点的质量力垂直于通过该点的等压面。这是等压面的一个重要特性，利用这一特性，可以根据质量力判断等压面的形状。例如，当质量力仅为重力时，等压面为水平面。

对于不可压缩均质流体，流场中流体密度等于常数，等压面上各点的压强相等，故等压面、等密面和等温面重合。由此可知，静止水体、空气均按密度和温度分层。

静止液体和气体相接触的自由面，受到相同气体压强，所以，自由面是分界面的一种特殊形式。当质量力仅为重力时，它既是等压面，也是水平面。两种互不掺混的液体的分界面必定是等压面，证明留给读者作为一个练习。

2.2.3 重力场中的流体静力学基本方程

实际工程中最常见的质量力是重力。因此，在流体平衡一般规律的基础上，研究重力作用下流体静压强的分布规律更有实用意义。

2.2.3.1 流体静力学基本方程

在重力场中，作用在静止流体上的质量力只有重力，若取铅垂方向为坐标轴 z，则 x、y 和 z 各方向上单位质量力为 $X=0$，$Y=0$，$Z=-g$。代入式(2-23)，有

$$\left.\begin{aligned}\frac{\partial p}{\partial x}&=0\\ \frac{\partial p}{\partial y}&=0\\ -\rho g&=\frac{\partial p}{\partial z}\end{aligned}\right\}$$

对不可压缩流体，对上式积分得

$$z+\frac{p}{\rho g}=C \tag{2-27}$$

式中，C 为积分常数，对于流体中任意两点 1 和 2，上式也可写成

$$z_1+\frac{p_1}{\rho g}=z_2+\frac{p_2}{\rho g} \tag{2-28}$$

式(2-27) 和式(2-28) 是流体静力学基本方程式，它适用于质量力仅为重力条件下静止的不可压缩流体。

下面分析流体静力学基本方程的物理意义。

如图 2-7 所示，容器中点 a 距基准面的距离为 z，对于质量为 m 的流体，单位重量流体的位势能 $\frac{mgz}{mg}=z$，因此式(2-27) 中第一项 z 表示为单位重量流体对某一水平基准面的位置势能。从几何上看，z 就是 a 点距离某一水平基准面的高度，称为位置高度或位置水头。

若用一根真空管闭口玻璃管接到点 a，容器中的流体在压强 p 的作用下，沿玻璃管上升到一定高度 h_p。如果 b 点取在玻璃管上表面，将式(2-27) 应用于 a、b 两点，有

$$z+\frac{p}{\rho g}=z+h_p$$

$$\frac{p}{\rho g}=h_p$$

可见，压强对单位重量流体所做的功，转变成了单位重量流体的位势能。故式(2-27) 中第二项 $\frac{p}{\rho g}$ 表示单位重量流体的压强势能。从几何上看，$\frac{p}{\rho g}$ 就是在 a 点压强的作用下流体在测压管上升的流体柱高度 h_p，称为压强水头或压强高度。

位势能和压强势能之和为总势能。从几何意义上说，位置水头与压强水头之和称为静水头，也称为测压管水头。流体静力学基本方程式(2-27) 说明，在重力场中不可压缩静止流体的单位重量流体的总势能保持不变，但是位势能和压强势能之间可以相互转变。或者说，它们的静水头连线为水平线，即在重力作用下静止流体中各点的测压管水头都相等，如图 2-8 所示。表 2-2 中列出了流体静力学基本方程式中各项的物理意义。

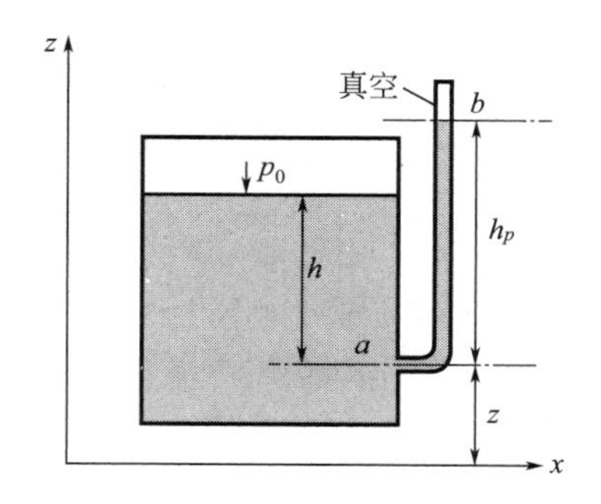

图 2-7　真空管中液面上升的高度

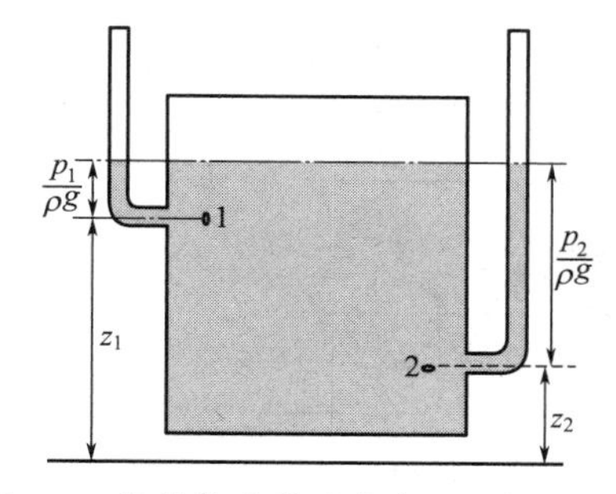

图 2-8　流体静力学基本方程的物理意义

表 2-2　流体静力学基本方程中各项的物理意义

项目	z	$\frac{p}{\rho g}$	$z+\frac{p}{\rho g}$
几何意义	位置高度，位置水头	静压头，压强水头	测压管水头
	该点相对于水平基准面的高度	在该点压强作用下沿着测压管上升的高度	测压管液面相对于基准面的高度
能量意义	位置势能	压强势能	位置势能和压强势能之和
	单位重量流体的位置势能	单位重量流体的压强势能	单位重量流体的总势能
单位	J/(N·m)	J/(N·m)	J/(N·m)
量纲	L	L	L

现在讨论有自由液面的液体情况。对于图 2-7 中淹深为 h 的 a 点和自由液面上某点列流体静力学基本方程式：

$$z+\frac{p}{\rho g}=(z+h)+\frac{p_0}{\rho g}$$

可得：

$$p=p_0+\rho g h \tag{2-29}$$

这是以不同形式表示的液体静力学方程，表示了在重力场中液体静压强的分布规律。由此可得到以下几点结论：

① 静止流体中，压强的大小与容器的形状无关。由此同一种连通的流体在同高度上的压强相等。

② 液面上的压强一定时，流体的静压强只是坐标 z 的函数，且压强与淹深 h 呈线性关系。

③ 自由液面上的压强以同样的大小传递到液体内部各点，这就是著名的帕斯卡（Pascal）原理。水压机、液压传动装置等就是根据这一原理设计的。

2.2.3.2　压强的度量

（1）绝对压强和相对压强

由于基准的不同，压强的计量分为绝对压强和相对压强。

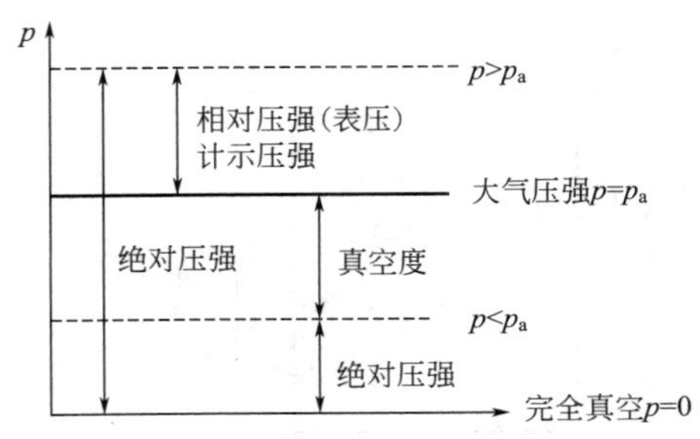

图 2-9　绝对压强和相对压强之间的关系

绝对压强是以完全真空为基准计量的压强，以符号 p_{abs} 表示。相对压强是以当地大气压强 p_a 为基准计量的压强，以符号 p 表示。

绝对压强和相对压强的关系为：

$$p=p_{abs}-p_a \tag{2-30}$$

绝对压强的值总是正的。当流体的绝对压强大于大气压强时，相对压强值为正，称为正压。当流体的绝对压强低于大气压强时，相对压强值为负，称为负压。绝对压强和相对压强之间的关系见图 2-9。

大气压随气象条件而变化，测量压强的仪表多数是在大气环境中进行测量的，测定的压强值是该点绝对压强超过当地大气压的值，即实际测定的是相对压强，所以相对压强也称为表压或计示压强。

当绝对压强小于当地大气压强，相对压强为负压时，这种状态用真空度（p_v）来度量。所谓真空度是指绝对压强不足当地大气压的差值，是相对压强的绝对值。因此，真空度可表示为：

$$p_v=|p_{abs}-p_a|=p_a-p_{abs} \tag{2-31}$$

（2）压强的度量单位

① 应力单位　从压强的基本定义出发，用单位面积上的力表示。国际单位为 N/m^2 或 Pa，$1Pa=1N/m^2$。在实际应用中，有时也用工程大气压表示。

② 大气压单位　以大气压倍数表示。大气压随当地高程和气温变化而有所差异，国际上规定标准大气压（standard atmosphere）为纬度 45°温度为 0℃时海平面上的压强，符号为 atm，1atm=101325Pa=760mmHg。工程大气压符号为 at，$1at=1kgf/cm^2=10^5Pa$。

③ 液体柱高度单位　根据流体静压强分布规律，对于确定的流体，静压强与流体柱高有确定的对应关系。常用的液体柱高有：mH_2O、mmH_2O；mmHg……。

压强的各种度量单位之间可以进行相互换算，其换算关系列于表 2-3。

表 2-3　压强的单位及其换算关系

已知单位	换算单位					
	$Pa(N/m^2)$	$bar(10^5Pa)$	atm	at $(10^4kgf/m^2)$	mmH_2O	mmHg
Pa	1	1×10^{-5}	9.869×10^{-6}	1.01968×10^{-5}	0.10197	0.00750
bar	100000	1	0.98692	1.01968	10197	750
atm	101325	1.01325	1	1.03323	10332.3	760
at	98070	0.9807	0.9678	1	10000	735.6
mmH_2O	9.807	9.807×10^{-5}	9.678×10^{-5}	0.0001	1	0.07356
mmHg	133.332	0.0013333	0.001316	0.0013595	13.595	1

2.2.3.3　流体静压强的测量

测量压强的仪表称为测压计。根据测量方式不同，测压计分为三类：第一类是液柱式测压计，它们是根据流体静力学基本方程式利用液柱高度直接测量压强的。第二类是金属式测压计，是利用金属的弹性变形并将结果放大来进行测量压强，是间接测量法，不适用于微压的测量。第三类是电测式测压计，是利用感受元件受力时产生压电效应、压阻效应等电信号来测量压强的，是间接测量法。

下面结合流体静力学基本方程的应用，主要介绍液柱式测压计。

(1) 测压管

测压管是结构最简单的液柱式测压计，如图 2-10 所示。为了减少毛细现象的影响，管的直径一般不小于 10mm。根据流体静力学基本方程，图 2-10(a) 中 a 点的绝对压强为：

$$p_{abs}=p_a+\rho gh \tag{2-32}$$

a 点的相对压强为：

$$p=p_{abs}-p_a=\rho gh \tag{2-33}$$

当被测流体的压强低于大气压强的情况，图 2-10(b) 所示，a 点的绝对压强和真空度分别为；

$$p_{abs}=p_a-\rho gh \tag{2-34}$$

$$p_v=\rho gh \tag{2-35}$$

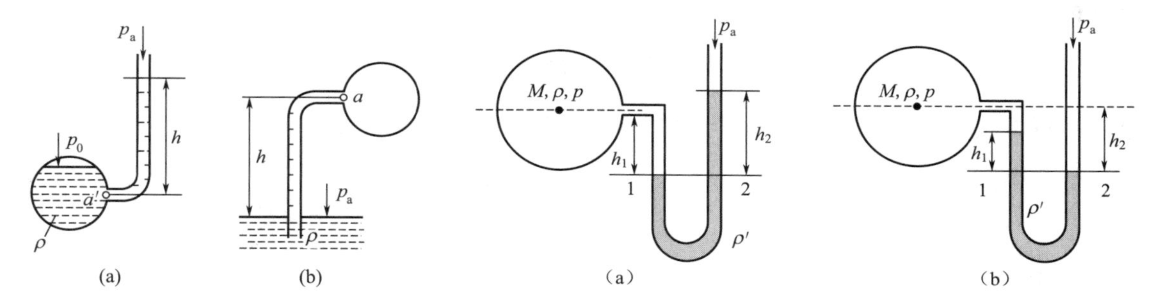

图 2-10 单管测压计

图 2-11 U 形管压力计

(2) U 形管测压计

U 形管测压计中的工作液体一般为水、酒精或水银，它可以进行压强测量，也可以用来测量两点之间的压强差。图 2-11 所示为 U 形管压力计。

① 被测容器中的流体压强高于大气压强，即 $p>p_a$ [图 2-11(a)]：

$$p_1=p+\rho gh_1,\ p_2=p_a+\rho' gh_2$$

M 点的绝对压强： $$p=\rho' gh_2-\rho gh_1+p_a \tag{2-36}$$

M 点的相对压强： $$p_{abs}=p-p_a=\rho' gh_2-\rho gh_1 \tag{2-37}$$

② 被测容器中的流体压强小于大气压强，即 $p<p_a$ [图 2-11(b)]：

绝对压强：$p=p_a-(\rho'-\rho)gh_1-\rho gh_2$

真空度：$p_v=(\rho'-\rho)gh_1+\rho gh_2$

③ 如果 U 形管测压计的两端分别与两个测压口相连，则可以测量两个测点间的压强差。图 2-12 表示用 U 形管压差计测量管道中 A、B 两点的压强差。

在等压面上，有

$$p_1=p_A+\rho g h_1$$

$$p_2=p_B+\rho g(h_2-h)+\rho' g h$$

由此，
$$p_A-p_B=(h_2-h_1)\rho g+(\rho'-\rho)gh \tag{2-38}$$

若测流体为气体，由于气体密度很小，可以忽略 $\rho g h$ 的影响。则，

$$p_A-p_B=(\rho'-\rho)gh \tag{2-39}$$

(3) 倾斜式微压计

在测定气体微小压强差时，为了提高测量的精度，采用倾斜式微压计（图 2-13）。微压计未接测压点时，容器与倾斜测压管的液面平齐。当微压计接测压点后，如 $p_2>p_1$，在压强作用下，容器液面下降的高度为 h_2，倾斜测压管的液面上升高度为 h_1。测压管和容器的断面积分别用 A_1 和 A_2 表示。由于 $lA_1=h_2A_2$，所以 $h_2=l\dfrac{A_1}{A_2}$

两液面的高度差为

$$h=h_1+h_2=l(\sin\alpha+A_1/A_2) \tag{2-40}$$

所测的压强差为

$$\Delta p=p_2-p_1=\rho g h=\rho g l(\sin\alpha+A_1/A_2) \tag{2-41}$$

由以上式子可以看出，使用倾斜式微压计使得液柱的读数增加了$\dfrac{1}{\sin\alpha+A_1/A_2}$倍，提高了读数的精度。

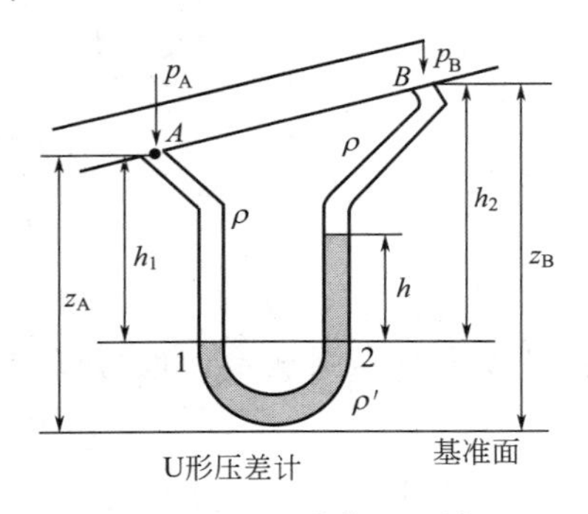

图 2-12　U 形管压差计

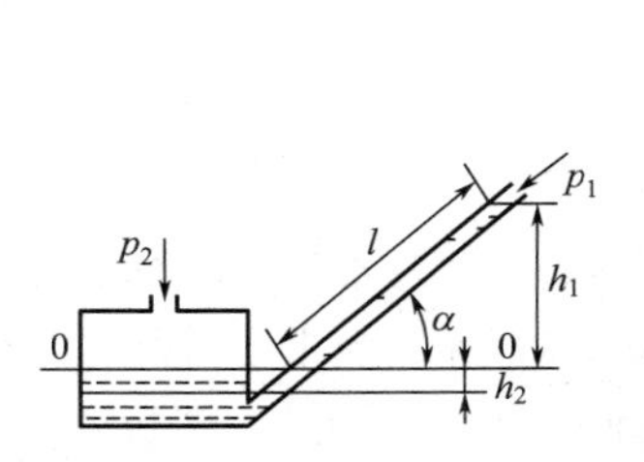

图 2-13　倾斜式微压计

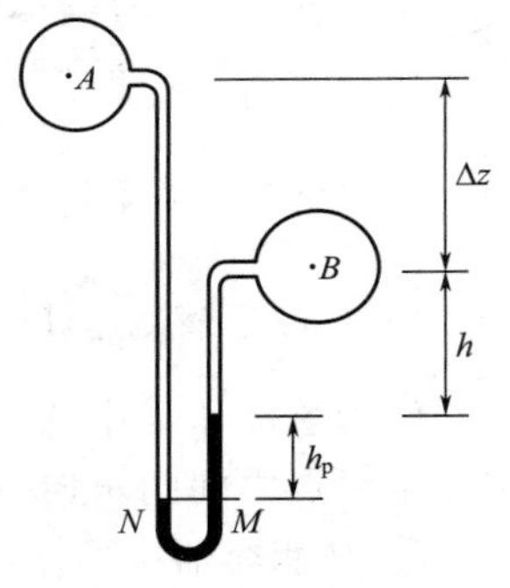

图 2-14　U 形压差计

【例 2-2】 图 2-14 所示，用 U 形管水银压差计测量水管中 A、B 两点的压强差。已知两测量点的高差 $\Delta z=0.4\text{m}$，压差计的读数 $h_p=0.2\text{m}$。试求 A、B 两点的压强差和测压管的水头差。

解　设高度 h，作等压面 MN，由 $p_N=p_M$

$$p_A+\rho g(\Delta z+h+h_p)=p_B+\rho g h+\rho_p g h_p$$

压强差
$$p_A-p_B=(\rho_p-\rho)gh_p-\rho g\Delta z=20.78(\text{kPa})$$

测压管水头差，由前式

$$p_A - p_B = (\rho_p - \rho) g h_p - \rho g (z_A - z_B)$$

整理得
$$\left(z_A + \frac{p_A}{\rho g}\right) - \left(z_B + \frac{p_B}{\rho g}\right) = \left(\frac{\rho_p}{\rho} - 1\right) h_p = 12.6 h_p = 2.52(\text{m})$$

2.3 流体运动学和动力学基础

流体最基本的特征是流动性。流体运动学研究流体在流动中的运动规律，主要研究流体在运动过程中的力学行为，面对的主要问题是流动速度与压强在空间的分布。

对于运动中的流体，流体质点获得了速度，惯性力和黏性力都会影响流体的流动。因此，流体动力学的主要问题是围绕流动速度而提出的。

2.3.1 研究流体运动的方法

流体是由无数质点构成的连续介质，流体运动则是无数多流体质点运动的综合。由于着眼点不同，研究流体运动的方法有两种：拉格朗日（Lagrange，法国数学家、天文学家）法和欧拉（Euler，瑞士数学家）法。

2.3.1.1 拉格朗日法和欧拉法

（1）拉格朗日法

拉格朗日法把流体的运动看作无数个质点运动的总和，以个别质点作为观察对象加以描述，综合流场中所有质点的运动便可得到整个流场流体的运动规律。

为了区别不同的流体质点，通常把运动初始时刻流体质点的位置坐标为该质点的标志。设 $\tau = \tau_0$ 时，流体质点的坐标为（a，b，c），其位移是起始坐标（a，b，c）和时间（τ）的函数。流体质点的运动方程：

$$\left.\begin{aligned} x &= x(a,b,c,\tau) \\ y &= y(a,b,c,\tau) \\ z &= z(a,b,c,\tau) \end{aligned}\right\} \tag{2-42}$$

式中，a，b，c，τ 称为拉格朗日变量。当研究某一指定流体质点时，a，b，c 为常数，式(2-42）表示该流体质点的运动规律。将式(2-42）对时间求一阶和二阶导数，便得到该质点的速度和加速度。

$$\left.\begin{aligned} u_x(a,b,c,\tau) &= \frac{\partial x(a,b,c,\tau)}{\partial t} \\ u_y(a,b,c,\tau) &= \frac{\partial y(a,b,c,\tau)}{\partial t} \\ u_z(a,b,c,\tau) &= \frac{\partial z(a,b,c,\tau)}{\partial t} \end{aligned}\right\} \tag{2-43}$$

$$\left.\begin{aligned}a_x(a,b,c,\tau)=\frac{\partial u_x(a,b,c,\tau)}{\partial t}=\frac{\partial^2 x(a,b,c,\tau)}{\partial t^2}\\a_y(a,b,c,\tau)=\frac{\partial u_y(a,b,c,\tau)}{\partial t}=\frac{\partial^2 y(a,b,c,\tau)}{\partial t^2}\\a_z(a,b,c,\tau)=\frac{\partial u_z(a,b,c,\tau)}{\partial t}=\frac{\partial^2 z(a,b,c,\tau)}{\partial t^2}\end{aligned}\right\} \tag{2-44}$$

拉格朗日法是质点动力学方法的扩展，可以直接运用固体力学中建立的质点动力学来进行分析。一方面，由于流体质点的运动轨迹极其复杂，应用这种方法描述流体运动在数学上存在困难。另一方面，绝大多数的工程问题并不要求追踪质点的来龙去脉，只是着眼于流场中固定断面或固定空间的流动。因此，除个别的流动，绝大多数情况下都应用欧拉法描述流体运动。本书后续内容主要采用欧拉法描述流体运动。

（2）欧拉法

流体流动所占据的空间，且每一时刻各个空间点都有确定的物理量，这样的空间区域称为流场。

欧拉法是着眼于充满流体的流动空间，以流场中各固定的空间点为考察对象，观察各空间点上流动参数随时间的变化规律。综合流场中每一空间点的运动规律，便可得到整个流体的运动规律。

欧拉法是以流体空间为对象，对流动参数场的研究，例如，速度场、压强场、密度场和温度场等。通常流动参数是空间点的位置（x，y，z）和时间 τ 的连续函数：

$$\left.\begin{aligned}u_x=u_x(x,y,z,\tau)\\u_y=u_y(x,y,z,\tau)\\u_z=u_z(x,y,z,\tau)\end{aligned}\right\} \tag{2-45}$$

变量 x，y，z，τ 称为欧拉变量。由于流体流动过程中，流体质点不同时刻占据不同的位置，流体质点的坐标也是时间的函数。加速度是速度对时间的全导数：

$$\vec{a}(x,y,z,\tau)=\frac{\mathrm{d}\vec{u}}{\mathrm{d}\tau}=\frac{\partial\vec{u}}{\partial\tau}+\frac{\partial\vec{u}}{\partial x}\frac{\mathrm{d}x}{\mathrm{d}\tau}+\frac{\partial\vec{u}}{\partial y}\frac{\mathrm{d}y}{\mathrm{d}\tau}+\frac{\partial\vec{u}}{\partial z}\frac{\mathrm{d}z}{\mathrm{d}\tau}=\frac{\partial\vec{u}}{\partial t}+u_x\frac{\partial\vec{u}}{\partial x}+u_y\frac{\partial\vec{u}}{\partial y}+u_z\frac{\partial\vec{u}}{\partial z} \tag{2-46}$$

分量形式为

$$\begin{cases}\dfrac{\mathrm{d}u_x}{\mathrm{d}\tau}=\dfrac{\partial u_x}{\partial t}+u_x\dfrac{\partial u_x}{\partial x}+u_y\dfrac{\partial u_x}{\partial y}+u_z\dfrac{\partial u_x}{\partial z}\\\dfrac{\mathrm{d}u_y}{\mathrm{d}\tau}=\dfrac{\partial u_y}{\partial t}+u_x\dfrac{\partial u_y}{\partial x}+u_y\dfrac{\partial u_y}{\partial y}+u_z\dfrac{\partial u_y}{\partial z}\\\dfrac{\mathrm{d}u_z}{\mathrm{d}\tau}=\dfrac{\partial u_z}{\partial t}+u_x\dfrac{\partial u_z}{\partial x}+u_y\dfrac{\partial u_z}{\partial y}+u_z\dfrac{\partial u_z}{\partial z}\end{cases} \tag{2-47}$$

若用矢量表示，则有

$$a=\frac{\partial\vec{u}}{\partial\tau}+(\vec{u}\cdot\nabla)\vec{u} \tag{2-48}$$

式中，∇ 称为哈密顿算子，其表达式为

$$\nabla=\vec{i}\frac{\partial}{\partial x}+\vec{j}\frac{\partial}{\partial y}+\vec{k}\frac{\partial}{\partial z} \tag{2-49}$$

从式(2-46) 和式(2-47) 可见，欧拉法中对加速的描述由两部分组成。等式右边的第一项$\frac{\partial\vec{u}}{\partial\tau}$表示某一固定空间点上流体速度对时间的变化率，称为时变加速或当地加速度，它是由流场的不恒定性引起的。等式右边的其余各项表示固定空间点上流体速度随空间位置变化而引起的加速度，称为位变加速度或迁移加速度，它是由流场的不均匀性引起的。

微课5

欧拉描述

流体质点所具有的物理量对时间的变化率称为随体导数。随体导数的通式可写为：

$$\frac{\mathrm{d}}{\mathrm{d}\tau}=\frac{\partial}{\partial\tau}+v_x\frac{\partial}{\partial x}+v_y\frac{\partial}{\partial y}+v_z\frac{\partial}{\partial z} \tag{2-50}$$

例如，对于不可压缩流体，密度的随体导数可表示为：

$$\frac{\mathrm{d}\rho}{\mathrm{d}\tau}=\frac{\partial\rho}{\partial\tau}+v_x\frac{\partial\rho}{\partial x}+v_y\frac{\partial\rho}{\partial y}+v_z\frac{\partial\rho}{\partial z} \tag{2-51}$$

2.3.1.2 流线与迹线

(1) 迹线

用拉格朗日法描述流体流动时，流体中质点的位置均随时间而变化。同一流体质点在连续时间内的运动轨迹线称为迹线。迹线是拉格朗日法对流体运动的描述。

流体每一个质点在流动区域内均有唯一的迹线，通过迹线可以看出流体质点的运动路径。流场中流动状况可由各个质点的迹线的汇总，即流场的迹线簇来表示。

(2) 流线

用欧拉法描述流体流动时，速度场可表示为$u=u(x,y,z,\tau)$。流线是速度场的矢量线，它是某一确定时刻，在速度场中绘出的空间曲线。流线是这样的曲线，在某一时刻，曲线上任一点的切线方向与流体在该点的速度方向相同，如图 2-15 所示。流线是欧拉法对流体运动的描述。

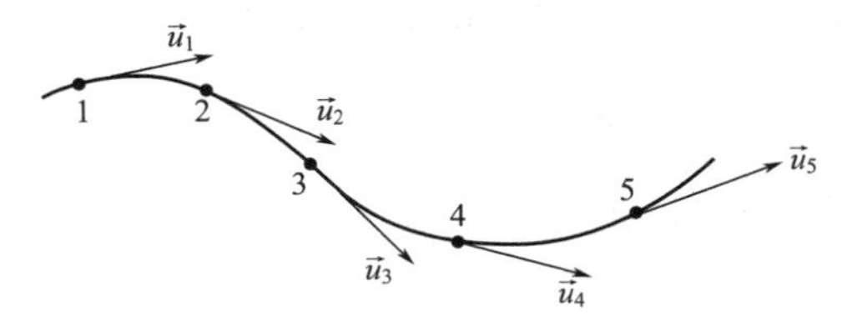

图 2-15 某时刻的流线

根据流线定义，流线上任一点速度方向和曲线在该点的曲线方向相重合，可以写出它的微分方程。沿流线的流动方向取微元距离 $\mathrm{d}s$，距离向量 $\mathrm{d}s=\mathrm{d}x\boldsymbol{i}+\mathrm{d}y\boldsymbol{j}+\mathrm{d}z\boldsymbol{k}$，该点的速度向量 $\mathrm{d}u=\mathrm{d}u_x\boldsymbol{i}+\mathrm{d}u_y\boldsymbol{j}+\mathrm{d}u_z\boldsymbol{k}$。由于流速 u 的方向和距离 $\mathrm{d}s$ 的方向相重合。根据矢量代数，三个轴向分量必然分别成比例，

$$\frac{dx}{u_x}=\frac{dy}{u_y}=\frac{dz}{u_z} \tag{2-52}$$

这就是流线微分方程。

由于流体力学中大多数问题都采用欧拉法研究流体运动，因此我们将侧重讨论流线。流线的重要性质有：

① 流线上任一点的速度方向是流线在该点的切线方向。

② 对于非恒定流动，流体质点有特定的迹线，而通过任意一点的流线在不同时刻可能有不同的形状，因而迹线与流线不一定重合。对于恒定流动，流线与迹线相重合。

③ 在确定时刻，通过流场中某点只有一条流线。即流线不能相交，也不能是折线，流线只能是一条光滑的曲线。

2.3.1.3 系统与控制体

（1）系统

包含着确定不变的物质的任何集合称为系统；系统以外的环境称为外界。分割系统与外界的界面，称为系统的边界。

在流体流动过程中，系统就是指由确定的流体质点所组成的流体团。

系统的特点为：①系统边界随流体一起运动。系统边界的形状、位置和所围空间的大小，可随时间而变化；②系统与环境没有质量的交换，但在系统与环境的界面上可以有力的作用和能量交换。

若用系统研究连续介质的流动，将意味着采用拉格朗日法以流体微团作为研究对象。对大多数实际流动过程，感兴趣的往往是流体流过某些固定位置时流动参数的情况，因此在进行流动过程研究时，采用欧拉法更为方便。

（2）控制体

应用欧拉法描述流体运动时，经常是在流场中选取某一固定空间区域为对象来观察流体的运动，这个固定空间称为控制体。控制体的边界称为控制面，它总是封闭表面。控制体的体积和位置是固定的，输入和输出控制体内的物理量随时间改变。

控制体的特点是：①控制体是相对于坐标固定不变的空间体积；②控制面与外界可以有质量交换，流体可以自由进出控制体；③控制面与外界可以有力的作用和能量交换。

2.3.2 流体流动的基本概念

2.3.2.1 流动的分类

采用欧拉法描述流体运动，各运动要素是空间坐标和时间的函数。在欧拉法的范畴内，按不同的时间和空间的标准对流动进行分类。

（1）恒定流和非恒定流

流场中各空间点上所有流动参数不随时间变化的流动称为恒定流动，反之，流动参数中只要有一个参数随时间变化，这种流动为非恒定流动。

以 R 和 R_i 表示流体的任意一个流动参数和某一个流动参数，根据上述定义，则

恒定流动
$$\frac{\partial R}{\partial \tau}=0 \tag{2-53}$$

非恒定流动
$$\frac{\partial R_i}{\partial \tau}\neq 0 \tag{2-54}$$

恒定流动中物理量只是坐标的函数，物理量的时变导数为零，速度、压强和密度等流动参数的表达式分别为：

$$u=u(x, y, z) \tag{2-55}$$

$$p=p(x, y, z) \tag{2-56}$$

$$\rho=\rho(x, y, z) \tag{2-57}$$

（2）一维流动、二维流动和三维流动

流场中各空间点上的流动参数是三个空间坐标的函数，$u=u(x,y,z,\tau)$，流动为三维流动。

流场中各空间点上的流动参数平行于某一平面，流动参数是两个空间坐标的函数，$u=u(x,y,\tau)$，流动为二维流动即平面流动。如水流绕过很长的圆柱体，忽略两端的影响，流动可简化为二维流动。

流场中各空间点上的流动参数只是一个空间坐标的函数，$u=u(x,\tau)$，这样的流动为一维流动。

显然，坐标标量的数目减少，问题就变得简单。在工程实际中，在保证一定精度的条件下，尽可能地将三维流动简化为二维流动乃至一维流动。

（3）均匀流动和非均匀流动

流场中质点的迁移加速度为零，即

$$(\vec{u}\cdot\nabla)\vec{u}=0 \tag{2-58}$$

流动是均匀流动，反之，是非均匀流动。等直径直管内的流动是均匀流动，变直径管道内的流动是非均匀流动。不均匀流动按照流速随流向变化的程度，分为渐变流动（缓变流）和急变流动。流束内流线夹角很小且流线的曲线半径很大，流线近似于平行直线的流动为缓变流，如流体在直管段或锥度很小的管道内的流动。反之，称为急变流，如弯管、阀门等流动截面和方向急剧变化处的流动。如图 2-16 所示。显然，缓变流是均匀流的宽延。

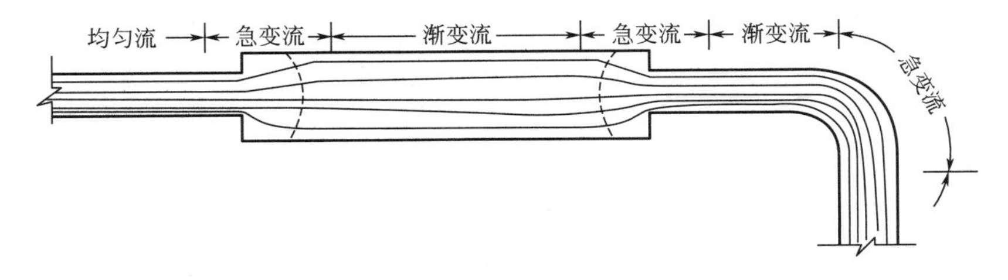

图 2-16　均匀流和非均匀流

微课6

缓变流与急变流

2.3.2.2 流管与流量

(1) 流管与流束

流场中与流线正交的断面称为过流断面(有效断面)。过流断面不都是平面,只有在流线相互平行的流段,过流断面才是平面。

在垂直于流动方向的断面上,取任意的封闭微小曲线 l,经过曲线所有点作流线,这些流线组成的管状流面称为流管。根据流线的性质,流体不能穿过流管的表面流入或流出,就像在真实的管道中流动一样。

流管内的流体称为流束。当过流断面的面积无限趋近于零时,流束称为微小流束。实际断面上流束是无数微小流束的总和,称为总流。工程中常见的管道、渠道内流动的流体都是总流。

由于微小流束的断面为无限小,断面上流速、压强等流动参数可认为是均匀分布的,微小流束问题可简化为流动参数随流动方向而变化,则微小流束的流动可简化为沿流动方向的一维流动问题。

(2) 平均流速和流量

单位时间内通过某一过流断面的流体量称为流量。流体量以流体体积计时称为体积流量,用 V 表示,单位 m^3/s 或 m^3/h;流体量以流体质量计时称为质量流量,以 V_m 表示,单位为 kg/s 或 kg/h。

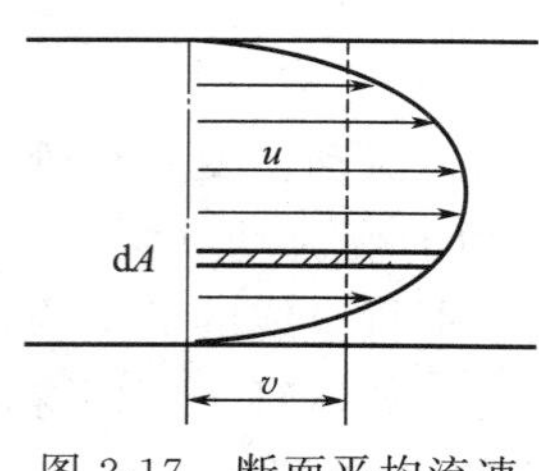

图 2-17 断面平均流速

实际流体流动时,过流断面上的流体运动速度是不均匀的,如图 2-17 所示。通过过流断面上流体的体积和质量积分表示流量

体积流量
$$V=\int_A u\,dA \tag{2-59}$$

质量流量
$$V_m=\int_A \rho u\,dA \tag{2-60}$$

在工程实际中,需要知道的是过流断面上流速的平均值,即平均流速。平均流速可通过式(2-61) 得到:

$$v=\frac{\int_A u\,dA}{\int_A dA}=\frac{V}{A} \tag{2-61}$$

流量与平均流速的关系:

$$V=vA \tag{2-62}$$

用平均流速代替实际流速就是以均匀流速分布代替实际流速分布,这样流动问题就简化为断面平均流速沿流动方向变化的问题。如果以总流某起始断面沿流动方向取坐标 s,断面

平均流速是 s 的函数，即 $v=f(s)$。流速问题可简化为一维流动问题。

2.3.3 连续性方程

连续性方程是描述流体流动的基本方程之一，是质量守恒原理在流体运动中的表达式。在工程实际中。经常会遇到流体的速度、密度和有效断面之间的计算问题，这就需要利用连续方程来解决。

2.3.3.1 微分形式的连续性方程

图 2-18 连续性方程的推导

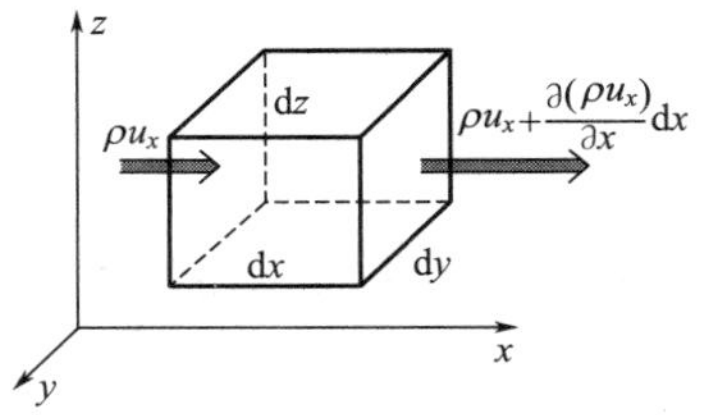

在流场中取微元六面体为控制体，其边长分别为 dx，dy，dz，微元体中心点的密度为 ρ，速度沿 x，y，z 三坐标轴的分量为 u_x，u_y，u_z，如图 2-18 所示。

对于任意选定的控制体，质量守恒定律可简述为：

$$\boxed{\begin{matrix}\text{流入控制体}\\\text{的质量速率}\end{matrix}}-\boxed{\begin{matrix}\text{流出控制体}\\\text{的质量速率}\end{matrix}}=\boxed{\begin{matrix}\text{控制体内的}\\\text{质量累计速率}\end{matrix}}$$

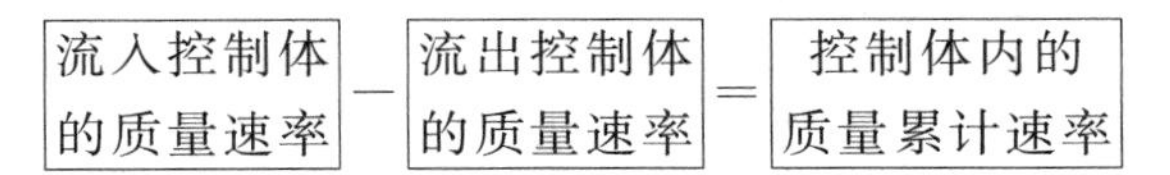

沿 x 方向流入与流出微元控制体的质量速率之差：

$$\Delta M_x=\rho u_x dydz-\left[\rho u_x+\frac{\partial(\rho u_x)}{\partial x}dx\right]dydz=-\frac{\partial(\rho u_x)}{\partial x}dxdydz$$

同理，y 轴和 z 轴方向流入与流出微元控制体的质量速率之差：

$$\Delta M_y=-\frac{\partial(\rho u_y)}{\partial y}dxdydz$$

$$\Delta M_z=-\frac{\partial(\rho u_z)}{\partial z}dxdydz$$

单位时间微元控制体的总净流入质量：

$$\Delta M_x+\Delta M_y+\Delta M_z=-\left[\frac{\partial(\rho u_x)}{\partial x}+\frac{\partial(\rho u_y)}{\partial y}+\frac{\partial(\rho u_z)}{\partial z}\right]dxdydz$$

单位时间 $d\tau$ 内微元控制体内的质量累计速率为

$$\frac{\partial\rho}{\partial\tau}dxdydz$$

则质量守恒定律可表示为

$$\frac{\partial\rho}{\partial\tau}dxdydz=-\left[\frac{\partial(\rho u_x)}{\partial x}+\frac{\partial(\rho u_y)}{\partial y}+\frac{\partial(\rho u_z)}{\partial z}\right]dxdydz$$

即

$$\frac{\partial\rho}{\partial\tau}+\frac{\partial(\rho u_x)}{\partial x}+\frac{\partial(\rho u_y)}{\partial y}+\frac{\partial(\rho u_z)}{\partial z}=0 \tag{2-63}$$

写成矢量的形式，为

$$\frac{\partial \rho}{\partial \tau}+\nabla \cdot (\rho \vec{u})=0 \tag{2-64}$$

式(2-63) 和式(2-64) 是流体的连续性微分方程的一般形式。

对于恒定流动，$\frac{\partial \rho}{\partial \tau}=0$，式(2-63) 可简化为

$$\frac{\partial(\rho u_x)}{\partial x}+\frac{\partial(\rho u_y)}{\partial y}+\frac{\partial(\rho u_z)}{\partial z}=0 \tag{2-65}$$

对于均质不可压缩流体，ρ=常数，式(2-65) 可写为

$$\frac{\partial u_x}{\partial x}+\frac{\partial u_y}{\partial y}+\frac{\partial u_z}{\partial z}=0 \tag{2-66}$$

2.3.3.2 管内恒定流动的连续性方程

在流场中任意取过流断面 1—1 和 2—2 间的流束为控制体，体积为 V，如图 2-19 所示。

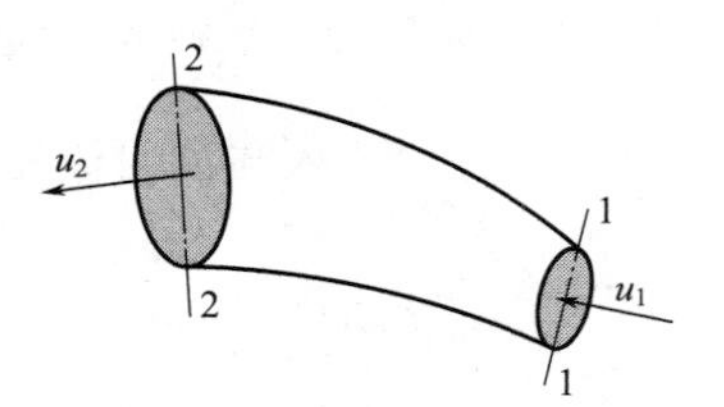

图 2-19 总流的连续性方程

恒定流动流体质量净通量等于零。流体连续方程的微分方程式对控制体积分，根据高斯定理：

$$\iiint_V\left[\frac{\partial(\rho u_x)}{\partial x}+\frac{\partial(\rho u_y)}{\partial y}+\frac{\partial(\rho u_z)}{\partial z}\right]\mathrm{d}V=\iint_A \rho u_n \mathrm{d}A=0$$

式中，A 为体积 V 的封闭表面；u_n 为 u 在微元面 $\mathrm{d}A$ 法线方向的投影。

流束侧表面上 $u_n=0$，各个表面上的速度只有过流断面 1—1 和 2—2 上的 u_1 和 u_2。

上式可简化为：$-\int_{A_1}\rho_1 u_1 \mathrm{d}A+\int_{A_2}\rho_2 u_2 \mathrm{d}A=0$

对于均质流体，$\rho_1\int_{A_1}u_1\mathrm{d}A=\rho_2\int_{A_2}u_2\mathrm{d}A$

$$\rho_1 V_1=\rho_2 V_2 \tag{2-67}$$

或

$$\rho_1 v_1 A_1=\rho_2 v_2 A_2 \tag{2-68}$$

这就是恒定流动流体总流的连续性方程。

对不可压缩流体：

$$v_1 A_1=v_2 A_2 \tag{2-69}$$

或

$$V_1=V_2 \tag{2-70}$$

上式表明，在连续稳态的不可压缩流体的流动中各有效断面的体积流量相等，且平均速度与断面积成反比。

应当注意，质量守恒的观点可以推广到任意空间，三通管的合流和分流，车间的自然换气，管网流入和流出，都可以从质量守恒和流动连续观点提出连续性方程的相应形式。例如三通管在分流和合流时，如图 2-20 所示，根据质量守恒定律，

分流：　$V_1=V_2+V_3$；$v_1A_1=v_2A_2+v_3A_3$

合流：　$V_1+V_2=V_3$；$v_1A_1+v_2A_2=v_3A_3$

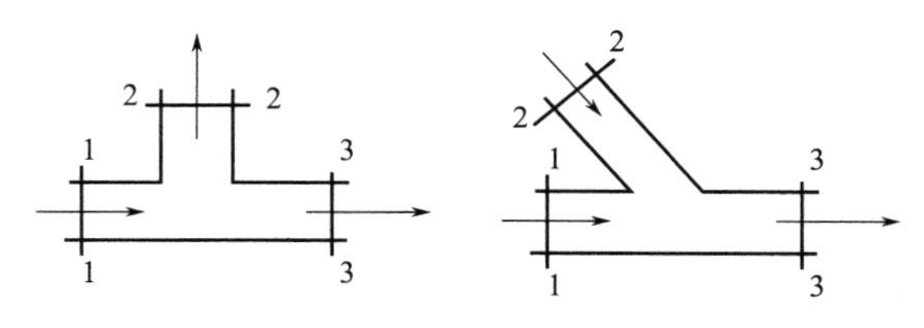

图 2-20　三通管的分流和合流

【例 2-3】　图 2-21 所示的管段，$d_1=2.5\text{cm}$，$d_2=5\text{cm}$，$d_3=10\text{cm}$。当流量为 4L/s 时，求各管段的平均流速。旋动阀门，使流量增加到 8L/s 时，平均流速如何变化？

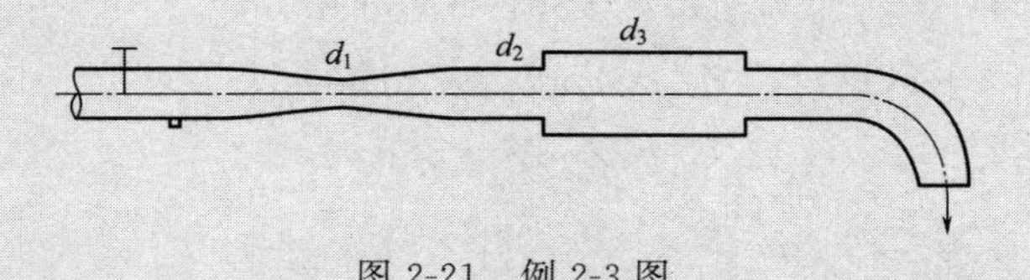

图 2-21　例 2-3 图

解　① 根据连续性方程

$$V=v_1A_1=v_2A_2=v_3A_3$$

$$v_1=\frac{V}{A}=\frac{4\times10^{-3}}{\frac{\pi}{4}\times(2.5\times10^{-2})^2}=8.16(\text{m/s})$$

$$v_2=v_1\frac{A_1}{A_2}=v_1\left(\frac{d_1}{d_2}\right)^2=8.16\times\left(\frac{2.5}{5}\right)^2=2.04(\text{m/s})$$

$$v_3=v_1\left(\frac{d_1}{d_3}\right)^2=8.16\times\left(\frac{2.5}{10}\right)^2=0.51(\text{m/s})$$

② 各断面流速比例保持不变，流量增加至 8L/s 时，即流量增加为 2 倍，则各段流速亦增加至 2 倍。即

$$v_1=16.32\text{m/s},v_2=4.08\text{m/s},v_3=1.02\text{m/s}$$

2.3.4　流体运动微分方程

2.3.4.1　理想流体运动微分方程

在运动的无黏性理想流体中，任取微元六面体，其边长分别为 $\text{d}x$，$\text{d}y$，$\text{d}z$，微元体中心点的压强为 p，速度为 u，其沿 x，y，z 三坐标轴的分量为 u_x，u_y，u_z，如图 2-22 所示。下面分析微元六面体的受力和运动情况。

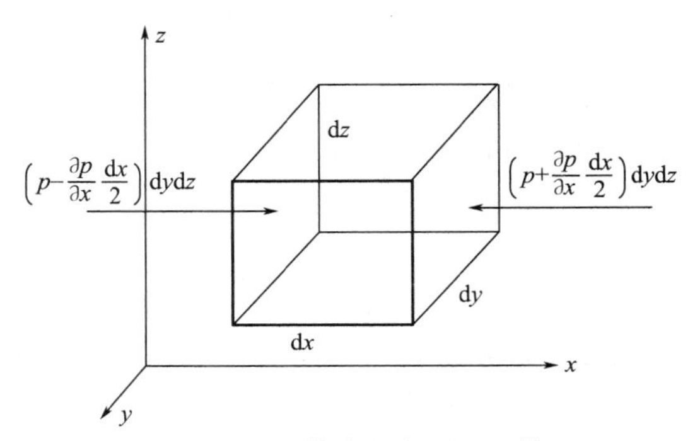

图 2-22　流体中的微元六面体

表面力：由于是理想流体，不存在剪切力，表面力就只有压力。作用于 x 方向的压力

$$P_x=\left(p-\frac{\partial p}{\partial x}\frac{\mathrm{d}x}{2}\right)\mathrm{d}y\,\mathrm{d}z-\left(p+\frac{\partial p}{\partial x}\frac{\mathrm{d}x}{2}\right)\mathrm{d}y\,\mathrm{d}z$$
$$=-\frac{\partial p}{\partial x}\mathrm{d}x\,\mathrm{d}y\,\mathrm{d}z$$

同理，对于 y，z 方向，其表面力为

$$P_y=-\frac{\partial p}{\partial y}\mathrm{d}x\,\mathrm{d}y\,\mathrm{d}z，P_z=-\frac{\partial p}{\partial z}\mathrm{d}x\,\mathrm{d}y\,\mathrm{d}z$$

质量力：作用于微元六面体上的质量力在三个坐标轴方向的分量为

$$G_x=X\rho\mathrm{d}V=X\rho\mathrm{d}x\,\mathrm{d}y\,\mathrm{d}z$$
$$G_y=Y\rho\mathrm{d}V=Y\rho\mathrm{d}x\,\mathrm{d}y\,\mathrm{d}z$$
$$G_z=Z\rho\mathrm{d}V=Z\rho\mathrm{d}x\,\mathrm{d}y\,\mathrm{d}z$$

由牛顿第二定律：$\sum F=m\ \dfrac{\mathrm{d}u}{\mathrm{d}\tau}$

对 x 方向，$\sum F_x=P_x+G_x=m\ \dfrac{\mathrm{d}u_x}{\mathrm{d}\tau}$

$$X\rho\mathrm{d}x\,\mathrm{d}y\,\mathrm{d}z-\frac{\partial p}{\partial x}\mathrm{d}x\,\mathrm{d}y\,\mathrm{d}z=\frac{\mathrm{d}u_x}{\mathrm{d}\tau}\rho\mathrm{d}x\,\mathrm{d}y\,\mathrm{d}z$$

同理：

$$\left.\begin{aligned}X-\frac{1}{\rho}\frac{\partial p}{\partial x}=\frac{\mathrm{d}u_x}{\mathrm{d}\tau}\\Y-\frac{1}{\rho}\frac{\partial p}{\partial y}=\frac{\mathrm{d}u_y}{\mathrm{d}\tau}\\Z-\frac{1}{\rho}\frac{\partial p}{\partial z}=\frac{\mathrm{d}u_z}{\mathrm{d}\tau}\end{aligned}\right\}\tag{2-71}$$

式(2-71）是理想流体运动微分方程，又称为欧拉（Euler）运动微分方程，是描述无黏性流体运动的基本方程式。欧拉运动微分方程和连续性微分方程是无黏性流体动力学的理论基础。

2.3.4.2 黏性流体运动微分方程*

（1）应力和变形速度（应变率）的关系

黏性流体在运动时，表面力不仅有法向应力，还有切向应力。在运动着的黏性流体中，任取微元六面体，在通过微元体中任意点并垂直于 x 轴的平面上有法向应力 p_{xx}，切应力 τ_{xy}，τ_{xz}。在过此点并垂直于 y 轴和 z 轴的平面上的作用力有 p_{yy}，τ_{yx}，τ_{yz} 和 p_{zz}，τ_{zx}，τ_{zy}。流体中任一点应力共有九个分量，如图 2-23 所示。应力各分量的两个下标中，第一个下标表示该应力作用面的法线方向，第二个下标表示该应力的投影方向。其中法向应力与线变形速度有关，剪切应力与角变形速度有关。

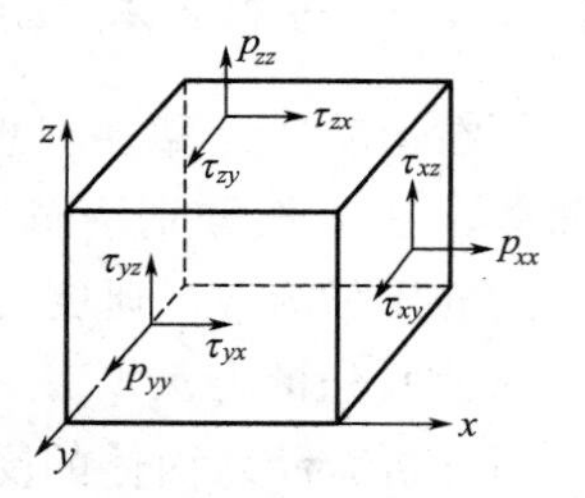

图 2-23 微元六面体上的表面力

根据力学的基本原理，可以证明应力张量具有对称性，即

$$\tau_{xy}=\tau_{yx},\tau_{yz}=\tau_{zy},\tau_{xz}=\tau_{zx} \tag{2-72}$$

剪切应力与角变形速度的关系，在简单的剪切流动中符合牛顿内摩擦定律 $\tau=\mu\dfrac{\mathrm{d}u}{\mathrm{d}y}$，将牛顿内摩擦定律推广到一般空间流动，得出

$$\left.\begin{aligned}\tau_{xy}=\tau_{yx}=\mu\left(\frac{\partial u_x}{\partial y}+\frac{\partial u_y}{\partial x}\right)\\ \tau_{yz}=\tau_{zy}=\mu\left(\frac{\partial u_y}{\partial z}+\frac{\partial u_z}{\partial y}\right)\\ \tau_{xz}=\tau_{zx}=\mu\left(\frac{\partial u_x}{\partial z}+\frac{\partial u_z}{\partial x}\right)\end{aligned}\right\} \tag{2-73}$$

在理想流体中因为没有剪切力作用，所以任意点的各方向的法向应力是等值的，即 $p_{xx}=p_{yy}=p_{zz}=-p$。在黏性流体中，由于黏性力作用，使流体微元在法线方向上承受拉伸或压缩应力，发生线性形变，因而产生了附加法向应力。对于不可压缩流体，附加法向应力的大小可推广牛顿内摩擦定律表示为动力黏度与线变形速度乘积的两倍。于是，有

$$\left.\begin{aligned}p_{xx}=-p+2\mu\frac{\partial u_x}{\partial x}\\ p_{yy}=-p+2\mu\frac{\partial u_y}{\partial x}\\ p_{zz}=-p+2\mu\frac{\partial u_z}{\partial x}\end{aligned}\right\} \tag{2-74}$$

在黏性流体中，把某点处三个互相垂直的法向应力的平均值称为该点的压强。对于不可压缩流体，流场中某点处的压强为：

$$p=-\frac{1}{3}(p_{xx}+p_{yy}+p_{zz}) \tag{2-75}$$

（2）黏性流体运动微分方程

采用类似推导无黏性流体运动微分方程的方法。取微元六面体，根据牛顿第二定律建立运动方程。

$$\left.\begin{aligned}\rho X+\frac{\partial p_{xx}}{\partial x}+\frac{\partial \tau_{yx}}{\partial y}+\frac{\partial \tau_{zx}}{\partial z}=\rho\frac{\mathrm{d}v_x}{\mathrm{d}\tau}\\ \rho Y+\frac{\partial p_{xy}}{\partial x}+\frac{\partial \tau_{yy}}{\partial y}+\frac{\partial \tau_{zy}}{\partial z}=\rho\frac{\mathrm{d}v_z}{\mathrm{d}\tau}\\ \rho Z+\frac{\partial p_{xz}}{\partial x}+\frac{\partial \tau_{yz}}{\partial y}+\frac{\partial \tau_{zz}}{\partial z}=\rho\frac{\mathrm{d}v_z}{\mathrm{d}\tau}\end{aligned}\right\} \tag{2-76}$$

将式(2-73) 和式(2-74) 代入上式，化简，得

$$
\left.\begin{aligned}
X-\frac{1}{\rho}\frac{\partial p}{\partial x}+\nu\nabla^2 v_x=\frac{\mathrm{d}v_x}{\mathrm{d}\tau}\\
Y-\frac{1}{\rho}\frac{\partial p}{\partial y}+\nu\nabla^2 v_y=\frac{\mathrm{d}v_y}{\mathrm{d}\tau}\\
Z-\frac{1}{\rho}\frac{\partial p}{\partial z}+\nu\nabla^2 v_z=\frac{\mathrm{d}v_z}{\mathrm{d}\tau}
\end{aligned}\right\}
\tag{2-77}
$$

式中，拉普拉斯（laplace）算子

$$
\nabla^2=\frac{\partial^2}{\partial x^2}+\frac{\partial^2}{\partial y^2}+\frac{\partial^2}{\partial z^2}
\tag{2-78}
$$

这就是不可压缩黏性流体的运动微分方程，一般通称为纳维-斯托克斯（Navier-Stokes）方程，简写为N-S方程。

连续性微分方程和N-S方程组成黏性流体运动的基本方程组，从理论上看，可以求解流体的流速 u_x，u_y，u_z 和压强 p，但实际上因流动现象复杂以及方程非线性特点，致使它的普遍解在数学上非常困难，目前只能对一些简单的流动问题才能求得精确解。例如，圆管中的层流，平行平面间的层流以及同心圆环间的层流等。大多数情况下，只能做出某些假设，使问题简化，求出近似解。

2.3.5 能量方程

2.3.5.1 元流的能量方程

（1）理想流体元流的能量方程

理想流体的运动微分方程是非线性偏微分方程，在恒定流动条件下，将理想流体流动微分方程在一定条件下沿流线积分，可得到理想流体沿流线稳态流动的积分式。瑞士数学家、物理学家伯努利（Bernoulli）根据能量原理提出了相关方程，因此在重力场中不可压缩流体的运动方程的积分式称为能量方程，也称为伯努利方程。

将理想流体流动微分方程式(2-71) 中的三个方程式两边分别乘以 $\mathrm{d}x$、$\mathrm{d}y$、$\mathrm{d}z$，然后相加，方程可写成：

$$
X\mathrm{d}x+Y\mathrm{d}y+Z\mathrm{d}z-\frac{1}{\rho}\left(\frac{\partial p}{\partial x}\mathrm{d}x+\frac{\partial p}{\partial y}\mathrm{d}y+\frac{\partial p}{\partial z}\mathrm{d}z\right)=\frac{\mathrm{d}u_x}{\mathrm{d}\tau}\mathrm{d}x+\frac{\mathrm{d}u_y}{\mathrm{d}\tau}\mathrm{d}y+\frac{\mathrm{d}u_z}{\mathrm{d}\tau}\mathrm{d}z
\tag{2-79}
$$

在恒定流动条件下，$\frac{\partial p}{\partial \tau}=0$，$p=p(x,y,z)$，则有

$$
\mathrm{d}p=\left(\frac{\partial p}{\partial x}\mathrm{d}x+\frac{\partial p}{\partial y}\mathrm{d}y+\frac{\partial p}{\partial z}\mathrm{d}z\right)
\tag{2-80}
$$

恒定流动条件时，流线与迹线重合，沿流线积分，也就是沿着迹线积分，此时，

$$
\left.\begin{aligned}
\mathrm{d}x/\mathrm{d}\tau=u_x\\
\mathrm{d}y/\mathrm{d}\tau=u_y\\
\mathrm{d}z/\mathrm{d}\tau=u_z
\end{aligned}\right\}
\tag{2-81}
$$

将式(2-80)和式(2-81)代入式(2-79)，得

$$X\mathrm{d}x+Y\mathrm{d}y+Z\mathrm{d}z-\frac{1}{\rho}\mathrm{d}p=u_x\mathrm{d}u_x+u_y\mathrm{d}u_y+u_z\mathrm{d}u_z$$

而

$$u_x\mathrm{d}u_x+u_y\mathrm{d}u_y+u_z\mathrm{d}u_z=\mathrm{d}\left(\frac{u_x^2+u_y^2+u_z^2}{2}\right)=\mathrm{d}\left(\frac{u^2}{2}\right)$$

得，

$$X\mathrm{d}x+Y\mathrm{d}y+Z\mathrm{d}z-\frac{1}{\rho}\mathrm{d}p=\mathrm{d}\left(\frac{u^2}{2}\right)$$

当理想流体仅在重力场中运动，取 z 轴为垂直向下方向，则 $X=0$，$Y=0$，$Z=-g$。因此，上式可写成

$$-g\mathrm{d}z-\frac{1}{\rho}\mathrm{d}p=\mathrm{d}\frac{u^2}{2} \tag{2-82}$$

对于不可压缩流体，ρ=常数，积分式(2-82)，可得

$$gz+\frac{1}{\rho}p+\frac{u^2}{2}=c \tag{2-83a}$$

或写成

$$z+\frac{p}{\rho g}+\frac{u^2}{2g}=c \tag{2-83b}$$

对沿流线上的任意两点 1 和 2，有：

$$z_1+\frac{p_1}{\rho g}+\frac{u_1^2}{2g}=z_2+\frac{p_2}{\rho g}+\frac{u_2^2}{2g} \tag{2-83c}$$

式(2-83)为不可压缩理想流体沿流线做恒定流动的伯努利方程（能量方程）。

由以上推导过程可得出该方程的限定条件有：理想流体；恒定流动；流体为不可压缩流体；沿同一流线；质量力仅为重力。

（2）能量方程的物理意义

能量方程中各项的物理意义可以分别从几何意义和能量意义这两个方面解释。

方程中的前两项 z 和 $\frac{p}{\rho g}$ 的物理意义，已经在 2.2.3.1 中进行了详细说明。表 2-4 对能量方程中各项的物理意义进行了说明。

表 2-4　能量方程中各项的物理意义

项目	几何意义	能量意义	单位	量纲
z	位置高度，位置水头	位置势能	J/(N·m)	L
	断面相对于水平基准面的高度	单位重量流体的位置势能		
$\frac{p}{\rho g}$	静压头，压强水头	压强势能	J/(N·m)	L
	在断面压强作用下沿着测压管上升的高度	单位重量流体的压强势能		
$\frac{u^2}{2g}$	速度水头，动压头	动能	J/(N·m)	L
	以断面流速 u 为初速度的垂直上升射流所能达到的理论高度	单位重量流体所具有的动能		

续表

项目	几何意义	能量意义	单位	量纲
$z+\frac{p}{\rho g}+\frac{u^2}{2g}$	总水头(高度)	总能量	J/(N·m)	L
	总水头线相对于基准面的高度	单位重量流体具有的总机械能		

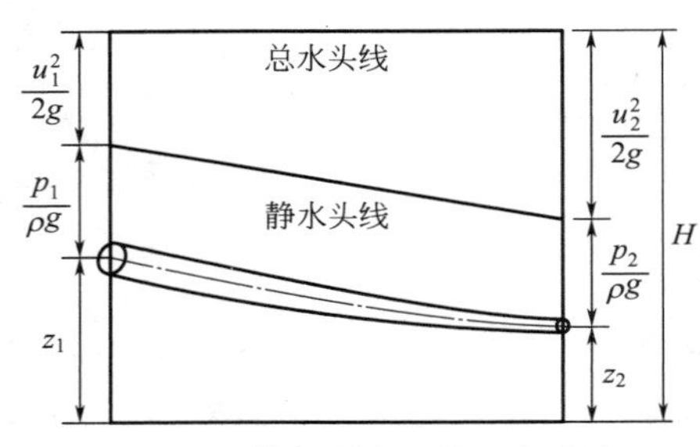

图 2-24　伯努利方程的几何意义

从表 2-4 中可以看到，在能量意义上，理想不可压缩流体恒定元流中，同一流线上，单位重量流体所具有的总机械能保持不变，但各种能量之间可以相互转换。因此，伯努利方程又称为能量方程。

从几何意义上，对于理想不可压缩流体恒定流动，同一流线上，各断面总水头相等，总水头线为平行于基准面的水平线，如图 2-24 所示。而且，伯努利方程中每一项的量纲均为 L。

元流能量方程确立了一元流动中，动能和势能、流速和压强相互转换的普遍规律，提出了流速和压强的计算公式，具有重要的理论分析和实际应用意义。

（3）元流能量方程的应用

毕托管是广泛用于测量水流和气流中某一点流速的测速设备，它是根据元流能量方程进行设计的。法国工程师毕托（Pitot，H）在 1773 年首先用它测量塞纳河的流速。

图 2-25 为毕托管的原理和结构示意图。图 2-25(a) 中在流动断面上放置一根两端开口，前端弯转 90°的细管，管前端开口正对流动方向，此管称为测速管。另一根垂直放置在同一断面上的管子称为测压管。由于管子很细，对流动产生影响很小。从元流能量方程的物理意义可知，测速管与测压管之间的流体柱高差 Δh 就是 A 点的速度水头。即：

$$\Delta h=\frac{u^2}{2g}$$

利用上式可计算出 A 点的速度：

$$u=\sqrt{2g\Delta h} \tag{2-84}$$

根据上述原理，把测速管与测压管进行组合用于测量点流速的仪器称为毕托管，图 2-25(b)。当采用 U 形管压差计测量压差时，式(2-84) 可写为

$$u=\sqrt{2g\Delta h\frac{\rho_i-\rho}{\rho}} \tag{2-85}$$

式中，ρ 为被测量流体的密度；ρ_i 为 U 形管压差计中液体的密度。

考虑到毕托管对流场的干扰，以及毕托管的加工和结构等因素，实际速度与理论计算速度存在一定的差异，通常采用速度系数 φ 进行修正：

$$u=\varphi\sqrt{2g\Delta h\frac{\rho_i-\rho}{\rho}} \tag{2-86}$$

速度系数 φ 的数值由实验测定，对于标准毕托管，速度系数 $\varphi=1$。

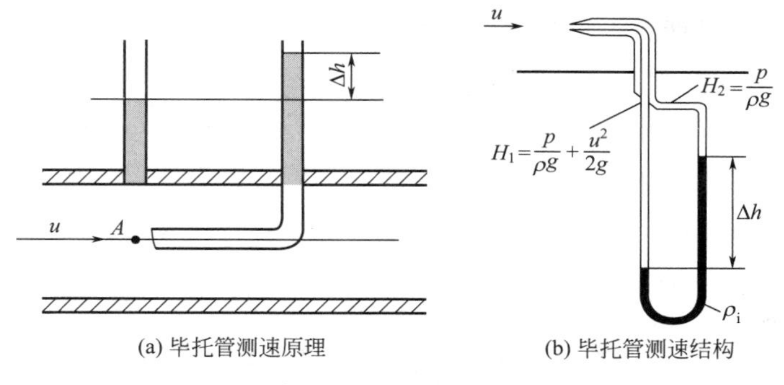

图 2-25　毕托管测速原理和结构示意图

（4）黏性流体元流的伯努利方程

实际流体具有黏性，运动时产生流动阻力，克服阻力做功使流体一部分机械能不可逆地转化为热能而散失。在实际流体的流动中，流体的黏性阻力使机械能量沿流向不断减少。以 h_{w1-2} 表示黏性流体沿流线方向 1—1、2—2 断面间流动时，单位重量流体能量的耗损，称为能量损失或水头损失。

根据能量守恒原理，可得到黏性流体元流的伯努利方程：

$$z_1+\frac{p_1}{\rho g}+\frac{u_1^2}{2g}=z_2+\frac{p_2}{\rho g}+\frac{u_2^2}{2g}+h'_{w1-2} \tag{2-87}$$

2.3.5.2　总流的能量方程

为了把能量方程应用到实际工程中，解决实际问题，需要把元流的能量方程扩大到实际流体的总流中。

（1）过流断面的压强分布

从元流能量方程推导出总流能量方程，必须进一步研究在垂直流线方向上的压强分布，即压强在过流断面上的分布问题。

由于均匀流动中不存在惯性力，这时流动是重力、压力和黏滞阻力的平衡。通过对均匀流的过流断面上微元体的受力平衡分析，就可以得到过流断面上压强的分布规律。

在均匀流的过流断面 n—n 上取任意微小圆柱为控制体（图 2-26），柱体长为 l，断面面积为 ΔA，柱体倾角为 α，两个断面的高程为 z_1 和 z_2，压强为 p_1 和 p_2。

对 n—n 方向上控制体的受力情况进行分析：

① 作用在控制体的重力在 n—n 方向上的分力为 $G\cos\alpha=\rho gl\Delta A\cos\alpha$。

② 作用于控制体两端面的压力为 $p_1\Delta A$ 和 $p_2\Delta A$，作用于侧面的压力在 n—n 方向上的分力为 0。

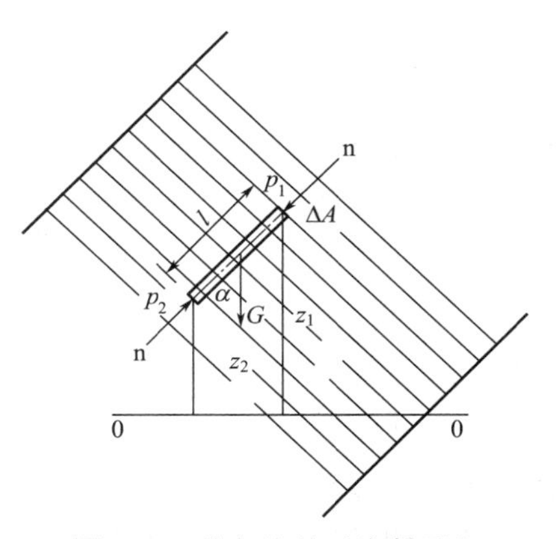

图 2-26　均匀流的过流断面上控制体的受力分析

③ 作用于控制体两个端面的切向力垂直于 n—n 方向，由于在 n—n 方向上的分速度为 0，控制体侧面不产生黏性力。因此，控制体在 n—n 方向上不受黏性力作用。

由于微小柱体处于受力平衡，所以

$$p_1 \Delta A + \rho g l \Delta A \cos\alpha = p_2 \Delta A$$

因为 $l\cos\alpha = z_2 - z_1$

因此可得 $p_2 + \rho g(z_2 - z_1) = p_1$

整理得 $z_1 + \dfrac{p_1}{\rho g} = z_2 + \dfrac{p_2}{\rho g}$

上式说明，均匀流的过流断面上压强分布符合静力学基本方程。由于渐变流的流线近似于平行，过流断面可认为是平面，在计算中可以将渐变流作为均匀流断面处理，近似利用上述结论。渐变流没有精确的界定标准，流动是否按照渐变流处理，以所得到结果能否满足工程要求的精度而定。

（2）总流能量方程

总流是由元流组成的，总流的能量方程就应当是元流能量方程的积分。对元流能量方程进行积分，得到在工程实际中对平均流速和压强计算极为重要的总流能量方程。

在恒定总流中，取渐变流上的任意过流断面 1—1 和 2—2 的流体为控制体，对元流能量方程分别在两断面积分：

$$\int_A \left(z_1 + \frac{p_1}{\rho g} + \frac{u_1^2}{2g}\right)\rho_1 g\,\mathrm{d}V_1 = \int_A \left(z_2 + \frac{p_2}{\rho g} + \frac{u_2^2}{2g} + h'_{\mathrm{w}1-2}\right)\rho_2 g\,\mathrm{d}V_2 \tag{2-88}$$

按照能量性质，将上式中的各项分为三种类型，讨论其积分。

① 势能积分

由于断面在渐变流段，根据渐变流过流断面的压强分布规律，断面的势能积分为：

$$\int_A \left(z + \frac{p}{\rho g}\right)\rho g\,\mathrm{d}V = \left(z + \frac{p}{\rho g}\right)\int_A \rho g\,\mathrm{d}V = \left(z + \frac{p}{\rho g}\right)\rho g V \tag{2-89}$$

② 动能积分

$$\int_A \frac{u^2}{2g}\rho g\,\mathrm{d}V = \rho g \int_A \frac{u^2}{2g} u\,\mathrm{d}A = \frac{\rho}{2}\int_A u^3\,\mathrm{d}A$$

建立总流方程的目的是要求出断面平均流速。由于实际流体的黏性作用，在过流断面上各点的流速是不均匀的。以平均流速计算的动能与过流断面上的实际动能不相等，为此，引入动能修正系数。

$$\alpha = \frac{\int u^3\,\mathrm{d}A}{v^3 A} = \frac{1}{v^3 A}\int u^3\,\mathrm{d}A \tag{2-90}$$

动能修正系数 α 根据断面流速分布的均匀性决定。流速分布越不均匀，动能修正系数 α 值越大。流速分布均匀，$\alpha=1$；在管流的湍流运动时，$\alpha=1.05\sim1.1$；管内层流时，$\alpha=2$。在实际工程计算中，大多数流动为湍流，通常近似取 $\alpha=1$。

因此，断面动能积分为

$$\int_A \frac{u^2}{2g}\rho g \mathrm{d}V = \frac{\rho}{2}\alpha v^3 A = \frac{\alpha v^2}{2}\rho V \tag{2-91}$$

③ 能量损失积分

设 h_{w1-2} 为单位重量流体的平均能量损失，则单位时间内流体克服1—1至2—2断面流段的阻力所损失的总能量。

$$\int_A h'_{w1-2}\rho g \mathrm{d}V = h_{w1-2}\rho g V \tag{2-92}$$

将以上各项能量积分式(2-89)、式(2-91)和式(2-92)代入原积分式(2-88)

$$\left(z_1+\frac{p_1}{\rho g}\right)\rho g V_1 + \frac{\alpha v_1^2}{2}\rho V_1 = \left(z_2+\frac{p_2}{\rho g}\right)\rho g V_2 + \frac{\alpha v_2^2}{2}\rho V_2 + h_{w1-2}\rho g V_2$$

对于不可压缩流体，$\rho_1 V_1 = \rho_2 V_2 = \rho V$ 对上式进行整理，得

$$z_1 + \frac{p_1}{\rho g} + \frac{\alpha v_1^2}{2g} = z_2 + \frac{p_2}{\rho g} + \frac{\alpha v_2^2}{2g} + h_{w1-2} \tag{2-93}$$

式(2-93)为恒定流动黏性流体总流的能量方程，或称为总流伯努利方程。

总流能量方程的物理意义与元流能量方程类似，需要注意的是，总流能量方程表述的是各项能量的平均意义。$\left(z+\frac{p}{\rho g}\right)$是过流断面上单位重量流体的平均势能，$\frac{\alpha v^2}{2g}$是过流断面上单位重量流体的平均动能，$h_{w1-2}$是总流中两个过流断面间的单位重量流体平均能量损失。

2.3.5.3 能量方程的应用

能量方程在解决流体力学问题上有决定性的作用，它与连续性方程联立，全面解决一元流动的断面流速和压强的计算。

在应用总流能量方程解决实际问题时有一定的灵活性和适应性。

(1) 适用条件

在方程的推导过程中，引入了一些限制条件，也就是总流能量方程的适用条件，包括：

① 质量力仅为重力。

② 恒定流动　方程推导是在恒定流动前提下进行的，客观上并不存在绝对的恒定流动。在实际工程上，流体流动随时间变化比较缓慢时，可以近似作为恒定流动采用能量方程。

③ 不可压缩流体　方程中的不可压缩流体实际上是指流动过程中密度恒定的流体，因此，方程不仅适用于压缩性极小的液体流动，也适用于工程中大多数气体，只要压强变化不大、流速较低，气体流动可以看作为不可压缩流体处理。

④ 所选择断面为均匀流或渐变流中的有效断面。

⑤ 两断面间无分流和合流　推导过程中方程是沿着流线方向积分，两断面应该在同一流向上。如果两断面间存在分流和合流情况，则需要对合流管路或分流管路在流动方向上分别列出相应的能量方程。

⑥ 两断面间无能量输入或输出　如果两断面间有能量输入（中间有水轮机或汽轮机）或输

出（中间有水泵或风机），需要计入单位重量流体流经流体机械获得或失去的机械能。单位重量流体所获得的能量 H_e 加入方程的左边，单位重量流体输出的能量 H_i 加入方程的右边。

$$z_1+\frac{p_1}{\rho g}+\frac{\alpha_1 v_1^2}{2g}+H_e=z_2+\frac{p_2}{\rho g}+\frac{\alpha_2 v_2^2}{2g}+h_{w1-2} \tag{2-94}$$

$$z_1+\frac{p_1}{\rho g}+\frac{\alpha_1 v_1^2}{2g}=z_2+\frac{p_2}{\rho g}+\frac{\alpha_2 v_2^2}{2g}+H_i+h_{w1-2} \tag{2-95}$$

（2）应用能量方程的基本步骤

① 分析流动　通过对所处理的流动问题进行分析，把需要研究的局部流动和流动总体联系起来，判断使用能量方程的条件和方式。

② 选取有效断面　选取的断面应在渐变流段上，并包含所需要求解的未知量。应注意选取断面尽可能包含较少的未知数，使得求解更为简化。

③ 选取基准面　原则上水平基准面可以任意选取。为求解方程方便，一般选择通过两断面中较低一个断面的形心作为基准面。

④ 列出方程并求解　根据所选择的断面和基准面建立相应的能量方程，必要时应用连续性方程联立求解流速问题。

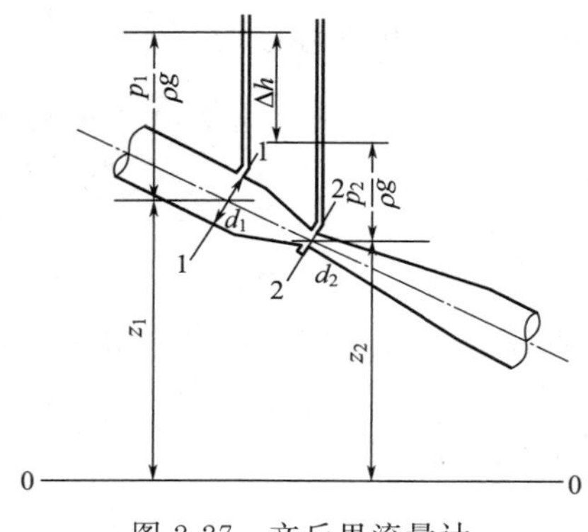

图 2-27　文丘里流量计

（3）文丘里流量计

文丘里流量计（图 2-27）是总流能量方程应用的典型例子。是常用的测量管道流量的仪器，最初是根据意大利物理学家文丘里（B. Venturi，1746—1822）对渐扩管的实验，运用能量方程和连续性方程原理制成。流量计由收缩段、喉管和扩大段三部分组成。流体流动时，由于喉管断面缩小，速度增大，压强降低，用压差计测定压强变化的水头差 Δh，由能量方程便可计算出流速和流量。

选取收缩段前端断面和喉管断面为 1—1 和 2—2 计算断面。取动能修正系数 $\alpha_1=\alpha_2=1$，且不考虑收缩段的水头损失。列出 1—1 和 2—2 断面间能量方程：

$$z_1+\frac{p_1}{\rho g}+\frac{v_1^2}{2g}=z_2+\frac{p_2}{\rho g}+\frac{v_2^2}{2g}$$

$$\frac{v_2^2}{2g}-\frac{v_1^2}{2g}=\left(z_1+\frac{p_1}{\rho g}\right)-\left(z_2+\frac{p_2}{\rho g}\right)=\Delta h$$

由连续性方程可得

$$v_2=\left(\frac{d_1}{d_2}\right)^2 v_1$$

代入上述的能量方程式，有

$$\frac{v_1^2}{2g}\left[\left(\frac{d_1}{d_2}\right)^4-1\right]=\Delta h$$

由此可求得流速，

$$v_1 = \sqrt{\frac{2g}{\left(\frac{d_1}{d_2}\right)^4 - 1}} \sqrt{\Delta h} = k\sqrt{\Delta h} \tag{2-96}$$

式中，$k = \sqrt{\frac{2g}{\left(\frac{d_1}{d_2}\right)^4 - 1}}$，由流量计结构尺寸 d_1 和 d_2 决定，对于一定流量计，是一个常数，称为仪器常数。

通过文丘里流量计的流体体积流量为：

$$V = v_1 A_1 = \frac{\pi d_1^2}{4} k\sqrt{\Delta h}$$

由于在推导过程中采用理想流体模型，对于实际情况需要进行修正，乘以 μ 值进行修正。μ 值称为文丘里流量系数，其数值根据实验确定，$\mu = 0.95 \sim 0.98$。文丘里流量计的实际流量计算式为：

$$V = v_1 A_1 = \mu \frac{\pi d_1^2}{4} k\sqrt{\Delta h} \tag{2-97}$$

当流体种类确定后，流量 V 与 Δh 的关系仅取决于文丘里管的管径比 d_1/d_2，且与管子的倾斜角 θ 无关。

与文丘里流量计类似的还有孔板流量计及管嘴流量计（图 2-28），其测量原理和流量计算公式亦类似于式(2-97)，只是其中的流量系数 μ 不同。

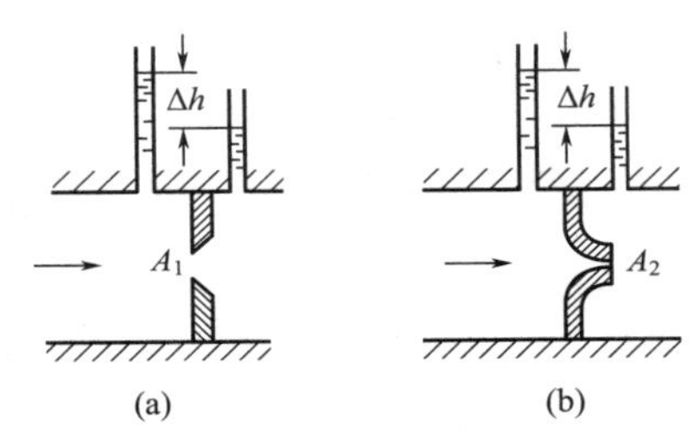

图 2-28　孔板流量计和管嘴流量计

【例 2-4】 在文丘里流量计的喉管中，由于压强明显降低，达到相应温度的汽化压强使水迅速汽化而产生气泡，气泡随水流流入压强较高的区域而破灭，这种现象称为空化。空化限制了压强的继续降低，制止了流速的增大。文丘里流量计安装如图 2-29 所示，当地大气压为 97kPa，环境温度为 40℃。不考虑文丘里流量计管内的能量损失，喉管直径应限制为多少，才能避免不出现空化现象。

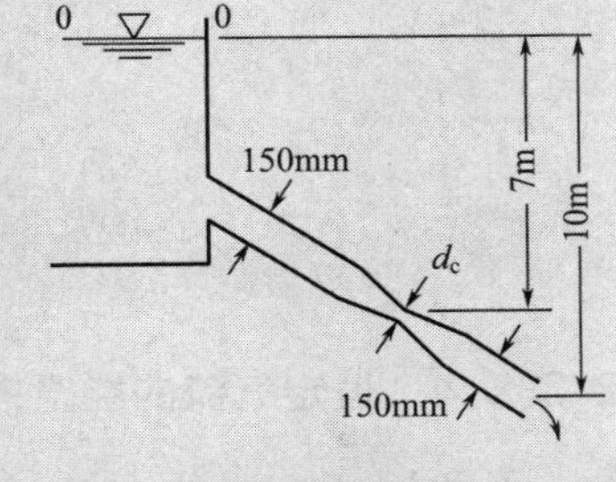

图 2-29　例 2-4 图

解　当水温为 40℃时，$\rho = 992.2\text{kg/m}^3$，汽化压强 $p' = 7.39\text{kPa}$。

$$\frac{p_a}{\rho g} = \frac{97 \times 10^3}{992.2 \times 9.81} = 9.96(\text{m}),\quad \frac{p'}{\rho g} = \frac{7.39 \times 10^3}{992.2 \times 9.81} = 0.76(\text{m})$$

为了避免出现空化现象，以 40℃时水的汽化压强为最小压强值，求出相应的收缩段直径 d_c。当收缩段直径大于 d_c 时，收缩段压强必然大于 p'，可以避免产生汽化。

对水面 0—0 和喉部收缩断面 c—c 列能量方程：

$$z_0+\frac{p_a}{\rho g}=z_c+\frac{p_c}{\rho g}+\frac{v_c^2}{2g}$$

$$\frac{v_c^2}{2g}=\left(z_0+\frac{p_a}{\rho g}\right)-\left(z_c+\frac{p_c}{\rho g}\right)=10+9.96-(0.76+3)=16.2(\text{m})$$

列出水面和出口断面能量方程：

$$\frac{v^2}{2g}=z_0=10(\text{m})$$

根据连续性方程可得：

$$d_c=d\sqrt{\frac{v}{v_c}}=150\times\left(\frac{10}{16.2}\right)^{1/4}=133(\text{mm})$$

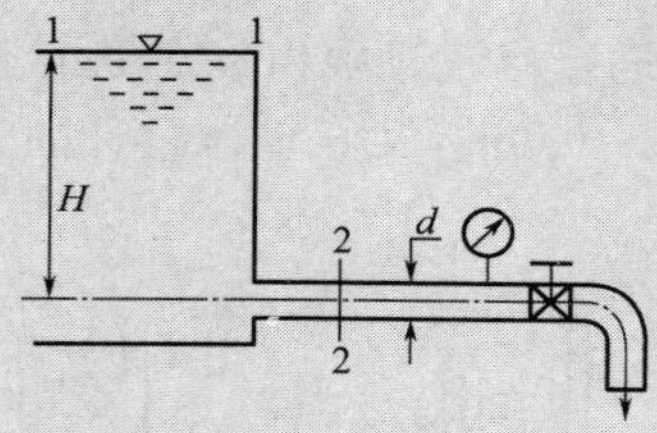

图 2-30　水池出水管道

【例 2-5】 如图 2-30 所示，一个大蓄水池通过直径 $d=15\text{cm}$ 的管道向外输水。阀门关闭时，压强表的读数为 $p_e=3\times10^5\text{Pa}$，阀门全开时，压强表的读数 $p_e'=0.6\times10^5\text{Pa}$。若不计损失，试求输水的体积流量。

解　当阀门关闭时，由流体静力学基本方程式可得：

$$\rho gH=p_e$$

当阀门全开时，对 1—1 和 2—2 截面列伯努利方程：

$$H=\frac{v^2}{2g}+\frac{p_e'}{\rho g}$$

联解以上两式，得

$$v=\left[2g\left(H-\frac{p_e'}{\rho g}\right)\right]^{1/2}=\left(2\,\frac{p_e-p_e'}{\rho}\right)^{1/2}$$

$$=\left[2\times\frac{(3-0.6)\times10^5}{1000}\right]^{1/2}=21.91(\text{m/s})$$

$$V=\frac{\pi}{4}d^2v=\frac{\pi}{4}\times0.15^2\times21.91=0.38(\text{m}^3/\text{s})$$

2.3.5.4　恒定气流的能量方程

总流能量方程是对不可压缩流体导出的。对于流速不是很大，压强变化较小的系统，如工业通风管道、烟道等，气流在运动过程中密度变化很小，可近似作为不可压缩流体处理。在这样的条件下，能量方程仍可用于气体流动。

由于气流的密度与外部空气的密度是相同的数量级，在用相对压强进行计算时，需要考虑大气压随高度变化的影响。

列出恒定气流中过流断面 1—1 和 2—2 的能量方程（图 2-31）：

$$z_1+\frac{p_{1abs}}{\rho g}+\frac{v_1^2}{2g}=z_2+\frac{p_{2abs}}{\rho g}+\frac{v_2^2}{2g}+h_{w1-2}$$

其中 1—1 和 2—2 断面的压强用绝对压强 p_{1abs} 和 p_{2abs} 表示。当流体为气体时，通常将能量方程中各项以单位体积能量表示，因此，上式可写为：

$$\rho g z_1+p_{1abs}+\frac{\rho}{2}v_1^2=\rho g z_2+p_{2abs}+\frac{\rho}{2}v_2^2+p_{w1-2} \quad (2\text{-}98)$$

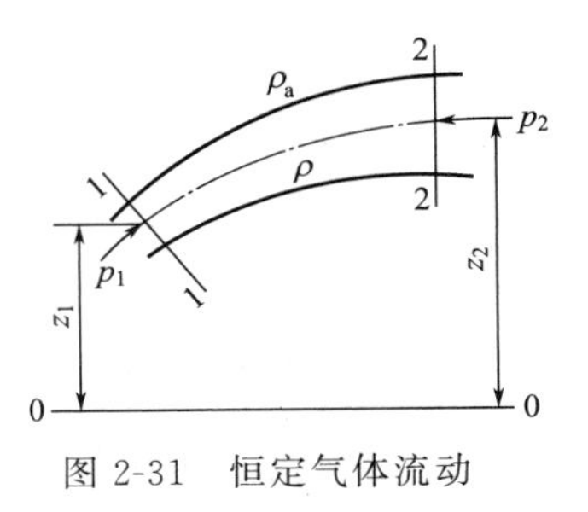

图 2-31 恒定气体流动

式中，p_{w1-2} 为 1—1 和 2—2 断面的单位体积流体的阻力损失，具有的量纲 $[ML^{-1}T^{-2}]$ 与压强相同，因此，称为压强损失，且 $p_w=\rho g h_w$。

考虑高度差对外部空气压强的影响，1—1 和 2—2 断面上绝对压强与相对压强的关系：

$$p_{1abs}=p_1+p_a$$
$$p_{2abs}=p_2+p_a-\rho_a g(z_2-z_1)$$

将上述两个式子代入式(2-98)，整理得：

$$(\rho_a-\rho)gz_1+p_1+\frac{\rho}{2}v_1^2=(\rho_a-\rho)gz_2+p_2+\frac{\rho}{2}v_2^2+p_{w1-2} \quad (2\text{-}99)$$

式（2-99）为冷热气体流动的能量方程。方程中的各项都表示气体的单位体积能量，单位为 Pa(J/m^3)。其中 p_1 和 p_2 为断面的相对压强，$(\rho_a-\rho)gz$ 是气体受到有效浮力作用下的位能。气体在有效浮力作用下，位置升高，位能减小；位置降低，位能增大。因此，在使用气流能量方程时，是以气流的上游方向为位能的基准面。

【例 2-6】 图 2-32 所示，空气由炉口 a 流入，燃烧后的废气经过 b、c 和 d 从烟囱流出。烟气密度 $\rho=0.6\text{kg/m}^3$，空气密度 $\rho_a=1.2\text{kg/m}^3$。烟囱底部直径为 0.8m，顶部直径为 1.15m。从炉口 a 处到烟囱底部 c 处的压强损失为 $9\frac{\rho v^2}{2}$，从烟囱底部 c 处到烟囱出口 d 处的压强损失为 $20\frac{\rho v^2}{2}$。求（1）烟囱出口 d 处的烟气流速；（2）烟囱底部 c 处的压强。

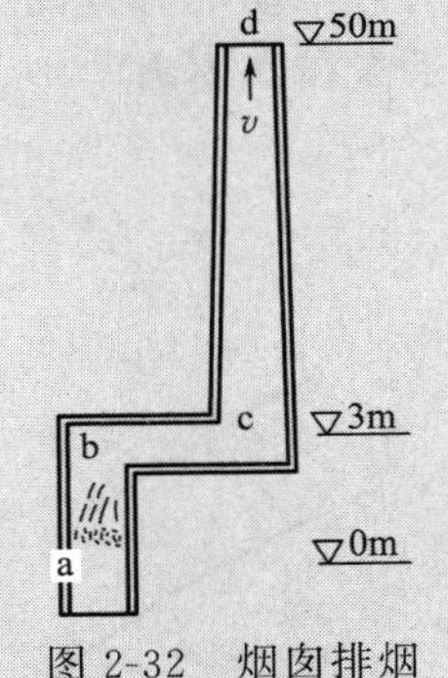

图 2-32 烟囱排烟

解 （1）选定炉口 a 处附近为 0—0 面，$v_0\approx0$。列出 0—0 到 d—d 断面的能量方程：

$$(\rho_a-\rho)g(\nabla_d-\nabla_a)+p_0+\frac{\rho}{2}v_0^2=p_d+\frac{\rho}{2}v_d^2+p_{w0-d}$$

其中：$p_0=p_d=0$；$\nabla_a=0$；$\nabla_d=50\text{m}$。

代入数据：

$$(1.2-0.6)\times9.81\times50=\frac{0.6}{2}v_d^2+\left(9\times\frac{0.6}{2}v_d^2+20\times\frac{0.6}{2}v_d^2\right)$$

解得：$v_d^2=5.7\text{m/s}$。

（2）列出 0—0 到 c—c 断面的能量方程：

$$(\rho_a-\rho)g(\nabla_c-\nabla_0)+p_0+\frac{\rho}{2}v_0^2=p_c+\frac{\rho}{2}v_c^2+p_{w0-c}$$

根据连续性方程，有

$$v_c=\left(\frac{d_d}{d_c}\right)^2\times v_d=\left(\frac{0.8}{1.15}\right)^2\times 5.7=2.76(\mathrm{m/s})$$

则 $$(1.2-0.6)\times 9.81\times 5=p_c+\frac{0.6}{2}\times 2.76^2+9\times\frac{0.6}{2}\times 2.76^2$$

解方程得：$p_c=-5.19\mathrm{Pa}$

结合上题的计算结果进行分析可知，气体在向上流动过程中，位能 $(\rho_a-\rho)g(z_2-z_1)$ 是降低的。在自然排烟的烟囱中，是位能 $(\rho_a-\rho)g(z_2-z_1)$ 补偿了烟气在烟囱内向上流动中动能的增量和能量损失。部分位能还在向上流动过程中逐步转变为静压能。烟囱底部的压强为负压，在压差的推动下抽吸烟道中热气体。

从能量的转换关系分析，烟囱的抽力主要是由位能产生的。因此，烟囱的高度和烟气的温度是保证烟囱具有一定抽吸能力的基本条件。另外，环境的气候条件也会影响烟囱的抽吸能力。

2.3.6 动量方程*

连续方程和能量方程分别描述了流体流动过程中质量守恒和能量守恒的关系，解决了流动中流速的问题。在工程实际中，常常需要求流体作用力或力矩，特别是流体与固体间的作用力，动量方程的主要作用是解决了流动中流体与固体壁面之间的作用力。

在固体力学中，动量定律指出，作用于质点系上的合力等于其动量对时间的变化率，即

$$\sum\vec{F}=\frac{\mathrm{d}}{\mathrm{d}\tau}(\sum m\vec{v})$$

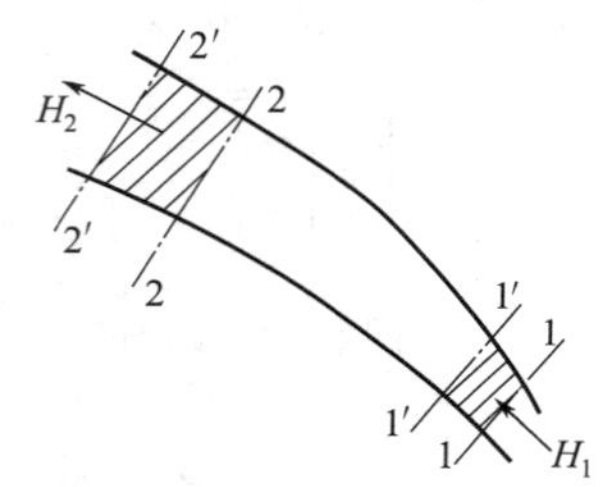

图 2-33 一元流动控制体

把该方程用于一元流动中，以两个有效断面间的流体为对象，研究流体在单位时间内动量的增量和受力情况，得到一元流动的动量方程。

在恒定总流中，对于如图 2-33 所示的控制体中不可压缩流体，流段 1—2 在 $\mathrm{d}\tau$ 时间后移动到 $1'$—$2'$。断面 1—1 和 2—2 的面积和平均速度分别为 A_1、A_2 和 v_1、v_2，动量的变化量为：

由于是恒定流动，$\mathrm{d}\tau$ 时间内 $1'$—2 间流体的动量不随着时间变化，如果采用平均流速的流动模型，有

$$\frac{\mathrm{d}(m\vec{v})}{\mathrm{d}\tau}=\vec{K}_{2-2'}-\vec{K}_{1-1'}=\rho A_2v_2\vec{v}_2-\rho A_1v_1\vec{v}_1=\rho V(\vec{v}_2-\vec{v}_1) \tag{2-100}$$

在上式中，用断面平均流速替代实际流速表示动量，为修正断面流速的不均匀分布，引入动量修正系数：

$$\alpha_0=\frac{\int_A\rho u^2\mathrm{d}A}{\rho Vv}=\frac{\int_A u^2\mathrm{d}A}{v^2A} \tag{2-101}$$

动量修正系数定义为以平均流速计算的动量与实际动量的比值，α_0 取决于断面流速分

布的不均匀性。断面速度分布的不均匀性越大，α_0 越大。对于工程上常见的管道流体流动，一般为湍流，$\alpha_0=1.02\sim1.05$，可近似取值为 1。

因此，

$$\sum\vec{F}=\rho V(\alpha_{02}\vec{v}_2-\alpha_{01}\vec{v}_1) \tag{2-102}$$

这就是恒定流动总流的动量方程。方程表明，作用于控制体内流体上的合外力，等于单位时间内控制体的净流动量。

方程在直角坐标系下的分量表达形式为：

$$\left.\begin{aligned}\sum F_x=\rho V(\alpha_{02}v_{2x}-\alpha_{01}v_{1x})\\ \sum F_y=\rho V(\alpha_{02}v_{2y}-\alpha_{01}v_{1y})\\ \sum F_z=\rho V(\alpha_{02}v_{2z}-\alpha_{01}v_{1z})\end{aligned}\right\} \tag{2-103}$$

总流动量方程给出了流体流动中动量变化与作用力之间的关系。根据这一特点，总流与边界面之间的相互作用力问题，以及因水头损失难以确定导致运用伯努利方程受到限制的问题，适于用动量方程求解。在工程实际中，动量方程通常用于流体流速速度大小和方向发生改变的情况下所受到的外力的计算，或者是流体对外界作用力的计算。

【例 2-7】 水平放置的输水弯管，转角为 60°，直径 $d_1=200\text{mm}$，$d_2=150\text{mm}$。已知转弯前端的压强 $p_1=18\text{kPa}$，输水量为 $V=0.1\text{m}^3/\text{s}$，不计水头损失，求水流对弯管作用力的大小。

解 选取过流断面 1—1、2—2 间的流体为控制体。确定坐标系 xoy。

分析作用在控制体内流体上的力：

过流断面上的压力 P_1 和 P_2，垂直作用于 1—1 和 2—2 断面；

由于弯管水平放置，重力在 xoy 面无分量；

弯管对水流的作用力 R'，假定在 x 和 y 方向的分量 R'_x 和 R'_y 如图 2-34 所示。

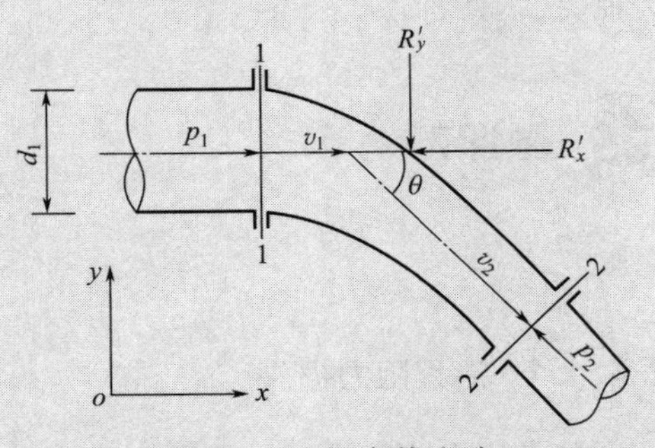

图 2-34 水沿弯管流动

对 1—1 和 2—2 断面间的控制体列出 x、y 方向上的总流动量方程：

$$P_1-P_2\cos60°-R'_x=\rho V(v_2\cos60°-v_1)$$

$$P_2\sin60°-R'_y=\rho V(-v_2\sin60°)$$

列 1—1 和 2—2 断面间的能力方程，忽略水头损失

$$\frac{p_1}{\rho g}+\frac{v_1^2}{2g}=\frac{p_2}{\rho g}+\frac{v_2^2}{2g}$$

$$p_2=p_1+\frac{v_1^2-v_2^2}{2}\rho=7.04(\text{kPa})$$

因此，有：$P_1=p_1A_1=0.565(\text{kN})$，$P_2=p_2A_2=0.124(\text{kN})$

$$v_1=\frac{V}{\frac{\pi d_1^2}{4}}=3.185(\text{m/s}),\ v_2=\frac{V}{\frac{\pi d_2^2}{4}}=5.66(\text{m/s})$$

把以上各个数值代入总流动量方程，解得：

$$R'_x=0.538\text{kN}，R'_y=0.597\text{kN}$$

x、y 方向上的计算结果均为正值，表明假定方向是正确的。

因为，水流对弯管的作用力于弯管对水流的作用力大小相等而方向相反，有 $R_x=0.538\text{kN}$，沿 ox 方向；$R_y=0.597\text{kN}$，沿 oy 方向。

2.4 流动阻力与能量损失

实际流体是具有黏性的。流体在运动过程中，要克服由于流体内部相对运动而出现的内摩擦力，会使一部分机械能不可逆地转化为热能，从而形成能量损失。对流体流动过程中能量损失的分析，是解决流体流动问题的重要内容。

对于液体，能量损失通常用单位重量流体的能量损失（或称为水头损失）h_w 表示；对于气体，则用单位体积气体的能量损失（或称为压强损失）p_w 表示。

2.4.1 流动阻力与能量损失的分类

流动阻力是造成能量损失的原因，因此，能量损失的变化规律必然是流动阻力规律的反映。产生阻力的内因是流体的黏滞性和惯性，外因是固体壁面对流体的阻滞作用和扰动作用。

为了便于分析，根据流体运动的边壁变化情况，把能量损失分为沿程阻力损失和局部阻力损失。

微课7

流动阻力损失

2.4.1.1 沿程阻力损失

在流动边壁形状变化不大的区域，主要是由于流体与壁面、流体质点与质点之间存在的摩擦力，沿途阻碍流体运动，这种阻力称为沿程阻力。克服沿程阻力所消耗的能量为沿程阻力损失，也可简称为沿程损失。沿程阻力损失的大小与流段的长度成正比，单位重量流体的沿程损失用 h_f 表示，单位体积流体的沿程损失用 p_f 表示。

沿程阻力损失可以用达西公式进行计算，该式最早是由于法国工程师达西（H. Darcy）和德国水利学家魏斯巴赫（J. L. Weisbach）在前人实验的基础上总结的。

对于液体，沿程阻力损失通常表示为：$h_f=\lambda\dfrac{l}{d}\times\dfrac{v^2}{2g}$ （2-104）

对于气体，沿程阻力损失通常表示为：$p_f=\lambda\dfrac{l}{d}\times\dfrac{\rho v^2}{2}$ （2-105）

式中　λ——沿程阻力（损失）系数；

l——管长，m；

d——管内径，m；

v——流体的平均流速，m/s；

ρ——流体的密度，kg/m^3。

上式中的沿程阻力系数 λ 是一个与流体黏度、流速、管径及管壁粗糙度等有关的参数，是一个无量纲量，通常需要根据实验得到其数值。

2.4.1.2　局部阻力损失

在流动边界形状发生急剧变化的区域，例如流道弯曲、截面大小变化或是有闸门设置等，速度的大小或方向发生变化，就会出现旋涡区和速度分布重组，流体质点间发生剧烈的摩擦和动量交换，阻碍流体运动，这种阻碍称为局部阻力。流体为了克服局部阻力而消耗的能量，为局部阻力损失，也称为局部损失。

由大量实验可知，局部阻力损失 h_m 的计算式可以表示为：

$$h_m=\zeta \frac{v^2}{2g} \tag{2-106}$$

式中，ζ 为局部阻力（损失）系数，是一个无量纲量，其数值与局部阻力的形式密切相关，通常由实验确定。

2.4.1.3　流动阻力损失

流体流动过程中整个管路的能量损失是各个管段沿程损失和所有局部损失总和，称为能量损失的叠加原理。

$$h_w=\sum h_f+\sum h_m \tag{2-107}$$

或是

$$p_w=\sum p_f+\sum p_m \tag{2-108}$$

式中，h_w 为单位重量流体总的能量损失，单位为 m，量纲为 L；p_w 为单位体积流体总的能量损失，单位为 Pa，量纲为 $ML^{-1}T^{-2}$。

需要说明的是，由于流动影响因素复杂，目前还不可能用纯理论方法解决流动过程能量损失的全部问题，以上沿程阻力损失和局部阻力损失的计算公式不是严格的理论公式。计算式中没有直接给出其他影响流动能量损失的因素，可以认为影响流动阻力损失的因素是包含在沿程阻力系数和局部阻力系数之中的。实际上，就是把复杂的流动能量损失计算问题转化为求解阻力系数的问题。

2.4.2　流体的流动状态

早在 19 世纪初，就有人注意到在不同流速下，沿程损失和流速具有不同的关系。这种现象启发人们探索流体运动的内在结构，分析能量损失的规律与其内在结构的关系。

英国物理学家雷诺（Reynolds）于 1883 年发表了其实验成果。他通过大量实验发现实际流体运动能量损失规律之所以不同，是因为流动存在两种不同的流态。雷诺实验的装置如图 2-35 所示。

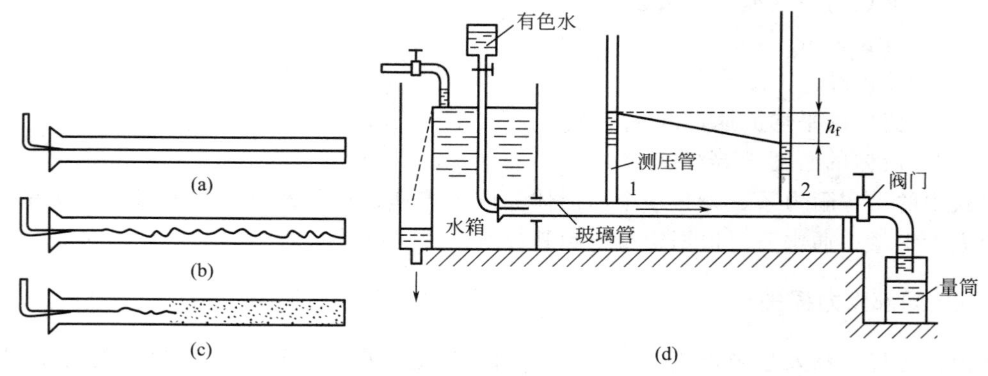

图 2-35　雷诺实验

实验进行时，水箱中水位保持恒定，逐渐开启玻璃管上的阀门，密度与水相近的颜色水经细管流入玻璃管中。当玻璃管中水流速很小时，颜色水保持一条平直的细线，不与周围的水相混，流层的层次分明。这种流动状态称为层流，图 2-35(a)。随着阀门开度逐渐加大，流速增加，到达某一流速值后，颜色水出现摆动。若继续加大流速，颜色水束断裂，与周围清水掺混，图 2-35(c)。说明这时流体质点不仅发生了轴向位移，还发生了横向位移，质点处于无规则的状态，这种流动状态称为湍流或紊流。图 2-35(b) 为层流与湍流的过渡状态，是未充分发展的湍流，一般归入湍流。

如果按照相反方向进行实验，即逐渐关小阀门，使流速下降，则流动由湍流状态变化为层流状态。

由雷诺实验的结果可以看到，层流和湍流是两种不同的流动状态。层流中各流层间互不掺混，只存在黏性引起的流层间摩擦阻力；湍流运动则有大小不等的涡体动荡于各流层间，流体质点发生了混乱的纵向和横向运动。这两种不同流动状态的内部结构完全不同，影响流动过程中产生的流动阻力或能量损失。因此，对流体流动状态的判断十分重要。

雷诺等人通过大量的实验发现，流体的流动状态不仅与流速 v 有关，还与管道直径 d、流体的黏度 μ 和密度 ρ 等因素有关。对于处于层流状态的流动，v、d 和 ρ 越大，越容易形成湍流；μ 越小，越易形成湍流。把这四个因素组成一个无量纲数用以描述流体的流动状态，称为雷诺数，其定义式为：

$$Re=\frac{\rho vd}{\mu}=\frac{vd}{\nu} \tag{2-109}$$

实验表明，尽管不同条件下湍流转变为层流的临界速度不同，但对于任何管径和任何牛顿型流体，湍流转变为层流的雷诺数是相同的。由湍流向层流转变的最小雷诺数称为下临界雷诺数，由层流向湍流转变的最大雷诺数称为上临界雷诺数。由于上临界雷诺数受外界的影响很大，数值不固定，在工程上缺乏意义，因此，在工程实际应用中，通常用下临界雷诺数作为判断流态的依据。

临界雷诺数的值大约为 2000。$Re<2000$，流态为层流；$Re>2000$，流体为湍流；$Re=2000\sim4000$ 是由层流向湍流转变的过渡区，相当于图 2-35 (b) 的状态。

根据第 1 章中相似准数物理意义的分析可知，雷诺数 Re 表征作用在流体上的惯性力与黏性力之比。Re 越小，黏性力作用越大，使扰动衰减，流动就越稳定。Re 越大，黏性作用减弱，惯性力作用增强，湍流程度加剧。

层流是一种规则运动，流体层之间没有宏观的混合。从微观上看，分子在流体层之间进行迁移。在层流运动的内部，存在速度梯度的区域都会由于分子运动产生动量的自发传递，从而造成流体的内摩擦力和能量损失。动量传递是沿着动量降低的方向。

在湍流运动的内部，不仅有由于分子随机运动产生的分子动量传递，还存在着流体质点高频脉动所引起的涡流动量传递，而且后者远大于前者。由于脉动微团或质点的尺度要远远大于流体分子，因此涡流产生的动量传递要远远大于分子动量传递。也就是说，湍流流动产生的流动阻力要比层流大得多。

【例 2-8】 管径为 $d=25\text{mm}$ 的上水管道，管中水流速 $v=1\text{m/s}$，水温 $t=10℃$，动力黏滞系数 $\nu=1.31\times10^{-6}\text{m}^2/\text{s}$，判断此时管中水的流态。若管中流体为油，其黏滞系数 $\nu=3.31\times10^{-5}\text{m}^2/\text{s}$，流速不变，此时管内流体流动为何种流态？

解 当管内流体为水，

$$Re=\frac{vd}{\nu}=\frac{1\times0.025}{1.31\times10^{-6}}=19084>2000$$

当管内流体为油，

$$Re=\frac{vd}{\nu}=\frac{1\times0.025}{3.31\times10^{-5}}=755<2000$$

由上题的计算结果可以看到，水在管中流动为湍流，而油在管中的流动为层流。

2.4.3 圆管中的层流运动

实际工程中，虽然大多数流动为湍流运动，但层流常见于小管径、低流速或高黏度流体的管道流动，如阻尼管、输油管和机械润滑系统的流动。研究层流不仅有工程实用意义，而且通过比较可以加深对湍流运动的认识。

2.4.3.1 均匀流动方程

均匀流动是指流线相互平行，过流断面上流速分布沿程不变的流动。对于在过流断面的大小、形状及壁面粗糙度沿程不变的长直管道或渠道中的流动可以看作均匀流动。均匀流动只有沿程损失，没有局部损失。以均匀流动为对象可以建立沿程损失与剪切力之间的关系，从而解决沿程阻力的问题。

在圆管恒定均匀流动中取一流束，其半径为 r，长度为 l，如图 2-36 所示。沿流动方向作用在此流束上的外力有：作用于流束左右两端两个截面中心的压力 p_1A 和 p_2A，流束表面上的剪切力 $2\pi rl\tau$，重力分量 $\rho g\pi r^2 l\sin\theta$。

在均匀流动中，流体没有加速度，各种力处于平衡状态，沿流动方向上作用力的平衡方程为：

$$(p_1-p_2)\pi r^2-2\pi rl\tau+\rho g\pi r^2 l\sin\theta=0$$

将 $l\sin\theta=z_1-z_2$ 代入上式，并整理，可得

$$\left(z_1+\frac{p_1}{\rho g}\right)-\left(z_2+\frac{p_2}{\rho g}\right)=\frac{2\tau l}{\rho g r}$$

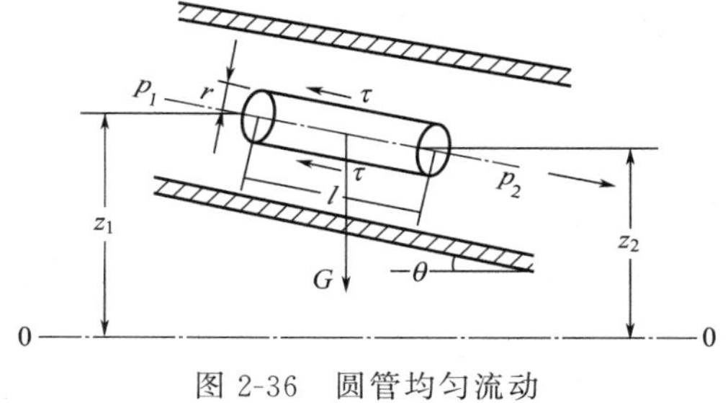

图 2-36 圆管均匀流动

由于 $v_1=v_2$，列出左右两端两个截面间的能量方程为

$$\left(z_1+\frac{p_1}{\rho g}\right)-\left(z_2+\frac{p_2}{\rho g}\right)=h_{\mathrm{f}}$$

则有
$$\frac{2\tau l}{\rho g r}=h_{\mathrm{f}} \tag{2-110}$$

整理得：
$$\tau=\frac{r}{2}\rho g\ \frac{h_{\mathrm{f}}}{l}=\frac{r}{2}\rho g J \tag{2-111}$$

式(2-110) 或式(2-111) 为均匀流动方程。式中，$J=\frac{h_{\mathrm{f}}}{l}$为单位长度上的沿程损失，称为水力坡度，表征沿程损失的强度。

管壁处的切应力为：
$$\tau_w=\frac{R}{2}\rho g J \tag{2-112}$$

比较式（2-111）和式（2-112），有

$$\tau=\frac{r}{R}\tau_w \tag{2-113}$$

均匀流动方程反映了沿程阻力和沿程损失之间的关系，说明单位长度上的沿程损失与单位面积的摩擦阻力成正比。由于在均匀流动中水力坡度不随流束而变化，式（2-111）和式（2-113）表明圆管均匀流动的层流有效断面上切应力沿着半径方向呈直线分布，管中心处，$\tau_{\min}=0$，管壁处切应力达到最大 $\tau_w=\tau_{\max}$。

2.4.3.2 流速分布

在层流运动状态下，层流各流层质点互不掺混。对于圆管中的流动，各层质点沿着平行管轴方向运动。整个流管如同无数薄壁圆筒一个套一个滑动。各流层间剪切力服从牛顿内摩擦定律，即

$$\tau=-\mu\ \frac{\mathrm{d}u}{\mathrm{d}r}$$

则式(2-111) 可以写成：$\tau=\frac{r}{2}\rho g J=-\mu\ \frac{\mathrm{d}u}{\mathrm{d}r}$

在层流的均匀流过流断面上，J 是常数，对上式分离变量，然后积分可得：

$$u=-\frac{\rho g J}{4\mu}r^2+C \tag{2-114}$$

利用边界条件，当 $r=R$，$u=0$，确定积分常数 C，整理可得：

$$u=\frac{\rho g J}{4\mu}(R^2-r^2) \tag{2-115}$$

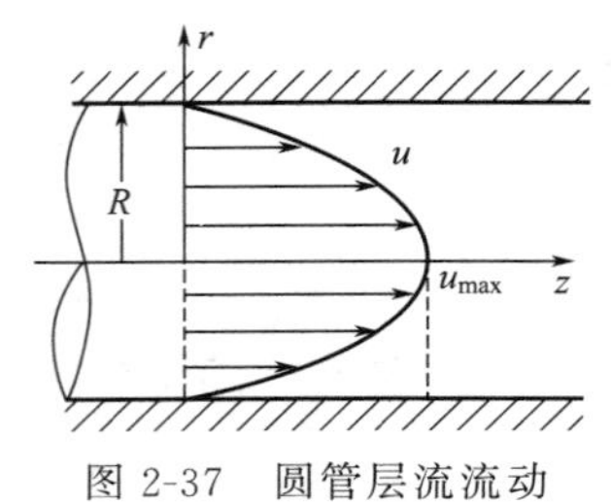

图 2-37 圆管层流流动的速度剖面

式(2-115) 为圆管内流体层流运动的流速分布，称为斯托克斯公式。该图表明圆管内层流运动时断面上的速度沿着半径方向呈抛物线分布，管中心处 $r=0$，$u=u_{\max}$；管壁处 $r=R$，$u_{\min}=0$。圆管层流流动的速度分布见图 2-37。

将 $r=0$ 代入式(2-115) 中，得到断面最大流速即管轴处流速为，

$$u=\frac{\rho gJ}{4\mu}R^2 \tag{2-116}$$

整个断面上的流量为

$$V=\int_A u\,\mathrm{d}A=\int_0^R \frac{\rho gJ}{4\mu}(R^2-r^2)2\pi r\,\mathrm{d}r=\frac{\rho gJ}{8\mu}\pi R^4 \tag{2-117}$$

平均流速：

$$v=\frac{V}{A}=\frac{\rho gJ}{8\mu}R^2 \tag{2-118}$$

比较式(2-116) 和式(2-118)，可看到圆管中流动的平均速度为断面最大流速的一半。

2.4.3.3 沿程阻力损失

由平均流速的计算式(2-118) 可得，

$$J=\frac{8\mu v}{\rho gR^2}\text{，即}\qquad \frac{h_f}{l}=\frac{32\mu v}{\rho gd^2}$$

整理后，可以写为达西公式的形式

$$h_f=\frac{64}{Re}\frac{l}{d}\times\frac{v^2}{2g}=\lambda\frac{l}{d}\times\frac{v^2}{2g} \tag{2-119}$$

由上式可以得到，沿程阻力系数：

$$\lambda=\frac{64}{Re} \tag{2-120}$$

从以上讨论可以看出，层流的沿程阻力损失只是雷诺数的函数，与管壁粗糙度无关，且沿程阻力损失与平均流速的一次方成正比。

在层流流动中，沿程损失是由于克服流层间的内摩擦力造成的。由于流体黏性的作用，粗糙所引起的扰动完全被黏性力所抑制，管壁粗糙只能使近壁处流体运动发生一些起伏，距离壁面稍远处这种影响就全部消除了。因此，在层流流动中，管道粗糙并不影响主流运动。

【例 2-9】 圆管直径 $d=2\text{cm}$，流速 $v=12\text{cm/s}$，水温 $t=10℃$。试求在管长 $l=20\text{m}$ 的管道上的沿程阻力损失。

解 先判明流态，查得水在 10℃时的运动黏滞系数 $\nu=0.013\text{cm}^2/\text{s}$。

$$Re=\frac{vd}{\nu}=\frac{12\times 2}{0.013}=1840<2000\text{ 故为层流。}$$

求沿程阻力系数 λ，

$$\lambda=\frac{64}{Re}=\frac{64}{1840}=0.0348$$

沿程损失为：

$$h_f=\lambda\frac{l}{d}\times\frac{v^2}{2g}=0.0348\times\frac{2000}{0.02}\times\frac{0.12^2}{2\times 9.81}=2.6\times 10^{-2}(\text{m})$$

2.4.4 管内的湍流运动

自然界和工程中的大多数流动都是湍流。工业生产的许多工艺过程，如流体的管道输送、燃烧过程、传热和冷却等都涉及湍流问题。由于湍流运动的复杂性，目前对湍流的研究大多是依据实验或在实验基础上通过某些假设建立的一些经验或半经验的结论。

2.4.4.1 湍流的基本特征

在湍流运动中，流体质点的运动极不规则，质点的运动轨迹曲折无序，各层质点相互掺混。流场中各空间点的速度、压强和浓度等物理量随时间无规则变化，这种现象成为湍流脉动。

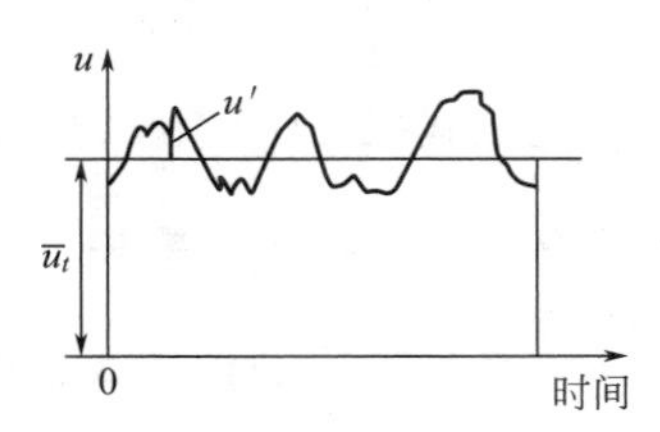

图 2-38 速度随时间脉动

利用精密测速仪可测得管轴方向上瞬间速度随时间变化的曲线，如图 2-38。由图中可以看出，湍流运动中速度随时间无规则地变化，但它始终围绕着某个“平均值”而变化。将速度 u 在时间间隔 τ 内取平均值，称为时间平均速度，简称为时均速度，即

$$\overline{u}_t=\frac{1}{\tau}\int_0^{\tau}u\,\mathrm{d}\tau \tag{2-121}$$

瞬时速度 u，即真实速度可表示为时均速度 $\overline{u}_t$ 与脉动速度 u'之和，

$$u=u'+\overline{u}_t \tag{2-122}$$

微课8

时均速度

湍流流动的空间某点上流体的真实速度，可以看成在平均运动上叠加一个脉动运动。通过流动显示方法研究发现，湍流是由不同尺度的大小涡体组成的不规则流动，脉动是涡体运动的结果。流动的脉动必然导致和速度密切相关的切应力、压强也产生脉动，同样用时均运动表示。

$$p=p'+\overline{p} \tag{2-123}$$

$$\tau=\tau'+\overline{\tau} \tag{2-124}$$

由于湍流中运动的随机性特点，脉动速度有正有负。把式(2-121) 代入式(2-122)，则有

$$\overline{u'}=\frac{1}{\tau}\int_0^{\tau}u'\,\mathrm{d}\tau=0 \tag{2-125}$$

式(2-125) 表明，在一段时间内脉动速度的矢量平均值$\overline{u'}$为 0。

引入时均运动的概念后，把复杂的湍流简化为时均流动和脉动的叠加，而脉动的时均值

为零。对时均流动来说，便可以根据时均流动参数是否随时间变化，分为恒定流动和非恒定流动。这样前面建立的描述恒定流动的基本概念和基本方程也可以应用于湍流。

2.4.4.2 湍流的速度结构

（1）层流底层与湍流核心

实验研究发现，流体在管内做湍流运动时，并非整个断面都处于湍流状态。由于流体的黏性作用，紧贴壁面的流体质点黏附于管壁上，在管壁附近形成一极薄的黏性底层，流速较小，仍处于层流运动，称为层流底层。管中心部分称为湍流核心区。在湍流核心与层流底层之间还有一个很薄的由层流向湍流的过渡层。如图 2-39 所示。

在靠近壁面的附近很薄的层流底层内，速度由零很快地增加到一定值，在这一薄层内速度虽小，但具有显著的速度梯度，黏性力对流动起主导作用。在湍流核心区，由于流体质点的高频脉动，速度分布趋于均匀化，因为质点脉动引起的惯性力远远大于黏性力。在过渡层内，既存在惯性力，又有黏性力的影响。

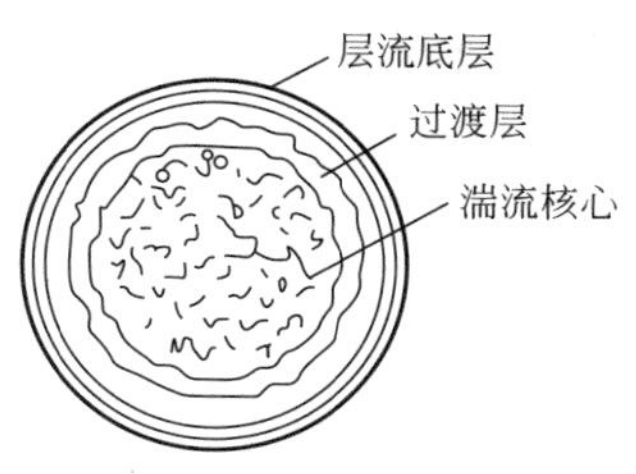

图 2-39 层流底层与湍流核心

层流底层的厚度通常不到 1mm，且与主流的湍流程度有关，雷诺数越大，层流底层的厚度 δ_b 越小。实验研究表明，圆管内层流底层的厚度 δ_b 可按下式计算

$$\delta_b=\frac{32.8d}{Re\sqrt{\lambda}} \tag{2-126}$$

在层流底层内，壁面剪切力 $\tau_w=\mu\frac{du}{dy}$，积分后可得：

$$u=\frac{\tau_w y}{\mu}+c$$

由边界条件，边壁处 $y=0$，$u=0$，得积分常数 $c=0$，因此有

$$u=\frac{\tau_w y}{\mu} \tag{2-127}$$

上式表明，层流底层内速度按线性分布，壁面速度为 0。层流底层虽然很薄，但它对管壁粗糙的扰动作用湍流的速度分布和流动阻力有重大影响，层流底层的存在对流动能量损失及流体与壁面间热交换有重要影响。

（2）水力光滑管和水力粗糙管

当层流底层的厚度比壁面粗糙凸起高度大得多时，壁面的粗糙完全被淹没在层流底层中，粗糙对湍流核心的流动影响极小，摩擦阻力损失与壁面粗糙无关，流动类似于流体在光滑壁面上的流动，这时的管道称为水力光滑管。当壁面粗糙凸起高度明显大于层流底层的厚度时，粗糙凸起部分完全暴露在湍流核心中，流体经过凸起部分会发生撞击和旋涡而造成能量损失，壁面粗糙所引起的扰动是造成湍流的阻力损失的主要因素。这时的管道称为水力粗糙管。水力光滑管和水力粗糙管的概念是相对的，随着流动情况而变化。当 Re 变化时，层流底层的厚度也会相应地变大或变小。

2.4.4.3 湍流运动的速度分布

由于湍流运动的复杂性，对于湍流应力和速度分布等参数，至今还不可能用严格的数学方法予以确定。目前工程上以普朗特（L. Prandtl）的混合长度理论应用最广。

（1）湍流切应力

在湍流运动中，除了因为各流层间流速不同而产生的黏性切应力外，由于还存在脉动，流体质点的掺混作用，相互间发生动量交换，产生惯性应力。湍流运动的切应力是黏性应力 τ_1 与惯性应力 τ_2 之和。

$$\tau=\tau_1+\tau_2 \tag{2-128}$$

根据普朗特通过大量研究提出的混合长度理论，惯性应力（也称为雷诺应力）与时均速度的关系为

$$\tau_2=\rho l^2\left(\frac{\mathrm{d}u}{\mathrm{d}y}\right)^2 \tag{2-129}$$

式中，y 为流体质点至管壁的距离；l 为流体质点的掺混路程，称为混合长度。湍流中总的切应力为：

$$\tau=\tau_1+\tau_2=\mu\frac{\mathrm{d}u}{\mathrm{d}y}+\rho l^2\left(\frac{\mathrm{d}u}{\mathrm{d}y}\right)^2 \tag{2-130}$$

黏性应力 τ_1 和惯性应力 τ_2 的方向是一致的，但惯性应力和黏性应力这两种应力在整个流场中不同区域并不是同等重要。式(2-130) 和实验表明，在层流底层中，切应力只有黏性应力 τ_1；在湍流核心区，$\tau_1 \ll \tau_2$，惯性应力起主要作用。雷诺数越大，湍流越剧烈，黏性应力 τ_1 影响越小，当雷诺数很大时，可以忽略黏性应力。

（2）湍流的速度分布

在充分发展的湍流核心区，惯性应力远远大于黏性应力。根据卡门（Karman）的实验结果，混合长可表示为：

$$l=Ky\sqrt{1-\frac{y}{r}} \tag{2-131}$$

式中，K 是卡门通用常数，与湍流程度有关，由实验确定。y 为离管壁的距离。把均匀流动的切应力计算式 $\tau=\tau_0\left(1-\frac{y}{r}\right)$ 和式(2-131) 代入式(2-129) 中，

$$\tau_0\left(1-\frac{y}{r}\right)=\rho K^2y^2\left(\frac{\mathrm{d}u}{\mathrm{d}y}\right)^2\left(1-\frac{y}{r}\right)$$

整理后，可得

$$\frac{\mathrm{d}u}{\mathrm{d}y}=\frac{1}{Ky}v^*$$

对上式积分，有

$$u=\frac{1}{k}v^*\ln y+c \tag{2-132}$$

式中，$v^* = \sqrt{\tau_w/\rho}$ 称为切应力速度，其中 τ_w 为管壁处的切应力。该式表明管中湍流核心区的速度按对数规律分布，层流底层中的速度应按照层流的速度分布，如图 2-40 所示。与层流相比较，湍流运动中速度梯度小，断面速度分布均匀性好。这是因为湍流中心内流体质点之间剧烈的掺混作用，使质点速度趋于均匀化。

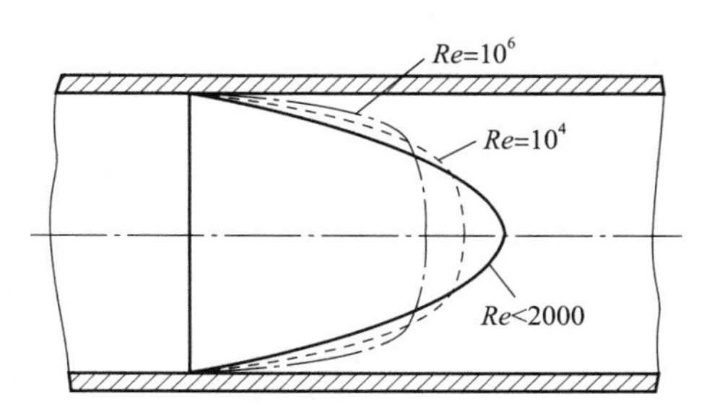

图 2-40 圆管中湍流的速度分布

对于光滑管或水力光滑管中的湍流，1930 年尼古拉兹（J. Nikurads）采用不同粗糙度和圆管进行了大量实验研究，得到速度分布为：

$$\frac{v}{v^*} = 5.75\lg\frac{v^* y}{v} + 5.5 \tag{2-133}$$

对于粗糙度为 ε 的粗糙管，根据实验数据，流速分布为

$$\frac{v}{v^*} = 5.75\lg\frac{y}{\varepsilon} + 5.5 \tag{2-134}$$

对于稳态湍流，速度分布还可以用以下经验公式表示

$$u = u_{max}\left(\frac{y}{R}\right)^n \tag{2-135}$$

式中，n 随着流动的 Re 数而变化，$Re < 4\times10^5$，$n=7$；$10^5 < Re < 4\times10^5$，$n=8$。

2.4.5 沿程阻力损失

沿程阻力损失的计算关键在于确定沿程阻力系数。对于层流，沿程阻力系数的计算式已经导出。对于湍流，由于流动的复杂性，依靠单纯的理论推导确定沿程阻力系数较为困难。以湍流半经验理论为基础，用理论和实验相结合的方法确定沿程阻力系数是目前工程上普遍采用的方法。

2.4.5.1 尼古拉兹实验

流动的沿程阻力损失一方面取决于反映流动内部矛盾的黏性力与惯性力的对比关系，同时又受到边壁几何条件的影响。前者可以用 Re 表示，壁面的粗糙在一定条件下是产生惯性阻力的主要外因。通过以上分析可知，沿程阻力系数主要取决于 Re 和壁面粗糙这两个因素。

$$\lambda = f(Re, \varepsilon/d)$$

1933 年德国力学家和工程师尼古拉兹（J. Nikurads）针对人工粗糙管进行了流动阻力试验研究。试验中尼古拉兹使用了一种简化的粗糙模型。用不同粒径的均匀砂粒粘贴在管内壁上，制成各种相对粗糙的管子。颗粒突出高度 ε（相当于砂粒直径）称为绝对粗糙度；ε 与管径 d 之比，称为相对粗糙度，反映壁面粗糙影响的程度。

在尼古拉兹实验中，一共制作了相对粗糙度为 $\frac{1}{1014}$、$\frac{1}{504}$、$\frac{1}{252}$、$\frac{1}{120}$、$\frac{1}{61.2}$ 和 $\frac{1}{30}$ 的 6 种

管道，在各种不同的相对粗糙度管道，得出沿程阻力系数 λ 和雷诺数 Re 的关系曲线，如图 2-41 所示。尼古拉兹实验曲线可分为五个区域。

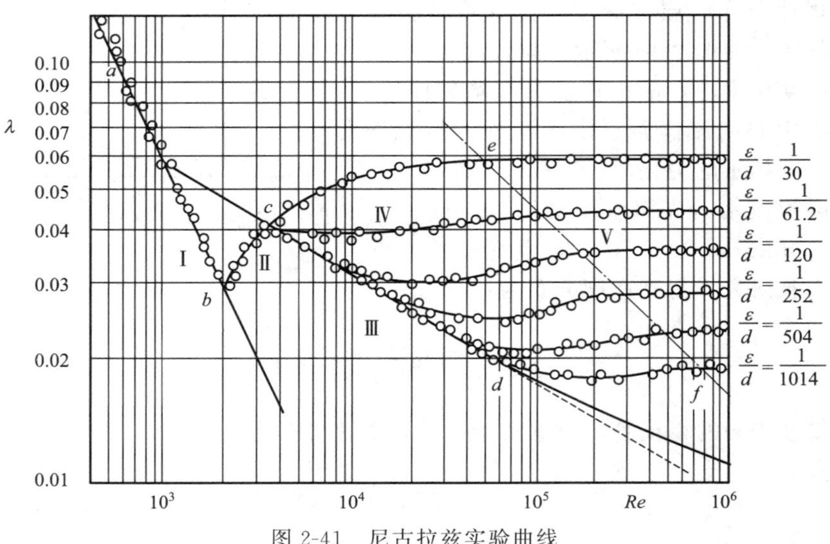

图 2-41　尼古拉兹实验曲线

① 第Ⅰ区——层流区　当 $Re<2000$ 时，所有的试验点，都集中在一条直线上。这表明沿程阻力系数 λ 仅与 Re 数有关，而与粗糙度无关。根据试验结果计算，直线方程为 $\lambda=\frac{64}{Re}$，这证实了理论分析中得到的层流沿程损失的计算式。

② 第Ⅱ区——过渡区　在 $Re=2000\sim4000$ 范围内，是层流向湍流转变的过程。在此区域内，试验点比较分散，但总体上 λ 随着 Re 数增大而增大，但与相对粗糙度无关。

③ 第Ⅲ区——湍流光滑管区　在 $Re>4000$ 后，不同相对粗糙度的试验点，起初集中在曲线Ⅲ上。随着 Re 数增大，相对粗糙度较大的管道，试验点在较低 Re 数时就偏离曲线；相对粗糙度较小的管道，在较大 Re 数时试验点才偏离曲线。在曲线Ⅲ的区域内，沿程阻力系数 λ 与相对粗糙度无关，仅是 Re 数的函数。

④ 第Ⅳ区——湍流过渡区　不同相对粗糙度的试验点分布在不同的曲线上。在该区域内，λ 不仅与 Re 数有关，而且与相对粗糙度相关。

⑤ 第Ⅴ区——湍流粗糙区　不同相对粗糙度的试验点，分别落在一簇与横坐标平行的水平线上。表明 λ 只与相对粗糙度相关，而与 Re 数无关。当 λ 与 Re 数无关时，沿程损失与速度的平方成正比，因此，该区域又称为阻力平方区。

上述试验表明，湍流分为光滑区、过渡区和粗糙区三个阻力区，各区 λ 变化规律不同，其原因是存在黏性底层的缘故。图 2-42 所示，在湍流光滑区，层流底层的厚度大于粗糙凸起的高度，凸起部分与湍流核心不接触，粗糙对湍流核心的流动几乎没有影响。因而，λ 只与 Re 数有关，与 ε/d 无关。在湍流过渡区，由于层流底层的厚度变薄，粗糙凸起部分暴露在湍流核心中，粗糙影响到湍流核心的紊动程度。这时 λ 与 Re 数、ε/d 两个因素有关。在粗糙区中，由于 Re 数增大，层流底层厚度远小于粗糙凸起部分，粗糙几乎完全暴露在湍流核心中。Re 对湍流强度的影响与粗糙的影响相比较已经微不足道了。粗糙的扰动成为湍流核心中惯性阻力的主要原因，这时，λ 与 Re 数无关。

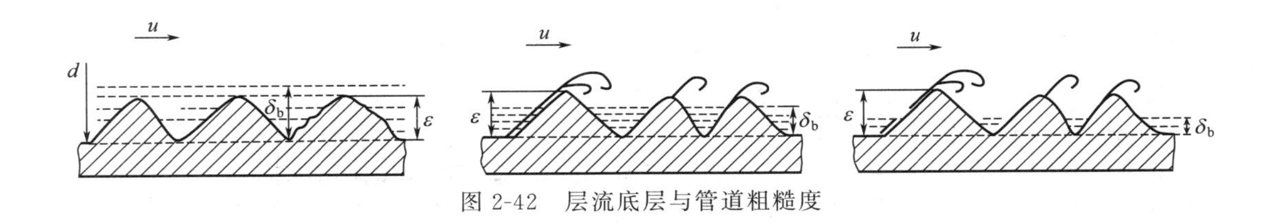

图 2-42 层流底层与管道粗糙度

2.4.5.2 沿程阻力系数的计算公式

根据湍流运动在不同阻力区的沿程阻力变化规律不同，由普朗特混合长理论结合尼古拉兹实验得到沿程阻力系数的半经验公式。许多学者根据试验结果总结整理出相应的计算公式。这里介绍常见的沿程阻力系数经验和半经验的计算公式。

① 层流区 $Re<2000$

$$\lambda=\frac{64}{Re} \tag{2-136}$$

② 过渡区 $Re=2000\sim4000$，由于范围小，不稳定，对它的研究较少，一般可按光滑区处理。

③ 湍流光滑区 $4000<Re<26.98\left(\frac{d}{\varepsilon}\right)^{8/7}$

$$\frac{1}{\sqrt{\lambda}}=2\lg(Re\sqrt{\lambda})-0.8 \tag{2-137}$$

德国水利学家布拉修斯于1931年在总结前人试验资料基础上提出经验公式，适用范围为 $4000<Re<10^5$。

$$\lambda=\frac{0.3165}{Re^{0.25}} \tag{2-138}$$

④ 湍流过渡区 $26.98\left(\frac{d}{\varepsilon}\right)^{8/7}<Re<4160\left(\frac{d}{2\varepsilon}\right)^{0.85}$

$$\frac{1}{\sqrt{\lambda}}=-2\lg\left(\frac{\varepsilon}{3.7d}+\frac{2.51}{Re\sqrt{\lambda}}\right) \tag{2-139}$$

式(2-139) 称为柯列勃洛克（Colebrook）公式，它实际上是光滑区公式和粗糙区公式的结合。

⑤ 湍流粗糙区 $Re>4160\left(\frac{d}{2\varepsilon}\right)^{0.85}$

$$\frac{1}{\sqrt{\lambda}}=2\lg\frac{3.7d}{\varepsilon} \tag{2-140}$$

$$\lambda=0.11\left(\frac{\varepsilon}{d}\right)^{0.25} \tag{2-141}$$

式(2-141) 称为希弗林松粗糙区公式。

为了简化计算，1944年美国工程师莫迪（Moody）以对工业管道进行大量试验，以式(2-139) 为基础，绘制出管道摩擦阻力系数曲线图，即莫迪图（图 2-43）。在莫迪图上，可以根据 Re 数、相对粗糙度 ε/d 直接查出沿程阻力系数 λ 值。

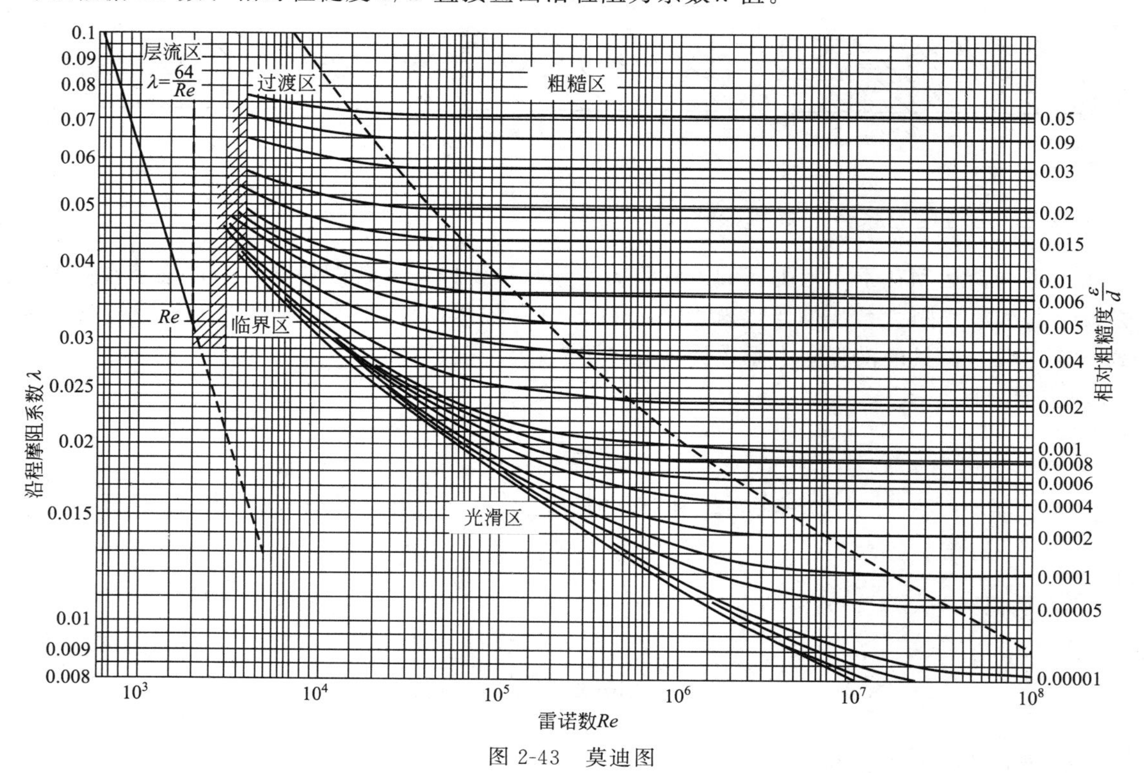

图 2-43　莫迪图

【例 2-10】 输油管道直径 $d=0.25\text{m}$，管长 300m，壁面粗糙高度 $\varepsilon=0.5\text{mm}$，管内流量为 $1200\text{m}^3/\text{h}$，油的运动黏度 $\nu=2.5\times10^{-6}\text{m}^2/\text{s}$。试求单位重量流体通过该管段时的沿程阻力损失。

解　管中平均流速

$$v=\frac{V}{\frac{\pi}{4}d^2}=\frac{4\times1200}{\pi\times0.25^2\times3600}=6.79(\text{m/s})$$

$$Re=\frac{vd}{\nu}=\frac{6.79\times0.25}{2.5\times10^{-6}}=679000$$

相对粗糙度为

$$\frac{\varepsilon}{d}=\frac{0.5\times10^{-3}}{0.25}=0.002$$

由 Re 和 ε/d 查莫迪图，得沿程阻力系数 $\lambda=0.0238$。

若采用经验公式，流动是属于粗糙区，有

$$\lambda=0.11\left(\frac{\varepsilon}{d}\right)^{0.25}=0.11\times\left(\frac{0.5\times10^{-3}}{0.25}\right)^{0.25}=0.0233$$

根据经验公式计算结果，沿程阻力损失为

$$h_f=\lambda\frac{l}{d}\frac{v^2}{2g}=0.0233\times\frac{300}{0.25}\times\frac{6.79^2}{2\times 9.81}=65.70(\mathrm{m})$$

2.4.5.3 非圆管中的沿程损失

前面研究了圆管的沿程损失的计算，除了圆管之外，工程上也应用非圆管，如通风系统中的风管，许多是矩形管道。如果能够把非圆管折合成圆管计算，那么关于圆管阻力损失的研究成果就适用于非圆管。这种由非圆管折合到圆管的方法是从水力半径的概念出发，通过建立非圆管当量直径来实现的。

水力半径定义为过流断面面积 A 与湿周 χ 之比。

$$R=\frac{A}{\chi} \tag{2-142}$$

水力半径是一个综合反映断面大小与几何形状对流动影响的特征长度。

圆管的水力半径为：$R=\dfrac{\frac{\pi}{4}d^2}{\pi d}=\dfrac{d}{4}$

边长为 a 和 b 的矩形断面的水力半径为：$R=\dfrac{ab}{2(a+b)}$

边长为 a 的正方形断面的水力半径为：$R=\dfrac{a^2}{4a}=\dfrac{a}{4}$

水力半径与非圆管相等的圆管直径称为该非圆管的当量直径，用 d_e 表示。非圆管的当量直径计算公式为：

$$d_e=4R \tag{2-143}$$

从上式可以看到，当量直径是水力半径的 4 倍。对于圆管，当量直径 $d_e=4R$。

矩形管道的当量直径：

$$d_e=\frac{2ab}{a+b}$$

正方形管道的当量直径：

$$d_e=a$$

引入当量直径概念以后，就可以用当量直径 d_e 代替 d，确定非圆管流动的 Re，采用达西公式计算沿程损失。

$$Re=\frac{vd_e}{\nu} \tag{2-144}$$

$$h_f=\lambda\frac{l}{d_e}\frac{v^2}{2g} \tag{2-145}$$

必须指出，应用当量直径计算非圆管阻力损失是近似方法，并不适用于所有情况。这表现在两个方面：

① 形状与圆管差异很大的非圆管，如长缝形、星形等，应用当量直径存在较大误差。

② 由于层流的流速分布不同于湍流，流动阻力不像湍流那样集中在管壁附近。这样单纯用湿周作为影响能量损失的主要外部因素是不充分的。因此在层流中应用当量直径计算会造成较大误差。

【例 2-11】 某钢板制成的通风管道，断面尺寸为 400mm×200mm，管长 80m，管内平均速度 $v=10\text{m/s}$。已知空气温度 $t=20℃$，粗糙度 $\varepsilon=0.15\text{mm}$。求流动过程中的压强损失。

解 ① 当量直径

$$d_e=\frac{2ab}{a+b}=\frac{2\times0.2\times0.4}{0.4+0.2}=0.267(\text{m})$$

② 查表可得 $t=20℃$时，$\nu=15.7\times10^{-6}\text{m}^2/\text{s}$，$\rho=1.21\text{kg/m}^3$。

$$Re=\frac{vd_e}{\nu}=\frac{10\times0.267}{15.7\times10^{-6}}=1.7\times10^5$$

③ 相对粗糙度

$$\frac{\varepsilon}{d}=\frac{0.15\times10^{-3}}{0.267}=5.62\times10^{-4}$$

查莫迪图，得 $\lambda=0.0195$。

④ 压强损失

$$p_f=\lambda\frac{l}{d_e}\frac{\rho v^2}{2}=0.0195\times\frac{80}{0.267}\times\frac{1.21\times10^2}{2}=353.48(\text{N/m}^2)$$

2.4.6 局部阻力损失

各种工业管道往往设有阀门、弯头和三通等配件，用以控制和调节管内流体的流动。流体经过这些部件时，均匀流动受到破坏，流速的大小和方向或分布发生变化。由此产生的流动阻力是局部阻力，所引起的能量损失称为局部阻力损失。

由于局部阻碍的种类繁多，体形各异，加上湍流本身的复杂性，多数局部阻碍的能量损失计算很难通过理论分析进行求解，一般只能依靠实验方法确定局部阻力系数。

2.4.6.1 局部阻力损失的一般分析

与沿程阻力损失相似，局部阻力损失一般用速度水头的倍数表示：

$$h_m=\zeta\frac{v^2}{2g} \tag{2-146}$$

若流体处于层流状态，即流体以层流经过局部阻碍，且受干扰后仍保持层流，此局部阻碍引起的能量损失是由各流层间的黏性切应力引起的。要使局部阻碍受到边壁强烈干扰仍保持层流，只有当 Re 远比 2000 小的情况下才有可能。在工程实际中很少遇到这类情况。因此本节主要讨论湍流局部损失。

局部阻碍的种类虽多，分析其流动特征，主要是过流断面的扩大或缩小，流动方向的改变、流量的合入与分出等几种形式，以及这几种基本形式的不同组合。图 2-44 为常见的几种局部阻碍的形式。

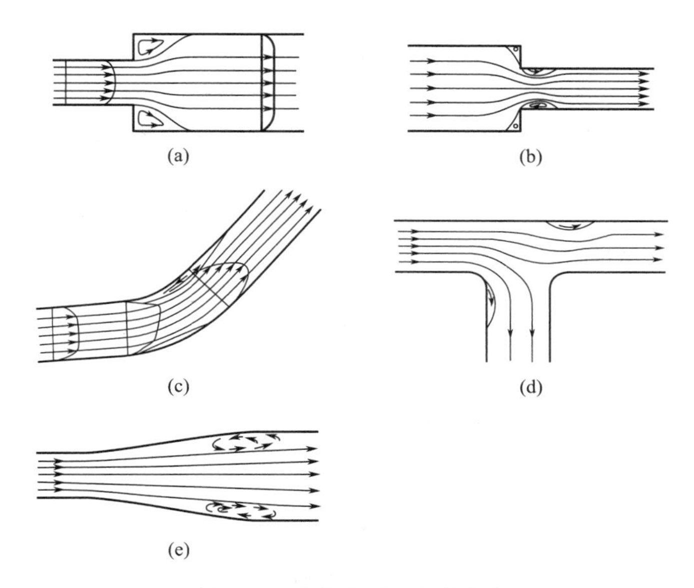

图 2-44 几种典型的局部阻碍

流体流过突然扩大、突然缩小、转向和分岔等局部阻碍时［图 2-44(a)～(d)］，因惯性作用，流体的流动不可能完全随着边壁形状变化而变化，主流与壁面脱离，其间形成旋涡区。在渐扩管内［图 2-44(e)］，流速沿程减小，形成减速增压区，紧靠壁面的低速流体，因受到反向压差作用，速度不断减小至零，主流开始与边壁脱离而形成旋涡区。无论是改变流速大小，还是改变它的方向，局部损失的产生都与旋涡的形成有关。旋涡区内不断产生的旋涡，其能量来自主流，不断消耗主流的能量；在旋涡区及其附近，过流断面上的速度梯度增大，使主流能量损失增加；在旋涡不断被带走并扩散的过程中，加剧了下游一定范围内主流的湍流脉动，增大能量损失。

对局部阻碍进行的大量实验研究表明，湍流的局部阻力系数决定于局部阻碍的几何形状、壁面的相对粗糙和雷诺数。即

$$\zeta=f(\text{局部阻碍形状、相对粗糙、}Re) \tag{2-147}$$

在不同情况下，各个影响因素对局部阻力系数的作用和影响程度各不相同。相对粗糙度在尺寸较长的局部阻力件有影响，而且相对粗糙度较大时影响较大。受到局部阻碍的强烈扰动，流动在较小 Re 下就已经充分紊动，Re 数的变化对紊动程度的实际影响很小。局部阻力件的几何形状始终是局部阻力系数的主要影响因素。

2.4.6.2 典型局部阻力件的局部阻力系数

(1) 突然扩大

如图 2-45 所示，取扩大前管断面 1—1 和扩大后管断面 2—2，列出两个断面间的能量方程，忽略两断面间的沿程损失，则

$$\frac{p_1}{\rho g}+\frac{v_1^2}{2g}=\frac{p_2}{\rho g}+\frac{v_2^2}{2g}+h_m$$

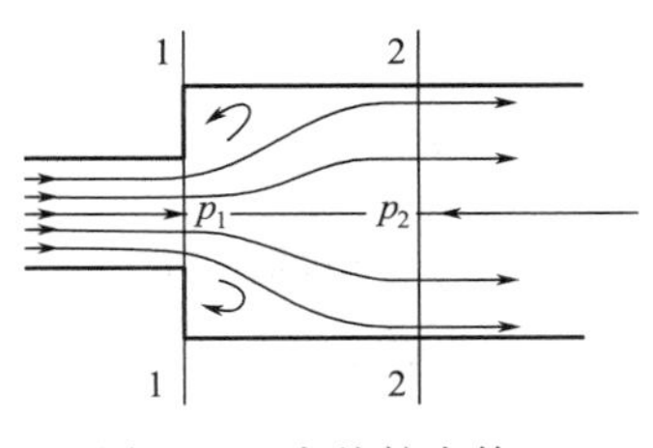

图 2-45 突然扩大管

$$h_m=\frac{p_1-p_2}{\rho g}+\frac{v_1^2-v_2^2}{2g} \tag{2-148}$$

为了确定断面压强与速度间关系，选取 1—1 至 2—2 间流体为控制体，列出沿流动方向的动量方程：$\sum F=\rho V(\alpha_2 v_2-\alpha_1 v_1)$。

作用于控制体上合外力$\sum F$ 包括：1—1 断面上压力 p_1A_2；2—2 断面上压力 p_2A_2；管壁摩擦阻力忽略不计。动量方程可写为：

$$p_1A_2-p_2A_2=\rho V(\alpha_2 v_2-\alpha_1 v_1)=\rho v_2 A_2(\alpha_2 v_2-\alpha_1 v_1)$$

湍流状态下，动能修正系数 $\alpha_1\approx\alpha_2\approx1$，整理得：

$$\frac{p_1-p_2}{\rho g}=\frac{(v_2-v_1)^2}{2g}$$

把上式代入式(2-148)，得：

$$h_m=\frac{(v_2-v_1)^2}{2g} \tag{2-149}$$

突然扩大的局部损失等于以平均速度差计算的速度水头。把式(2-152) 变化为局部损失的一般表达式

$$h_m=\left(1-\frac{A_1}{A_2}\right)^2\frac{v_1^2}{2g}=\zeta_1\frac{v_1^2}{2g} \tag{2-150a}$$

或

$$h_m=\left(1-\frac{A_2}{A_1}\right)^2\frac{v_2^2}{2g}=\zeta_2\frac{v_2^2}{2g} \tag{2-150b}$$

突然扩大的局部阻力系数为：

$$\zeta_1=\left(1-\frac{A_1}{A_2}\right)^2 \tag{2-151a}$$

$$\zeta_2=\left(1-\frac{A_2}{A_1}\right)^2 \tag{2-151b}$$

当流体从管道流入断面很大容器或流入大气时，$\frac{A_1}{A_2}\approx0$，$\zeta=1$。这是突然扩大的特殊情况，称为管道的出口阻力系数。

（2）突然缩小

突然缩小的局部阻力系数决定于收缩面积比，其值按照经验公式计算，对应的速度头为收缩后断面平均速度 v_2。

$$\zeta=0.5\left(1-\frac{A_2}{A_1}\right) \tag{2-152}$$

当流体从断面很大的容器或大气流入管道时，$\frac{A_2}{A_1}\approx0$，$\zeta=0.5$。这是突然缩小的特殊情况，称为管道的进口阻力系数。

（3）弯管

弯管是另一类典型局部阻碍，它只改变流动方向，不改变流动平均速度大小。流体流过

弯管时，在弯管内、外侧产生两个旋涡区，形成二次流。二次流与主流叠加，使整个流动呈螺旋状，加大能量损失。弯管段的局部阻力系数可用以下经验公式计算：

$$\zeta=\left[0.13+0.163\left(\frac{d}{R}\right)^{3.5}\right]\frac{\theta}{90} \tag{2-153}$$

式中　d——管道直径，m；

R——弯管段的曲率半径，m；

θ——弯管段的转角。

（4）其他形式的局部阻力系数

对实际工程中遇到的各种形式的 ζ 值可查阅相关手册。表 2-5 中给出了常见的局部阻力系数的计算式。

表 2-5　常见的局部阻力系数的计算式

<table>
<tr><th>类型</th><th>示意图</th><th>局部阻力系数(ζ)</th></tr>
<tr><td>截面突然缩小</td><td>v_1 A_1 v_2 A_2</td><td>$\zeta=0.5\left(1-\frac{A_2}{A_1}\right)$</td></tr>
<tr><td>截面突然扩大</td><td>v_1 A_1 v_2 A_2</td><td>
<table>
<tr><td>A_1/A_2</td><td>1</td><td>0.9</td><td>0.8</td><td>0.7</td><td>0.6</td><td>0.5</td><td>0.4</td><td>0.3</td><td>0.2</td></tr>
<tr><td>ζ_1</td><td>0</td><td>0.01</td><td>0.04</td><td>0.09</td><td>0.16</td><td>0.25</td><td>0.36</td><td>0.49</td><td>0.64</td></tr>
<tr><td>ζ_2</td><td>0</td><td>0.0123</td><td>0.0625</td><td>0.184</td><td>0.444</td><td>1</td><td>2.25</td><td>5.44</td><td>16</td></tr>
</table></td></tr>
<tr><td>渐缩管</td><td>v_1 A_1 θ v_2 A_2</td><td>$\theta<30^\circ$　$\zeta=\frac{\lambda}{8\sin\theta/2}\left[1-\left(\frac{A_2}{A_1}\right)^2\right]$
$\theta=30^\circ\sim90^\circ$　$\zeta=\frac{\lambda}{8\sin\theta/2}\left[1-\left(\frac{A_2}{A_1}\right)^2\right]+\frac{\theta}{1000}$
(λ——沿程阻力系数)</td></tr>
<tr><td>渐扩管</td><td>v_1 A_1 θ v_2 A_2</td><td>$\zeta=K\left(1-\frac{A_1}{A_2}\right)^2$
<table>
<tr><td>$\theta/(^\circ)$</td><td>7.5</td><td>10</td><td>15</td><td>20</td><td>30</td></tr>
<tr><td>K</td><td>0.14</td><td>0.16</td><td>0.27</td><td>0.43</td><td>0.81</td></tr>
</table></td></tr>
<tr><td>折圆管</td><td>A θ A</td><td>$\zeta=0.946\sin^2\left(\frac{\theta}{2}\right)+2.05\sin^4\left(\frac{\theta}{2}\right)$
<table>
<tr><td>θ/(°)</td><td>20</td><td>30</td><td>40</td><td>60</td><td>80</td><td>90</td><td>120</td></tr>
<tr><td>ζ</td><td>0.064</td><td>0.073</td><td>0.139</td><td>0.364</td><td>0.740</td><td>0.985</td><td>1.861</td></tr>
</table></td></tr>
<tr><td>分支管</td><td></td><td>0.1　1.3　0.5　3.0　分流1，汇流（虚线所示）1.5　分流2 汇流3</td></tr>
<tr><td>闸板阀</td><td>d h</td><td>
<table>
<tr><td>h/d</td><td>全开</td><td>7/8</td><td>6/8</td><td>5/8</td><td>4/8</td><td>3/8</td><td>2/8</td><td>1/8</td></tr>
<tr><td>ζ</td><td>0.05</td><td>0.07</td><td>0.26</td><td>0.81</td><td>2.06</td><td>5.52</td><td>17</td><td>97.8</td></tr>
</table></td></tr>
</table>

应该指出的是，通过手册得到的局部阻力系数 ζ 值是在局部障碍前后都有足够长的均匀流段的条件下测定的。所得到的 ζ 值不仅是局部阻碍范围内的损失，还包括下游一段长度上因紊动加剧引起的损失。若局部阻碍之间相距很近，流体流出前面一个局部阻碍，在速度分布和湍流脉动还未回复到均匀流之前，又流入后面一个局部阻碍。这两个相连的局部阻碍存在相互干扰，导致按照单个局部损失直接加和的结果偏离实际情况。实验研究表明，局部阻碍直接相连，相互干扰的结果是局部损失可能有明显的增大或减小，变化幅度约为单个局部损失总和的 0.5～3 倍。

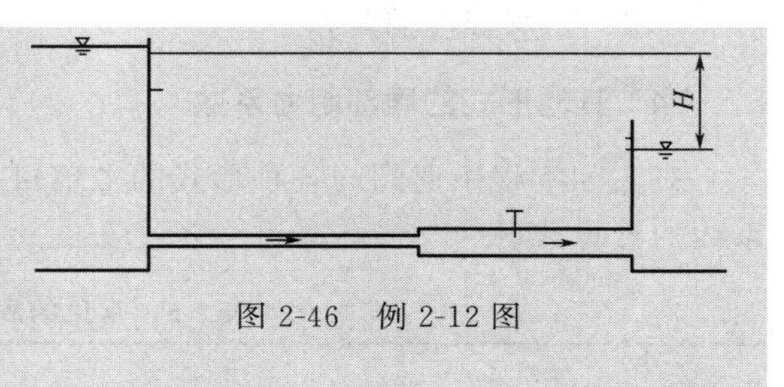

图 2-46　例 2-12 图

【例 2-12】 由高位水箱向低位水箱输水，如图 2-46 所示，已知两水箱的水面高差 $H=3\text{m}$，输水管段的直径和长度分别为 $d_1=40\text{mm}$，$l_1=25\text{m}$；$d_2=70\text{mm}$，$l_2=15\text{m}$。沿程摩擦阻力系数 $\lambda_1=0.025$，$\lambda_2=0.02$，阀门的局部阻力系数 $\zeta_v=3.5$。求管道的输水量。

解　选两水箱水面为 1—1、2—2 断面，列伯努利方程，式中：$p_1=p_2=0$，$v_1\approx v_2\approx 0$，水头损失包括沿程损失及管道入口、突然扩大、阀门、管道出口各项局部损失。得到

$$H=h_w=\left(\lambda_1\frac{l_1}{d_1}+\zeta_e\right)\frac{v_1^2}{2g}+\left(\lambda_2\frac{l_2}{d_2}+\zeta_{se}+\zeta_v+\zeta_o\right)\frac{v_2^2}{2g}$$

式中，沿程摩阻系数 $\lambda_1=0.025$，$\lambda_2=0.02$。

局部水头损失系数：

管道入口　$\zeta_e=0.5$

突然扩大　$\zeta_{se}=\left(\frac{A_2}{A_1}-1\right)^2=\left(\frac{d_2^2}{d_1^2}-1\right)^2=4.25$

阀门　$\zeta_v=3.5$

管道出口　$\zeta_o=1.0$

由连续性方程　$v_2=\frac{A_1}{A_2}v_1=\left(\frac{d_1}{d_2}\right)^2 v_1$

将各项数值代入上式，整理得

$$H=17.515\frac{v_1^2}{2g}$$

$$v_1=\sqrt{\frac{2gH}{17.515}}=1.83(\text{m/s})$$

流量：　$V=v_1A_1=2.231\times10^{-3}(\text{m}^3/\text{s})$

2.4.7　减少阻力损失的措施

减少流体在流动过程中的阻力损失一直以来就是工程流体研究中的一个重要研究课题。对于在流体中行进的各种运载工具（飞机、轮船等），减少流动阻力就意味着减小发动机的

功率和节省燃料的消耗。对于输送黏性较高流体的管路系统，需要消耗大量的能量，如能够减少管道输送过程中的摩擦阻力，将降低管道输送的成本。

减小阻力损失可以分别从减小沿程阻力和局部阻力这两个方面着手。

减少沿程阻力的措施有：

① 降低沿程阻力系数。最直接的措施是减小管壁的粗糙度，此外，用柔性壁面代替刚性壁面也可以减少沿程阻力。水槽中的拖曳试验表明，高 Re 数柔性平板的摩擦阻力比刚性平板小 50%。通过适当调节温度或是加入适当的减阻剂的方法降低流体的黏度，也是达到降低沿程阻力系数的有效方法。

② 在满足流体输送要求的前提下，尽可能地降低流体的流动速度。

③ 在考虑生产要求和成本的基础上，尽量地缩短管道的长度和增加管道的直径。

减小局部阻力主要是考虑局部阻力件的影响，因此可以采取的措施有：

① 绕流的情况　防止或使流体与壁面的分离点延后。避免旋涡区产生或减小旋涡区的大小和强度。

② 管道断面变化　采用平顺的管道进口可以减小局部阻力系数 90%以上。采用逐渐扩大和逐渐缩小有利于减小断面变化引起的局部阻力，但是扩散角大的渐扩管阻力系数较大。阶梯式的扩大管或收缩管也能够减小局部阻力系数。

③ 弯管　弯管的阻力系数在一定范围内随曲率半径 R 的增大而减小。断面大的弯管往往只能够采用较小的 R/d，可在弯管内部布置导流叶片，以减小旋涡区和二次流，降低阻力系数。

④ 三通　尽可能地减小支管与合流管之间的夹角，或将支管与合流管连接处的折角变缓。

2.4.8 边界层

边界层的概念是德国力学家普朗特（Prandtl）在 1904 年根据直观的现象观察和从物理角度首先提出。为解决黏性流体绕流问题开辟了新途径，使流体流动中一些复杂现象得到解释。边界层理论不但在流体力学中非常重要，它还与传热和传质过程密切相关。这里仅讨论边界层的形成和分离现象。

在实际工程中，换热器中气体横向流过管束，粉尘颗粒在空气中飞扬或沉降，风绕建筑物流动等等都是绕流运动。绕流阻力可以认为由摩擦阻力和形状阻力两部分组成。实验证明，水和空气这样一些黏性小的流体在绕过物体运动时，摩擦阻力主要发生在流体紧靠流体表面的一个速度梯度很大的流体薄层中。这个薄层称为边界层。在流体绕物体流动时，边界层要发生分离，从而产生旋涡所造成的阻力，这种阻力与物体形状有关，故称为形状阻力。

2.4.8.1 边界层的形成

当流体以均匀速度 u_0 流近平板，由于流体的黏性作用，紧贴壁面的流体附着在壁面上，其流速为零。在垂直板面方向，随着与壁面法向距离增大，板面对流体的滞流影响减弱，流速很快增大到来流速度 u_0，如图 2-47 所示。由此可见，整个流场可以分为两个性质不同的区域：①紧贴壁面非常薄的流层内，速度梯度很大，黏性力的影响不可忽略，称为边界层。②边界层外的整个流动区域称为主流区域。在该区域内，法向速度梯度很小，黏性切应力比惯性力小得多，黏性影响可以忽略，流体可按理想流体处理。这就是普朗特(Prandtl)提出的边界层理论的主要思想。

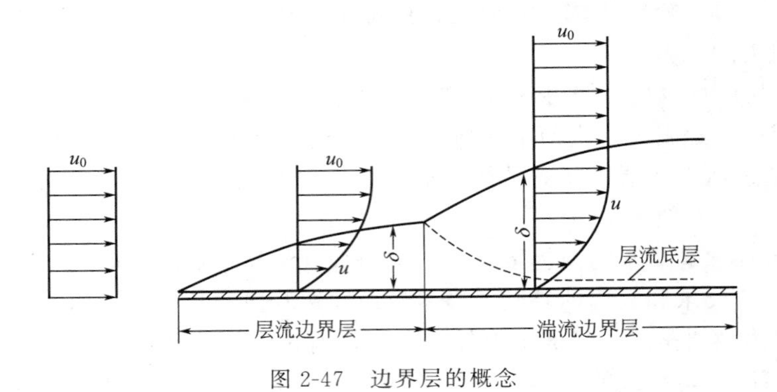

图 2-47　边界层的概念

边界层流体由于切应力消耗能量，边界层内的流速沿程减少，使得边界层厚度沿程增加。沿着壁面法向，当速度达到相应主流速度的99%处的距离定义为边界层厚度。即，

$$\delta = y \Big|_{\frac{u_x}{u_0}=99\%} \tag{2-154}$$

由于边界层内是黏性流动，边界层也有层流和湍流两种流态。在边界层前部，边界层厚度很薄，速度梯度大，流动受黏性力控制，边界层内流动为层流，该处的边界层称为层流边界层。随着流动距离的增加，Re 数值增加，边界层厚度增大，黏性力影响减弱，边界层中流体的流动由层流转变为湍流，此时的边界层称为湍流边界层。在湍流边界层内，靠近壁面的一极薄层流体，仍然维持层流流动，称为层流内层或层流底层。

2.4.8.2　边界层的分离现象

当流体流经曲面时，由于曲面使流动的过流断面发生变化，边界层外的流速和压强都会沿程变化。

图 2-48 所示，以不可压缩黏性流体绕过长圆柱的流动为例，分析流体绕曲面的流动。当流体沿着曲面壁流动达到 A 点时，流动受到壁面阻滞，流速降为零，流体的压强达到最高。A 点称为驻点或停滞点。由于流体黏性作用，从 A 点开始形成边界层。在 AB 段，部分压强势能转化为动能，压强沿程降低$\left(\frac{\partial p}{\partial x}<0\right)$，流速沿程增大$\left(\frac{\partial u}{\partial x}>0\right)$。流体处于顺压梯度之下。流体压强势能的降低，一部分转化为动能，另一部分消耗于流体的摩擦阻力损失。在 B 点处，流速达到最大而压强降至最低。流体流过 B 点之后，流动区域扩大，边界层内流速沿程减小$\left(\frac{\partial u}{\partial x}<0\right)$，压强沿程增大$\left(\frac{\partial p}{\partial x}>0\right)$。流体的动能除一部分转化为压力能之外，还有一部分克服摩擦阻力损失。在此区域内，流体处于逆压梯

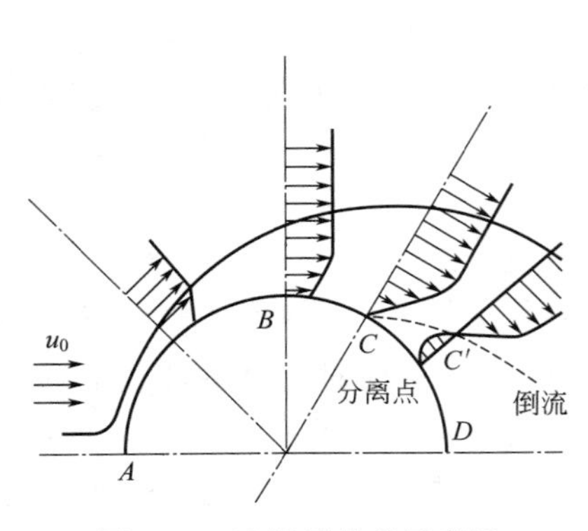

图 2-48　边界层分离示意图

度之下。在逆压和摩擦阻力的双重作用下，当流体流至某一点 C 处，其本身的动能将消耗殆尽，靠近壁面的流速趋近于零，形成了新的驻点。在 C 点下游，靠近壁面的流体在与主流方向相反的压差作用下，产生反方向的回流。离壁面较远的流体由于受到边界层外部主流流体的带动作用，仍然保持前进的速度，使主流脱离了壁面。主流和回流这两部分运动方向相反的流体相接触，就形成了旋涡。这就是边界层的分离现象。

由上述讨论可知，边界层的分离只能产生在断面逐渐扩大、压强沿程增加的区段内，即增压减速区。

边界层分离后，在回流区，形成许多无规则的旋涡，它们在运动、破裂及再形成的过程中，从流体中吸取机械能，通过摩擦和碰撞的方式转化为热能而损耗，形成能量损失，因此产生的阻力称为形体曳力。因为分离点的位置、旋涡区大小都与物体形状有关，故也称为形状阻力。飞机、汽车等物体的外形尽量设计成流线型，就是为了推后分离点，缩小旋涡区，达到减小形状阻力的目的。

边界层分离现象，在工程实际的流动中很常见。例如，管道的突然扩大和缩小、转弯，或流体流经管件、阀门、管子进出口等局部的地方，由于流向改变和管道截面的突然改变，都会出现边界层分离现象，形成的旋涡会耗散流体的能量，由此造成局部阻力损失。

2.5 管路计算

工程上的管路通常可分为简单管路和复杂管路。管径相同、沿程流量不变的管道称为简单管路。除了简单管路以外的所有管路均可称为复杂管路。复杂管路包括串联管路、并联管路、枝状管路和管网。

管路计算主要研究以下三类问题：①已知管路系统中几何尺寸和流量，确定流体流动所需的输送动力；②已知管路的几何尺寸和流体输送动力，计算管路中的流量；③确定已知管路系统在一定流量下的管道尺寸。

管路总的能量损失等于各管段沿程损失和局部损失的叠加，即

$$h_w=\sum h_f+\sum h_m=\sum\lambda_i\frac{l_i}{d_i}\times\frac{v_i^2}{2g}+\sum\zeta_i\frac{v_i^2}{2g}\tag{2-155}$$

2.5.1 简单管路

所谓简单管路就是具有相同管径、相同流量的管段。简单管路是各种复杂管路的基本单元。如图 2-49(a) 所示。

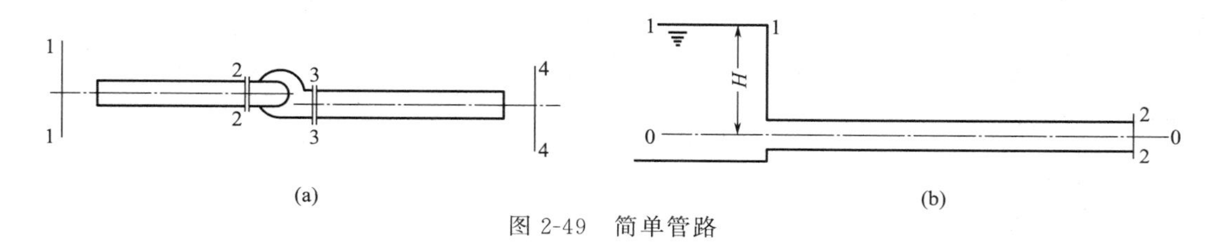

图 2-49　简单管路

在图 2-49(b) 中，对断面 1—1 和 2—2 应用能量方程，得：

$$H=\lambda\ \frac{l}{d}\frac{v^2}{2g}+\sum\zeta_i\ \frac{v^2}{2g}+\frac{v^2}{2g}$$

因出口局部阻力系数 $\zeta=1$，若将此阻力系数包含在总的阻力系数 $\sum\zeta$ 中，则上式可写为

$$H=\left(\lambda\ \frac{l}{d}+\sum\zeta\right)\frac{v^2}{2g}$$

式子右边实际上就是 1—1 至 2—2 的流动能量损失将平均速度 $v=\dfrac{4V}{\pi d^2}$ 代入，上式可改写成

$$h_w=\left(\sum\lambda\ \frac{l}{d}+\sum\zeta\right)\frac{8}{\pi^2 d^4 g}V^2$$

令

$$S=\left(\sum\lambda\ \frac{l}{d}+\sum\zeta\right)\frac{8}{\pi^2 d^4 g}(\mathrm{s^2/m^5}) \tag{2-156}$$

则

$$h_w=SV^2(\mathrm{m}) \tag{2-157}$$

对于气体管路同样可以得到类似计算式。

$$P_w=S_pV^2(\mathrm{N/m^2}) \tag{2-158}$$

$$S_p=\rho gS=\left(\lambda\ \frac{l}{d}+\sum\zeta\right)\frac{8\rho}{\pi^2 d^4}(\mathrm{kg/m^7}) \tag{2-159}$$

由式(2-156) 和式(2-159) 可以看出，在管路确定的情况下，S 和 S_p 主要与管路的阻力系数 λ、ζ 有关。工程上大多数管道流动处于阻力平方区，沿程阻力系数 λ 为常数。对于一定管道，局部构件已经确定，在阀门开度不变情况下，局部阻力系数 ζ 是不变的。因此，对一定流体，在给定管路条件下，S 和 S_p 是一个不变值。

S 和 S_p 综合反映了管路上沿程阻力和局部阻力的情况，故称为管路阻抗，也称为综合阻力系数。管路阻抗概念的引入对分析和计算管路带来方便。

用管路阻抗表示简单管路的规律为：总阻力损失与流量平方成正比。这一规律在管路计算中广泛应用。

2.5.2 串联管路和并联管路

任何复杂管路都是由简单管路经串联管路和并联管路组合而成的。研究串联和并联管路的流动规律十分重要。

2.5.2.1 串联管路

串联管路是由许多简单管路首尾相接组合而成，如图 2-50 所示。管段连接处称为节点。在每个节点上遵循质量平衡原理，即流入质量流量与流出质量流量相等。对于不可压缩流体，即为体积流量相等。

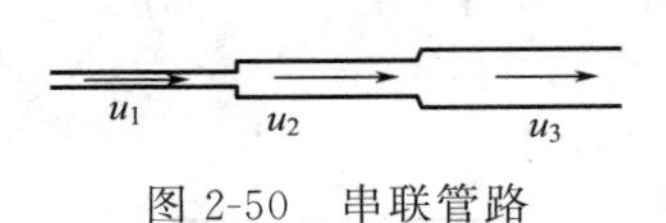

图 2-50 串联管路

$$V_1=V_2=V_3=\cdots=V \tag{2-160}$$

按照阻力叠加原理，有

$$h_{w1}+h_{w2}+h_{w3}=h_w \tag{2-161}$$

$$S_1+S_2+S_3=S \tag{2-162}$$

因此可知，串联管路中各管段内流量相等；整个管段的总阻力损失等于各管段阻力损失之和；管路总的阻抗等于各管段阻抗之和。

2.5.2.2 并联管路

在管路节点上分出两根以上的管段，这些管段同时汇集在另一节点上，两节点间的管段称为并联管路。如图 2-51 所示。

由节点的流量平衡条件，有

$$V_1+V_2+V_3=V \tag{2-163}$$

并联管路的阻力损失即是节点 ab 间的阻力损失，无论是管段 1、管段 2 和管段 3，阻力损失均等于 ab 两个节点间的总水头差。于是有

$$h_{w1}=h_{w2}=h_{w3}=h_w \tag{2-164}$$

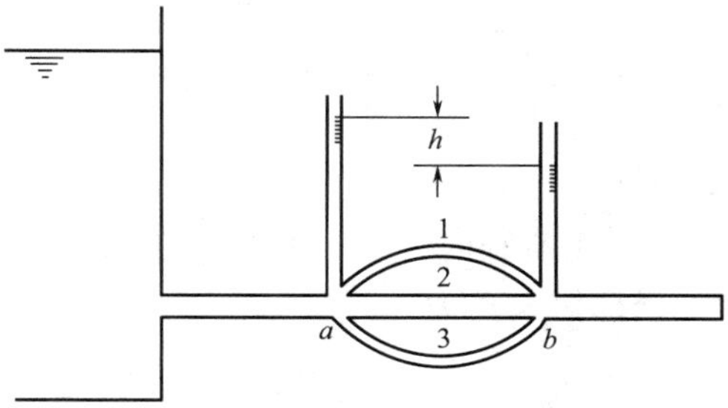

图 2-51　并联管路

设 S 为并联管路总阻抗，V 为管路总流量，则

$$S_1V_1^2=S_2V_2^2=S_3V_3^2=SV^2 \tag{2-165}$$

由此可得：

$$\frac{1}{\sqrt{S}}=\frac{1}{\sqrt{S_1}}+\frac{1}{\sqrt{S_2}}+\frac{1}{\sqrt{S_3}} \tag{2-166}$$

$$V_1:V_2:V_3=\frac{1}{\sqrt{S_1}}:\frac{1}{\sqrt{S_2}}:\frac{1}{\sqrt{S_3}} \tag{2-167}$$

由以上各式得到并联管路的流动规律：并联管路上的总流量为各个支管流量之和；并联管路中的各个支管的阻力损失相等；总的阻抗平方根倒数等于各支管阻抗平方根倒数之和。

式(2-167) 为并联管路流量分配规律。其意义在于，各个支管的尺寸、局部构件确定后，按照节点间各个支管的阻力损失相等原则分配各支管的流量。阻抗大的支管流量小，反之，阻抗小的支管流量大。

工程上经常会遇到管路还有分叉管路。几根管道在同一点分叉而不再汇合的管路系统称为分叉管路。在节点处，流进节点的流量应等于流出的流量，并且在节点上的测压管水头或总水头对于各支管都相同。

【例 2-13】 两管路串联在上下水池之间。如图 2-52 所示，已知管径 $d_1=0.2\text{m}$，$d_2=0.25\text{m}$；管长 $l_1=20\text{m}$，$l_2=25\text{m}$；管壁面粗糙度 $\varepsilon=0.4\text{mm}$，管内流量 $V=0.157\text{m}^3/\text{s}$，黏度 $\nu=1.003\times10^{-6}\text{m}^2/\text{s}$。进口局部损失 $\zeta_e=0.5$，求所需要的水头高度 H。

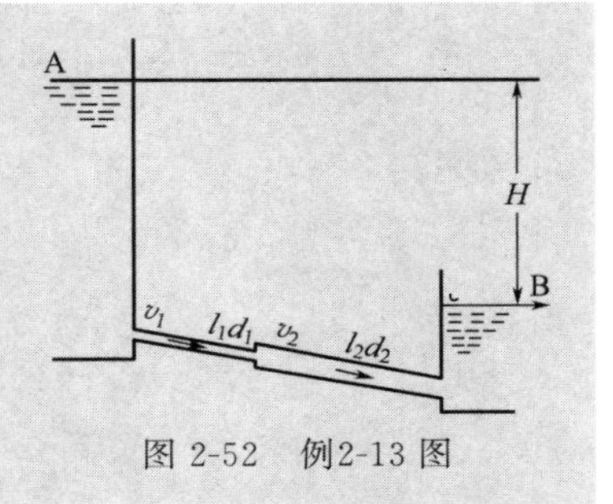

图 2-52　例2-13 图

解　串联管路中，各个管段的流量相等，$V=V_1=V_2$。

管中流速：

$$v_1=\frac{V}{\frac{1}{4}\pi d^2}=\frac{4\times 0.157}{\pi\times 0.2^2}=5\text{m/s};\qquad v_2=\frac{4\times 0.157}{\pi\times 0.25^2}=3.2\text{m/s}$$

雷诺数
$$Re_1=\frac{v_1 d_1}{\nu}=\frac{5\times 0.2}{1.003\times 10^{-6}}=0.997\times 10^6$$

$$Re_2=\frac{3.2\times 0.25}{1.003\times 10^{-6}}=0.798\times 10^6$$

相对粗糙度
$$\frac{\varepsilon}{d_1}=\frac{0.4}{200}=0.002;\qquad \frac{\varepsilon}{d_2}=\frac{0.4}{250}=0.0016$$

根据 ε/d_1，Re_1 及 ε/d_2，Re_2，在莫迪图中分别查得 $\lambda_1=0.0235$；$\lambda_2=0.0216$（或根据 Re 选用适宜的公式计算 λ）。

局部扩大损失：

$$\zeta=\left(\frac{2.5^2}{2^2}-1\right)^2=0.562^2=0.316$$

以液面 B 为基准面，列出 A—A，B—B 的能量方程

$$H=h_{\mathrm{w}}$$

$$H=\left(\zeta_e+\lambda_1\frac{l_1}{d_1}\right)\frac{v_1^2}{2g}+\left(\zeta+1+\lambda_2\frac{l_2}{d_2}\right)\frac{v_2^2}{2g}$$

$$=\left(0.5+0.0235\times\frac{20}{0.2}\right)\frac{5^2}{2g}+\left(0.316+1+0.0216\times\frac{25}{0.25}\right)\frac{3.2^2}{2g}=5.45(\text{m})$$

【例 2-14】 某供气管道上有管段 1 和管段 2 组成的并联管路。管段 1 的直径为 20mm，总长度 20m，$\sum\zeta_1=15$。管段 2 的直径为 20mm，总长度 10m，$\sum\zeta_2=15$。已知气体密度 $\rho=1.1\text{kg/m}^3$，管路的 $\lambda=0.025$，总流量 $V=1\times 10^{-3}\text{m}^3/\text{s}$，求支管流量 V_1 和 V_2。

解 对于并联管路有

$$S_1V_1^2=S_2V_2^2$$

$$\frac{V_1}{V_2}=\sqrt{\frac{S_2}{S_1}}$$

根据阻抗的计算式，有

$$S_{\mathrm{p1}}=\left(\lambda\frac{l}{d}+\sum\zeta\right)\frac{8\rho}{\pi^2 d^4}=\left(0.025\times\frac{20}{0.02}+15\right)\times\frac{8\times 1.1}{\pi^2\times 0.02^4}=2.23\times 10^8(\text{kg/m}^7)$$

$$S_{\mathrm{p2}}=0.025\times\frac{10}{0.02}+15\times\frac{8\times 1.1}{\pi^2\times 0.02^4}=1.53\times 10^8(\text{kg/m}^7)$$

所以

$$\frac{V_1}{V_2}=\sqrt{\frac{1.53\times 10^8}{2.23\times 10^8}}=0.828$$

由于 $V_1+V_2=V=1.828V_2$，于是得到

$$V_1=0.55\times 10^{-3}\text{m}^3/\text{s},\ V_2=0.45\times 10^{-3}\text{m}^3/\text{s}$$

2.6 一元气体动力学基础*

在前面的研究中，将液体和气体均视为不可压缩流体，这样处理对于液体和低速流动的气体是正确的。但是对于高速运动的气体，因速度、压强变化，引起密度发生显著变化，必须考虑气体的压缩性。气体动力学研究可压缩气体的运动规律和工程应用。本章简要介绍一元气体动力学的基础理论。

2.6.1 基本概念

2.6.1.1 声速

气体动力学中，声速的概念不限于人耳能够接收的声音传播速度，凡微小扰动在介质中的传播速度都定义为声速。

为了说明微小扰动波的传播过程，取面积为 A，带活塞的长管，管内充满可压缩流体。若以微小速度向右推动活塞，紧贴活塞的一层流体受到压缩压强升高 $\mathrm{d}p$ [图 2-53(a)]。由于该流层受到压缩，体积减小，因此要延迟微小时段扰动才能波及右侧的流层。这一传播过程形成小扰动波，波的速度即声速，以 a 表示。要注意的是，声速 a 是由流体的弹性来传播的，数值很大；流体受扰动后的速度 $\mathrm{d}v$ 是扰动波所引起的速度增量，数值很小。

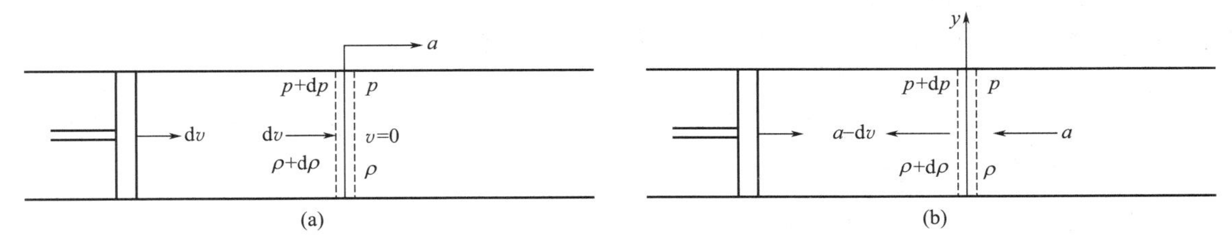

图 2-53　小扰动波的传播

为了便于分析，建立相对坐标 [图 2-53(b)]，即将坐标系建立在波面上，随扰动波面一起运动。取波面两侧虚线区域流为控制体，两侧控制面距离无限小，控制体的体积接近零。流体以速度 a 从右侧流向控制体，压强和密度分别为 p 和 ρ；在波面的左侧流体以速度 $a-\mathrm{d}v$ 离开控制体，压强为 $p+\mathrm{d}p$，密度为 $\rho+\mathrm{d}\rho$。对控制体列出连续性方程和动量方程。

$$\rho a A=(\rho+\mathrm{d}\rho)(a+\mathrm{d}v)A$$

$$pA-(p+\mathrm{d}p)A=\rho a A[(a+\mathrm{d}v)-a]$$

略去高阶小量，整理得

$$a\,\mathrm{d}\rho=\rho\,\mathrm{d}v=0$$

$$\mathrm{d}p=\rho a\,\mathrm{d}v$$

消去 $\mathrm{d}v$，合并两式，得到

$$a=\sqrt{\frac{\mathrm{d}p}{\mathrm{d}\rho}} \tag{2-168}$$

对于气体，由于微小扰动波传播速度很快，与外界来不及进行热交换，可认为其传播过

程是一个绝热、无能量损耗的等熵过程。由热力学的绝热方程

$$\frac{p}{\rho^k}=c$$

其微分式为

$$\frac{\mathrm{d}p}{\mathrm{d}\rho}=ck\rho^{k-1}=k\ \frac{p}{\rho} \tag{2-169}$$

将理想气体状态方程$\frac{p}{\rho}=RT$ 和式(2-169) 代入式(2-168) 中，可得到声速公式

$$a=\sqrt{k\ \frac{p}{\rho}}=\sqrt{kRT} \tag{2-170}$$

式中，k 为绝热指数。$k=\frac{c_p}{c_v}$，与气体种类有关，空气 $k=1.4$，干饱和蒸汽 $k=1.135$，过热蒸汽 $k=1.33$。

综合分析可知：

① $\frac{\mathrm{d}p}{\mathrm{d}\rho}$越小，声速越小，流体越容易压缩；反之，$a$ 越大，流体越不容易压缩。声速是反映流体压缩性大小的物理参数。

② 声速与气体的热力学温度有关，而气体动力学中，温度是空间坐标的函数，所以声速也是空间坐标的函数，常称为当地声速。温度越高的气体其中的声速也越大。

③ 声速与气体的绝热指数 k 和气体常数 R 有关，所以不同气体声速不同。对于空气，$a=\sqrt{1.4\times287T}=20.1\sqrt{T}$。

2.6.1.2 马赫数

气流运动速度与当地声速之比定义为马赫数，以 Ma 表示。

$$Ma=\frac{v}{a} \tag{2-171}$$

马赫数 Ma 是一个无量纲数，它反映流体流动时惯性力与弹性力之比，是衡量气体压缩性的准则。

气流速度的变化会引起密度变化，而声速反映流体的压缩性大小，因此，马赫数反映气体的压缩性。马赫数小，气流压缩性小，可近似按不可压缩流体处理；马赫数大，气流压缩性大，应作为可压缩流体。在气体动力学中依据马赫数对可压缩气体减削分类。

$Ma>1$，$v<a$，气流处于亚声速流动状态。这时流体中参数的变化能够向各个方向传播。

$Ma<1$，$v>a$，气流处于超声速流动状态。这时流体中参数的变化不能向上游传播。

$Ma=1$，$v=a$，气流处于声速流动状态。

2.6.1.3 滞止参数

在气流流动的某断面上，若以绝热等熵过程将速度降低到零时，断面各参数所达到的值

称为气流在该断面的滞止参数。滞止参数用下标“0”表示，例如 p_0、T_0、ρ_0、a_0 和 h_0 等相应地称为滞止压强、滞止温度、滞止密度、滞止声速、滞止焓值。

等熵流动中，各断面滞止参数不变，其中 T_0、a_0 和 h_0 反映了包括热能在内的气流全部能量，则 p_0 反映机械能。气流速度沿程增大，则气流温度、焓和声速会沿程降低。

气体绕物体流动时，其驻点速度为零，驻点处的参数就是滞止参数。滞止参数反映了气流用探头测定的参数值。滞止参数的沿程变化也反映了气体沿程的能量变化。

2.6.2 理想流体一元恒定流动基本方程

2.6.2.1 运动方程

由于气体运动过程中位能的变化不大，通常可以忽略，流体运动微分方程可以写为

$$\frac{\mathrm{d}p}{\rho g}+\frac{\mathrm{d}v^2}{2g}=0 \tag{2-172}$$

由于可压缩气体密度不是常数，而是温度和压强的函数。需要根据不同条件下的流动情况进行分析，得到无黏性、可压缩气体一元恒定流动的能量方程。

(1) 定容过程

定容是指流动过程中气体的密度或比体积保持恒定的过程。定容过程气体密度保持不变，实际上是不可压缩气体。这时的能量方程就是不可压缩气体的能量方程，通常以单位体积气体的能量表示。

$$p+\frac{\rho v^2}{2}=C \tag{2-173}$$

(2) 等温过程

等温过程是指气体温度在流动过程中保持不变的流动过程。把气体状态方程 $\frac{p}{\rho}=RT$ 代入式(2-172) 中，

$$RT\,\frac{\mathrm{d}p}{p}+\frac{\mathrm{d}v^2}{2}=0$$

当温度 T 定值时，积分可得等温过程的能量方程

$$RT\ln p+\frac{\rho v^2}{2}=C \tag{2-174}$$

(3) 绝热过程

绝热过程是指气体流动过程中与外界没有能量的交换。理想气体、无摩擦的绝热过程是等熵过程。

对绝热方程 $\frac{p}{\rho^k}=C$ 进行微分处理后，代入式(2-172) 中，

$$k\,\frac{p}{\rho^k}\rho^{k-2}\mathrm{d}\rho+v\mathrm{d}v=0$$

积分，可得

$$\frac{k}{k-1}\times\frac{p}{\rho}+\frac{v^2}{2}=C \tag{2-175a}$$

或写为

$$\frac{1}{k-1}\times\frac{p}{\rho}+\frac{p}{\rho}+\frac{v^2}{2}=C \tag{2-175b}$$

式(2-175) 为无黏性气体恒定绝热流动的能量方程。与不可压缩气体的能量式比较，式(2-175) 中多出一项$\frac{1}{k-1}\times\frac{p}{\rho}$，该项是单位质量流体的内能，这表明无黏性气体绝热流动中，单位质量流体具有的机械能与内能之和保持不变。由于可压缩流体绝热流动过程中其温度发生变化，因此在考虑流体能量时必须考虑流体的内能变化。

2.6.2.2 连续性方程

在一元恒定流动中，对于沿流线的两断面，根据质量守恒原理，

$$\rho_1 v_1 A_1=\rho_2 v_2 A_2$$

对上式微分，有

$$\frac{\mathrm{d}\rho}{\rho}+\frac{\mathrm{d}v}{v}+\frac{\mathrm{d}A}{A}=0$$

将上式与式(2-172) 结合，消去密度 ρ，并将 $a=\sqrt{\frac{\mathrm{d}p}{\mathrm{d}\rho}}$ 和 $Ma=\frac{v}{a}$代入，得到

$$\frac{\mathrm{d}A}{A}=(Ma^2-1)\frac{\mathrm{d}v}{v} \tag{2-176}$$

这是可压缩流体连续性方程的另一种形式。

2.6.3 喷管中的一元流动

喷管是在很短的流程内通过改变截面尺寸控制气流速度的装置。由于流程短，高速气流在喷管内流动来不及与外界进行热交换，因此可以近似认为无摩擦、绝热的等熵流动。

2.6.3.1 流速与截面变化的关系

由连续方程式(2-176) 可知，可压缩气体的速度变化与截面面积变化之间的关系取决于马赫数大小。

当 $Ma<1$，$v<a$ 时，在渐缩管中，$\mathrm{d}A<0$，$\mathrm{d}v>0$；在渐扩管中，$\mathrm{d}A>0$，$\mathrm{d}v<0$。速度随截面变化的趋势与不可压缩流体是一致的。

当 $Ma>1$，$v>a$ 时，在渐缩管中，速度沿程减小，在渐扩大管中，速度沿程增大。

当 $Ma=1$，$v=a$ 时，$\mathrm{d}A=0$，气体处于声速流动状态，其流动截面的变化率为零。表明声速只能出现在最大或最小截面处。

综上所述，在气体处于亚声速状态时，要使气体速度提高，可以采用减小流动截面的方法实现；当气体处于超声速状态时，要使气体速度提高，则需要使流动截面增加。为了获得超声速气体必须通过收缩管加速，至最小截面上达到声速，然后使气体通过扩大管继续加速达到超声速流动。这种收缩扩大喷管称为拉伐尔喷管（图 2-54）。使用拉伐尔喷管，可以使

亚声速气流变为超声速气流。如果喷管喉部不够小，以至气体到达喉部，尚未达到声速，则在喉部之后仍为亚音速，其流速反会因为断面增加而减小了。

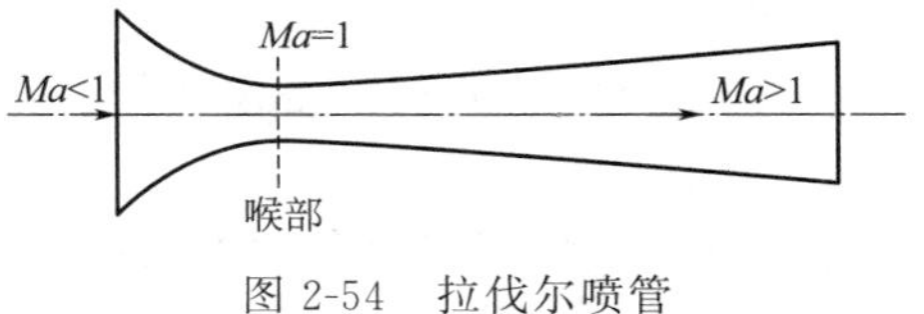

图 2-54 拉伐尔喷管

2.6.3.2 通过喷管的气体流量

设喷管的进、出口断面压强分别为 p_1 和 p_2，由于喷管中流动可看作为绝热流动，可压缩气体绝热流动的能量方程式(2-174) 可写为

$$\frac{k}{k-1}\times\frac{p_1}{\rho_1}+\frac{v_1^2}{2}=\frac{k}{k-1}\times\frac{p_2}{\rho_2}+\frac{v_2^2}{2}$$

把绝热方程 $\frac{p_1}{\rho_1^k}=\frac{p_2}{\rho_2^k}$ 代入上式，整理可得

$$v_2=\sqrt{\frac{2k}{k-1}\times\frac{p_1}{\rho_1}\left[1-\left(\frac{p_2}{p_1}\right)^{\frac{k-1}{k}}\right]+v_1^2} \tag{2-177a}$$

或

$$v_2=\sqrt{\frac{2k}{k-1}RT_1\left[1-\left(\frac{p_2}{p_1}\right)^{\frac{k-1}{k}}\right]+v_1^2} \tag{2-177b}$$

这是可压缩气体通过喷管出口时气体流速的理论计算式。实际流动过程中需要考虑喷管内流动的能量耗散、截面积变化是否满足要求等因素，通常采用速度系数 φ 进行修改。

通过喷管的气体的质量流量为

$$M=\varphi\rho_2 v_2 A_2 \tag{2-178}$$

从式(2-177) 可以看出，可压缩气体在喷管的出流速度主要取决于进出口断面的压强比 $\frac{p_2}{p_1}$，而不可压缩气体在喷管的出流速度主要取决于进出口断面的压强差。当喷管中的某一压强比 $\frac{p_2}{p_1}$（临界压强比）使流量达到最大时，若继续降低压强比，流量并非减小，而是保持不变。因此，当喷管进出口压强比小于临界压强比时，流量计算需要在临界压强比下进行才符合实际情况。

2.7 离心式风机与泵

风机与泵是利用外加能量输送流体的机械，即把机械能转换成流经其内部流体的压力能和动能。当输送流体介质为液体时，一般称为泵；介质为气体时，则称为风机。风机与泵的种类很多，通常按照工作原理一般可以分为三大类：

① 容积式　设备在运转时，通过机械内部的工作容积周期性变化实现能量传递，从而吸入或排出流体。根据结构不同可分为往复式（如活塞泵等）和回转式（如齿轮泵和罗茨风机等）。

② 叶片式　通过叶轮的旋转运动对流体做功，从而使流体获得能量。根据流体的流动

情况又可分为离心式、轴流式和混流式。

③ 其他类型　此类设备主要是利用能量较高的流体输送能量较低的流体，也称为液体作用式，如引射泵和旋涡泵等。

表 2-6 中列出了以上各种类型的一些风机与泵。

表 2-6　风机与泵的类型

输送流体	叶片式	容积式		液体作用式
		回转式	往复式	
液体输送	离心式泵、轴流泵、旋涡泵、混流泵	齿轮泵、螺杆泵	蒸汽活塞泵、隔膜泵	喷射泵、气泡泵
气体输送	离心式风机、轴流式风机	罗茨风机、螺杆风机	隔膜压缩机、往复压缩机和真空泵	蒸汽喷射真空泵

另外，风机与泵按照其工作压强一般可分为低压、中压和高压三个大类。对于泵而言，压强小于 2MPa 为低压泵；压强等于 2～6MPa 为中压泵；压强大于 6MPa 为高压泵。对于风机而言，风压小于 10～15kPa 为通风机（低压）；风压等于 290～340kPa 为鼓风机（中压）；风压大于 340kPa 为压缩机（高压）。

离心式风机与泵在生产中应用最为广泛，本节以此为重点进行讨论。着重介绍离心式风机与泵工作原理、性能和运行调节等方面知识，一般根据生产工艺要求，合理正确选择和使用机械，使之进行高效安全的运行。

2.7.1　离心式风机与泵的工作原理

2.7.1.1　离心式风机与泵的工作原理

离心式风机的基本部件是由可转动叶轮和固定的机壳组成。具有若干个叶片的叶轮固定在机轴上，机壳内的叶轮由电机驱动做高速旋转。图 2-55 所示为离心式风机的主要结构，叶轮是由叶片 3 和连接叶片的前盘 2 及后盘 4 所组成，叶轮后盘装在转轴上。机壳一般是由钢板制成的具有阿基米德螺旋线外轮廓的箱体，支架 8 用于支撑箱体。

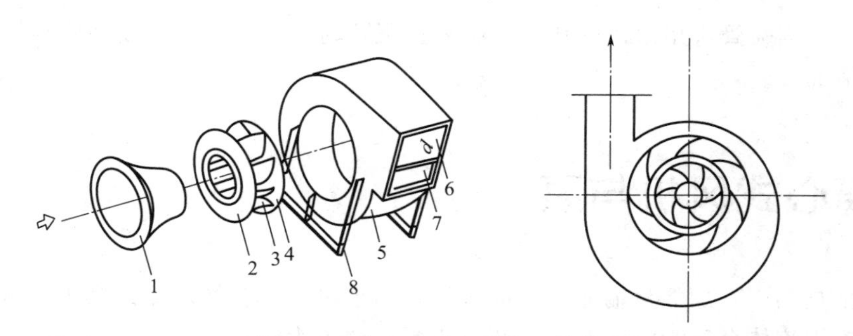

图 2-55　离心式风机的主要结构

1—吸入口；2—前盘；3—叶片；4—后盘；5—机壳；6—出口；7—截流板；8—支架

以离心式风机为例说明离心式风机与泵的工作原理。当叶轮随转轴旋转时，叶片间的气体也随叶轮旋转而获得离心力，使气体从叶片间甩出并沿着机壳向出口方向汇集，最后被导向出口排出。随着流道的扩展，流体速度逐渐下降，压强增大。叶轮中气体被甩出的同时，叶轮中心部分便产生负压，外界气体就能从风机的吸入口通过叶轮前盘中央的孔口吸入，源源不断地输送气体。

2.7.1.2 流体在叶轮中的运动

流体在叶轮中的流动可看成是由两种运动组合而成的复杂运动。一种是流体在叶轮作用下，随叶轮做旋转运动，速度用圆周速度 u 表示。流体质点好像是固定在叶轮上被叶轮推动而做圆周运动一样。另一种运动是流体在叶轮中沿着叶片由内向外的流动，这是相对于叶片的一种运动，所具有的速度用相对速度 w 表示。

流体进入叶轮后，一方面以圆周速度 u 随叶轮旋转，另一方面以相对速度 w 在叶片间的径向做相对运动。两者的合速度为流体运动的绝对速度 v，即流体质点相当于机壳的绝对速度。

用动量矩定理可以得到理想化条件下单位质量流体的能量增量与流体在叶轮中运动的关系，称为欧拉涡轮方程，也称为离心式泵与风机的基本方程式。

$$H_{T\infty}=\frac{1}{g}(u_2v_{2\infty}-u_1v_{1\infty}) \tag{2-179}$$

式中 $H_{T\infty}$——具有无限多叶片的风机（泵）对单位质量理想流体所提供的理论扬程，m；

u_1，u_2——进口和出口处流体的圆周速度，m/s；

$v_{1\infty}$，$v_{2\infty}$——叶片为无限多时流体的绝对速度，m/s。

如叶轮出口直径为 D_2，叶轮出口前盘与后盘之间的轮宽为 b_2，出口处径向流速为 v_{r2}，叶轮厚度对出口面积影响的排挤系数为 ε，不计容积损失，则叶轮工作时所排出的理论流量为

$$V_r=\varepsilon\pi D_2b_2v_{r2} \tag{2-180}$$

由式(2-179) 欧拉涡轮方程可以看出：

① 流体所获得的理论扬程 $H_{T\infty}$ 仅与流体在叶片的进、出口处的速度有关，而与流动过程无关；

② 流体所获得的理论扬程 $H_{T\infty}$ 与被输送流体的种类无关。也就是说无论被输送流体是水或是空气，或是其他密度不同的流体，只要叶片的进、出口的速度三角形相同，都可以得到相同的扬程。只有风机的压头会与输送气体的密度成正比。

2.7.2 离心式风机与泵性能参数和性能曲线

2.7.2.1 离心式风机与泵的性能参数

① 流量 V　单位时间内泵与风机所输送的流体量，常用体积流量表示，单位为 m^3/s 或 m^3/h。离心式泵与风机的流量与风机的结构、尺寸和转速有关。

② 压头与扬程　泵的扬程是指单位重量流体流经离心式泵时所获得的能量，即是单位重量流体从泵的进口到出口所增加的总能量，以 H_e 表示，单位为 m 流体柱。泵的进出口断面分别用 1—1 和 2—2 表示，则

$$H_e=\left(z_2+\frac{p_2}{\rho g}+\frac{v_2^2}{2g}\right)-\left(z_1+\frac{p_1}{\rho g}+\frac{v_1^2}{2g}\right) \tag{2-181}$$

风机的压头是指风机对单位体积流体所提供的能量，以 p_e 表示，单位为 Pa。

$$p_e=\rho g H_e \tag{2-182}$$

③ 功率 N　泵与风机的功率通常是指输入功率，即由电动机输入泵（风机）轴的功率，也称为轴功率。泵与风机的输出功率又称为有效功率 N_e，表示在单位时间内流体从设备所获得的实际能量，单位为 W 或 kW。

$$N_e=\rho g V H_e \tag{2-183}$$

$$N_e=V p_e \tag{2-184}$$

④ 效率　泵与风机在实际运转中，由于存在各种能量损失，致使被输送流体实际获得的能量低于从原动机得到的输入能量。反映轴功率被流体利用程度的参数称为效率，以 η 表示。

$$\eta=\frac{N_e}{N} \tag{2-185}$$

离心式泵与风机的能量损失包括：

a. 水力损失　由于流体流经设备内叶片、蜗壳会产生沿程阻力损失，流道面积变化，环流和旋涡等局部阻力导致损失。这部分能量损失称为水力损失，可通过水力效率 η_h 来表示，它与过流部件的几何形状、壁面的粗糙度和流体的黏性、速度等有关。

b. 容积损失　旋转叶轮与泵体之间存在缝隙，叶轮转动时，由于缝隙两侧的压差作用，使一部分已经获得能量的流体通过缝隙流向低压去，从而形成泄漏。由此造成的能量损失称为容积损失，可用容积效率 η_V 表示。

c. 机械损失　包括联轴器、轴承、轴封装置之间的摩擦损失，以及液体与高速转动的叶轮前后盘面之间的摩擦损失等。机械损失可用机械效率 η_m 表示。

风机与泵的总效率由上述三个方面构成，

$$\eta=\eta_h\eta_m\eta_V \tag{2-186}$$

泵与风机的效率与设备的类型、尺寸、加工精度、流量和性质等因素有关。通常，小型设备效率为 50%～70%，而大型设备可达 90%。

⑤ 转速　转速是指泵与风机叶轮每分钟的转数，即“r/min”。

2.7.2.2 离心泵与风机的性能曲线

泵与风机的扬程、流量、所需功率和效率等性能参数是相互影响的。在额定转数下，V-$H_e(p_e)$、V-N、V-η 之间的关系曲线统称为性能曲线。其中 V-$H_e(p_e)$ 最常用，它反映了泵与风机的工作状况，也称为工况曲线；V-N 称为功率曲线；V-η 称为效率曲线。在性能曲线上，对应任意流量，都有一组相对应的扬程（风压）、功率和效率，这组参数描述了性能曲线上对应点的工作状况，通常把该点称为工况点。

通过前面推导的欧拉方程，在无能量损失条件下进行分析，可以得到 V-$H_e(p_e)$、V-N 的理论性能曲线。只有在计入各项能量损失的情况下，才能得到它们的实际性能曲线。

由于流体在泵或风机中的流动情况复杂，目前还不能够通过分析方法精确计算各项能量，只能通过实验测定方法绘制实际性能曲线。设备出厂前由制造厂测定出 $V\text{-}H_e(p_e)$、$V\text{-}N$、$V\text{-}\eta$ 等曲线，列入产品样本或说明书中，供用户选择风机和操作时参考。各种型号的设备都有其本身独有的性能曲线，但它们都有一些共同的规律。图 2-56 为某型号风机的性能曲线。

① $V\text{-}p_e$ 曲线反映了设备的稳定运行状况。离心风机的压头一般随流量加大而下降。$V\text{-}p_e$ 曲线变化平坦，当流量变动很大时能够保持基本恒定的压头。如果 $V\text{-}p_e$ 曲线为陡降型，流量变化时，压头变化相对较大。对于驼峰型的 $V\text{-}p_e$ 曲线，当流量增加时，相应的压头增加，达到最高值以后开始下降，具有这种性能的设备在一定运行条件下可能出现不稳定工作。

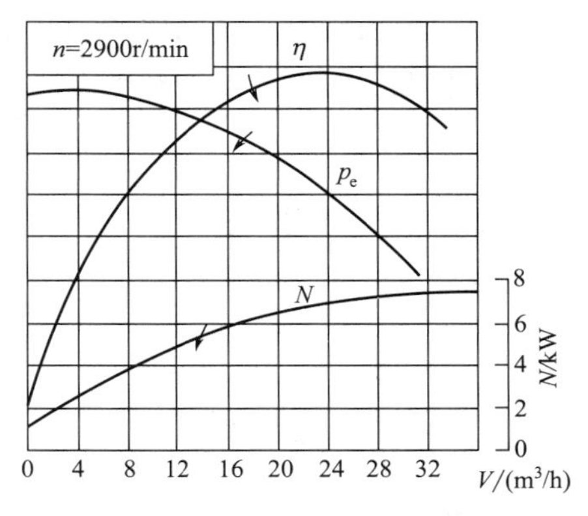

图 2-56　风机的性能曲线

② 离心风机的轴功率在流量为零时为最小，随流量的增大而增大。因此在启动离心泵与风机时，应关闭出口阀门，以减少启动电流，保护电机。停止运行时，要先关闭阀门，防止高压液体倒流损坏叶轮。

③ 当流量为零时，离心风机的效率为零。随着流量加大，风机的效率出现一个极大值。最高效率点称为设备的设计点，也称为最佳工况点，对应的 V_s、p_s 及 N_s 值称为最佳工况参数。在泵与风机铭牌上标出的性能参数即是最高效率点对应的参数。离心泵与风机应尽可能在高效区工作，一般高效区为不低于最高效率的 92%的范围。

2.7.3　相似理论在离心式风机与泵中的应用

离心泵与风机的性能曲线是制造厂家在确定的尺寸设备、一定转数和规定工作压强、温度下，通过实验测定绘制的。一般性能曲线的测定的标准条件是大气压强为 101.325kPa，空气温度为 20℃，空气湿度为 50%。设备在生产使用过程中，当被输送流体的温度及压强、设备的转数与上述样本条件不同时，设备的性能会发生相应改变。

泵或风机的设计、制造通常是按系列进行的，同一系列设备中大小不等的设备是几何相似的。相似理论可表明同一系列泵或风机的相似工况间的相似关系。利用相似理论可以在泵与风机的转速、几何尺寸等条件改变时，计算其性能变化情况。

2.7.3.1　泵与风机的相似律

根据相似原理，同一系列的泵与风机应该几何相似、运动相似和动力相似。

几何相似可由下列式子表示：

$$\frac{D_{1n}}{D_{1m}}=\frac{D_{2n}}{D_{2m}}=\frac{b_{1n}}{b_{1m}}=\frac{b_{2n}}{b_{2m}}=\cdots=c_l \tag{2-187}$$

$$\beta_{1n}=\beta_{1m};\beta_{2n}=\beta_{2m} \tag{2-188}$$

式中，c_l 为相应几何尺寸的比值，即几何相似倍数。

运动相似是指原型和模型对应点的同名速度的速度三角形相似，即

$$\frac{v_{1n}}{v_{1m}}=\frac{v_{2n}}{v_{2m}}=\frac{u_{1n}}{u_{1m}}=\frac{u_{2n}}{u_{2m}}=\frac{w_{1n}}{w_{1m}}=\frac{w_{2n}}{w_{2m}}=\cdots=c_u \tag{2-189}$$

式中，c_u 为速度相似倍数。原型与模型对应工况点的运动相似，则这两个工况为相似工况。

在泵与风机中，流体流动时起主要作用的惯性力和黏性力，相应的特征数是雷诺数 Re。由于泵与风机中的 Re 数很高，处于阻力平方区，Re 数对阻力系数变化的影响可以不考虑。此时，原型与模型自动满足动力相似的要求，它们具有自模性。

在相似工况下，原型和模型之间的扬程、流量及功率之间的关系称为相似律。

（1）流量相似律

如原型与模型的容积效率相等，根据式(2-180)，它们之间流量关系为：

$$\frac{V_{\mathrm{n}}}{V_{\mathrm{m}}}=\frac{\varepsilon_{\mathrm{n}}\pi D_{2\mathrm{n}}b_{2\mathrm{n}}v_{\mathrm{r2n}}}{\varepsilon_{\mathrm{m}}\pi D_{2\mathrm{m}}b_{2\mathrm{m}}v_{\mathrm{r2m}}} \tag{2-190}$$

由于满足几何相似，因此排挤系数 $\varepsilon_{\mathrm{n}}=\varepsilon_{\mathrm{m}}$，且，$\dfrac{D_{2\mathrm{n}}}{D_{2\mathrm{m}}}=\dfrac{b_{2\mathrm{n}}}{b_{2\mathrm{m}}}=c_l$

根据运动相似，有

$$\frac{\pi v_{\mathrm{r2n}}}{\pi v_{\mathrm{r2m}}}=\frac{u_{2\mathrm{n}}}{u_{2\mathrm{m}}}=\frac{\pi D_{2\mathrm{n}}n_{\mathrm{n}}}{\pi D_{2\mathrm{m}}n_{\mathrm{m}}}=c_l c_n \tag{2-191}$$

由此，式(2-190) 可表示为

$$\frac{V_{\mathrm{n}}}{V_{\mathrm{m}}}=c_l^3 c_n=\left(\frac{D_{\mathrm{n}}}{D_{\mathrm{m}}}\right)^3\frac{n_{\mathrm{n}}}{n_{\mathrm{m}}} \tag{2-192}$$

式(2-192) 为流量相似律，它表明泵与风机在相似工况下运行时，流量与几何相似倍数的三次方变化成正比。在其他条件不变化的情况下，流量与转速成正比。

（2）扬程（压头）相似律

根据理论扬程的计算公式(2-179)，考虑水头损失，则原型与模型的扬程之间的关系为

$$\frac{H_{\mathrm{n}}}{H_{\mathrm{m}}}=\frac{\eta_{\mathrm{n}}v_{\mathrm{r2n}}u_{2\mathrm{n}}}{\eta_{\mathrm{m}}v_{\mathrm{r2m}}u_{2\mathrm{m}}} \tag{2-193}$$

当效率相同时，结合式(2-191) 可得到扬程相似律：

$$\frac{H_{\mathrm{n}}}{H_{\mathrm{m}}}=c_l^2 c_n^2=\left(\frac{D_{\mathrm{n}}}{D_{\mathrm{m}}}\right)^2\left(\frac{n_{\mathrm{n}}}{n_{\mathrm{m}}}\right)^2 \tag{2-194}$$

对于风机，压头相似律：

$$\frac{p_{\mathrm{n}}}{p_{\mathrm{m}}}=\frac{\rho_{\mathrm{n}}gH_{\mathrm{n}}}{\rho_{\mathrm{m}}gH_{\mathrm{m}}}=c_\rho c_l^2 c_n^2=\frac{\rho_{\mathrm{n}}}{\rho_{\mathrm{m}}}\left(\frac{D_{\mathrm{n}}}{D_{\mathrm{m}}}\right)^2\left(\frac{n_{\mathrm{n}}}{n_{\mathrm{m}}}\right)^2 \tag{2-195}$$

扬程（压头）的变化与几何尺寸的平方、转数的平方成正比，而风机压头还与输送流体的密度成正比。

（3）功率相似律

根据泵与风机轴功率计算式，在相似工况下原型与模型的功率关系为：

$$\frac{N_n}{N_m}=\frac{\eta_n\rho_n gV_n H_n}{\eta_m\rho_m gV_m H_m} \tag{2-196}$$

当水力效率相同时，功率相似律为

$$\frac{N_n}{N_m}=c_\rho c_l^5 c_n^3=\frac{\rho_n}{\rho_m}\left(\frac{D_n}{D_m}\right)^5\left(\frac{n_n}{n_m}\right)^3 \tag{2-197}$$

功率相似律表明，在运行工况相似的条件下，功率与几何尺寸的五次方、转数的三次方成正比，与输送流体密度成正比。

2.7.3.2 性能曲线的换算

生产企业的产品样本所提供的性能参数是在标准条件下测定得到的。对一般风机而言，我国规定的标准条件是大气压强为101.325kPa、空气温度为20℃、相对湿度为50%。在实际生产应用过程中往往不会完全满足这些条件，相应的性能参数会发生变化，因此必须进行性能曲线的换算。

（1）输送气体密度变化的影响

同一设备，当输送流体密度不同时，性能参数会发生变化。由于是同一台设备，因此流量、效率和泵的扬程不变化，然而，功率和风机的压头随着密度成正比关系变化。如以下标“0”表示样本参数，相似律可以表示为：

$$V_0=V;H_{e0}=H_e;\eta_0=\eta \tag{2-198}$$

$$\frac{p_e}{p_{e0}}=\frac{\rho}{\rho_0}=\frac{p_a}{101.325}\times\frac{273+t_0}{273+t} \tag{2-199}$$

$$\frac{N_e}{N_{e0}}=\frac{\rho}{\rho_0} \tag{2-200}$$

微课9

风机性能参数的换算

（2）转速 n 对性能曲线的影响

同一设备，在不同转数下输送同一流体时，相似律被简化为：

$$\frac{V}{V_0}=\frac{n}{n_0} \tag{2-201}$$

$$\frac{p_e}{p_{e0}}=\left(\frac{n}{n_0}\right)^2 \tag{2-202a}$$

或

$$\frac{H_e}{H_{e0}}=\left(\frac{n}{n_0}\right)^2 \tag{2-202b}$$

$$\frac{N_e}{N_{e0}}=\left(\frac{n}{n_0}\right)^3 \tag{2-203}$$

以上三个式子合并为实用的综合公式

$$\frac{V}{V_0}=\sqrt{\frac{H_e}{H_{e0}}}=\sqrt[3]{\frac{N_e}{N_{e0}}}=\frac{n}{n_0} \tag{2-204}$$

（3）叶轮直径改变对性能曲线的影响

对同一型号的设备，当转速一定时，可采用切削法改变设备的特性曲线。此时输送流体密度不变化，相似律可简化为：

$$\frac{V}{V_0}=\left(\frac{D}{D_0}\right)^3 \tag{2-205}$$

$$\frac{H_e}{H_{e0}}=\left(\frac{D}{D_0}\right)^2 \text{或} \frac{p_e}{p_{e0}}=\left(\frac{D}{D_0}\right)^2 \tag{2-206}$$

$$\frac{N_e}{N_{e0}}=\left(\frac{D}{D_0}\right)^5 \tag{2-207}$$

对于同一系列的不同设备，当两台设备的转速与叶轮直径均不相同时，在相似工况点上应用相似律进行性能曲线换算。当已知某设备的性能曲线Ⅰ时，首先在曲线Ⅰ上任取一个工况点 A_{I}，得到相应的性能参数值。然后根据相似律求得对应的相似工况下的性能参数值，依据此工况值可以在图上确定对应的相似工况点 A_{II}。按照上述方法可以得到其他所有的相似工况点，各点用光滑的曲线连接起来，便得到相似设备的性能曲线。

2.7.4 离心式风机与泵的运行及工况调节

2.7.4.1 管路特性及泵或风机的工作点

管路特性是指流体经过管路系统时需要的总能量与流量之间的关系。如图 2-57 所示的管路系统，用 H_1 和 H_2 分别表示单位重量流体所具有的总能量，对管路中进口与出口断面列出能量方程为

$$H_e=H_2-H_1+SV^2$$

流体在管路系统中流动特性可以表示为

$$H_e=H_0+SV^2 \tag{2-208}$$

根据式(2-208) 得到的管路流量 V 和所需要动力 H_e 之间的关系曲线称为管路特性曲线。

通常泵或风机都是与一定的管路相连接的，而流体在管路中流动所需要的动力必须由泵或风机满足。对于某一实际管路来说，泵或风机提供的动力与管路获得的动力是相等的。把泵或风机的性能曲线和管路系统的性能曲线绘在同一坐标图（图 2-58）中，泵或风机的性能曲线与管路特性曲线相交于点 M。显然 M 点表明泵或风机在流量 V_M 条件下，所提供的能量为 H_M 与管路需要的能量 H_e 相等。此时，由 M 点获得的各个参数就是泵或风机实际工作时的性能参数。因此，泵或风机的性能曲线与管路特性曲线的交点称为泵或风机的工作点。

如果由泵或风机的性能曲线与管路特性曲线的交点得到的泵或风机工作点，又处在泵或风机的高效率区域范围内，这样的安排是恰当的、经济的。

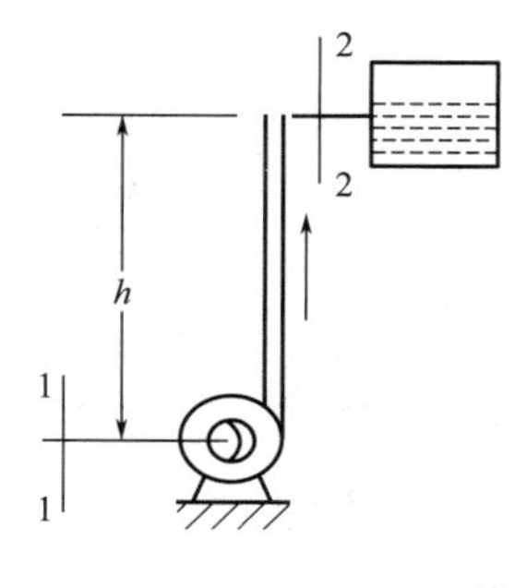

图 2-57 管路系统

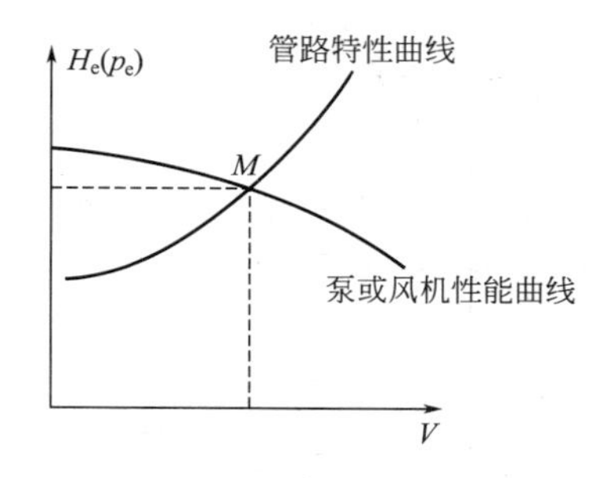

图 2-58 泵或风机工作点

2.7.4.2 联合运行工况分析

在实际生产中，有时需要将泵或风机在管路系统联合运行，目的在于增加系统中的流量或压头。联合运行方式一般都采用串联和并联的方式。

（1）泵与风机的串联运行

单台泵或风机所提供的扬程或压头不能满足流体输送要求时，通常会采用两台设备串联运行的方式来增加扬程或压头。两台设备串联运行的性能特点是通过每台设备的流量相等，而扬程或压头则等于两台设备的扬程或压头之和。

如图 2-59 所示。A 点为两台设备串联运行时的工作点，此时 $V_A=V_{D1}=V_{D2}$，$H_A=H_1+H_2$，这仅仅表示设备在串联运行时组合后的性能参数与串联运行中的各台设备性能参数之间的关系。两台设备串联运行时，组合后的扬程或压头与设备单独运行时扬程或压头的关系是 $H_A<H_{A1}+H_{A2}$。

当管路特性曲线较陡时，串联运行增加扬程或压头的效果比较明显。当管路系统流量小，而阻力大的情况下，采用串联运行比较合适。同时要尽可能采用性能曲线相同或相近的设备进行串联。

（2）泵与风机的并联运行

当需要增加系统中的流量时，可采用并联方式运行。并联运行后每台设备的扬程或压头相同，而流量为每台设备的流量之和，即是并联运行时每台设备的实际流量。如图 2-60 所示，M 为并联运行时的工作点，此时 $V_M=V_{B1}+V_{B2}$，$H_M=H_{A1}=H_{A2}$。从图中可以看到，两台设备并联运行时输送的总流量比单独使用一台设备输送量增加（$V_M>V_{A1}$，$V_M>V_{A2}$），扬程或压头比单独工作时要大（$H_M>H_{A1}$，$H_M>H_{A2}$）。但是并联后每台设备的流量都小于它单独工作时的流量。这是由于并联运行时管路中流量增加，速度增大，阻力损失增大所致。

设备并联运行是否合理经济，要根据具体情况判断。如果并联后管路特性曲线在 OC 段工作，风量和扬程分别等于设备Ⅱ单独工作时的参数值，此时设备Ⅰ不发挥作用，并联运行无意义。因此，C 点是并联运行工作的极限。当并联运行工作点位于 C 点的右边时，才能得到并联运行的效益。而且管路特性曲线越平缓，并联工作点 M 距 C 越远，其流量增加的效果越明显。

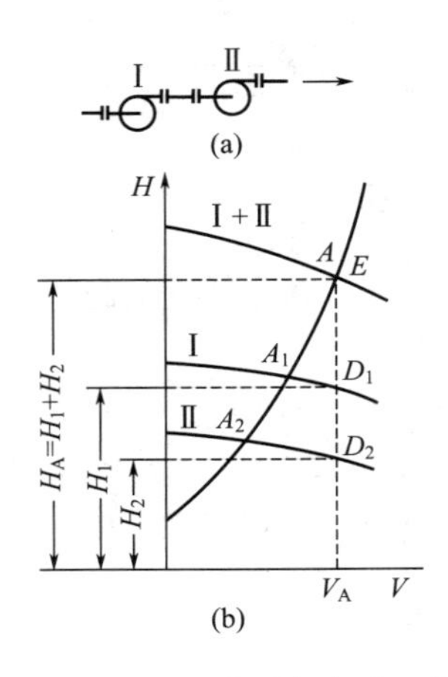

图 2-59 风机或泵的串联运行

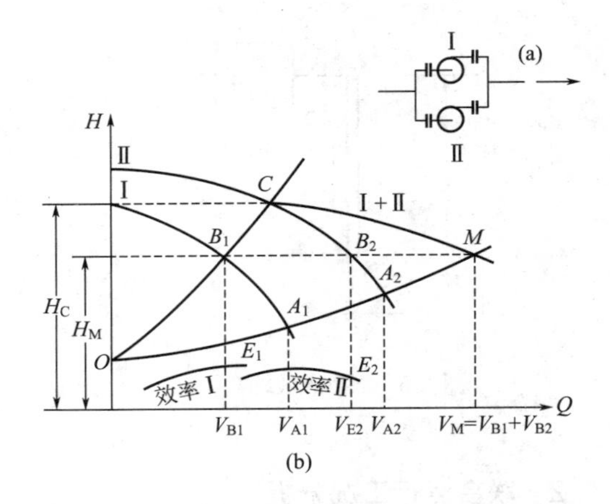

图 2-60 风机或泵的并联运行

当管路需要泵与风机进行联合运行时，应该根据管路特性曲线的情况决定采用联合运行的方式。如果单台设备所能提供的最大压头或扬程小于管路要求提供的压头或扬程值，则只能采用设备的串联运行。对于管路特性曲线较平坦的低阻型管路，采用并联组合方式可获得较串联组合为高的流量和压头；反之，对于管路特性曲线较陡的高阻型管路，则宜采用串联组合方式。不同性能的设备进行联合运行，需要针对具体情况以满足流量和压头（扬程）为前提，尽可能减少功率消耗，同时避免出现不正常工作现象才能够进行联合运行操作。

2.7.4.3 工况调节

工程实践中经常需要根据生产工艺和要求在一定范围内调节流量和压头（扬程），因此需要人为地改变泵或风机的工作点。要改变这个工作点，就应从泵或风机的特性曲线或管路特性曲线这两个途径着手。

（1）改变管路特性曲线

节流调节是在设备出口管线上安装调节流量用的阀门，利用管路中调节阀门的开度来改变管路的特性曲线。如图 2-61 所示，当阀门关小时，流动阻力增加，管路特性曲线的位置向上翘，工作点位置从 M 点变化到 M_1。此时流量减少，由于阀门处局部阻力损失增加而使需要的压头或扬程增大。当阀门开大时，工作点位置从 M 点变化到 M_2，管路中流动需要的压头或扬程减少，流量增大。

采用这种方法调节流量迅速方便，流量可以连续变化，但在压头方面带来较大的额外消耗，因此这种方法一般只是在小型的风机或泵中采用。当泵安装节流阀时，通常只能安装在泵的出口附近。如果安装在吸入管上会使泵吸入口的真空度增加，易造成气蚀现象。

（2）改变设备性能曲线的调节法

① 改变转速　由相似律可知，改变泵或风机的转速，它们的性能曲线会发生变化，从而使工作点的位置发生改变，泵或风机的流量随之发生变化。如图 2-62 所示，当泵或风机的转速增大，从性能曲线 1 改变为性能曲线 2，工作点位置从 M_1 点变化到 M_2。反之，转速减少时，工作点位置从 M_2 点变化到 M_1。

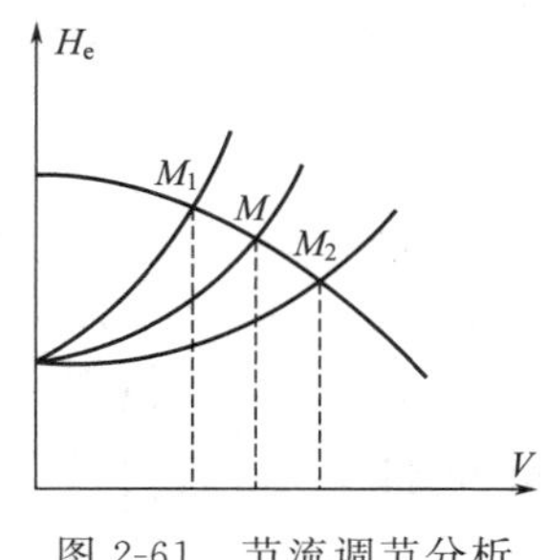

图 2-61　节流调节分析

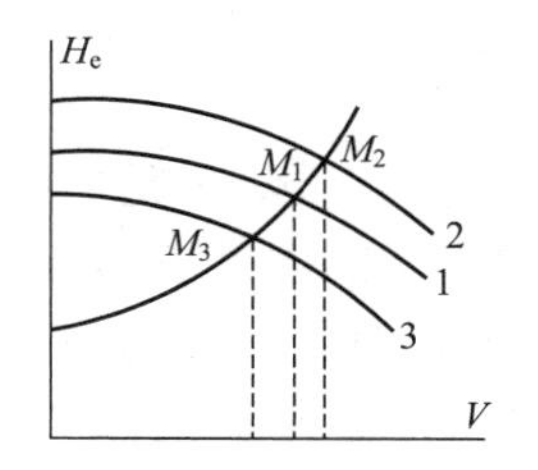

图 2-62　改变转速调节分析

改变转速的方法有多种，可采用改变电机的转速、调换皮带轮、采用水力联轴器等方法来改变泵或风机的转速。

采用这种方法，与节流调节法相比，无多余能量损失，但需要增添调速装置，投资增加，所以常常用于大型泵或风机的调节中。如果是进行增速调节，由相似律可知，功率会随着转速的三次方增加，这时应该考虑原有的动力设备的容量是否允许。而且，转速增加可能增大设备运行时的震动和噪声，可能发生机械强度和电机超载等问题，因此一般不采用增速方法调节工况。

② 切削叶轮外径　实践证明，当切削量为标准叶轮直径的0～20%时，泵的效率下降不大。切削叶轮外径，或者是更换不同直径的叶轮可能改变泵的性能曲线。这种方法一般用于在较小范围内调节压头和流量，而且叶轮经过切削后不能恢复，所以此方法在生产中不宜频繁使用。

③ 泵或风机联合运行　泵或风机串联或并联后形成一个设备的组合体，联合运行后的性能曲线与其中任意一台设备的性能曲线都不同，因此工作点位置发生变化，达到工况调节的目的。这种方法也适合进行频繁使用。

2.7.5　离心式泵的气蚀与安装高度

2.7.5.1　泵的气蚀现象

根据物理学的知识，当液面压强降低时，相应的汽化温度随着降低。如果泵内某处的压强低于此时液体温度下的汽化压强时，就会出现液体汽化，形成气泡。同时，由于压强降低，使原来溶解在液体中的一些活泼气体逸出，如水中氧会以气泡的方式逸出。这些气泡随着液体流入到泵内高压区，在压强作用下，气泡破裂。于是在局部区域产生高频率、高冲击力的水击。对于工作叶轮，由于不断受到冲击，使其表面成为蜂窝状或是海绵状。此外，在凝结热的作用下，活泼气体还会对金属发生化学腐蚀，以致金属表面逐渐脱落而破坏。这种由于气泡现象而产生的对材料侵蚀破坏的现象称为气蚀。叶轮中的低压区，叶片入口的背部或叶片流道背部是容易产生气蚀的部位。

气蚀现象发生时，由于部分流道空间被气泡占据，致使泵的流量、压头及效率下降，严重时，吸不上液体泵不能正常工作。气蚀现象对设备的运行效率和设备本身的破坏性很大，泵在运行过程中应该严格防止气蚀现象发生。

从气蚀现象发生过程可知，气蚀发生的主要原因是叶片吸入口附近的压力过低。由此分析产生气蚀的主要原因有：①泵的安装位置与吸液面的高差太大，即泵的安装高度过大；

②泵的安装地点处于高海拔地区，导致当地大气压较低；③泵所输送的液体温度过高等。

2.7.5.2 泵的安装高度

如上所述，泵的安装高度是控制泵运行时不发生气蚀而正常工作的关键。泵的安装高度 H_g 是指泵轴心（叶轮中心）到吸液面的垂直高度，如图 2-63 所示。

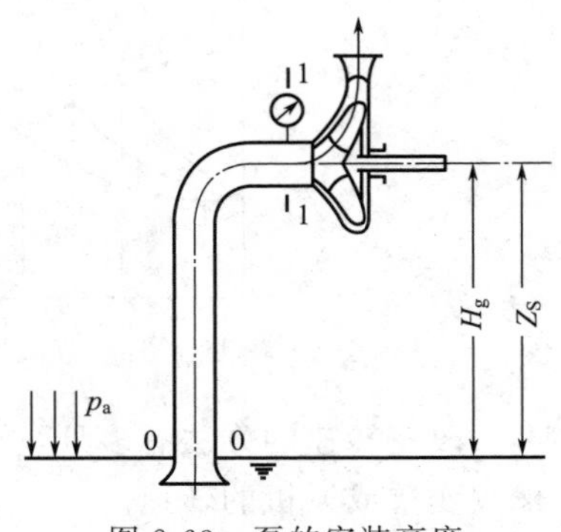

图 2-63　泵的安装高度

对吸液面 0—0 面和泵的入口断面 1—1 面建立能量方程：

$$\frac{p_a}{\rho g}+\frac{v_0^2}{2g}=H_g+\frac{p_1}{\rho g}+\frac{v_1^2}{2g}+\sum h_{w0-1}$$

一般情况下，液面流速与泵入口处流速相比很小，$v_0\approx 0$。上式可写为：

$$\frac{p_a-p_1}{\rho g}=H_g+\frac{v_1^2}{2g}+\sum h_{w0-1} \tag{2-209}$$

显然，$\frac{p_a-p_1}{\rho g}$为泵入口处的真空度所指示的水头高度，称为吸入口（吸上）真空高度，用 H_s 表示。当管内流量不变时，$\frac{v_1^2}{2g}$和$\sum h_{w0-1}$ 均为固定值，泵的吸入口（吸上）真空高度 H_s 将随着泵的安装高度 H_g 的增加而增大。当 H_s 增大到一定值时，p_1 会降低到液体的汽化压强，泵内液体开始产生气泡，从而会导致气蚀现象发生。开始发生气蚀的最大吸入口（吸上）真空高度称为极限吸入口（吸上）真空高度 H_{smax}，它通常由制造厂家用试验方法确定。为了避免发生气蚀，保证泵的正常运行，我国规定了一个“允许”的（吸入口）吸上真空高度，用［H_s］表示。

$$H_s\leqslant[H_s]=H_{smax}-0.3 \tag{2-210}$$

在已知泵的允许吸入口（吸上）真空高度的条件下，用［H_s］替代式(2-209）中的$\frac{p_a-p_1}{\rho g}$，可以计算得到泵的允许安装高度（泵的最大安装高度）。

$$H_g\leqslant[H_g]=[H_s]-\left(\frac{v_1^2}{2g}+\sum h_{w0-1}\right) \tag{2-211}$$

由上式可知，泵的实际安装高度应该比允许安装高度要低，才能保证泵在没有气蚀现象下安全运行，所以［H_g］实际上是最大的允许安装高度。

泵的允许吸入口（吸上）真空高度［H_s］是制造厂家在大气压为标准大气压和 20℃的清水条件下试验得到的。当泵的使用条件与上述标准状态条件不同时，应按照式(2-210）对其进行修正。

$$[H_s']=[H_s]-(10.33-h_a)+(0.24-h_v) \tag{2-212}$$

式中　$10.33-h_a$——大气压不同时的修正值，其中 h_a 为当地大气压（mH_2O）；

　　　$0.24-h_v$——水温不同所进行的修正，其中 h_v 是与水温对应的汽化压强（mH_2O）。

式(2-211)中泵的安装高度是依据吸入口允许真空度 $[H_s]$ 进行计算的。在工程实践中，为了确保泵的安全运行，规定一个最小的气蚀余量，即临界气蚀余量 Δh_{min}。泵的气蚀余量为泵进口处所剩下总水头与液体产生汽化的水头之差的最小值，即

$$\Delta h_{min}=\frac{p_1}{\rho g}+\frac{v_1^2}{2g}-\frac{p_v}{\rho g} \tag{2-213}$$

同样也可得到泵安装高度的计算式

$$[H_g]=\frac{p_a-p_v}{\rho g}-\Delta h_{min}-\sum h_{w0-1} \tag{2-214}$$

泵的气蚀余量必须大于临界气蚀余量时，才能保证泵在运行时不会产生气蚀现象。因此，由气蚀余量也可计算泵的安装高度。

需要注意的是，一般卧式泵的安装高度是指泵的轴心线与吸入液面的高度差；大型泵则是以吸入液面至叶轮入口边最高点的距离为准。

【例 2-15】 用离心泵将池中的20℃水送到某敞口容器中。送水量为 $50m^3/h$，图 2-64。已知泵吸入管路的动压头和能量损失分别为0.5m和1.4m，泵的实际安装高度为3.5m，允许吸上真空高度 $[H_s]$ 为3.5m。试计算：(1) 离心泵入口真空表的读数，Pa；(2) 若离心泵改送40℃的水，原安装高度是否能够满足正常工作要求。

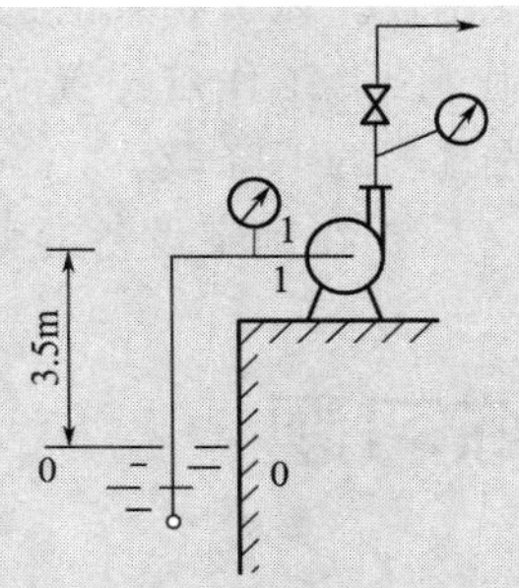

图 2-64　例 2-15 图

解　(1) 真空表读数

以池内水面为0—0面，吸入口真空表处为1—1面，列0—0到1—1面之间的能量方程

$$\frac{p_a}{\rho g}=H_g+\frac{p_1}{\rho g}+\frac{v_1^2}{2g}+H_{w0-1}$$

$$\frac{p_a-p_1}{\rho g}=H_g+\frac{v_1^2}{2g}+H_{w0-1}=3.5+0.5+1.4=5.4(mH_2O)$$

$$p_a-p_1=52.97kPa$$

真空表读数，即真空度为52.97kPa。

(2) 查表可得，输送40℃水时，水的饱和蒸气压0.75m，则泵的允许安装高度

$$[H_s']=[H_s]-(10.33-h_a)+(0.24-h_v)$$
$$=3.5+(0.24-0.75)=2.99$$

$$[H_g]=[H_s']-\left(\frac{v_1^2}{2g}+\sum h_{w0-1}\right)=2.99-(0.5+1.4)=1.09$$

实际安装高度 $H_g>[H_g]$，如果泵在原流量下运行会发生气蚀现象。对于已经选定的泵，为了避免气蚀现象，a. 降低泵的安装高度，至0.57m以下；b. 减少输送的流量；c. 尽量降低吸入管路的能量损失，如加大管径、缩短管路长度、减少其他管件等。

2.7.6 离心式风机与泵的选型

根据用途和使用条件的不同，离心式风机与泵的类型和结构亦异，其产品的类型十分繁

多，正确选择风机与泵的类型和大小，满足各种不同的实际工程的需要是非常必要的。

① 充分了解流体输送装置的用途、管道布置、地形情况、被输送流体的性质以及水位等原始资料。

② 按照实际生产要求，合理确定需要的最大流量和扬程或压头。考虑到计算误差或管阀漏耗，分别加10%～20%的安全量，作为选用的依据，即 $V=1.1V_{max}$，$H=(1.1\sim1.2)H_{max}$，$p=(1.1\sim1.2)p_{max}$。

③ 根据生产安全、技术、经济等多方面要求，全面分析并确定设备的类型。

④ 设备类型确定后，根据已知的流量、扬程或压头，选定设备的大小。一般可以先用产品样本上的综合“选择性能曲线”进行初选，然后再针对初选的设备本身的性能曲线与管道特性曲线所决定的工作点进行分析、检验并做出选择。对于风机还可以采用无量纲性能曲线进行选择。

“选择性能曲线”是把同一系列的各种大小设备的性能曲线绘制在同一张图上，以便进行比较。风机和泵的选择应该使其工作点处在高效率区域，同时还要注意设备的工作稳定性。因此工作点位置应落在最高效率点的±10%的区间，并在流量-扬程或压头曲线最高点的右侧的下降段。

⑤ 在确定设备的型号时，同时确定其转速、原动机型号、传动方式、皮带轮大小。

练习题

1. 按连续介质的概念，流体质点是指：________。

(a) 流体的分子；(b) 流体内的固体颗粒；(c) 几何的点；(d) 几何尺寸同流动空间相比是极小量，又含有大量分子的微元体

2. 水的动力黏度 μ 随温度的升高：

(a) 增大；(b) 减小；(c) 不变；(d) 不确定

3. 静止流体中存在：________。

(a) 压应力；(b) 压应力和拉应力；(c) 压应力和剪应力；(d) 压应力、拉应力和剪应力

4. 理想流体的特征是：________。

(a) 黏度是常数；(b) 不可压缩；(c) 无黏性；(d) 密度为常数

5. 密度 $\rho=800$kg/m 的油在管中流动，如果压强水头是2m油柱，则压强为________N/m^2。

(a) 2；(b) 2×10^4；(c) 1.96×10^4；(d) 1.57×10^4

6. 金属压力表的读数值是：________。

(a) 绝对压强；(b) 相对压强；(c) 绝对压强加当地大气压；(d) 相对压强加当地大气压

7. 某点的真空度为65000Pa，当地大气压为0.1MPa，该点的绝对压强为________kPa：

(a) 65；(b) 55；(c) 35；(d) 165

8. 变直径管，直径 $d_1=320$mm，$d_2=160$mm，流速 $v_1=1.5$m/s，则 $v_2=$________m/s。

(a) 3；(b) 4；(c) 6；(d) 9

9.恒定流是：________。

（a）流动随时间按一定规律变化；（b）各空间点上的流动参数不随时间变化；（c）各过流断面的速度分布相同；（d）迁移加速度为零

10.在圆管层流中，其断面流速分布符合：________。

（a）均匀规律；（b）直线变化规律；（c）抛物线规律；（d）对数曲线规律

11.在________流动中，伯努利方程不成立。

（a）定常；（b）理想流体；（c）不可压缩；（d）可压缩

12.烟囱中热气体的压头分布规律一般可表示为：________。

（a）h_g 愈往下愈大；（b）h_s 愈往下愈大；（c）h_g 愈往上愈大；（d）h_s 愈往上愈大

13.并联管道1、2，两管的直径相同，沿程阻力系数相同，长度 $l_1=l_2$，通过的流量为：________。

（a）$V_1=V_2$；（b）$V_1=1.5V_2$；（c）$V_1=1.73V_2$；（d）$V_1=3V_2$

14.泵的最佳工况点是指________。

（a）功率最大；（b）流量最大；（c）效率最大；（d）扬程最大

15.如何判断一元流动的方向？

16.如何确定离心式泵与风机的工作点？离心式泵与风机的进行工况调节有哪些措施？

17.流动过程中产生能量损失的原因是什么？如何能够减少流动阻力损失？

习题

参考答案

1.温度为20℃的空气在直径为2.5m的管中流动，距管壁1mm处的空气速度为3cm/s。求作用于单位长度管壁上的黏性切应力为多少？

2.一块面为40cm×45cm、高为1cm的木块，质量为5kg，沿着涂有润滑油的斜面等速向下运动。已知 $u=1\text{m/s}$，$\delta=1\text{mm}$，求润滑油的动力黏性系数。

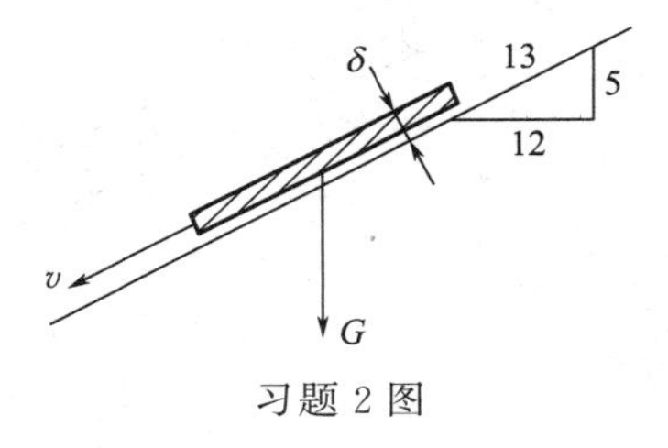

习题2图

3.某地大气压强为 98.07kN/m^2，求（1）绝对压强为 117.7kN/m^2 时的相对压强及其水柱高度；（2）相对压强为 $7\text{mH}_2\text{O}$ 时的绝对压强；（3）绝对压强为 68.5kN/m^2 时的真空度。

4.在封闭端完全真空的情况下，水银柱差 $Z_2=50\text{mm}$，求盛水容器液面绝对压强 p_1 和液柱高度 Z_1。

5.水管上安装一复式水银测压计，如图所示。问 p_1，p_2，p_3，p_4 哪个最大？哪个最小？哪些相等？为什么？

6.封闭水箱各测压管的液面高程为：$\nabla_1=100\text{cm}$，$\nabla_2=20\text{cm}$，$\nabla_4=60\text{cm}$，问 ∇_3 为多少？

7.已知速度场 $u_x=xy^2$，$u_y=-\frac{1}{3}y^3$，$u_z=xy$，试求（1）流动是几维流动？（2）是恒定流动还是非恒定流动？（3）是均匀流动还是非均匀流动？

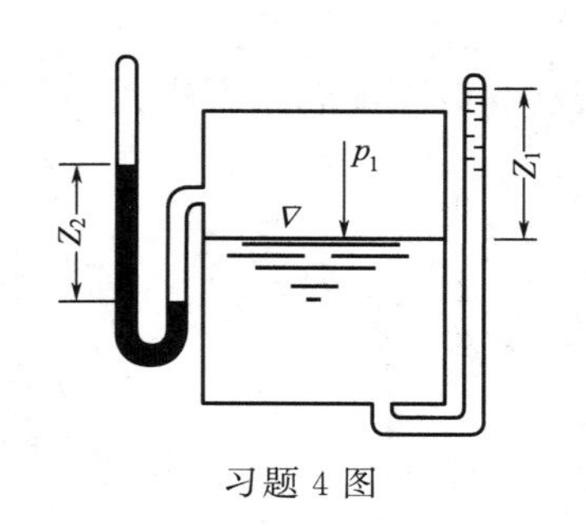

习题 4 图

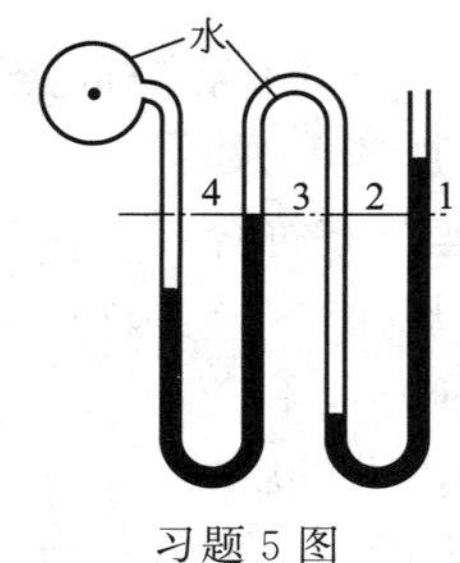

习题 5 图

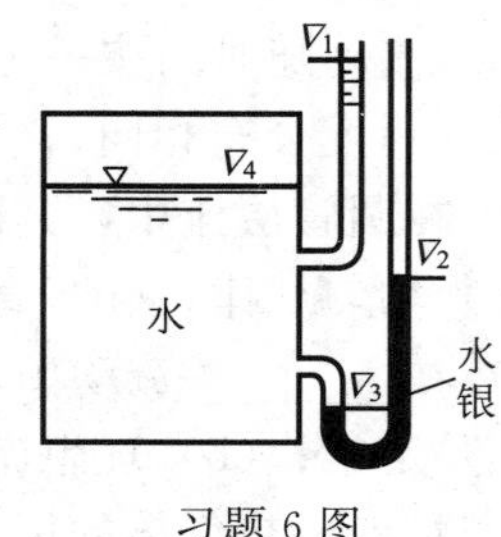

习题 6 图

8. 某蒸汽管道的干管始端蒸汽流速为 25m/s，密度为 2.62kg/m^3。干管前段直径为 50mm，中间接出直径为 40mm 的支管后直径变为 45mm。若支管末端密度为 2.3kg/m^3，分流后干管末端密度为 2.24kg/m^3，但分流后干管和支管质量流量相等，求两管末端流速。

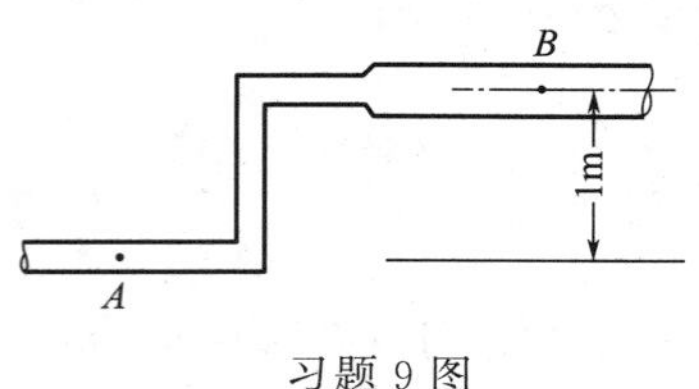

习题 9 图

9. 管路由不同直径的两管前后相连接所组成，小管直径 $d_A=0.2$m，大管直径 $d_B=0.4$m。水在管中流动时，A 点压强 $p_A=70$kN/m^2，B 点压强 $p_B=40$kN/m^2，B 点流速 $v_B=$ 1m/s。试判断水在管中的流动方向，并计算水流经两断面间的水头损失。

10. 油沿管线流动，A 断面流速为 2m/s，不计损失，求开口 C 管中的液面高度（其他数据见图）。

11. 计算管道中水的流量。管道直径为 150mm，管出口 $d=50$mm，不考虑损失，求管中 A、B、C、D 各点的压强。

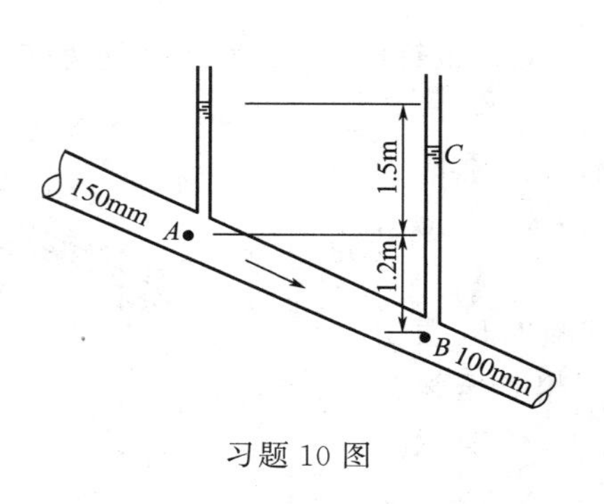

习题 10 图

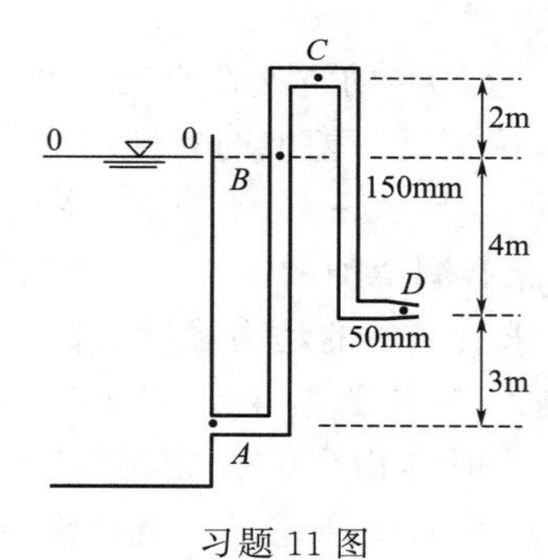

习题 11 图

12. 为了测量输油管道中的流量，安装流量计。管道直径为 $d_1=200$mm，流量计喉管处直径 $d_2=100$mm。油的密度 $\rho=850$kg/m^3。测得流量计中水银柱高差 $h_p=150$mm，问输油管中的流量为多少（不计损失）？

13. 用水银比压计量测管中水流，过流断面中点流速为 u，测得 A 点的比压计读数 $\Delta h=60$mmHg。(1) 求该点的流速 u；(2) 若管中流体是密度为 0.8g/cm^3 的油，Δh 仍不变，该点流速为若干（不计损失）？

14. 烟囱直径 $d=1$m，通过烟气量 $G=176.2$kN/h，烟气密度 $\rho=0.7$kg/m^3，空气密度 $\rho_a=1.2$kg/m^3，烟囱内的阻力损失 $\Delta p_w=0.035\dfrac{H}{d}\dfrac{v^2}{2}\rho$。为了保证烟囱底部烟气的负压值不小于 10mm$H_2O$，烟囱高度应为多大？$\dfrac{H}{2}$ 处的压强值为多少？

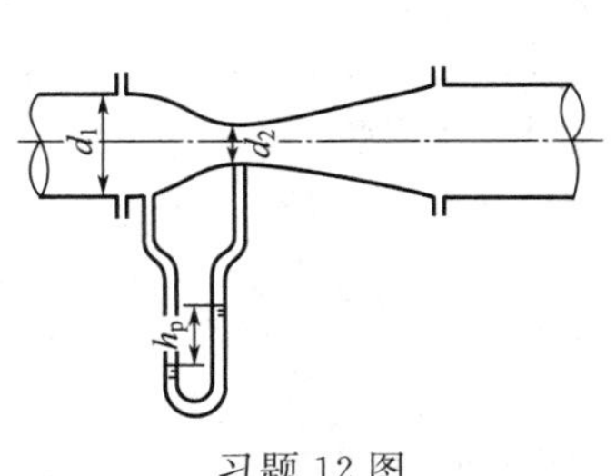

习题 12 图

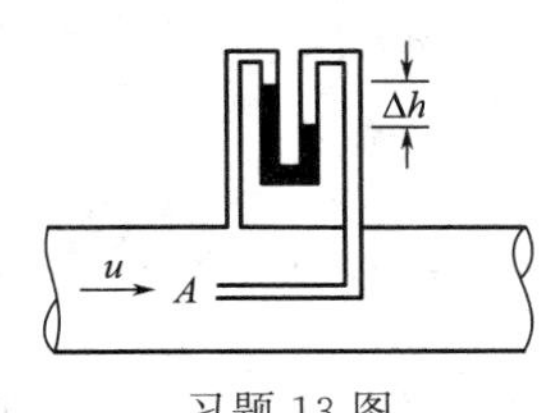

习题 13 图

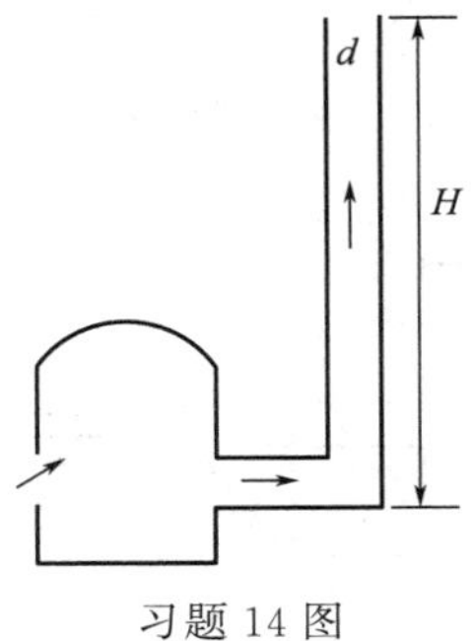

习题 14 图

15. 如图，泵的吸水管以 1∶5 的坡度放置，水以 1.8m/s 的速度通过。若压强降低到低于大气压 $70\mathrm{kN/m^2}$ 时，空气会逸出形成气蚀，使水泵不能正常工作。计算最大可能的管长 l 是多少？忽略阻力损失，假设水池中的水是静止的。

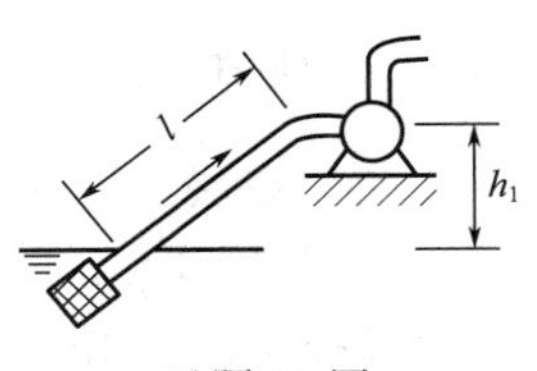

习题 15 图

16. 热空气在垂直等直径的管道中流动，管内平均温度 546℃。管外空气温度 0℃。1—1 与 2—2 面之间距离为 10m。求：(1) 热空气自上而下流动时，2—2 面处的静压。已知 1—1 与 2—2 截面间的摩擦阻力为 4Pa，1—1 面处静压为－40Pa。(2) 热空气由下而上流动时，1—1 面静压。已知 2—2 与 1—1 间的摩擦阻力为 2Pa，2—2 面静压为－100Pa。

17. 虹吸管自水箱吸引水流入大气。已知 $d=25\mathrm{mm}$，$l_1=6\mathrm{m}$，全管长 20m，设 $\lambda=0.025$，进口 $\zeta_1=0.8$，直角弯头 $\zeta_2=0.159$，折管角 $\theta=30°$，$\zeta_3=0.073$，求虹吸管流量及最高点 B 处的压力。

18. 输水管路三通各管段的直径为，$d_1=400\mathrm{mm}$，$d_2=300\mathrm{mm}$，$d_3=200\mathrm{mm}$，流量 $V_1=500\mathrm{L/s}$，$V_2=300\mathrm{L/s}$，$V_3=200\mathrm{L/s}$，压力表读数 $p_g=77\mathrm{kN/m^2}$，求另外两管段的压强。(不计损失，三通水平放置)

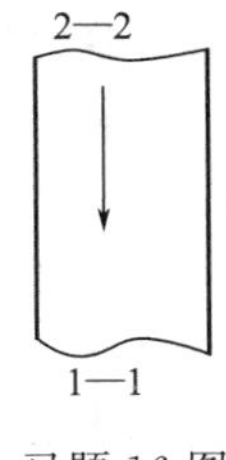

习题 16 图

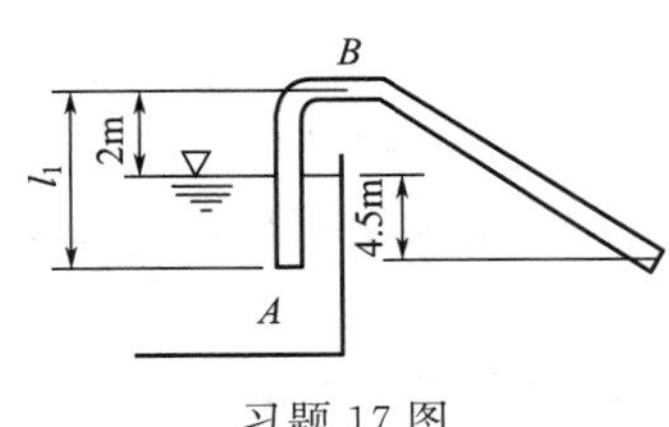

习题 17 图

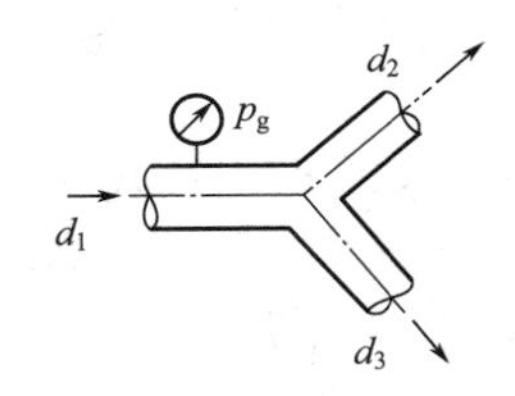

习题 18 图

19. 用直径 $d=100\mathrm{mm}$ 的管道输送流量为 10kg/s 的水，运动水温为 5℃，试确定管内水的流态。如用该管道输送相同质量流量的石油，密度为 $850\mathrm{kg/m^3}$，运动黏度为 $1.14\mathrm{cm^2/s}$，确定石油的流态。

20. 已知管径 $d=150\mathrm{mm}$，流量 $0.008\mathrm{m^3/s}$，液体温度为 10℃，运动黏度为 $0.415\mathrm{cm^2/s}$，试确定：(1) 流态；(2) 单位长度上的沿程损失；(3) 若改为面积相等的正方形管道，流态如何？

21. 设圆管 $d=200\mathrm{mm}$，管长为 1000m，输送流体流量为 $0.04\mathrm{m^3/s}$，运动黏滞系数为 $1.6\mathrm{cm^2/s}$，求该管段的沿程损失。

22. $d=750\text{mm}$，$L=900\text{m}$ 的水平输油管。已知油的相对密度为 0.85，运动黏度 $0.00033\text{m}^2/\text{s}$，质量流量为 40kg/s，求克服沿程阻力所消耗的功率。

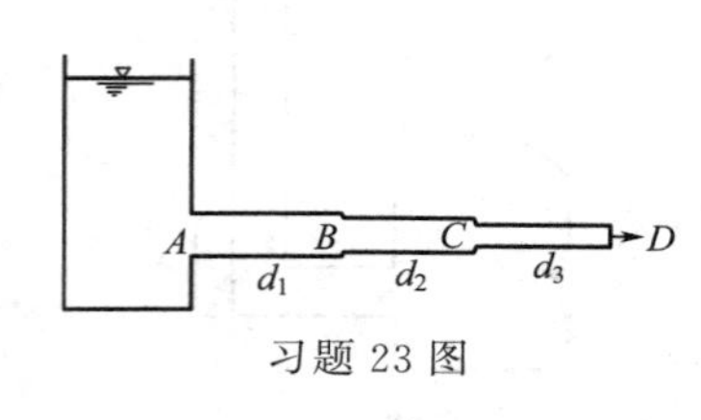

习题 23 图

23. 水从水箱流经直径为 $d_1=10\text{cm}$，$d_2=5\text{cm}$，$d_3=2.5\text{cm}$ 的管道流入大气中。当出口流速为 10m/s 时，求：(1) 求断面速度 v_1 和 v_2；(2) 若不计损失，求进口 A 断面的压强；(3) 若计入损失，第一段为 $3\dfrac{v_1^2}{2g}$，第二段为 $2\dfrac{v_2^2}{2g}$，第三段为 $1.5\dfrac{v_3^2}{2g}$，求断面 A 处的水面高度。

24. 利用圆管层流 $\lambda=\dfrac{64}{Re}$，水力光滑区 $\lambda=\dfrac{0.3164}{Re^{0.25}}$ 和粗糙区 $\lambda=0.11\left(\dfrac{\varepsilon}{d}\right)^{0.25}$ 这三个公式，论证在层流中 $h_f \propto v$，光滑区 $h_f \propto v^{1.75}$，粗糙区 $h_f \propto v^2$。

25. 如图所示管路，设其流量 $V=0.6\text{m}^3/\text{s}$，$\lambda=0.02$，不计局部损失，已知 $L_1=1000\text{m}$，$d_1=600\text{mm}$；$L_2=1100\text{m}$，$d_2=350\text{mm}$；$L_3=800\text{m}$，$d_3=300\text{mm}$；$L_4=900\text{m}$，$d_4=400\text{mm}$；$L_5=1500\text{m}$，$d_5=700\text{mm}$。求 A、D 两点之间的水头损失。

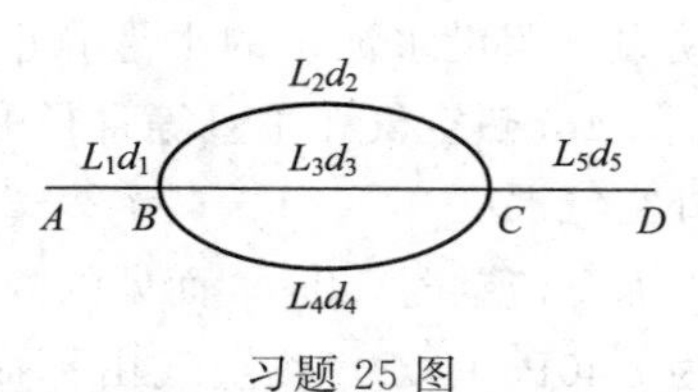

习题 25 图

26. 高压气体从收缩喷嘴流出，在喷嘴进口处的流速为 200m/s，温度为 350℃，绝对压强为 1.2MPa，经喷嘴加速后喷出，出口处马赫数为 0.9。求出口气流速度。

27. 一段水管，长 $l=150\text{m}$，流量 $V=0.12\text{m}^3/\text{s}$。该管段内总的局部阻力系数 $\zeta=5$，沿程阻力系数可按 $\lambda=\dfrac{0.02}{d^{0.3}}$ 计算。如果要求控制流动阻力损失 $h_w=3.96\text{m}$。试求管径 d。

28. 两水池水位恒定，已知管道直径 $d=10\text{cm}$，管长 $l=20\text{m}$。已知沿程阻力系数 $\lambda=0.042$，局部阻力系数 $\zeta_{弯}=0.8$，$\zeta_{阀}=0.26$，通过流量 $V=65\text{L/s}$。试求水池水面高差 H。

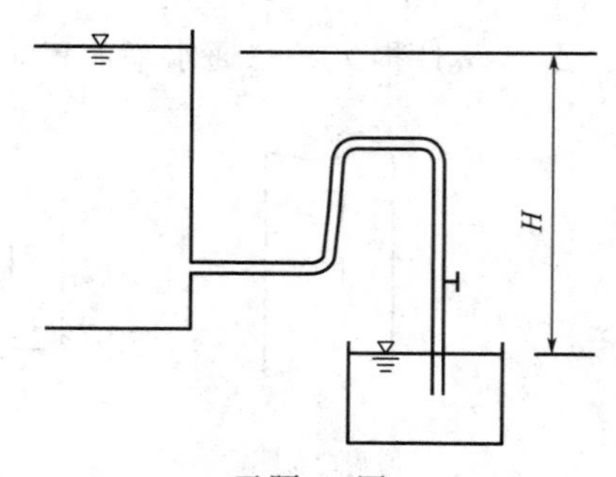

习题 28 图

29. 某水泵的提水高度为 19m，流量 $V=8.8\text{L/s}$，管道总阻抗 $S=76000\text{s}^2/\text{m}^5$，效率 $\eta=64\%$。试求水泵的扬程和有效功率、轴功率。

30. 一水平安置的通风机，吸入管 $d_1=200\text{mm}$，$l_1=10\text{m}$，$\lambda=0.02$。压出管为直径不同的两段管道串联组成，$d_2=200\text{mm}$，$l_2=50\text{m}$，$\lambda=0.02$，$d_3=100\text{mm}$，$l_3=10\text{m}$，$\lambda=0.02$。空气密度 $\rho=1.2\text{kg/m}^3$，风量为 $V=0.15\text{m}^3/\text{s}$，不计局部阻力。试计算：(1) 风机应产生的总压强为多少？(2) 如风机与管道铅直安装，但管路情况不变，风机的总压有无变化？比较三段损失得何结论？(3) 如果流量提高到 $0.16\text{m}^3/\text{s}$，风机总压变化多少？

31. 水泵抽水系统，流量 $V=0.0628\text{m}^3/\text{s}$，水的黏度为 $1.519\times10^{-6}\text{m}^2/\text{s}$，管径 $d=200\text{mm}$，$\varepsilon=0.4\text{mm}$，$h_1=3\text{m}$，$h_2=17\text{m}$，$h_3=15\text{m}$，$l=20\text{m}$ 各处局部阻力系数 $\zeta_1=3$、ζ_2（直角弯管 $d/R=0.8$）、ζ_3（光滑折管 $\theta=30°$）、$\zeta_4=1$。求：(1) 管道的沿程阻力系数 λ（用莫迪图）。(2) 水泵的扬程 He。(3) 水泵的有效功率 N_e。($N_e=\rho gVHe$)

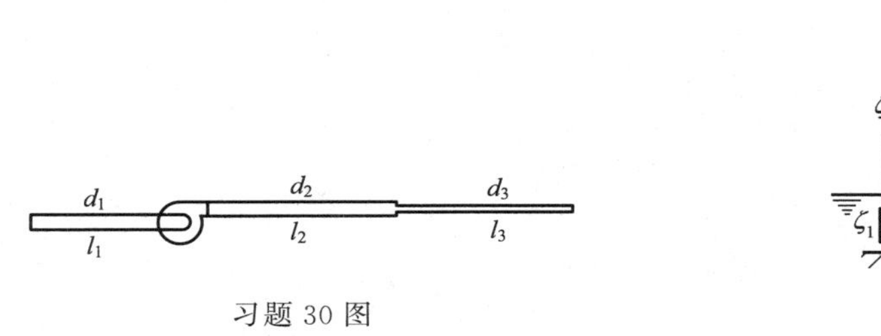

习题 30 图

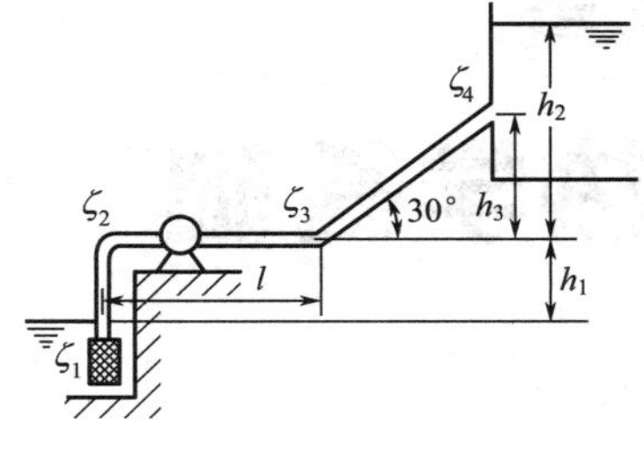

习题 31 图

32. 某单吸单级离心泵，$V=0.0735\text{m}^3/\text{s}$，$H=14.65\text{m}$，用电机经皮带拖动，测得 $n=1420\text{r/min}$，$N=3.3\text{kW}$。当改用电机直接联动后，n 增大为 1450r/min，试求此时泵的各工作参数。

第3章

传热学基础

3.1 引言

传热，即热量传递，热量传递现象属能量传递中的一种，是自然界和工程技术领域中普遍存在的一种传递过程。

热力学第二定律指出，热量可以自发地由高温热源传给低温热源。凡是有温度差的地方，就有热量自发地从高温部分传向低温部分。自然界中到处存在温度差，热量传递是自然界和工程技术领域一种普遍的传递过程，传热学研究也成为现代技术科学中最重要的基础学科之一。在冶金、材料、机械、石油化工等工业领域中，都涉及传热问题。

尽管各个领域所遇到的传热问题的形式有所不同，但对传热问题的研究主要有两大类：

其一是增强或削弱传热。采用各种技术和设备来增强或削弱热量的传递，最大限度地把热量传递给被加热物体，减少热量损失，提高热效率。

其二是温度分布与传热速率的控制。根据加热物体（过程）的特点，通过对加热对象内部温度或传热速率进行控制，得到优质产品和最佳工艺，或者使一些设备能够安全运行、经济运行。

材料生产过程中的很多过程和单元操作都需要进行加热和冷却，因此通过熟悉传热基本原理和传热特点，利用各种有效措施实现生产过程热能的合理应用以及余热和回收等，以达到高产、优质和低消耗的要求。

根据传热机理的不同，热量传递有三种基本方式：传导传热、对流传热和辐射传热。实际传热过程可以其中一种方式进行，也可以几种方式同时进行。在热量传递过程中，有时会出现其他形式的能量，因此需要用能量守恒定律全面描述各种能量之间的衡算关系。

本章中首先对三种基本传热方式的规律进行阐述，然后通过实例对实际传热过程的综合计算进行介绍。

3.1.1 热量传递的基本概念

（1）温度场

物体中存在温度的场，称为温度场。它是物体内部各点温度分布的总称，表示某瞬时物体内部所有各点的温度分布情况。一般来说，物体的温度场是空间坐标与时间的函数，即：

$$t=f(x,y,z,\tau) \tag{3-1}$$

如果物体温度仅在一个或两个空间坐标方向上变化，这时的温度场称为一维或二维温度场。温度分布可表示为：

$$t=f(x,\tau) \tag{3-2}$$

$$t=f(x,y,\tau) \tag{3-3}$$

根据温度场与时间的变化关系，可分为稳定温度场和不稳定温度场。如果温度不随时间发生变化，这样的温度场称为稳定温度场，此时，温度分布仅仅是空间坐标的函数，与时间无关，$\frac{\partial t}{\partial \tau}=0$，其数学表达式为：$t=f(x,y,z)$。温度分布随时间发生变化，称为不稳定温度场，主要是指工作条件发生变化时的温度场。当$\frac{\partial t}{\partial \tau}<0$ 时为冷却，$\frac{\partial t}{\partial \tau}>0$ 时为加热。

发生在稳定温度场中的传热称为稳定态传热，其特点是传热量不随着时间发生变化。不稳定温度场中的传热称为非稳态传热，其特点是通过温度场中各点的热流随时间而发生变化，如物料的加热和冷却过程。

（2）等温线、等温面、温度梯度

温度场中同一瞬间具有相同温度各点连成的面称为等温面。在任何一个二维温度场中温度相等的各点连成的线称为等温线。温度场习惯上用等温面图或等温线图来表示。

在温度场中，只要存在温度不均匀，就会有温度的变化。温度场中某一点温度变化率最大的方向是在等温线的法线方向。在数学中，函数在某一方向上对距离的变化率称为函数在该方向的方向导数，某点矢量的最大方向导数称为该点的梯度。因此，温度场中温度梯度可表示为等温线的法线方向上的温度变化率与法线方向上单位矢量的乘积，用 grad$t$ 表示。

$$\mathrm{grad}t=\frac{\partial t}{\partial n}\vec{n} \tag{3-4}$$

式中 $\vec{n}$——等温面法向的单位矢量；

$\frac{\partial t}{\partial n}$——温度沿等温面法线（$\vec{n}$）方向的导数。

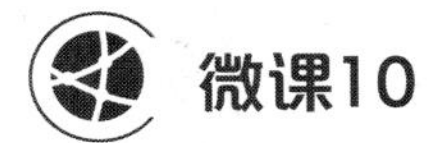

微课10

等温面与等温线

温度梯度为沿等温线法线方向的矢量，其大小为法向导数值，它的方向指向温度升高的方向（图 3-1）。

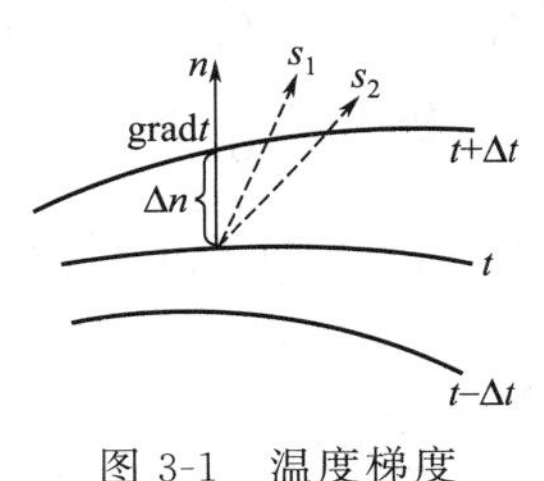

图 3-1 温度梯度

（3）传热量和热流密度

传热量通常是指单位时间内通过整个传热面积传递热量的总量，也称为热流量，用符号 Q 表示，单位为 W。

热流密度是指单位时间通过单位传热面积所传递的热量，也称为热流通量或传热速率，用符号 q 表示，其单位为 W/m^2。热量密度和传热量存在以下关系：

$$q=\frac{Q}{A} \tag{3-5}$$

在传热量计算中，有时也用单位长度的传热量表示热量传递的量，称为单位长度热流密度，用符号 q_l 表示，其单位为 W/m。

$$q_l=\frac{Q}{l} \tag{3-6}$$

3.1.2 热量传递的基本方式

3.1.2.1 传导传热

依靠物体内部原子、分子及自由电子等微观粒子的热运动而产生的热量传递现象称为传导传热，简称导热。

导热是物质的一种固有属性，所有的物质，不论固体、液体还是气体，均具有一定的传导热量的能力。由于处于各自状态的物质对应导热的微观粒子不同，固体、液体和气体的导热机理都不尽相同。

气体的热传导是气体分子做不规则热运动时相互碰撞的结果。物理学中指出，气体温度越高，其分子运动的动能越大，不同能量的分子相互碰撞的结果，宏观上表现为热量从高温传递到低温处。固体以两种形式传导热能——自由电子和晶格振动。对于导电固体，由于有一定浓度的自由电子在晶格间运动，当有温差存在时，自由电子的流动把热量从高温处移向低温处，所以说，良好的导电体往往是良好的导热体。当金属中含有一定的杂质，例如合金，由于自由电子浓度降低，使其导热性能明显下降。在非导电的固体中，热传导是通过晶格结构的振动实现的，即依靠原子、分子在其平衡位置附近的晶格振动实现热量传递。通过晶格振动传递的能量要比自由电子传递的能量小，晶格振动进行传递能量有文献中也称为弹性波。关于液体的热传导机理，存在着不同的观点。一种观点认为，液体与气体导热有类似的机理，由于液体分子间的距离较近，分子间作用力对碰撞过程的影响比气体的大，情况更加复杂。另一种观点认为，液体的导热机理类似于非导电固体，主要依靠弹性波作用。

傅里叶（Fourier）研究了固体单向稳态导热现象，于 1882 年确立了描述导热现象的基本定律——傅里叶定律，其数学表达式为

$$Q=-k\frac{\mathrm{d}t}{\mathrm{d}x}A \tag{3-7}$$

式中　k——热导率，又称为导热系数，W/(m·℃)；

$\frac{\mathrm{d}t}{\mathrm{d}x}$——在 x 方向上的温度梯度，℃/m。

以单位面积的导热量表示，傅里叶定律可写成

$$q=\frac{Q}{A}=-k\frac{\mathrm{d}t}{\mathrm{d}x} \tag{3-8}$$

式(3-7) 和式(3-8) 中表示传导传热的热流通量和传热量与温度变化率成正比，因此导热问题的关键在于了解物体内部温度分布。

3.1.2.2 对流传热

对流传热是指由于流体的宏观运动，流体各个部分之间发生相对位移所引起的热量传递

过程。对流传热仅发生在流体流动的情形中，在流体对流运动的同时，由于流体中的分子同时也在进行着不规则的热运动，因而对流传热必然伴随有导热现象。对流换热实质上是热对流和导热两种传热机理共同作用的结果。在实际工程上，具有普遍意义的是流体流过一个固体物体表面时与固体表面的热量传递过程，称之为对流换热。

1701 年科学家牛顿通过研究空气中的冷却现象提出了对流换热的基本计算式——牛顿冷却定律：

$$Q=h\Delta tA \tag{3-9}$$

以单位面积的换热量（热流密度）表示，

$$q=h\Delta t \tag{3-10}$$

式中　h——对流换热系数，$W/(m^2 \cdot ℃)$；

Δt——对流换热物体间的温度之差，℃；

A——对流换热表面积，m^2。

与热导率不同，对流换热系数不是流体的物性参数，其大小与换热过程中的许多因素有关。对流换热系数可通过理论分析方法或实验方法确定具体情况下对流换热系数的计算式。

3.1.2.3　辐射传热

物体通过电磁波向外传递能量的过程称为辐射。辐射有多种类型，能产生明显热效应的辐射现象称为热辐射。

自然界中的物体都不停地向空间发出热辐射，同时又不断地吸收其他物体发出的热辐射。辐射与吸收过程的综合结果造成了以辐射方式进行的物体间的热量传递——辐射传热。辐射传热是物体间相互辐射和吸收能量的总结果。当物体与周围环境处于热平衡时，辐射换热量等于零，但辐射与吸收过程仍在进行。

辐射换热区别于导热和热对流方式的主要特征是：它是一种非接触的传热方式；它不仅产生能量的转移，而且还伴随着能量形式的转换，即发射时从热能转换为辐射能，而被吸收时又从辐射能转换为热能。

在研究热辐射规律的过程中，黑体理想模型的概念非常重要。黑体是指能吸收投入其表面上的所有热辐射能的物体。黑体的吸收本领和辐射本领在同温度的物体中最大。

描述热辐射的基本定律是斯蒂芬-玻尔兹曼（Stefan-Boltzmann）定律，即

$$E_b=\sigma T^4 \tag{3-11}$$

式中　E_b——黑体单位辐射表面的辐射能（黑体辐射能力），W/m^2；

σ——玻尔兹曼常量，即黑体辐射常数，其值为 $5.67\times10^{-8}\ W/(m^2 \cdot K^4)$；

T——热力学温度，K。

斯蒂芬-玻尔兹曼定律表明黑体在单位时间内发出的热辐射能力与其热力学温度的四次方成正比，因此，又称为四次方定律，它是辐射换热计算的基础。

一切实际物体的辐射能力都小于同温度下的黑体。实际物体辐射热流量的计算可以采用斯蒂芬-玻尔兹曼定律的经验修正形式：

$$E=\varepsilon\sigma T^4 \tag{3-12}$$

式中　ε——物体的辐射率，它与物体的种类及表面状态有关；

E——实际物体的单位辐射表面的辐射能力，W/m^2。

3.1.3　传热过程与传热热阻

热量传递是自然界中的一种传递过程。各种传递过程有一个共同规律，传递通量等于传递的动力与阻力之比。在传热过程中，写出相应的形式为

$$热流量=\frac{温差}{热阻}$$

即：

$$Q=\Delta t/R_t \tag{3-13}$$

式中，R_t 为传热热阻，表示热量传递过程中相应的传递阻力，与电量传递过程中的欧姆定律中的电阻类似。

从上述关系可以看出，温度差是热量传递的动力，正如电位差是电量传递的动力一样。在热量传递过程中，若传热面积不变，可采用单位面积上的热阻，如果传热面积变化，则应该采用总传热面积上的热阻。

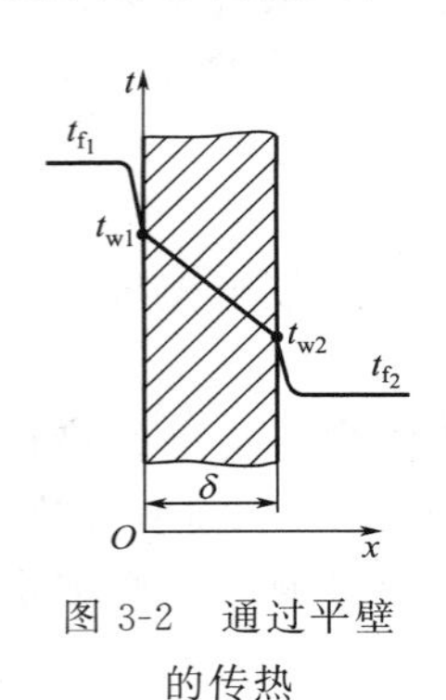

图 3-2　通过平壁的传热

对于实际复杂的传热过程，可以用类似于电量传递过程中的电阻分析方法——热阻分析方法进行分析研究。首先分析各种传热方式如何结合进行，绘出传热过程相应的热阻网络图，然后根据热阻之间的串、并联关系求解传热量。这种用网络分析方法求解传热问题的方法是由奥本海姆（Oppernheim）首先提出的。

例如，图 3-2 中通过平壁向外的散热，其传热过程可表示为：

$$高温流体\xrightarrow[对流]{辐射}内表面\xrightarrow{导热}外表面\xrightarrow[对流]{辐射}低温流体$$

相应的热阻网络如图 3-3 所示。

图 3-3 中，R_k、R_c 和 R_r 分别表示导热热阻、对流热阻和辐射热阻，只要能够确定各个热阻值，就能够方便确定传热量。

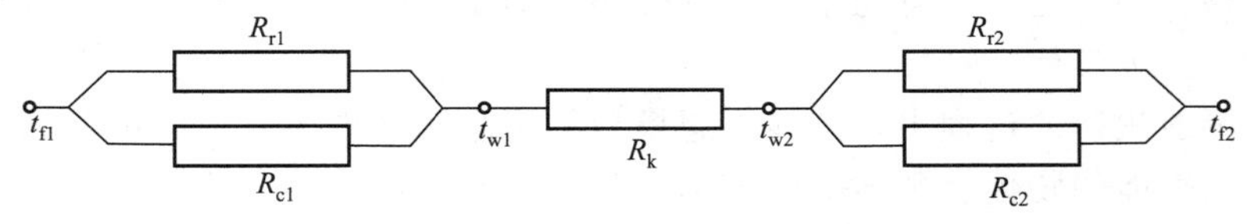

图 3-3　热阻网络图

热阻是热量传递过程中的一个基本概念，热阻分析方法的物理概念清晰，在解决传热问题时应用广泛。关于各种不同热阻的求取，将在后面有关部分进行介绍。

3.2 传导传热

热传导是介质内无宏观运动时的传热现象，其在固体、液体和气体中均可发生。从严格意义上说，只有在固体中才是纯粹的热传导，而流体即使参与静止状态，也会因为温度差所造成的密度差而产生自然对流，在流体中热传导与对流传热同时发生。因此，本节中主要是

以固体为对象讨论热传导问题，以及热传导理论在工程实际中的应用。

导热的特点

3.2.1 热导率

从3.1.2中可知，描述热传导的基本定律是傅里叶定律。事实上具有一般意义、应用到三维导热的傅里叶定律可表示为：

$$\vec{q}=-k\frac{\partial t}{\partial n}\vec{n} \tag{3-14}$$

这是矢量形式的傅里叶导热定律，式中的负号表示热流通量与温度梯度方向相反。它表示导热的热流密度与温度梯度成正比，其中的比例系数 k 为热导率。

热导率是材料的重要热物理参数之一。根据傅里叶导热定律可知，热导率可表示为：

$$k=\frac{q}{\dfrac{\partial t}{\partial n}}$$

上式表明热导率的数值大小等于单位温度梯度作用下的热流密度。热导率表征了物质导热能力的大小。不同物质的热导率相差很大，一般来说，金属的热导率较大，非金属材料和液体次之，气体的热导率最小。工程计算采用的各种物质的热导率 k 的数值都是由专门实验测定出来的。

（1）气体的热导率

气体的导热是由于气体分子热运动和相互间碰撞而引起的，气体的热导率随温度的升高而增大。当气体压强增大时，密度增加，平均自由程减小，从而使乘积 pl 保持不变，因此气体的热导率与压强关系不大。混合气体的热导率不遵循加和法则，需要通过实验来测定。

根据实验测定结果，大多数气体的热导率数值在0.0058～0.058W/(m・℃)的范围内。与液体和固体相比，气体的热导率最小，有利于保温和隔热。工业中使用的保温材料，如玻璃棉等，就是因为其空隙中有气体，使其热导率较小。几种常见气体的热导率数值见表3-1。

表3-1　常见气体的热导率　　单位：10^{-2}W/(m・℃)

气体种类	温度/℃												
	0	100	200	300	400	500	600	700	800	900	1000	1100	1200
空气	2.43	3.14	3.83	4.54	5.16	5.70	6.21	6.68	7.06	7.41	7.70	8.02	8.43
氧气	2.46	3.28	4.06	4.80	5.49	6.15	6.73	7.27	7.77	8.18	8.57	9.36	9.82
蒸汽	—	2.30	3.34	4.41	5.58	6.83	8.16	9.54	11.0	12.4	14.1		
废气①	2.28	3.13	4.01	4.84	5.70	6.56	7.42	8.27	9.15	10.0	10.9	11.7	12.6

①废气成分为：CO_2=13%；H_2O=11%；N_2=76%。

（2）液体的热导率

由于液体分子间作用的复杂性，液体热导率的理论计算比较困难，目前主要依靠实验方法测定。根据实验测定液体的热导率一般在0.093～0.7W/(m·℃)的范围内，在非金属液体中，水的热导率最大。除了水和甘油之外，其他非金属液体的热导率均随着温度升高而减小。液体的热导率基本上与压力无关。几种常见液体的热导率数值见表3-2。

表3-2 常见液体的热导率

液体种类	水				重油			煤油
温度/℃	0	20	50	100	32	65	100	0
热导率/[W/(m·℃)]	0.551	0.598	0.647	0.682	0.1185	0.115	0.1105	0.121

（3）固体的热导率

由于金属的导热主要是依靠自由电子运动，良好的导电体必然是良好的导热体。温度升高时，金属的热导率降低。金属中含有杂质时，例如合金，金属的热导率会明显降低。金属的热导率在2.3～417.6W/(m·℃)的范围内，所有固体中，金属是最好的导热体。

非金属材料的热导率与温度、组成及结构的紧密程度有关，一般热导率数值随密度增加而增大，随温度升高而增大。建筑材料的热导率在0.16～2.2W/(m·℃)之间。含水量对具有多孔性结构材料的热导率有很大影响，含有水分的湿材料比不含水分的干材料的热导率要高得多，且含水量越高其热导率越大。耐火材料的热导率波动较大，在1.1～16W/(m·℃)之间。绝大多数的耐火材料的热导率都是随着温度升高而增大。高分子材料的热导率一般比无机材料要小，其数值一般在0.1～0.5W/(m·℃)范围内。

热导率较低的一类材料称为保温材料，或是隔热材料。一般把热导率小于0.2W/(m·℃)的材料称为保温材料，热导率在0.05W/(m·℃)以下的材料称为高效保温材料。保温材料一般具有多孔结构，因此它的传热机理很复杂，是固体和孔隙的复杂传热过程。工程上为了简化计算，可把整个过程作为单纯的导热过程处理。某些材料由于在结构上各向异性，不同方向上的导热率 k 有明显差别，这些材料的 k 值必须指明方向才有意义。

从物质微观结构出发，以量子力学和统计力学为基础，经过复杂的数学分析和计算可以获得物质的热导率。由于理论的适用性受到限制，而且随着新材料的快速增加，人们迄今仍尚未找到足够精确且适用于范围广泛的热导率计算理论方程，因此实验测试方法仍是获取物质热导率数据的主要来源。

对于大多数均质固体，热导率随温度的变化近似呈线性关系，即

$$k=k_0(1+bt) \tag{3-15}$$

式中 k——温度为 t℃时材料的热导率，W/(m·℃)；

k_0——温度为0℃时材料的热导率，W/(m·℃)；

b——温度系数，$℃^{-1}$，对大多数金属材料 b 为负值，对大多数非金属材料 b 为正值。

在热传导过程中，由于物体内部不同位置的温度不同，其热导率不同。在实际计算中，可以取物体两端温度的算术平均值为平均温度，以此计算平均热导率。即

$$k_{av}=k_0\left(1+b\,\frac{t_1+t_2}{2}\right) \tag{3-16}$$

同一物质，热导率主要是温度的函数，压强对于大多数物质的热导率影响很大，仅在很高或很低的压强下气体的热导率才与压强有关。

3.2.2 导热微分方程

研究导热的主要任务是求解某一时刻物体内部各部分的温度分布。要了解物体内部各点温度的分布，可以根据能量守恒定律与傅里叶定律，建立导热物体中的温度场应当满足的数学关系式，即导热微分方程。

3.2.2.1 导热微分方程的推导

使用欧拉法的研究中是以控制体为研究对象。在导热物体中，任意选取一个微元六面体为控制体，其 x、y 和 z 方向的长度分别为 $\mathrm{d}x$、$\mathrm{d}y$ 和 $\mathrm{d}z$。假设物体为各向同性的连续介质，物体的物性参数 k、c_p 和 ρ 不随位置变化。见图 3-4。

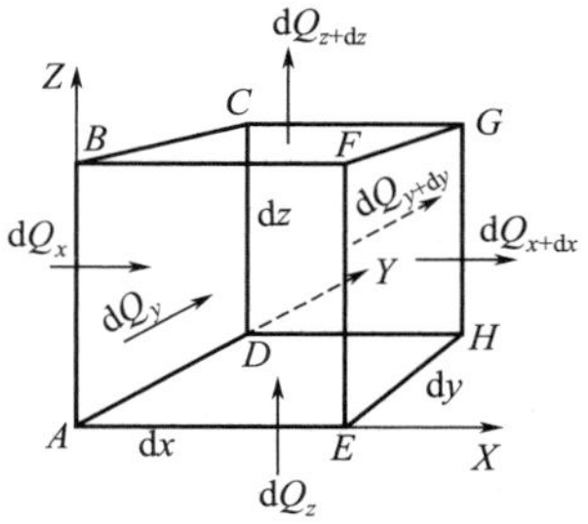

图 3-4　导热微元体

对于六面体微元控制体，假设其中存在内热源，根据能量守恒定律可写出微元体能量平衡关系式：

[微元体热能的增加量] = [传入微元体的热量] + [传出微元体的热量] − [内热源产生的热量]

下面分别研究沿 x、y 和 z 三个方向上由导热而流入和流出的热量。

（1）$\mathrm{d}\tau$ 时间内流入控制体的净热量

以 x 方向为例进行分析。

通过 $ABCD$ 面传入的热量：$\mathrm{d}Q_x=-k\dfrac{\partial t}{\partial x}\mathrm{d}y\,\mathrm{d}z\,\mathrm{d}\tau$

通过 $EFGH$ 面传出的热量：$\mathrm{d}Q_{x+\mathrm{d}x}=\mathrm{d}Q_x+\dfrac{\partial}{\partial x}(\mathrm{d}Q_x)\mathrm{d}x$

在 x 方向 $\mathrm{d}\tau$ 时间内传入微元体内的净热量：

$$\Delta Q_x=\mathrm{d}Q_x-\mathrm{d}Q_{x+\mathrm{d}x}=-\frac{\partial}{\partial x}(\mathrm{d}Q_x)\mathrm{d}x=\frac{\partial}{\partial x}\left(k\,\frac{\partial t}{\partial x}\right)\mathrm{d}x\,\mathrm{d}y\,\mathrm{d}z$$

同理，可得到 y 和 z 方向上传入微元体内的净热量：

$$\Delta Q_y=\mathrm{d}Q_y-\mathrm{d}Q_{y+\mathrm{d}y}=-\frac{\partial}{\partial y}(\mathrm{d}Q_y)\mathrm{d}y=\frac{\partial}{\partial y}\left(k\,\frac{\partial t}{\partial y}\right)\mathrm{d}x\,\mathrm{d}y\,\mathrm{d}z$$

$$\Delta Q_z=\mathrm{d}Q_z-\mathrm{d}Q_{z+\mathrm{d}z}=-\frac{\partial}{\partial z}(\mathrm{d}Q_z)\mathrm{d}z=\frac{\partial}{\partial z}\left(k\,\frac{\partial t}{\partial z}\right)\mathrm{d}x\,\mathrm{d}y\,\mathrm{d}z$$

$\mathrm{d}\tau$ 时间内传入微元体内总的净热量：

$$\Delta Q=\Delta Q_x+\Delta Q_y+\Delta Q_z=\left[\frac{\partial}{\partial x}\left(k\,\frac{\partial t}{\partial x}\right)+\frac{\partial}{\partial y}\left(k\,\frac{\partial t}{\partial y}\right)+\frac{\partial}{\partial z}\left(k\,\frac{\partial t}{\partial z}\right)\right]\mathrm{d}x\,\mathrm{d}y\,\mathrm{d}z$$

对于各向同性的物质，热导率不随位置变化，k 为常数，上式可写为

$$\Delta Q=\Delta Q_x+\Delta Q_y+\Delta Q_z=k\left(\frac{\partial^2 t}{\partial x^2}+\frac{\partial^2 t}{\partial y^2}+\frac{\partial^2 t}{\partial z^2}\right)\mathrm{d}x\mathrm{d}y\mathrm{d}z$$

（2）$\mathrm{d}\tau$ 控制体中内热源产生或消耗的热量：$\dot{q}_V\mathrm{d}x\mathrm{d}y\mathrm{d}z\mathrm{d}\tau$，其中 $\dot{q}_V$ 表示内热源在单位时间内单位体积中产生或消耗的能量。

（3）$\mathrm{d}\tau$ 时间内控制体热能的变化量：$c_p\rho\frac{\mathrm{d}t}{\mathrm{d}\tau}\mathrm{d}x\mathrm{d}y\mathrm{d}z\mathrm{d}\tau$

根据能量平衡关系式，可得：

$$c_p\rho\frac{\mathrm{d}t}{\mathrm{d}\tau}=k\left(\frac{\partial^2 t}{\partial x^2}+\frac{\partial^2 t}{\partial y^2}+\frac{\partial^2 t}{\partial z^2}\right)+\dot{q}_V$$

$$\frac{\mathrm{d}t}{\mathrm{d}\tau}=\frac{k}{c_p\rho}\left(\frac{\partial^2 t}{\partial x^2}+\frac{\partial^2 t}{\partial y^2}+\frac{\partial^2 t}{\partial z^2}\right)+\frac{\dot{q}_V}{c_p\rho}\tag{3-17}$$

式（3-17）是一般意义下的导热微分方程，也称为傅里叶-克希霍夫导热微分方程，它反映了传递热量时的物体温度分布应满足的关系。

在欧拉法中，温度是位置和时间的函数，$t=f(x,y,z,\tau)$，因此

$$\frac{\mathrm{d}t}{\mathrm{d}\tau}=\frac{\partial t}{\partial\tau}+v_x\frac{\partial t}{\partial x}+v_y\frac{\partial t}{\partial x}+v_z\frac{\partial t}{\partial x}$$

当导热物体为固体时，由于没有宏观运动，$v_x=v_y=v_z=0$，式（3-17）可写为：

$$\frac{\partial t}{\partial\tau}=\frac{k}{c_p\rho}\left(\frac{\partial^2 t}{\partial x^2}+\frac{\partial^2 t}{\partial y^2}+\frac{\partial^2 t}{\partial z^2}\right)+\frac{\dot{q}_V}{c_p\rho}\tag{3-18}$$

式(3-18）是一般条件下固体的导热微分方程，而式(3-17）则是适用于包括流体在内的所有导热物体的导热微分方程的通用形式。对比式(3-17）和式(3-18）可看出，通用导热微分方程与固体的导热微分方程的不同处在于微元体的温度不仅随时间变化，还由于微元体的位移而发生变化。

对于圆柱坐标系及球坐标系中的导热问题（图 3-5），通过坐标转换，可以式(3-17）转换为圆柱坐标系或球坐标系，导出相应坐标系中的导热微分方程。

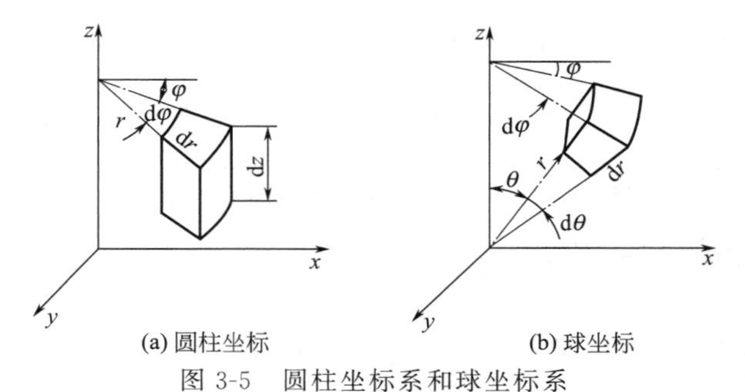

图 3-5　圆柱坐标系和球坐标系

圆柱坐标系方程

$$\rho c_p\frac{\mathrm{d}t}{\mathrm{d}\tau}=\frac{1}{r}\times\frac{\partial}{\partial r}\left(kr\frac{\partial t}{\partial r}\right)+\frac{1}{r^2}\times\frac{\partial}{\partial\varphi}\left(k\frac{\partial t}{\partial\varphi}\right)+\frac{\partial}{\partial z}\left(k\frac{\partial t}{\partial z}\right)+\dot{q}_V\tag{3-19}$$

球坐标系方程

$$\rho c_p \frac{\mathrm{d}t}{\mathrm{d}\tau}=\frac{1}{r^2}\times\frac{\partial}{\partial r}\left(kr^2\frac{\partial t}{\partial r}\right)+\frac{1}{r^2\sin^2\theta}\times\frac{\partial}{\partial\varphi}\left(k\frac{\partial t}{\partial\varphi}\right)+\frac{1}{r^2\sin^2\theta}\times\frac{\partial}{\partial\theta}\left(k\sin\theta\frac{\partial t}{\partial\theta}\right)+\dot{q}_V \quad (3\text{-}20)$$

3.2.2.2 导热微分方程的简化

针对一系列具体情况，可对固体的导热微分方程进行相应简化。

① 热导率为常数

$$\frac{\partial t}{\partial\tau}=a\left(\frac{\partial^2 t}{\partial x^2}+\frac{\partial^2 t}{\partial y^2}+\frac{\partial^2 t}{\partial z^2}\right)+\frac{\dot{q}_V}{\rho c_p} \quad (3\text{-}21)$$

式中，$a=k/(\rho c_p)$，称为热扩散率或导温系数，$\mathrm{m^2/s}$。

② 热导率为常数、无内热源

$$\frac{\partial t}{\partial\tau}=a\left(\frac{\partial^2 t}{\partial x^2}+\frac{\partial^2 t}{\partial y^2}+\frac{\partial^2 t}{\partial z^2}\right)=a\nabla^2 t \quad (3\text{-}22)$$

式中，∇^2是拉普拉斯（Laplace）运算符号；$\nabla^2 t$ 是对 t 的拉普拉斯运算子。

③ 热导率为常数、稳态导热

$$\frac{\partial^2 t}{\partial x^2}+\frac{\partial^2 t}{\partial y^2}+\frac{\partial^2 t}{\partial z^2}+\frac{\dot{q}_V}{k}=0 \quad (3\text{-}23)$$

式(3-23) 也称为泊松（Poisson）方程。

④ 热导率为常数、无内热源、稳态导热

$$\frac{\partial^2 t}{\partial x^2}+\frac{\partial^2 t}{\partial y^2}+\frac{\partial^2 t}{\partial z^2}=0 \quad (3\text{-}24)$$

式(3-24) 则为拉普拉斯（Laplace）方程。

上述式中的导温系数 a 是物质的热物性参数，它表明物体在相同加热或冷却条件下，物体内部各部分温度趋向于一致的能力。物体的导温系数 a 值越大，物体内温度变化速率越大，热量扩散得越快，因此又被称为热扩散系数。

导热微分方程是描述导热现象共性的数学表达式，对于具体的导热现象，在求解时必须给出反映该现象特点的定解条件，导热微分方程与相应的定解条件构成一个导热问题的完整数学描述。求解导热微分方程的定解条件主要有时间条件和边界条件。

在求解具体的导热问题时，可根据实际情况先将导热微分方程进行简化，然后在相应的定解条件下进行求解。

3.2.3 一维稳态导热

3.2.3.1 无内热源的一维稳态导热

当物体内部不产生热量时，称为无内热源的导热。对于连续生产的设备，可以近似看作稳态温度场，按照不同的定解条件，边界条件对导热微分方程式简化，进行积分，可以得到物体内部的分布，然后利用傅里叶导热定律进一步计算其传热量。

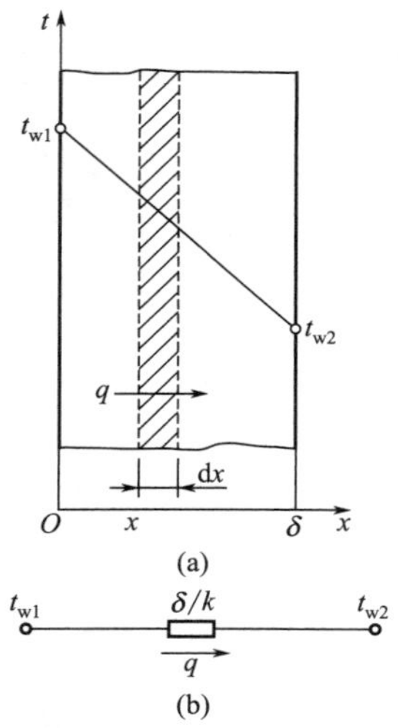

(1) 平壁导热

① 单层平壁的导热　设有一厚度为 δ 的无限大平壁，已知平壁的两个表面分别维持均匀且恒定的温度 t_{w1} 和 t_{w2}，无内热源。平壁的温度只沿与表面垂直的 x 方向发生变化，此属一维稳定温度场。如图 3-6 所示。

根据无内热源、一维及稳态导热的条件，导热微分方程式(3-24) 可简化为：

$$\frac{d^2 t}{dx^2}=0 \tag{3-25}$$

对上式积分，得：

$$t=c_1 x+c_2$$

式中的积分常数 c_1 和 c_2 可由边界条件求得。

图 3-6 中的两个边界上给出的边界条件为：$x=0$ 时 $t=t_{w1}$；$x=\delta$ 时 $t=t_{w2}$。

图 3-6　单层平壁导热

由此，得到无限大平板一维稳态导热的温度分布为：

$$t=\frac{t_{w2}-t_{w1}}{\delta}x+t_{w1} \tag{3-26}$$

式(3-26) 表明平壁内的温度分布成线性规律分布，直线的斜率为$\frac{t_{w2}-t_{w1}}{\delta}$。

根据傅里叶定律，通过平壁的热流密度为：

$$q=\frac{k(t_{w1}-t_{w2})}{\delta}=\frac{k}{\delta}\Delta t \tag{3-27}$$

对于表面积为 A，且两侧表面各自维持均匀温度的平板，则有

$$Q=A\ \frac{k}{\delta}\Delta t \tag{3-28}$$

把式(3-27) 和式(3-28) 改写为热流与温度差、热阻之间的关系式：

$$q=\frac{k}{\delta}\Delta t=\frac{\Delta t}{\frac{\delta}{k}}=\frac{\Delta t}{R_t} \tag{3-29}$$

$$Q=A\ \frac{k}{\delta}\Delta t=\frac{\Delta t}{\frac{\delta}{kA}}=\frac{\Delta t}{R_{t,A}} \tag{3-30}$$

式中，$R_{t,A}$ 和 R_t 分别表示整个导热面积上的热阻和单位导热面上的热阻，说明热量传导过程中热流传递的阻力。

以上是热导率作为常数处理时的单层平壁导热问题。

当热导率 k 不为常数，平壁内的温度分布曲线如图 3-7 所示。如果 b 是正值，在高温区

内材料的热导率比低温区的大，温度梯度在高温内应该比低温区要小，由此，曲线是向上凸的。反之，如果 b 是负值，温度分布曲线是向下凹的。

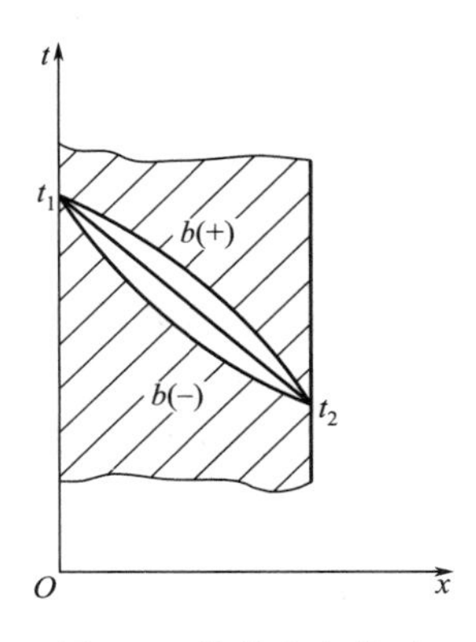

图 3-7 热导率变化时平壁内温度分布

如果考虑温差变化对热导率的影响，有

$$q=-k\frac{\mathrm{d}t}{\mathrm{d}x}=-k_0(1+bt)\frac{\mathrm{d}t}{\mathrm{d}x} \tag{3-31}$$

对式(3-31) 进行积分，有

$$\int_0^{\delta} q\,\mathrm{d}x=\int_{t_{w1}}^{t_{w2}} -k_0(1+bt)\,\mathrm{d}t$$

得

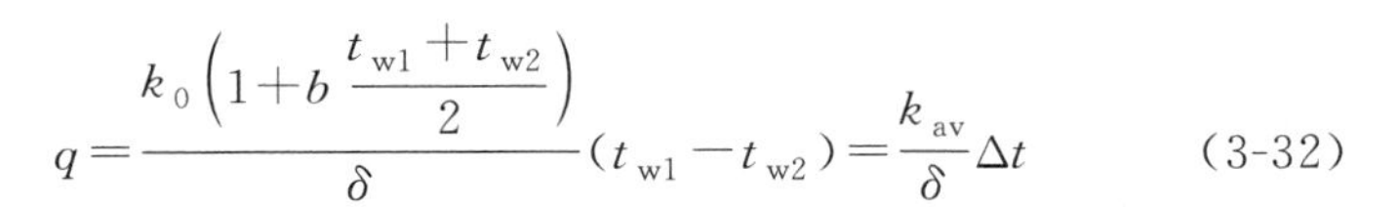

$$q=\frac{k_0\left(1+b\dfrac{t_{w1}+t_{w2}}{2}\right)}{\delta}(t_{w1}-t_{w2})=\frac{k_{av}}{\delta}\Delta t \tag{3-32}$$

式中的平均热导率 k_{av} 实质上是平均温度 $t_{av}=(t_{w1}+t_{w2})/2$ 下的热导率。实际计算时，可先根据两侧壁温的平均值 t_{av} 求得 k_{av}，然后计算热流密度 q。

【例 3-1】 某炉壁由厚 0.5m 的耐火砖砌成，已知内壁温度为 1000℃，外壁温度为 0℃；耐火砖的热导率 $k=1.16\times(1+0.001t)$[W/(m·℃)]。试求通过炉壁的导热热流密度 q。

解 炉壁的平均温度

$$t_{av}=\frac{t_1+t_2}{2}=\frac{1000+0}{2}=500(℃)$$

根据平均温度计算热导率的平均值

$$k_{av}=1.16\times(1+0.001t_{av})=1.16\times(1+0.001\times500)=1.74[\mathrm{W/(m\cdot ℃)}]$$

导热的热流密度

$$q=\frac{k_{av}}{\delta}\Delta t=\frac{1.74}{0.5}(1000-0)=3480(\mathrm{W/m^2})$$

② 多层平壁导热 假设层与层之间密切接触，不存在空隙，没有附加的接触热阻，因此通过层间分界面便不会发生温度降落，即相互接触的两表面温度相同。

对于三层互相紧密接触的无限大平板，已知各层的厚度 δ_1、δ_2 和 δ_3 及各层的热导率 k_1、k_2 和 k_3，并且已知多层壁两表面的温度 t_{w1} 和 t_{w4}。如图 3-8 所示。

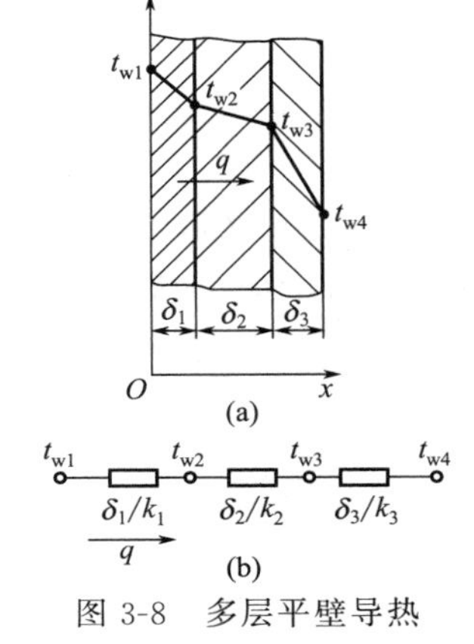

图 3-8 多层平壁导热

由于是稳态导热，通过各层平板的导热量应该是相等的，即 $q_1=q_2=q_3=q$。根据单层平板导热的计算分析有：

$$q=\frac{t_{w1}-t_{w2}}{\delta_1/k_1}=\frac{t_{w2}-t_{w3}}{\delta_2/k_2}=\frac{t_{w3}-t_{w4}}{\delta_3/k_3}$$

可得到

$$q=\frac{t_{w1}-t_{w4}}{\delta_1/k_1+\delta_2/k_2+\delta_3/k_3}=\frac{\Delta t}{R_{t1}+R_{t2}+R_{t3}} \tag{3-33}$$

对于 n 层平壁组成的多层平板，热流密度计算式为：

$$q=\frac{t_1-t_{n+1}}{\sum_{i=1}^{n}\frac{\delta_i}{k_i}}=\frac{\Delta t}{R_t} \tag{3-34}$$

从上述结果可以看出，稳态导热过程中，多层平壁的导热热阻为单层平壁热阻串联后的热阻，即总热阻为各层平壁导热热阻之和。某材料层的热阻越大，该层两侧的温度差越大。换言之，热传导过程中平壁层的温度差与相应的热阻成正比。多层平壁导热时的温度分布如图 3-8 所示。

【例 3-2】 一炉墙由三层材料组成。最里层是耐火黏土砖，厚 115mm，$k_1=1.12$W/(m·℃)；中间硅藻土砖，厚 125mm，$k_2=0.116$W/(m·℃)；最外层为石棉板，厚 70mm，$k_3=0.116$W/(m·℃)。已知炉墙内、外表面温度分别为 495℃和 60℃，试求每平方米炉墙每小时的热损失及耐火黏土砖与硅藻土砖分界面上的温度。

解 根据多层平壁导热热流量计算公式，可得

$$q=\frac{t_1-t_4}{\frac{\delta_1}{k_1}+\frac{\delta_2}{k_2}+\frac{\delta_3}{k_3}}=\frac{495-60}{\frac{0.115}{1.12}+\frac{0.125}{0.116}+\frac{0.07}{0.116}}=243.9(\mathrm{W/m^2})$$

每小时通过每平方米的热损失

$$Q=qA\Delta\tau=243.9\times1\times3600=877944(\mathrm{J})$$

耐火黏土砖与硅藻土砖分界面的温度为

$$t_2=t_1-q\frac{\delta_1}{k_1}=495-243.9\times\frac{0.115}{1.12}=470(℃)$$

必须注意，在以上分析中，假设平板的热导率为常数，但实际材料的热导率不是常数，通常与温度有关。因此在运用式(3-34) 时，需要先求出交界面的温度 t_2，t_3，…，t_n，才能计算各层材料的平均热导率 k_2，k_3，…，k_n，得到传导热流量。由于交界面温度本身是待求解的，一般需要采用迭代法进行求解。先估计各交界面温度，得到各层材料的热导率，在计算出导热量或热流量后，根据单层平壁计算式得到交界面温度，把计算得到的交界面温度与估算的交界面温度相对比，进行下一次计算，直到误差满足要求为止。

【例 3-3】 设有一窑墙，用黏土砖和红砖两种材料砌成，厚度均为 230mm，窑墙内表面温度为 1200℃，外表面温度为 100℃。试求单位面积上窑墙的热损失。已知，黏土砖的热导率$k_1=0.835+0.00058t$[W/(m·℃)]，红砖的热导率 $k_2=0.467+0.00051t$[W/(m·℃)]，红砖允许的使用温度为 700℃以下，在此条件下能否使用红砖？

解 （1）假设交界面处的温度为 600℃，在黏土砖与红砖的热导率分别为

$$k_1=0.835+0.00058\times\frac{1200+600}{2}=1.357[\mathrm{W/(m\cdot ℃)}]$$

$$k_2=0.467+0.00051\times\frac{600+100}{2}=0.642[\mathrm{W/(m\cdot ℃)}]$$

按照多层平壁计算导热的热流量

$$q=\frac{1200-100}{\frac{0.23}{1.357}+\frac{0.23}{0.642}}=2084(\mathrm{W/m^2})$$

(2) 由于交界面处的温度是假设的，必须进行校验。根据导热计算式，有

$$t_1-t_2=q\frac{\delta_1}{k_1}$$

$$t_2=t_1-q\frac{\delta_1}{k_1}=1200-2084\times\frac{0.23}{1.357}=847(℃)$$

求出的温度与假设温度不符合，表示原来假设的温度不正确。需要重新假设交界面温度为 840℃，则

$$k_1=0.835+0.00058\times\frac{1200+840}{2}=1.427[\mathrm{W/(m\cdot ℃)}]$$

$$k_2=0.467+0.00051\times\frac{840+100}{2}=0.707[\mathrm{W/(m\cdot ℃)}]$$

$$q=\frac{1200-100}{\frac{0.23}{1.427}+\frac{0.23}{0.707}}=2262(\mathrm{W/m^2})$$

校验交界面温度

$$t_2=t_1-q\frac{\delta_1}{k_1}=1200-2262\times\frac{0.23}{1.427}=836(℃)$$

以 t_2=836℃再重复进行上述计算，可得到交界面温度为 837℃。表明假设结果满足要求。

由此可得出：通过此窑墙的热流量为 2262W/m^2；红砖不适合在此条件下使用。

③ 复合平壁导热　工程实践中，有时会出现复合壁，即在高度和宽度方向上是由几种不同材料组成，如图 3-9 所示。

由于不同材料的热阻不同，沿着垂直于壁面方向上的热流分布是不均匀的。对于求解这一类问题，应用热阻分析方法是十分方便的。利用热阻的串联和并联原则可以确定总热阻，然后根据一维热流方程，求解传热量。

$$Q=\frac{t_{w1}-t_{w4}}{\sum R_k} \tag{3-35}$$

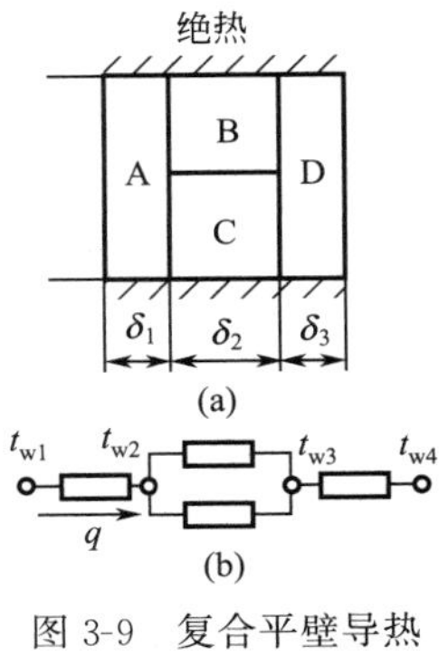

图 3-9　复合平壁导热

必须指出，只有当材料 B 和 C 的热导率相差不大时，才能把复合壁作为一维导热问题处理。若材料 B 和 C 的 k_A、k_B 相差较大，则可能会出现二维热流，此时，需要用另外的方法进行求解。

在讨论多层平壁和复合平壁时，是假定层与层之间界面接触良好，分界面上没有温度

降。实际上，接触面并非完全光滑，层与层的接触面之间只能是部分接触，未接触部分形成空隙，空隙中充满空气，由于空气的热导率比固体材料的热导率小得多，从而在界面处产生一个附加热阻，称为接触热阻。接触热阻的大小主要取决于表面的粗糙程度，因此，在工程实践中，为了增强导热性能，减小接触热阻，往往在接触界面上加一片铜片或其他硬度小、延展性好和热导率高的材料，或是涂一层硅油。由于接触热阻的存在，按照前面理论公式计算的多层壁的传热量，总是比实际传热量要高。

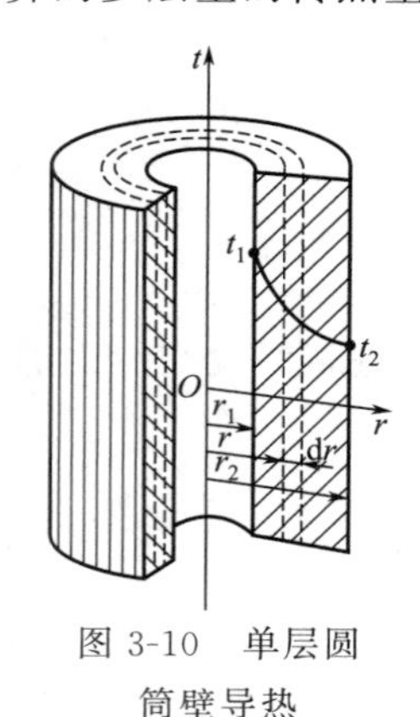

图 3-10　单层圆筒壁导热

（2）圆筒壁导热

① 单层圆筒壁导热　在工程实际中，经常会遇到圆筒壁的导热问题，例如，各种管道，热交换器的圆筒壁等。

一个内外半径分别为 r_1、r_2 的无限长的圆筒壁，其内、外表面温度分别维持均匀恒定的温度 t_1 和 t_2，温度仅沿半径方向发生变化，如图 3-10 所示。这就是圆柱坐标系下一维稳态导热问题。

当材料的热导率 k 为常数，无内热源时，导热微分方程式(3-19)经简化后成为

$$\frac{\mathrm{d}t^2}{\mathrm{d}r^2}+\frac{1}{r}\frac{\mathrm{d}t}{\mathrm{d}r}=0 \tag{3-36}$$

边界条件为：

$$r=r_1 \text{ 时，} t=t_1$$
$$r=r_2 \text{ 时，} t=t_2$$

解此微分方程，其中的积分常数由边界条件确定，得到温度分布为

$$t=t_1-\frac{t_1-t_2}{\ln(r_2/r_1)}\ln(r/r_1) \tag{3-37}$$

这就是单层圆筒壁在稳态常物性导热情况下的温度分布方程，可以看出，圆筒壁内温度分布是按照对数曲线变化的。

根据傅里叶定律可求得通过圆筒壁的导热量。

由于，

$$\frac{\mathrm{d}t}{\mathrm{d}r}=-\frac{t_1-t_2}{\ln\frac{r_2}{r_1}}\times\frac{1}{r}$$

因此，

$$Q=-k\frac{\mathrm{d}t}{\mathrm{d}r}A=2\pi lk\frac{t_1-t_2}{\ln\frac{r_2}{r_1}}=\frac{t_1-t_2}{\frac{1}{2\pi kl}\ln\frac{d_2}{d_1}}=\frac{t_1-t_2}{R_{t,A}}(\mathrm{W}) \tag{3-38}$$

若以单位长度的计算导热量

$$q_l=\frac{Q}{l}=\frac{t_1-t_2}{\frac{1}{2\pi k}\ln\frac{d_2}{d_1}}=\frac{t_1-t_2}{R_{t,l}}(\mathrm{W/m}) \tag{3-39}$$

从式(3-38)和式(3-39)可知，单位面积上圆筒壁的导热热阻 $R_{t,A}=\frac{1}{2\pi kl}\ln\frac{d_2}{d_1}$，单位长度上的导热热阻 $R_{t,l}=\frac{1}{2\pi k}\ln\frac{d_2}{d_1}$。

② 多层圆筒壁导热　与分析多层平壁导热一样，运用串联热阻叠加的原则，可得通过

多层圆筒壁的导热热流量，即多层圆筒壁的导热热阻为各层热阻的串联。图 3-11 所示，即

$$Q=\frac{t_1-t_4}{R_{t,A1}+R_{t,A2}+R_{t,A3}}$$

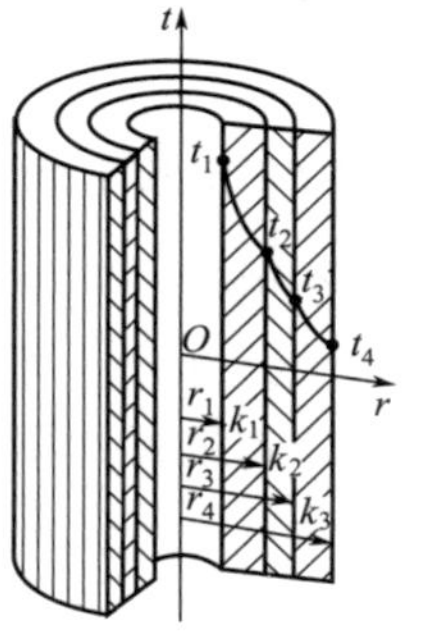

则，传热量计算公式：

$$Q=\frac{2\pi l(t_1-t_4)}{\ln(d_2/d_1)/k_1+\ln(d_3/d_2)/k_2+\ln(d_4/d_3)/k_3} \tag{3-40}$$

对于 n 层圆筒壁，传热量计算公式可写为

$$Q=\frac{t_1-t_{n+1}}{\frac{1}{2\pi l}\sum_{i+1}^{n}\frac{1}{k_i}\ln\frac{d_{i+1}}{d_i}}=\frac{\Delta t}{\sum_{i=1}^{n}R_{t,Ai}} \tag{3-41}$$

图 3-11　多层圆筒壁导热

各交界面的界面温度　　$t_i=t_{i-1}-\frac{Q}{2\pi k_{i-1}l}\ln\frac{d_i}{d_{i-1}}$　　(3-42)

【例 3-4】 内径为 15mm，外径为 19mm 的钢管，$k_1=20\mathrm{W/(m\cdot ℃)}$，其外包一层厚度为 30mm，$k_2=0.2\mathrm{W/(m\cdot ℃)}$ 的保温材料。若钢管内表面温度为 580℃，保温层外表面为 80℃，试求每米管长的热损失以及保温层交界面温度。

解　根据多层圆筒壁的导热计算公式，每米管长的热损失

$$q_1=\frac{2\pi(t_1-t_3)}{\ln(d_2/d_1)/k_1+\ln(d_3/d_2)/k_2}$$

$$=\frac{2\pi(580-80)}{\frac{1}{20}\ln\frac{19}{15}+\frac{1}{0.2}\ln\frac{19+30\times 2}{19}}=440(\mathrm{W/m})$$

由于稳定态导热，所以对于保温层，有 $q_1=\frac{2\pi(t_2-t_3)}{\ln(d_3/d_2)/k_2}$

保温层交界面的温度为

$$t_2=t_3+q_1\frac{1}{2\pi k_2}\ln\frac{d_3}{d_2}=80+440\times\frac{\ln(79/19)}{2\pi\times 0.2}=579.2(℃)$$

(3) 通过球壳的导热

对于内、外表面维持均匀恒定温度的空心球壁的导热，在球坐标系中也是一个沿着半径方向的一维导热问题。可将导热微分方程在球坐标下的表达式(3-20)，在边界条件下求解，得到相应的计算公式为：

温度分布　　$t=t_1-(t_1-t_2)\frac{1/r_1-1/r}{1/r_1-1/r_2}$　　(3-43)

热流量　　$Q=\frac{4\pi k(t_1-t_2)}{1/r_1-1/r_2}$　　(3-44)

热阻 $$R_t=\frac{1}{4\pi k}\left(\frac{1}{r_1}-\frac{1}{r_2}\right) \tag{3-45}$$

(4) 形状不规则物体的导热

在生产实践中，经常会遇到许多形状复杂的不规则物体。对于这类问题，一部分可以通过对微分方程求解，但大部分问题不便于进行积分求解，可以通过大量数据的统计结果归纳得到公式进行计算。

几何形状接近于平壁、圆筒壁的物体，可采用以下计算公式

$$Q=\frac{k}{\delta}F_x(t_1-t_2) \tag{3-46}$$

式中，F_x 为核算面积，它的数值取决于物体的形状。如以 F_1 和 F_2 分别表示物体内侧和外侧的表面积，核算面积 F_x 一般按下列方法计算：

① 两侧面积不等的平壁或$\frac{F_2}{F_1}\leqslant 2$ 的圆筒壁

$$F_x=\frac{F_1+F_2}{2} \tag{3-47}$$

② 接近于圆筒壁的物体，如正方形管道的保温层

$$F_x=\frac{F_2-F_1}{\ln\frac{F_2}{F_1}} \tag{3-48}$$

③ 长、宽和高三个方向上尺寸相差不大的中空物体

$$F_x=\sqrt{F_1F_2} \tag{3-49}$$

3.2.3.2 具有内热源的一维稳态传热

有内热源的导热问题在工程技术领域中常会遇到，例如，混凝土浇筑后放出水化热，燃料燃烧时的化学反应放热、电热器的电阻通电发热等。下面讨论一维导热系统中具有均匀内热源情况下的稳态导热问题。

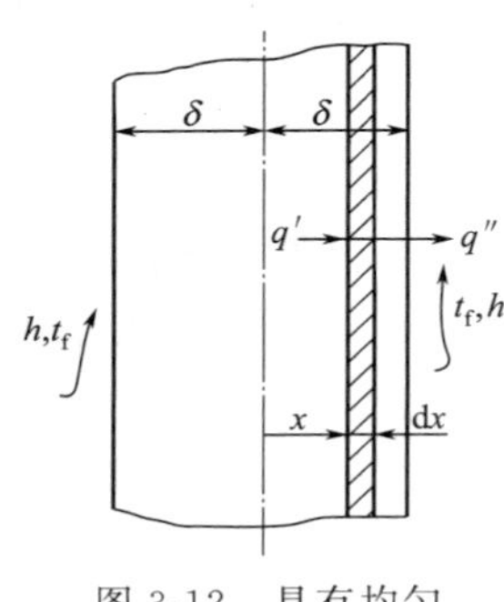

图 3-12　具有均匀内热源的平壁

(1) 具有内热源的单层平壁的导热

设厚度为 2δ 的无限大平壁中具有均匀的内热源 $\dot{q}_V$，如图 3-12 所示。平壁两侧同时与温度为 t_f 的流体发生对流换热，表面对流换热系数 h。现在要确定平板中任一位置 x 处的温度及通过该截面处的热流密度。由于对称性，仅研究板厚的一半即可。对导热微分方程在稳态下具有内热源的情况下进行简化，得到

$$\frac{d^2t}{dx^2}+\frac{\dot{q}_V}{k}=0 \tag{3-50}$$

边界条件

$$x=0, \quad \frac{dt}{dx}=0$$

$$x=\delta, \quad -k\frac{dt}{dx}=h(t-t_f)$$

平壁内的温度分布为

$$t=\frac{\dot{q}_V}{2k}(\delta^2-x^2)+\frac{\dot{q}_V\delta}{h}+t_f \tag{3-51}$$

由傅里叶定律得出任一位置 x 处的热流密度

$$q=-k\frac{dt}{dx}=\dot{q}_V x \tag{3-52}$$

由式(3-51)和式(3-52)可知，当有内热源存在时，一维导热情况下平壁内的温度分布呈抛物线状，并且在平壁的中心（$x=0$）处，温度最高。此时热流密度不再为常数，而是与位置有关。

上述求解过程中采用的是第三类边界条件，如果使用第一类边界条件，即直接给出平壁两表面温度 $t_{w1}=t_{w2}=t_w$ 时，平壁内的温度分布可表示为

$$t=\frac{\dot{q}_V}{2k}(\delta^2-x^2)+t_w \tag{3-53}$$

【例 3-5】 用混凝土浇筑的厚度为1m的墙，墙的两壁保持温度为20℃。由于混凝土凝结硬化，释放出水化热，单位体积释放的能量为100W/m³。混凝土的热导率为1.5W/(m·℃)。计算混凝土墙内的最高温度。

解 由于两壁温度相等，$t_1=t_2=t_w$，所以从式(3-53)可知，当平壁的中心（$x=0$）处，温度最高，因此：

$$t=\frac{\dot{q}_V}{2k}\delta^2+t_w=\frac{100}{2\times1.5}\times\left(\frac{1}{2}\right)^2+20=28.33(℃)$$

（2）具有内热源的长圆柱和圆筒壁的导热

半径为 R，表面温度为 t_w 的长圆柱，热导率为 k，且具有均匀的内热源 $\dot{q}_V$。由于圆柱体很长，温度仅为半径的函数，在柱坐标系中为一维稳态导热，相应的导热微分方程为：

$$\frac{k}{r}\frac{d}{dr}\left(r\frac{dt}{dr}\right)+\dot{q}_V=0$$

相应的边界条件为：

$$r=0, \quad \frac{dt}{dr}=0$$

$$r=R, \quad t=t_w$$

求解上述微分方程，得到恒定壁温下具有内热源的圆柱体内的温度分布方程

$$t=t_w+\frac{\dot{q}_V}{4k}(R^2-r^2) \tag{3-54}$$

由上式可知，圆柱体的轴心处（$r=0$）温度最高，此时圆柱体中心的温度为

$$t=t_w+\frac{\dot{q}_V}{4k}R^2 \tag{3-55}$$

式(3-55）也可以写成无量纲的形式，即

$$\frac{t-t_w}{t_0-t_w}=1-\left(\frac{r}{R}\right)^2 \tag{3-56}$$

【例 3-6】 直径 3mm、长 1m 的不锈钢丝，其热导率为 18W/(m·℃)，单位长度的电阻为 0.1Ω/m。把该钢丝浸入温度为 100℃的液体中并通以 200A 的电流。钢丝表面与液体的对流换热系数为 3500W/(m^2·℃)，计算钢丝的轴心温度。

解 （1）钢丝的发热功率为 $P=I^2R=200^2\times0.1=4000(\text{W/m})$

（2）钢丝单位体积内的发热量

$$\dot{q}_V=\frac{Pl}{\frac{\pi}{4}d^2l}=\frac{4000\times1}{\frac{\pi}{4}\times0.003^2\times1}=5.6\times10^8(\text{W/m}^3)$$

（3）根据热量平衡关系，在稳态传热情况下，钢丝发出的热量等于通过钢丝表面与液体的对流换热的热量，因此

$$P=h(t_w-t_f)\pi d=I^2R$$

$$4000=3500\times3.14\times0.003\times(t_w-100)$$

得到钢丝表面温度 $t_w=221℃$。

（4）钢丝的轴心温度

$$t=t_w+\frac{\dot{q}_V}{4k}R^2=221+\frac{5.6\times10^8}{4\times18}\times\left(\frac{0.003}{2}\right)^2=239(℃)$$

3.2.4 多维稳定态导热*

当物体中两个方向或三个方向上的温度梯度具有相同数量级时，采用一维导热模型会带来较大的误差，这时就必须采用多维导热问题分析方法。一维稳态导热问题求解的是一个常微分方程，分析解容易得到。多维稳态导热问题求解的是偏微分方程，需要比较复杂的数学求解过程。这里通过二维稳定态导热对求解多维稳态导热问题的方法进行简要介绍。目前对于多维稳态导热问题的求解方法主要有分析解法、数值解法和模拟方法等。

3.2.4.1 多维稳态导热问题求解的一般方法

（1）分析解法

19 世纪初傅里叶提出了求解偏微分方程的分离变量法，成为分析解法的主要数学方法和工具。对于实际工程问题应用分析解法需要满足以下条件：①求解区域比较简单；②边界

条件比较简单；③物体的热物性参数为常数。因此，分析解法仅限于几何形状及边界条件都比较简单的情形，但求解过程比较烦琐，不便于工程应用。

（2）数值解法

通过数值解法得到的是相应于某个计算条件下物体中具有代表性的点上的温度分布。计算机的迅速发展，许多导热问题可以通过计算机得到其数值解，尽管数值解的通用性不及分析解，但几乎所有的复杂导热问题都可以采用数值方法求解，并能够得到满意的结果，同时由于数值解法实施方便，因此应用日益广泛。

（3）模拟方法

稳态导热的场温度与导电物体中的电势场都满足拉普拉斯方程，是可类比现象。当两者的边界条件满足要求时，两种场的解是一样的或者是成比例的，因此可以通过比较容易测定的电势场获得相应温度场。模拟方法的基本思想也为数值方法提供了借鉴。

3.2.4.2 数值解法的基本思路与步骤

数值求解的基本思想可以概括为：把原来在时间、空间坐标系中连续的物理量的场，用有限个离散点上的值的集合来代替，通过求解按一定方法建立关于这些值的代数方程，来获得离散点上被求量的值。这些离散点上被求量值的集合称为该物理量的数值解。

导热问题数值求解的基本步骤：

① 建立控制方程及定解条件　分析所求问题的物理和几何特性、时间条件与边界条件，给出描述导热问题的导热微分方程即导热问题的控制方程。

② 区域离散化　用一系列的网格线将求解区域按一定的格式划分成若干个子区域，网格线的交点称为节点，相邻两节点间的距离 Δx、Δy 称为步长。每一个节点都可以看成是以它为中心的一个小区域的代表，作为确定温度值的空间位置，这一过程称为离散化。

③ 建立节点温度的代数方程组　节点上温度的代数方程称为离散方程。节点包括内部节点和边界节点，内部节点代数方程是导热微分方程离散化的结果，而边界节点代数方程则是边界条件离散化的结果。所有节点方程组成一个温度场的封闭的代数方程组。

④ 设立迭代初始温度场　对导热问题的数值求解中主要采用迭代法，采用这种方法需要对被求的温度场预先假定一个初始的温度场。初始的温度场的设立对求解过程的计算量有一定的影响。

⑤ 求解代数方程组　在设定初始温度场的基础上，迭代方法求解代数方程，只要迭代方程建立合理，导热问题的方程大多是收敛的，利用计算机能够迅速获得所需的解。

⑥ 结果分析　对于数值计算所获得的温度场及所需的其他物理量进行仔细分析，以获得真实导热现象的结果。实际上，获得物体中的温度分布常常不是工程问题的最终目的，所得出的温度场可能进一步用于计算热流量或计算设备、零部件的热应力及热变形等。

3.2.4.3 节点离散方程的建立

建立节点温度的代数方程是数值求解过程的重要环节，需要通过对导热微分方程和边界条件离散化，也就是建立节点方程。节点方程的建立有差分法及热平衡法两种。差分法是将微分形式用节点的有限差分形式代替，建立相应的差分方程。热平衡法是对每个节点所代表的控制体用傅里叶定律直接写出能量守恒表达式。下面分别通过内部节点方程和边界节点方程的建立介绍差分法和热平衡法。

（1）内部节点方程的建立

采用差分方法，建立物体内部节点离散方程。

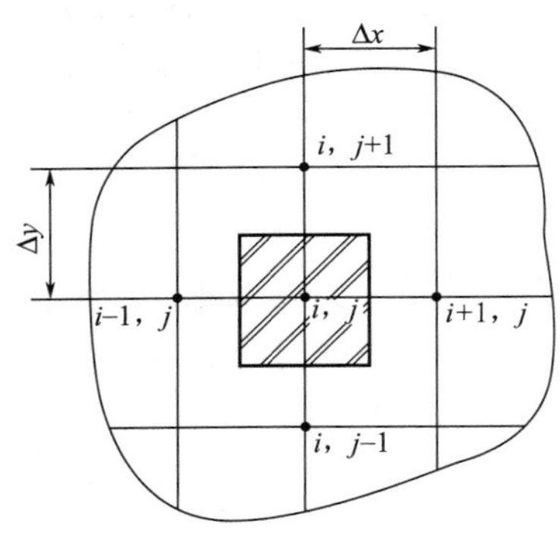

图 3-13　温度场的网络与节点

根据 3.2.2.2 中的内容可知，无内热源的二维稳态导热微分方程：

$$\frac{\partial^2 t}{\partial x^2}+\frac{\partial^2 t}{\partial y^2}=0 \tag{3-57}$$

把导热区域均匀地分割为 $m \times n$ 个子区域，子区域也称为网格，其边长为 Δx、Δy。各个网格的交点称为节点，其中任意一个内节点用（i，j）表示，如图 3-13 所示。

x 方向上温度梯度的差分式：

$$\left(\frac{\partial t}{\partial x}\right)_i \approx \frac{t_{i+1}-t_i}{\Delta x};\left(\frac{\partial t}{\partial x}\right)_i \approx \frac{t_i-t_{i-1}}{\Delta x}$$

二阶导数用二阶差商来近似表示：

$$\left(\frac{\partial^2 t}{\partial x^2}\right)_{i,j}=\left[\frac{\partial}{\partial x}\left(\frac{\partial t}{\partial x}\right)\right]_{i,j} \approx \left[\frac{\Delta\left(\frac{\Delta t}{\Delta x}\right)}{\Delta x}\right]_{i.j} \approx \frac{t_{i+1,j}+t_{i-1,j}-2t_{i,j}}{\Delta x^2}$$

$$\left(\frac{\partial^2 t}{\partial y^2}\right)_{i,j}=\left[\frac{\partial}{\partial y}\left(\frac{\partial t}{\partial y}\right)\right]_{i,j} \approx \left[\frac{\Delta\left(\frac{\Delta t}{\Delta y}\right)}{\Delta y}\right]_{i.j} \approx \frac{t_{i,j+1}+t_{i,j-1}-2t_{i,j}}{\Delta y^2}$$

将以上两式代入式(3-57)，节点（i，j）的离散方程则为

$$\frac{t_{i+1,j}+t_{i-1,j}-2t_{i,j}}{\Delta x^2}+\frac{t_{i,j+1}+t_{i,j-1}-2t_{i,j}}{\Delta y^2}=0 \tag{3-58}$$

为了简化运算，在划分网络时，一般取 $\Delta x=\Delta y$，则式(3-58) 变化为：

$$t_{i,j}=\frac{1}{4}(t_{i+1,j}+t_{i-1,j}+t_{i,j+1}+t_{i,j-1}) \tag{3-59}$$

式(3-59) 为物体内部节点的温度方程，它表明二维稳态温度场中，任何一个节点的温度是其周围四个节点温度的算术平均值。对物体内部中的每一个节点都可以列出一个节点方程，若将所有内部节点的温度方程联系起来，所有内节点的离散方程组成一个代数方程组。

（2）边界节点方程的建立

边界上的节点方程，随着边界条件的不同而具有不同的形式，需要根据具体情况建立节点方程。热平衡法具有更明确的物理意义，广泛地被用来推导边界节点的离散方程。热平衡法的基本原理是对任意一个节点所在的网格单元写出它的热平衡关系式。

根据边界条件不同，确定边界上的热流密度有三类不同的情况。绝热边界，边界与外界没有热交换，即边界上的热流密度值为 0；稳定热流边界，边界上的热流密度为一个稳定

值；对流边界，边界通过对流换热与外界进行热交换，可通过牛顿冷却定律得到边界上的热流密度。

图 3-14 和图 3-15 为平直边界节点和外部边界节点与内部边界节点的示意图。

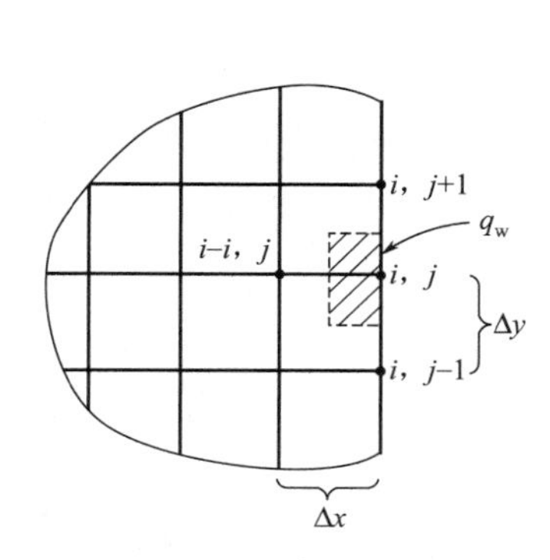

图 3-14　平直边界节点

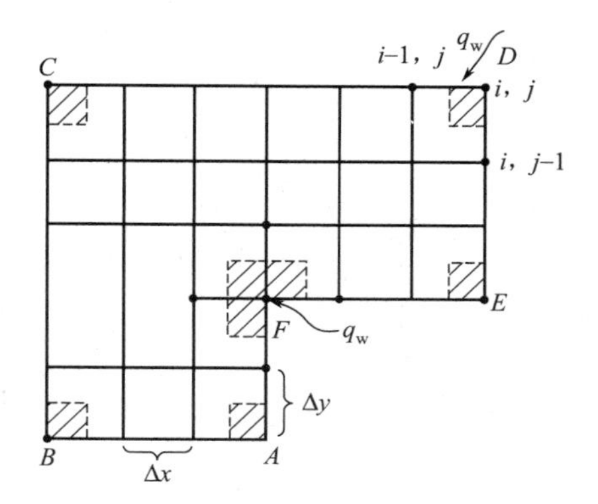

图 3-15　外部边界节点与内部边界节点

对于图 3-14 中的平直边界节点（i，j），设边界上的热流密度为 q_{w}，根据能量守恒定律对虚线所包围的微元体来说，由于是稳态导热，通过相邻节点导入节点（i，j）的热量总和应该为 0。各节点导入的热量可用傅里叶导热定律得到，其热平衡式为

$$k\frac{t_{i-1,j}-t_{i,j}}{\Delta x}\Delta y+k\frac{t_{i,j+1}-t_{i,j}}{\Delta y}\times\frac{\Delta x}{2}+k\frac{t_{i,j-1}-t_{i,j}}{\Delta y}\times\frac{\Delta x}{2}-\Delta y q_{\mathrm{w}}=0$$

当 $\Delta x=\Delta y$ 时，以上节点方程可简化为

$$t_{i,j}=\frac{1}{4}\left(2t_{i-1,j}+t_{i,j+1}+t_{i,j-1}-\frac{2\Delta x q_{\mathrm{w}}}{k}\right)\tag{3-60}$$

同理，对于外部边界节点（图 3-15 中 A、B～E 点），以 D 点为例，节点方程为

$$k\frac{t_{i-1,j}-t_{i,j}}{\Delta x}\times\frac{\Delta y}{2}+k\frac{t_{i,j+1}-t_{i,j}}{\Delta y}\times\frac{\Delta x}{2}-q_{\mathrm{w}}\left(\frac{\Delta x+\Delta y}{2}\right)=0\tag{3-61}$$

当 $\Delta x=\Delta y$ 时，外部边界节点方程可简化为

$$t_{i,j}=\frac{1}{2}\left(t_{i-1,j}+t_{i,j-1}-\frac{2\Delta x q_{\mathrm{w}}}{k}\right)\tag{3-62}$$

对于内部角点，即 F 点，当 $\Delta x=\Delta y$ 时的节点方程为

$$t_{i,j}=\frac{1}{6}\left(2t_{i-1,j}+2t_{i,j+1}+t_{i,j-1}+t_{i+1,j}-\frac{2\Delta x q_{\mathrm{w}}}{k}\right)\tag{3-63}$$

对于绝热边界，则边界上的热流密度 $q_{\mathrm{w}}=0$，可对上述各边界节点方程简化得到相应的离散方程。

根据每个节点所在位置，利用内部节点方程和边界节点方程，得到整个温度场中节点的温度方程组，表示二维稳态温度场中各节点温度之间的关系。方程组由 n 个线性方程组成，未知温度也为 n 个，求解此方程组可得到 t_1，t_2，…，t_n 的值。求解上述节点方程组可采用逆矩阵法、迭代法和高斯消去法。迭代法中应用较广的是高斯-赛德尔（Gauss-Seidel）迭代法，具体方法可参考有关的数学文献。

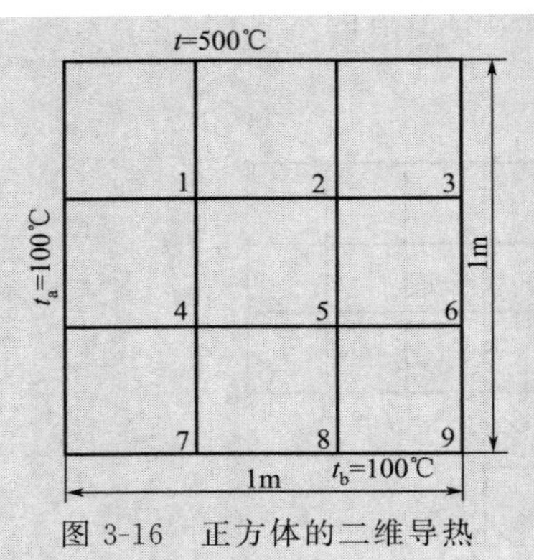

图 3-16　正方体的二维导热

【例 3-7】 如图 3-16 所示，某一边长为 1m 的正方形物体，左侧面恒温为 100℃，顶部恒温为 500℃，其余两侧面暴露在对流环境中，环境温度为 100℃。已知物体的热导率为 10W/(m·℃)，物体与环境的对流传热系数为 W/(m^2·℃)。试建立 1～9 各个节点的温度方程，并求出各个节点的温度值。

解　已知 $\Delta x=\Delta y=\dfrac{1}{3}$m，$t_b=100$℃，$k=10$W/(m·℃)，$h=10$W/(m^2·℃)。

有
$$\frac{h\Delta x}{k}=\frac{1}{3}$$

（1）建立节点温度方程组

由于内部和边界上的节点温度方程不同，以内部节点 1 及边界节点 3、节点 9 为代表建立各个节点温度方程。

对于内部节点 1，应用式(3-59)

$$t_2+100+500+t_4-4t_1=0$$

$$-4t_1+t_2+t_4=-600$$

节点 3 为一般对流边界上的点，且 $q_w=h\Delta x(t_{i,j}-t_b)$，应用式(3-60)，有

$$\frac{1}{2}(2t_{i-1,j}+t_{i,j+1}+t_{i,j-1})-\left(\frac{h\Delta x}{k}+2\right)t_{i,j}+\frac{2h\Delta x}{k}t_b=0$$

$$\frac{1}{2}(2t_2+500+t_6)-\left(\frac{h\Delta x}{k}+2\right)t_3+\frac{2h\Delta x}{k}t_b=0$$

代入数据得 $2t_2+4.67t_3+t_6+567=0$

节点 9 为对流边界上的外角点，应用式(3-62)，将 $q_w=h\Delta x(t_{i,j}-t_b)$ 代入，有

$$t_{i-1,j}+t_{i,j+1}-2\left(\frac{h\Delta x}{k}+1\right)t_{i,j}+\frac{2h\Delta x}{k}t_b=0$$

$$t_6+t_8-2\left(\frac{h\Delta x}{k}+1\right)t_9+\frac{2h\Delta x}{k}t_b=0$$

代入数据得 $t_6+t_8-2.67t_9=-66.7$

其余各个节点的温度方程可用相应的方程建立，最后得到 1～9 各个节点温度方程组为：

$$-4t_1+t_2+t_4-600=0$$

$$t_1-4t_2+t_3+t_5+500=0$$

$$2t_2+4.67t_3+t_6+567=0$$

$$t_1-4t_4+t_5+t_7+100=0$$

$$t_2+t_4-4t_5+t_6+t_8=0$$

$$t_3+2t_5-4.67t_6+t_9+66.7=0$$

$$2t_4-4.67t_7+t_8+167=0$$

$$2t_5+t_7-4.67t_8+t_9+66.7=0$$

$$t_6+t_8-2.67t_9+66.7=0$$

（2）采用求逆矩阵方法，求解上述方程组，得到各点的温度数值的计算结果：

$t_1=279℃$，$t_2=327℃$，$t_3=307℃$，$t_4=190℃$，

$t_5=227℃$，$t_6=214℃$，$t_7=156℃$，$t_8=182℃$，$t_9=173℃$

3.2.5 非稳定态导热*

物体中任意一点的温度随着时间而发生变化的导热过程为非稳态导热。在工程实际中，经常遇到非稳态导热问题，如窑炉的点火升温过程和熄火降温过程、制品的加热和冷却过程、金属的熔化和淬火等热加工处理过程均为非稳态导热。

根据物体内温度随时间变化的特点，非稳定态导热过程可分为瞬态导热和周期性导热两种类型。瞬态导热是指物体内部任意位置的温度随时间升高或下降，直至逐渐趋近于某个新的平衡值，如物料的加热和冷却、蓄热室中的传热。周期性非稳定态导热是指物体内的温度随时间呈周期性变化，多数是由边界条件的周期性变化所引起。如间歇式炉中衬砖在不断的吸热和放热过程中形成温度波和热流波。

非稳态导热过程中的温度既与位置有关，也与时间有关，所以求解过程要比稳态导热问题复杂得多。求解非稳态导热问题，通常是通过满足定解条件的导热微分方程，求得温度分布随时间的变化关系，从而得到某时刻的传热速率。

研究非稳态导热的目的是确定物体中的温度场和物体传递的热量随时间变化的规律。

3.2.5.1 集总参数分析法

当物体内部的导热热阻远小于其表面的对流换热热阻时，固体内部的温度能很快趋于一致，可以认为整个物体在同一瞬间均处于同一温度下，即物体内部温度均匀分布。这时所要求解的温度与坐标无关，仅是时间 τ 的一元函数，所以这类问题称为零维导热问题。这种忽略物体内部导热热阻的简化分析方法称为集总参数法，或称为集总热容法。当物体的热导率相当大，或者几何尺寸很小，或者表面换热系数极小，则其导热问题都可采用集总参数分析法求解。

设有一任意形状的固体，其体积为 V，表面积为 A，并具有均匀的初始温度 t_0。在初始时刻，突然将它置于温度恒为 t_f 的流体中。设 $t_0>t_f$，固体与流体间的传热系数 h 及固体的物性参数均保持常数。此时根据能量平衡关系可知，通过表面对流换热的热量等于物体内能的减少，于是有：

$$\rho cV\frac{dt}{d\tau}=-hA(t-t_f) \tag{3-64}$$

式(3-64) 就是零维导热问题的导热微分方程式。

采用过余温度表示物体在任意瞬间的温度，定义过余温度 $\theta=t-t_f$，即物体在任意瞬间的温度与介质温度之差。

则式(3-64) 可写成：

$$\frac{d\theta}{\theta}=-\frac{hA}{\rho cV}d\tau \tag{3-65}$$

初始条件为：$\tau=0$，$\theta=\theta_0$。

对式(3-65) τ 从 0 到 τ 积分，有：$\int_{\theta_0}^{\theta}\frac{d\theta}{\theta}=-\int_0^{\tau}\frac{hA}{\rho cV}d\tau$

可得

$$\frac{\theta}{\theta_0}=\frac{t-t_f}{t_0-t_f}=\exp\left(-\frac{hA}{\rho c_p V}\tau\right) \tag{3-66}$$

式(3-66) 为忽略物体内部导热热阻情况下，物体温度与时间的定量关系式。式中$\frac{V}{A}$用特征长度 l 表示，式(3-66) 可变换为无量纲方程，即

$$\Theta=\frac{\theta}{\theta_0}=\exp(-BiFo) \tag{3-67}$$

式中 $\Theta=\frac{\theta}{\theta_0}$——无量纲过余温度；

$Fo=\frac{a\tau}{l^2}$——傅里叶数 (Fourier number)，为无量纲时间，表示物体在不稳定导热过程中所经历时间的长短，Fo 值越大，传热过程所经历的时间越长，热扰动越深入扩散到物体内部；

$Bi=\frac{lh}{k}$——毕渥数 (Biot number)，具有长度的量纲，其物理意义为

$$Bi=\frac{长度\times对流传热系数}{热导率}=\frac{导热热阻}{对流传热热阻}$$

Bi 表示物体内部的导热热阻与表面对流换热热阻的比值。

式(3-66) 和式(3-67) 是采用集总参数法求解非稳态导热问题的基本公式，表明物体中的无量纲过余温度随时间成指数曲线关系变化。从 Bi 的物理意义可看出，Bi 值偏大时，传热过程中物体内部的导热热阻起控制作用，物体内部存在较大的温度梯度，此时，不能采用集总参数法求解。反之，Bi 值较小时，表示物体内部的导热热阻很小，表面对流换热对传热过程起控制作用，此时，则可采用集总参数法求解。因此，求解非稳态导热问题时，首先要求计算 Bi 值，以确定导热问题能否采用集总参数法处理。研究表明，当 Bi 满足下列条件时，可采用集总参数法进行计算。即：

$$Bi=\frac{h(V/A)}{k}\leqslant 0.1M \tag{3-68}$$

式中，M 是与物体几何形状有关的无量纲数。对于一般形状物体的一维非稳态导热，例如，无限大平板，$M=1$；对于无限大平板无限长圆柱 $M=1/2$；球体 $M=1/3$。

根据式(3-66) 还可以求出从初始时刻到某一瞬间的时间间隔内，物体与界面流体间所交换的热量。对式(3-66) 求导，有

$$Q=(t_0-t_f)hA\exp\left(-\frac{hA}{\rho cV}\tau\right) \tag{3-69}$$

在 $\tau=0\sim\tau$ 时刻之间所交换的总热量为

$$
\begin{aligned}
Q_\tau &= \int_0^\tau Q\mathrm{d}\tau = (t_0 - t_\infty)\int_0^\tau hA\exp\left(-\frac{hA}{\rho cV}\tau\right)\mathrm{d}\tau \\
&= (t_0 - t_\infty)\rho cV\left[1-\exp\left(-\frac{hA}{\rho cV}\tau\right)\right]
\end{aligned}
\tag{3-70}
$$

【例 3-8】 一直径为 5cm 的钢球，初始温度为 450℃，突然被置于温度为 30℃ 的空气中。设钢球表面与周围环境间的表面传热系数为 $24\text{W}/(\text{m}^2\cdot℃)$，试计算钢球冷却到 300℃所需的时间。已知钢球的 $c=0.48\text{kJ}/(\text{kg}\cdot℃)$，$\rho=7753\text{kg}/\text{m}^3$，$k=33\text{W}/(\text{m}\cdot℃)$。

解 首先检验是否可用集总参数法。

对于钢球，取 $M=1/3$

$$Bi_V=\frac{h(V/A)}{k}=\frac{h\times\frac{4}{3}\pi R^3/\ (4\pi R^2)}{k}=\frac{h\ \frac{R}{3}}{k}=0.00606<0.1M=0.0333$$

可以采用集总参数法。

$$\frac{hA}{\rho c_p V}=\frac{24\times4\pi\times0.025^2}{7753\times480\times\frac{4}{3}\pi\times0.025^3}=7.74\times10^{-4}\quad(\text{s}^{-1})$$

根据式(3-66)，有：

$$\frac{t-t_\text{f}}{t_0-t_\text{f}}=\frac{300-30}{450-30}=\exp(-7.74\times10^{-4}\tau)$$

求解，可得　　$\tau=570(\text{s})=9.5(\text{min})$

当时间 $\tau=\dfrac{\rho cV}{hA}$时，从式(3-66) 可得

$$\frac{\theta}{\theta_0}=\frac{t-t_\infty}{t_0-t_\infty}=\exp(-1)=0.368=36.8\%$$

$\tau_\text{c}=\dfrac{\rho cV}{hA}$称为时间常数，表示物体的蓄热量与界面上换热量的比值。

当 $\tau=4\tau_\text{c}$ 时，则$\dfrac{\theta}{\theta_0}=\exp(-4)=1.83\%$，物体的过余温度已经达到了初始过余温度值的 1.83%，即 t 与 t_∞ 已相差无几。工程上习惯认为，当 $\tau=4\tau_\text{c}$ 时，导热体已达到热平衡状态。

3.2.5.2 无限大平板非稳态导热的分析解

具有两个平行端面的无限大平板的导热问题，可视为一维导热问题处理。在工程实际中常见的两平板端面与周围介质有热交换时的非稳定导热问题，此类问题的边界条件属于第三类边界条件。设有一块无限大平板，厚度为 2δ，初始温度为 t_0。在初始瞬间将它放置于温

度为 t_f 的流体中，且 $t_f > t_0$。平板的热导率 k、表面传热系数 h 等物性参数为常数。此时，内部热阻和表面热阻均不能忽略。

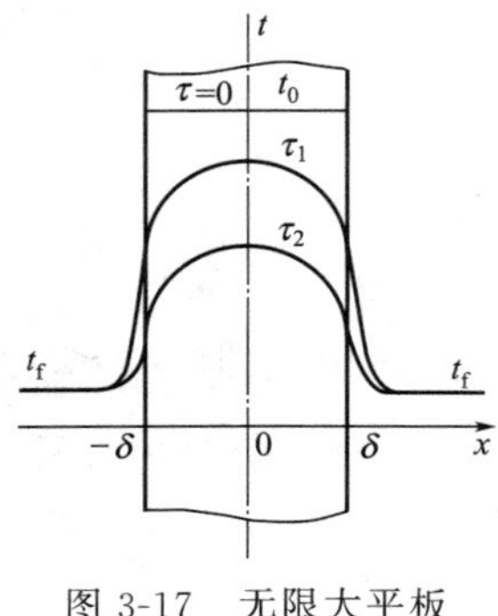

图 3-17　无限大平板的非稳态导热

首先确定在非稳态过程中板内的温度分布。由于平板两边对称受热，板内温度分布必以其中心截面为对称面。把 x 轴的原点取在平板的中心截面上，如图 3-17 所示。对于 $x \geqslant 0$ 的半块平板，可以列出其导热微分方程式及定解条件：

$$\frac{\partial t}{\partial \tau} = a\ \frac{\partial^2 t}{\partial x^2}$$

初始条件：$t(x,0) = t_0$；

$$\text{边界条件：}\begin{cases} \left.\dfrac{\partial t(x,\tau)}{\partial x}\right|_{x=0} = 0; \\ a[t(\delta,\tau) - t_f] = -\left.\dfrac{\partial t(x,\tau)}{\partial x}\right|_{x=\delta} \end{cases}$$

过余温度 $\theta = t(x,\tau) - t_f$，采用分离变量法求解上述偏微分方程，并应用定解条件确定其通解中的待定常数，最后获得如下分析解：

$$\frac{\theta(x,\tau)}{\theta_0} = 2\sum_{n=1}^{\infty} e^{-(\beta_n\delta)^2\frac{a\tau}{\delta^2}}\ \frac{\sin(\beta_n\delta)\cos\left[(\beta_n\delta)\ \dfrac{x}{\delta}\right]}{\beta_n\delta + \sin(\beta_n\delta)\cos(\beta_n\delta)} \tag{3-71}$$

式中，β_n 是超越方程 $\tan(\beta_n\delta) = \dfrac{Bi}{\beta_n\delta}$的解，其中 $n=1$，2，…；$Bi = \dfrac{\delta h}{k}$，是以 δ 为特征长度。式(3-71) 表明了大平板表面与介质有热交换时平板内部温度随时间的变换规律。

下面分析在一个时间间隔内非稳态导热过程中所传递的热量。从初始时刻经历一个时间间隔，当平板与周围介质处于热平衡时，非稳态导热过程中所能传递的热量 Q_0 等于平板表面与介质之间的传热量：

$$Q_0 = \rho c_p V(t_0 - t_f)$$

从初始时刻到某一时刻 τ，这一非稳态导热阶段中所传递的热量 Q 与 Q_0 之比为

$$\frac{Q}{Q_0} = \frac{\rho c_p \int_V [t_0 - t(x,\tau)]\mathrm{d}V}{\rho c_p V(t_0 - t_f)} = \frac{1}{V}\int_V \frac{(t_0 - t_f) - (t - t_f)}{t_0 - t_f}\mathrm{d}V$$

$$\frac{Q}{Q_0} = 1 - \frac{1}{V}\int_V \frac{t - t_f}{t_0 - t_f}\mathrm{d}V = 1 - \frac{\bar{\theta}}{\theta_0} \tag{3-72}$$

式中，$\bar{\theta} = \bar{\theta}(\tau)$ 是 τ 时刻物体的平均过余温度。

在工程实际中，为了计算方便，可将式(3-71) 中的温度分布采用简易图算法。附录 10 中列出了适用于平板、圆柱体和球体的一维非稳态导热计算的算图。

3.2.5.3　多维非稳态导热

许多工程实际问题中经常会遇到二维或三维非稳态导热问题。多维非稳态导热问题的分析求解过程及结果比较复杂，在此不进行详细讨论。这里仅简单介绍如何把一维分析解推广到二维或三维非稳态导热问题中，这种处理方法称为纽曼（Neumann）法则。

下面以无限长的长方形柱体的非稳态导热问题为例，简述求解过程。

长方形柱体的截面尺寸为 $2\delta_1 \times 2\delta_2$ 的方柱体可以看成是两块厚度分别为 $2\delta_1$ 及 $2\delta_2$ 的无限大平板垂直相交所截出的物体。设方柱体的初始温度为 t。过程开始时被置于温度为 t_f 的流体中，表面与流体间的对流传热系数为 h，此属二维非稳态导热问题。

根据纽曼（Neumann）乘积定理，这两块无限大平板分析解的乘积就是上述无限长方柱体的解，即

$$\Theta(x,y,\tau)=\Theta_x(x,\tau)\Theta_y(y,\tau) \tag{3-73}$$

上式表明，二维非稳态导热问题可化为两个一维非稳态导热问题处理，二维非稳态导热的无量纲温度可以用两个一维非稳态导热的无量纲温度的乘积表示。同样，对于短圆柱体、短方柱体等二维、三维的非稳态导热问题，也可以用相应的两个或三个一维问题的解的乘积来表示其温度分布。图 3-18 表示了这种解的组合情况。

短圆柱体：
$$\Theta(x,r,\tau)=\Theta_x(x,\tau)\Theta_r(r,\tau) \tag{3-74}$$

立方体：
$$\Theta(x,y,z,\tau)=\Theta_x(x,\tau)\Theta_y(y,\tau)\Theta_z(z,\tau) \tag{3-75}$$

必须指出：这种由几个一维问题的解的乘积得到多维问题解的方法并不适用于一切边界条件。只有当边界温度为定值且初始温度为常数的情况，此方法才适用。

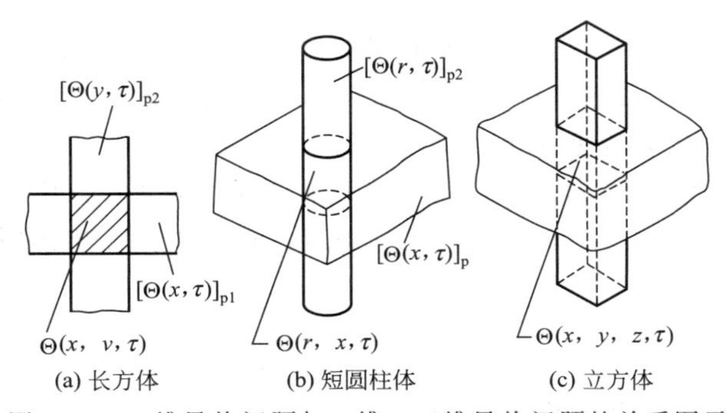

图 3-18 一维导热问题与二维、三维导热问题的关系图示

关于纽曼乘积定理的证明及上述结果的推导过程，可参考有关传热学文献。

3.3 对流换热

两流体之间或流体与固体壁面之间发生的热量交换称为对流换热。对流换热既包括由流体质点不断运动和混合造成的对流作用；又包括由于流体与壁面、流体内部各处存在温差而产生的导热作用。因此，对流换热是传导传热和对流传热综合作用的结果。

对流换热的换热量的基本计算式是牛顿冷却公式。牛顿冷却公式只是给出了对流换热量的计算形式，它并没有说明出对流换热系数与有关物理量之间的内在影响关系。在对流换热过程中，除了有热的流动，还涉及流体的运动，温度场和速度场都将会相互作用，因此，研究对流换热的主要任务就是揭示对流换热系数 h 与影响它的有关物理量之间的内在联系。本节中将在前面讨论的流体运动方程、连续方程和能量方程的基础上，并结合量纲分析方法，重点讨论对流传热系数的计算问题。

3.3.1 对流换热概述

3.3.1.1 影响对流换热的主要因素

对流换热过程的热量传递是由导热和对流两种作用完成的，一切支配对流和导热的因素均影响换热过程。因此，对流换热是一种极为复杂的传热过程，影响因素很多，其主要影响因素有以下几个方面。

（1）流体发生流动的动力

根据引起流体流动的动力不同，流体的运动可分为强制运动与自然运动两大类。受外力影响，如水泵、风机或其他流体输送设备产生的动力所造成的运动称为强制运动。由于流体各个部分温度不同引起密度不同而发生的运动称为自然运动。必须指出的是，流体做强制运动的同时，也会发生自然运动，当强制运动相当强烈时，自然运动的影响可忽略不计。由于运动的成因不同，两种流动的速度场存在差别，所以换热规律不同。通常在同等条件下，强制对流换热的强度大于自然对流换热的强度。

（2）流体流动的状态

黏性流体的流动存在层流与湍流两种不同的流态。层流时流体沿着主流方向进行运动，不存在流体层间的旋涡运动及混合，此时热量的传递主要依靠导热。湍流状态下，由于流体各部分间的剧烈掺混，热量传递除导热外同时还有涡流扰动引起的对流传热，此时对流换热强度主要取决于边界层中的热阻。实际上，对于湍流流动来说，在层流内层主要以导热方式进行传热，而在湍流核心则以旋涡运动引起的涡流传热为主，导热作用虽然存在，但其影响很小，可以忽略。

（3）流体的物理性质

各种流体的物理性质不同，所进行的对流换热过程也会不同。流体的密度 ρ、动力黏度 μ、热导率 k 以及比定压热容 c_p 等物理性质都会影响流体中速度的分布及热量的传递。例如，比热容和密度大的流体，单位体积携带能量相对多，对流作用所传递热量的能力也大。

（4）换热表面的几何参数

表面的几何参数是指换热表面的形状、大小、换热表面与流体运动方向的相对位置，以及换热表面的状态（光滑或粗糙）等，它们对表面换热系数的大小都会带来一定的影响。对于平板，平放、竖放和斜放都会影响表面上流体的流动状态、速度分布及温度分布。管内强制对流和流体横掠圆管的强制对流是属于两种不同的流动，对流换热规律也必然不同。

（5）流体有无相变

流体中无相变时，对流换热中的热量交换是通过流体显热的变化而实现。在有相变的换热过程中（如沸腾或凝结），流体相变潜热的释放或吸收常常起主要作用，因而换热规律比无相变时要复杂。

3.3.1.2 对流换热的分类

由于影响对流换热现象的因素很多，通常按照其主要影响因素分门别类进行研究。以下是目前常见的对流换热的分类方法及类型。

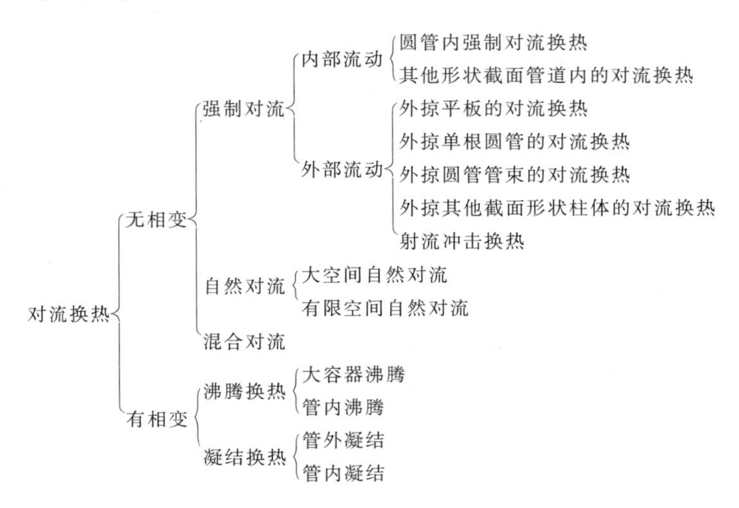

原则上说，每一类对流换热根据流动状态都可分为层流及湍流两种类型。由于对流换热的种类繁多，在实际应用时，需要注意计算公式相应的使用条件和范围。通过以上分析可知，对流换热系数是由上述所有因素决定的复杂函数，即

$$h=f(t_{\mathrm{w}},t_{\mathrm{f}},v,\mu,l,k,\rho,c_{p}\cdots) \tag{3-76}$$

正是由于对流换热过程的复杂性，目前尚不能用一个统一的计算公式确定各种不同情况下的对流换热系数，因此，确定不同情况下的对流换热系数，成为研究对流换热的主要目的之一。

由于对流换热过程的复杂性，目前利用数学分析方法只能解决一些简单的层流换热问题。工程实际中，求取对流换热系数大致有两个途径：其一是应用量纲分析方法结合实验研究结果，通过准数方程获得对流换热系数关系式；其二是利用动量传递与热量传递的类似性建立对流传热系数 h 与范宁摩擦系数 λ 之间的关系式。这种方法主要应用解决湍流时对流换热系数的确定。本章中主要介绍结合实验数据建立相应的准数方程的方法，类比方法将在第4章的相关内容中进行简要介绍。

3.3.2 热边界层

1904年德国科学家普朗特（L. Prandtl）提出著名的边界层概念，使流体流动方程求解得到实质性的突破。波尔豪森（E. Pohlhausen）又把边界层概念推广应用于对流换热问题，提出了热边界层的概念，使对流换热问题的分析求解也得到了很大发展。

根据流动边界层理论，当流体与壁面间有温度差时，温度场也可划分为热边界层区与主流区。当流体流过固体表面时，由于流体与壁面间存在温度差，受壁面温度的影响，贴近壁面的薄层内的流体会产生法向温度梯度。固体表面附近流体温度发生剧烈变化的区域称为温度边界层或热边界层。在热边界层以外的主流区，法向温度梯度几乎为零。因此，热边界层外壁面法向的传热量可以忽略不计，热量传递主要集中在热边界层之内。

通常规定，流体与壁面的温度差达到流体主体与壁面的温度差的99%处到壁面的距离为热边界层厚度 δ_{t}，即 $(t_{\mathrm{f}}-t_{\mathrm{w}})=0.99(t_{\infty}-t_{\mathrm{w}})$ 时的 y 向距离为 δ_{t}。如图3-19所示。热边界层厚度直接影响边界层内的温度分布。当温差一定时，热边界层越薄，温度梯度

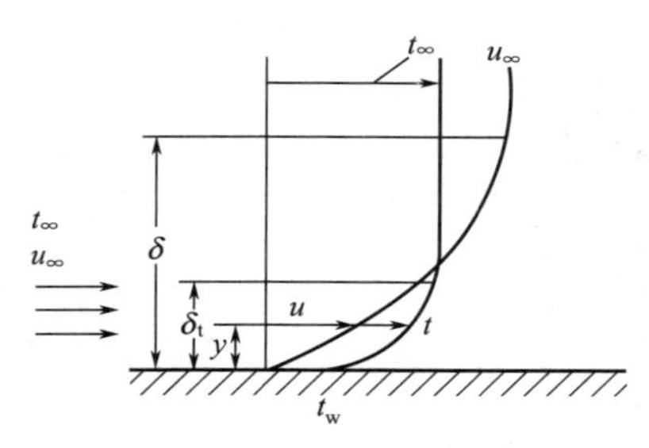

图 3-19　速度边界层与温度边界层

$\left.\dfrac{\partial x}{\partial n}\right|_{n=0}$ 越大，对流换热系数值越高。

流动中流体的温度分布受速度分布的影响，速度边界层与温度边界层既有联系又有区别。一般来说，温度边界层与速度边界层厚度并不相等，速度边界层的厚度反映流体动量传递的渗透程度，温度边界层的厚度则反映流体热量传递的渗透程度。热边界层厚度与速度边界层厚度的相对大小 δ_t/δ 取决于流体的两种迁移性质之比 $Pr=\nu/a$。对于 $Pr\approx1$ 的流体，$\delta_t\approx\delta$；对 $Pr>1$ 的流体，$\delta_t<\delta$，反之，$\delta_t>\delta$。除液态金属及高黏性的流体外，热边界层的厚度 δ_t 在数量级上是个与流动边界层厚度 δ 相当的量。

3.3.3　对流换热过程的数学描述

对流换热过程不仅有传热现象，还与流体的流动有关，必须用一组微分方程描述。方程组中包括了质量守恒、动量守恒及能量守恒三大定律的数学描述，即包括描述流体运动现象的连续性方程和运动方程，描述换热过程的换热微分方程和导热方程。

为了突出对流换热问题数学描述的重点，这里着重介绍不可压缩、常物性、无内热源条件下单相流体的对流换热微分方程组。

（1）对流换热微分方程

当流体流过固体壁面时，由于流体的黏附性作用，紧贴壁面处流体的速度为零，也就是说贴壁处存在一个极薄的层流运动的流体层，流体与壁面间的传热必须通过这个流体层，此时热量传递方式只能是导热。因此，根据能量守恒原理，流体对流换热量等于贴壁处流体层的导热量。

流体与壁面在边界上的换热：$q=k\left(\dfrac{\partial t}{\partial n}\right)_{n=0}=h(t_w-t_f)$

上式可写为：

$$h=-\frac{k}{\Delta t}\left(\frac{\partial t}{\partial n}\right)_{n=0} \tag{3-77}$$

式(3-77) 是流体与壁面间的换热微分方程。它表示了对流换热系数与边界层温度梯度的关系，通过求解流体内部的温度分布可以得到对流换热系数。

（2）流体流动的导热微分方程

导热微分方程中描述了物体内部的温度分布。从 3.2 中的内容可知，对于不可压缩、常物性、无内热源情况下，流体的导热微分方程为：

$$\frac{dt}{d\tau}=\frac{\partial t}{\partial \tau}+v_x\frac{\partial t}{\partial x}+v_y\frac{\partial t}{\partial y}+v_z\frac{\partial t}{\partial z}=a\left(\frac{\partial^2 t}{\partial x^2}+\frac{\partial^2 t}{\partial y^2}+\frac{\partial^2 t}{\partial z^2}\right) \tag{3-78}$$

从上式可以看出，流体中的温度分布与流体的运动速度有关。通过流体的连续方程和运动微分方程可以得到流体流动中的速度场。

（3）流体连续方程和运动微分方程

在流体力学基础上介绍了根据质量守恒、动量守恒定律可以得到连续方程和运动微分方程（N-S 方程）。在等温度、不可压缩、稳态流动时，连续方程和流体运动微分方程为：

$$\frac{\partial(\rho v_x)}{\partial x}+\frac{\partial(\rho v_y)}{\partial y}+\frac{\partial(\rho v_z)}{\partial z}=0 \tag{3-79}$$

$$\rho\frac{\mathrm{d}v}{\mathrm{d}\tau}=\rho g-\nabla\vec{p}+\mu\nabla^2\vec{v} \tag{3-80}$$

上述描述流体运动现象的连续方程和运动微分方程、描述传热过程的换热微分方程和流体导热微分方程构成了描述对流换热现象的微分方程组。

对流换热的数学描述

（4）定解条件

对流换热现象的微分方程组是对流换热过程的一般描述，在研究某一具体的对流换热过程时，必须规定一些能说明过程特点的条件。因此，对流换热问题完整的数学描述应包括对流换热微分方程组及定解条件。

定解条件包括时间条件和边界条件。时间条件可以是以初始时刻的温度、压强和速度分布的初始条件表示，或以某一时刻下温度、压强等参数的分布表示。边界条件可以是边界上与速度、压强及温度有关的条件。例如，规定边界上流体的温度分布（第一类边界条件），或给出边界上的热流密度（第二类边界条件）。一般情况下，求解对流换热问题时没有第三类边界条件。

3.3.4 对流换热的实验计算式

由于对流换热过程的复杂性，对于大多数实际的对流换热问题，直接进行对流换热方程组求解是极其困难的，即使借助逐渐发展的边界层理论，也只能是对少数对流换热问题进行理论分析。目前在模型或实物上进行实验求解对流换热问题的方法，仍然是传热研究中的一个主要手段。对流换热研究中的实验方法就是利用借助于相似理论和量纲分析方法，得到相应的相似准数，结合模型实验及其结果建立准数方程，以达到解决对流换热问题的目的。

3.3.4.1 描述对流换热的准数方程

对流换热过程是通过式(3-77)～式(3-80) 组成的对流换热微分方程组来描述的，因此，描述对流换热过程的准数方程可以通过构成方程组的 4 个方程，求得相应的准数后，得到描述现象的准数方程。

利用方程分析方法，可得到式(3-77)～式(3-80) 对应的准数。首先根据流体运动微分方程（N-S 方程）式(3-79)，采用方程分析法可以得到相应的准数有：

$$Ho=\frac{v\tau}{l},\ Re=\frac{\rho vl}{\mu},\ Fr=\frac{v^2}{gl},\ Eu=\frac{\Delta p}{\rho v^2}$$

以上各个流体动力相似准数之间的关系可以写成：

$$f(Ho,Fr,Eu,Re)=0 \tag{3-81a}$$

或

$$Eu=f(Ho,Fr,Re) \tag{3-81b}$$

从对流换热微分方程组中的导热微分方程和对流换热微分方程，即式(3-77）和式(3-78）可以推导出表达热相似过程的准数：

$$Pe=\frac{vl}{a},\ Fo=\frac{a\tau}{l^2},\ Nu=\frac{hl}{k}$$

由于流体连续方程式(3-79）不能够得到相应的准数，因此，描述对流换热的准数方程的完整形式为：

$$f(Eu,Re,Ho,Fr,Pr,Fo,Nu)=0 \tag{3-82}$$

如果流体运动中，需要描述的是由于温度差引起的浮升力而使流体发生自然流动，应该考虑的是浮升力对流体自然运动的作用，Fr 可通过相似准数的转换得到 Grashof 准数。

$$Fr^{-1}\cdot Re^2\cdot\beta\Delta t=\frac{gl}{v^2}\cdot\left(\frac{vl}{\nu}\right)^2\cdot\beta\Delta t=\frac{gl^3}{\nu^2}\cdot\beta\Delta t=Gr \tag{3-83}$$

Grashof 准数反映了浮升力与黏性力的比值。

对 Pe 数进行变换，

$$Pe=\frac{vl}{a}=\frac{\nu}{a}\times\frac{vl}{\nu}=Pr\cdot Re \tag{3-84}$$

将式(3-81)、式(3-83）和式(3-84）代入式(3-82)，得到描述对流换热现象准数方程的一般形式为：

$$f(Re,Ho,Gr,Pr,Fo,Nu)=0 \tag{3-85a}$$

由于 Nu 中含有对流换热系数，是一个待定准数，因此，上式通常写成

$$Nu=f(Re,Ho,Gr,Pr,Fo) \tag{3-85b}$$

对于具体的对流换热问题，可以根据不同情况进行简化。

① 在稳定流动和稳定温度场的条件下，可不考虑 Fo 和 Ho，式(3-85）可简化为

$$Nu=f(Re,Gr,Pr) \tag{3-86}$$

② 强制流动时，自然流动的影响可忽略的情况下，式(3-85）可简化为

$$Nu=f(Re,Pr) \tag{3-87}$$

③ 对于自然流动，简化后的准数方程则为

$$Nu=f(Gr,Pr) \tag{3-88}$$

④ 对于原子数目相同的气体，Pr 数，强制流动和自然流动情况下的准数方程分别可写为 $Nu=f(Re)$和 $Nu=f(Gr)$。

应用上述准数方程时，首先需要确定用于计算各准数的相关参数，包括定性温度和定性尺寸。

① 定性温度　在传热过程中，由于温度的变化，相似准数中包含的物性参数受温度的影响而在数值上会有明显的变化，因此，必须选定一个有代表性的温度作为依据用以确定物性参数。通常以定性温度决定准数中物性参数数值。一般来说，定性温度的选择主要有流体平均温度、固体壁表面温度和边界层平均温度 3 种方案，常以准数下角码的形式进行标注，如 Re_f、Re_w 和 Re_b。由于对流换热过程主要取决于边界层，多数情况下，以流体温度和壁

面温度的算术平均值表示的边界层平均温度作为流体的定性温度。

② 定性尺寸　定性尺寸的选择不仅与对流换热的表面性状有关，还与流体流动方向和表面的相对位置有关。一般来说，流体在圆管内流动时，采用内径为定性尺寸，非圆管中的流动，则采用当量直径为定性尺寸；对于横向流过单管或管簇时，取管子外径；对纵向流过平板的情况，取沿流动方向的壁面长度。

以上各个方程只是准数方程的基本形式，各相似准数之间的具体函数关系需要根据具体的对流换热情况，通过实验进行确定。下面讨论一些典型的对流换热问题的实验计算式。

3.3.4.2　无相变时的强制对流换热

强制对流换热是工程实际中经常遇到的对流换热现象，其中最常见的是管内强制对流换热、横掠圆管的强制对流换热、掠过平板的强制对流等形式。

（1）管内强制对流换热

对流换热的实验计算式是通过实验求解的结果，必须考虑不同条件与对流换热系数的影响关系。在管内的强制对流换热中，管长和温度场的影响是主要考虑的因素。

当流体从大空间进入管内，流体的速度分布从入口处逐渐变化，达到一定距离后速度分布趋于稳定，成为充分发展段。当流体与固体壁面存在温度差时，温度分布也存在一个逐步变化的过程，相应地，流体的局部对流换热系数将连续发生变化。从进口到充分发展段之间的区域称为入口段。入口段的局部换热系数比充分发展段的高，对流换热系数从进口处的最大值逐渐减小，最后趋于一个稳定值。如图 3-20 所示。研究表明，可由 $L_e/d \approx 0.05Re \cdot Pr$ 确定入口段长度 L_e。管内流动为湍流时，只要 $L/d > 60$，平均表面传热系数就不受入口段的影响，而对于 $L/d < 60$ 的短管需要根据管道长度加以修正。工程实际中常常利用入口段换热效果好这一特点来强化设备的换热。

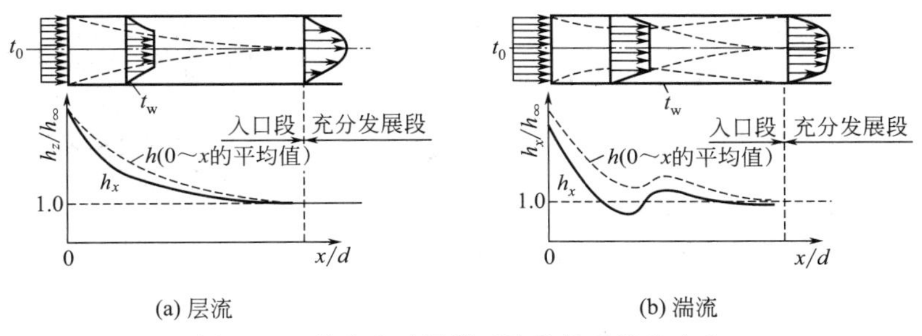

(a) 层流　　(b) 湍流

图 3-20　管内流动局部对流换热系数的变化

对流换热时，管内流体被加热或冷却，管内截面上存在温度的不均匀性。由于流体黏度随温度变化将导致截面上的速度分布有所不同，如图 3-21 所示。当液体被冷却时，由于液体的黏度随温度的降低而升高，近壁处的黏度较管中心处为高，因而速度分布低于等温曲线 1，变成曲线 2。若液体被加热，则速度分布变成曲线 3。对于气体，因黏度随温度增高而升高，与液体的情形相反。这就说明了不均匀物理场对换热的影响。当存在明显温差时，必须考虑温差导致的温度分布改变对对流换热系数的影响。在实际计算式中，往往采用在准数方程式中引进乘数 $(\mu_f/\mu_w)^n$ 或 $(Pr_f/Pr_w)^n$ 来考虑不均匀物性场对换热的影响。

① 光滑管内的湍流运动　对于圆管中充分发展的湍流，流体与管壁间的对流换热广泛

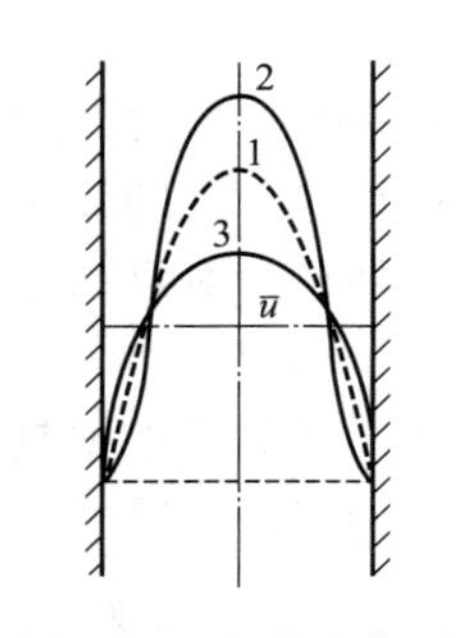

图 3-21 温度变化对速度分布的影响

1—等温流；2—冷却液体或加热气体；3—加热液体或冷却气体

使用的关系式是迪特斯-波尔特（Dittus-Boelter）公式：

$$Nu_f=0.023Re_f^{0.8}Pr_f^n \tag{3-89}$$

式中，n 值与热流方向有关，流体被加热时 $n=0.4$，被冷却时 $n=0.3$。上式的使用范围为：a. $L/d \geqslant 60$；b. $Re_f=10^4 \sim 1.2\times10^5$，$Pr_f=0.7\sim120$；c. 气体温度≤50℃，水温≤20～30℃，对于 $\frac{1}{\mu}\times\frac{d\mu}{dt}$ 大的油类，温差≤10℃。

在工程实际应用中，针对不同情况引入修正系数对式(3-89）进行适当的修正，扩大其使用范围，更加具有实际应用价值。修正后的计算式可写为：

$$Nu_f=0.023Re_f^{0.8}Pr_f^n\varepsilon_t\varepsilon_l\varepsilon_r \tag{3-90}$$

温度修正系数 ε_t：由于温度变化会产生物理场变化，从而影响对流换热。当温差超过推荐使用范围时，必须进行温度修正。通常用温度修正系数 ε_t 对式(3-89）进行修正。

气体
$$\varepsilon_t=\begin{cases}(T_f/T_w)^{0.5} & \text{（被加热）}\\ 1 & \text{（被冷却）}\end{cases} \tag{3-91}$$

液体
$$\varepsilon_t=\left(\frac{\mu_f}{\mu_w}\right)^n \quad \begin{cases}n=0.11\text{（被加热）}\\ n=0.25\text{（被冷却）}\end{cases} \tag{3-92}$$

管长修正系数 ε_l：当管道长度较短、$L/d<60$ 时，由于入口段效应，管长成为对流换热过程的影响因素，需要考虑管长对换热过程的影响，一般采用管长修正系数 ε_l 对式(3-89）进行修正。修正系数的值可以从图 3-22 中获得。从图 3-22 中的数据可以看到，Re 数越大，管长修正系数 ε_l 的值越小，说明入口段的影响就越小。

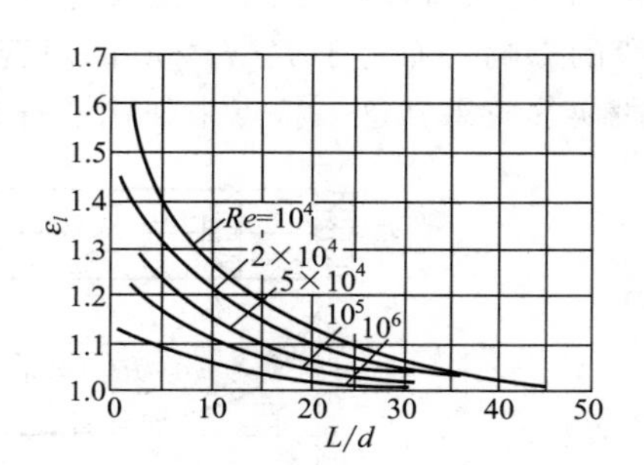

图 3-22 管长修正系数

弯管修正系数 ε_r：流体流经弯管时，由于离心力的作用，在向前运动过程中要不断地改变方向，因此会在横截面上引起二次环流而强化换热。用弯管修正系数 ε_r 反映弯管处的二次环流对强制对流换热的影响。以 d 和 R 分别表示管内径和弯管的曲率半径，弯管修正系数可采用下式进行计算。

对于气体
$$\varepsilon_r=1+1.77\frac{d}{R} \tag{3-93}$$

对于液体
$$\varepsilon_r=1+10.3\left(\frac{d}{R}\right)^3 \tag{3-94}$$

对于高黏度的流体可应用齐德-泰特（Sieder-Tate）公式：

$$Nu_f=0.027Re_f^{0.8}Pr_f^{0.4}\left(\frac{\mu_f}{\mu_w}\right)^{0.14} \tag{3-95}$$

适用范围：$L/d \geqslant 60$，$Pr_f=0.7 \sim 16700$，$Re \geqslant 10^4$。

② 流体在光滑直管中的层流运动　流体在管内做层流运动时，一般流速较低，此时应考虑自然对流的影响。由于在热流方向上同时存在自然对流和强制对流，实际上管内层流换热的情况比湍流更为复杂。当管径较小、流体与壁面间的温差也较小，且流体的运动黏度 ν 值较大时，可忽略自然对流对层流传热的影响，此时，可应用齐德-泰特公式：

$$Nu_f = 1.86 \left(\frac{Re_f Pr_f}{L/d} \right)^{1/3} \left(\frac{\mu_f}{\mu_w} \right)^{0.14} \tag{3-96}$$

适用范围：$Re < 2300$，$Pr_f > 0.6$，$Re_f Pr_f \dfrac{d}{L} > 10$

③ 流体处于过渡流状态　处于层流和湍流之间的过渡态流动，由于流动的稳定性较差，对流换热相对复杂，在 $Re_f = 2300 \sim 6000$ 时，可参考以下方程进行计算：

$$Nu_f = 0.16(Re_f^{2.3} - 125) Pr_f^{\frac{1}{3}} \left(1 + \frac{d}{L}^{\frac{2}{3}} \right) \left(\frac{\mu_f}{\mu_w} \right)^{0.14} \tag{3-97}$$

【例 3-9】 常压空气在内径为 20mm 的管内由 20℃加热到 100℃，空气的平均流速为 $u=20\text{m/s}$，试求管壁对空气的对流传热系数。若管壁平均温度为 40℃，确定单位长度管对空气的对流换热量。

解　取空气的平均温度作为定性温度

$$t_f = \frac{1}{2}(t_{f1} + t_{f2}) = \frac{1}{2}(100+20) = 60(℃)$$

从附录 1 查表可得 60℃空气的物性参数：

$$\rho = 1.06\text{kg/m}^3; k = 0.02896\text{W/(m·℃)}; \mu = 2.01 \times 10^{-5}\text{Pa·s}; Pr_f = 0.696$$

则

$$Re_f = \frac{\rho v d}{\mu} = \frac{0.02 \times 20 \times 1.06}{2.01 \times 10^{-5}} = 21095$$

流动为湍流，根据计算结果，应用迪特斯-波尔特（Dittus-Boelter）公式：

$$Nu_f = 0.023 Re_f^{0.8} Pr_f^n$$

$$Nu_f = 0.023 \times 21095^{0.8} \times 0.696^{0.4} = 57.29$$

对流换热系数，$h = Nu \dfrac{k}{d} = 57.29 \times \dfrac{0.02896}{0.02} = 82.96[\text{W/(m}^2\text{·℃)}]$

单位管长的对流换热量：

$$q = h(t_w - t_f)\pi dL = 82.96 \times (60-40) \times 3.14 \times 0.02 = 104.2(\text{W/m})$$

（2）横掠圆管的强制流动换热

当流体在管外流动时，若流体与管道外壁存在温度差就会产生对流换热，流体与管道外壁的强制对流换热通常会发生在管壳式换热器中。下面从单管换热和管束换热两个方面进行讨论。

① 横掠单管的对流换热　由流体力学知识可知，流体横向掠过单管流动时，会出现边界层分离现象，在分离点之后可能会有回流，而脱体区的扰动强化了换热。此时，管的前半周与后半周的速度分布情况大不相同，因此，对流换热系数沿圆管周向的不同位置也不同。当仅仅关注管壁与流体间的对流换热总体换热效果时，需要确定的是沿圆周的平均对流换热系数的大小。

流体横掠单管的对流换热可采用下列准数方程进行计算。

$$Nu_b = CRe_b^n Pr_b^{1/3} \tag{3-98}$$

式中，C 及 n 的值见表 3-3。定性温度为 $(t_w + t_\infty)/2$，特征速度为通道来流速度 u_∞，特征长度为管外径。

表 3-3　横掠单管的强制对流换热时的 C 和 n 值

Re	C	n
0.4～4	0.989	0.330
4～40	0.911	0.385
40～4000	0.683	0.466
4000～40000	0.193	0.618
40000～400000	0.0266	0.805

对于气体非圆形截面的柱体或管道，横掠情况下的对流换热也可采用式(3-95) 计算。对于几种常见截面形状的相关常数见表 3-4。

表 3-4　气体横掠几种非圆形截面柱体计算式中的常数

截面形状	Re	C	n
正方形 l	$5\times10^3\sim10^5$	0.246	0.588
l	$5\times10^3\sim10^5$	0.102	0.675
正六边形 l	$5\times10^3\sim1.95\times10^4$ $1.95\times10^4\sim10^5$	0.160 0.0385	0.638 0.782
l	$5\times10^3\sim10^5$	0.153	0.638
竖直平板 l	$4\times10^3\sim1.5\times10^4$	0.228	0.731

除了采用上述准数方程的基本形式进行计算，丘吉尔（S. W. Churchill）与朋斯登（M. Bemstein）通过研究提出了适用于宽广范围内通用的准则式：

$$Nu = 0.3 + \frac{0.62Re^{1/2}Pr^{1/3}}{[1+(0.4/Pr)^{2/3}]^{1/4}}\left[1+\left(\frac{Re}{282000}\right)^{5/8}\right]^{4/5} \tag{3-99}$$

上式适用范围为 $Re \cdot Pr > 0.2$ 的情形。

② 横掠管束的对流换热　流体横向流过管束时的对流换热系数与管束的排列方式、管子的间距及管子排列的位置（排数）有关。管束的排列方式一般有叉排和顺排两种排列方式，如图 3-23 所示。叉排时流体在管间交替收缩和扩张的弯曲通道中流动，流动扰动剧烈。在其他条件相同的情况下，叉排式比顺排式管束的换热能力大。研究证明，由于流体绕流通过管束时产生旋涡，因此流体流过管束中最初几排时，对流换热系数是增大的，当流体经过一定数量的管束后，对流换热系数趋于定值。对流换热系数 h 之所以会增大，主要是流体绕过管簇流时产生旋涡而引起的。

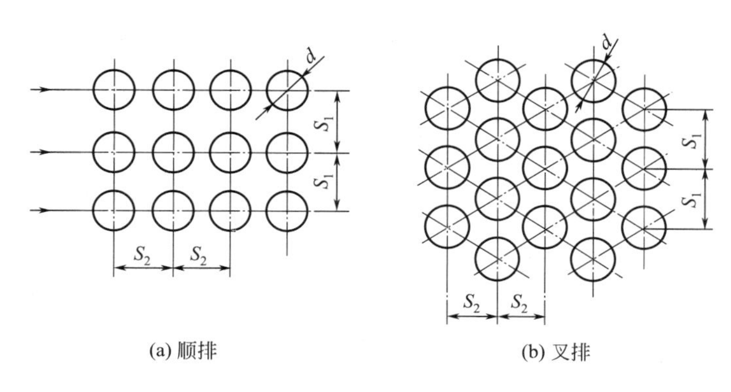

图 3-23　管束的排列方式

流体横掠管束的对流换热准数方程式一般整理如下形式：

$$Nu_{\mathrm{f}}=CRe_{\mathrm{f}}^{n}Pr_{\mathrm{f}}^{m}\left(\frac{Pr_{\mathrm{f}}}{Pr_{\mathrm{w}}}\right)^{0.25}\left(\frac{S_1}{S_2}\right)^{p}\varepsilon_N \tag{3-100}$$

式中，常数 C，n，m 和 p 见表 3-5，定性温度采用流体平均温度，定性尺寸为管子的外径，特征速度为管束间通道截面最小处的平均流速。式(3-100) 适用于管束排数 $N\geqslant 20$ 的情况；当管束排数 $N<20$ 时，采用管束排数影响修正系数 ε_N 进行修正，见表 3-6。

表 3-5　横掠管束对流换热的计算参数值

管束排列方式	Re_{f} 范围	C	n	m	p	备注
顺排	1.6～100	0.90	0.40	0.36	0	
	100～1000	0.52	0.50	0.36	0	
	$1000\sim2\times10^5$	0.27	0.63	0.36	0	
	$2\times10^5\sim2\times10^6$	0.033	0.80	0.40	0	
叉排	1.6～40	1.04	0.40	0.36	0	
	40～1000	0.71	0.50	0.36	0	
	$1000\sim2\times10^5$	0.35	0.60	0.36	0.2	
	$1000\sim2\times10^5$	0.40	0.60	0.36	0	$S_1/S_2\leqslant2$
	$2\times10^5\sim2\times10^6$	0.031	0.80	0.40	0.2	$S_1/S_2>2$

表 3-6　管排修正系数 ε_N

排数	1	2	3	4	5	6	8	12	16	20
顺排	0.69	0.80	0.86	0.90	0.93	0.95	0.96	0.98	0.99	1.0
叉排	0.62	0.76	0.84	0.88	0.92	0.95	0.96	0.98	0.99	1.0

【例 3-10】 某余热锅炉中四排管子所组成的顺排管束。管子的外径为 60mm，烟气平均温度 $t_f=600℃$，管壁平均温度 $t_w=120℃$，烟气通过最窄断面处的平均流速为 8m/s。试求管束的平均对流换热系数。

解 当烟气温度 $t_f=600℃$时，各物性参数值为：

$k=7.42\times10^{-2}W/(m\cdot℃)$；$\nu=93.61\times10^{-6}m^2/s$；$Pr_f=0.62$；$Pr_w=0.686$

则，$Re_f=\dfrac{vd}{\nu}=\dfrac{8\times0.06}{93.61\times10^{-6}}=5128$

在表 3-5 中查得，$C=0.27$，$n=0.63$，$m=0.36$

$$Nu_f=0.27Re_f^{0.63}Pr_f^{0.36}\left(\frac{Pr_f}{Pr_w}\right)^{0.25}$$

$$=0.27\times5128^{0.63}\times0.62^{0.36}\times\left(\frac{0.62}{0.686}\right)^{0.25}=48.2$$

$$h=\frac{Nu_f k}{d}=\frac{48.2\times7.42\times10^{-2}}{0.06}=59.6[W/(m^2\cdot℃)]$$

由于管束排数 $N=4$，根据表 3-6 对排数进行修正，$\varepsilon_N=0.9$，平均对流换热系数为

$$h'=h\varepsilon_N=59.6\times0.9=53.64[W/(m^2\cdot℃)]$$

（3）掠过平板的强制对流换热

当平板与流体间存在温差，流体沿着平板方向掠过时，平板与流体之间产生对流换热，见图 3-24。在恒壁温边界条件下，流体沿着平板流动为层流时，位置 x 处的局部 Nu 数：

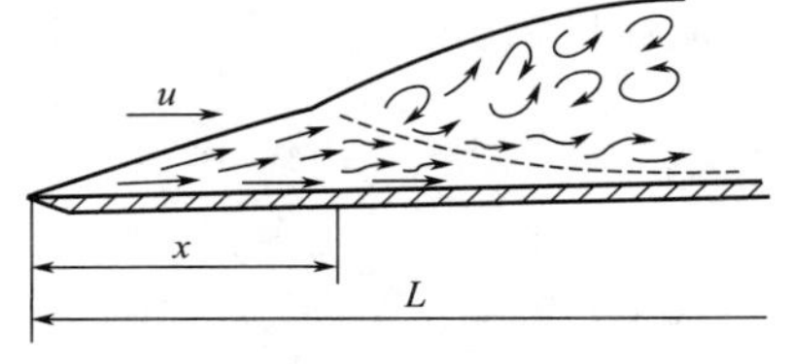

图 3-24 纵掠平板的对流换热

$$Nu_x=0.332Re_x^{1/2}Pr^{1/3} \tag{3-101}$$

此时，整个平板的平均 Nu 数：

$$Nu_L=0.664Re_L^{1/2}Pr^{1/3} \tag{3-102}$$

在恒壁温边界条件下，流体沿着平板流动为湍流时，在位置 x 处的局部 Nu 数：

$$Nu_x=0.0296Re_x^{4/5}Pr^{1/3} \tag{3-103}$$

以上各式中以流体的平均温度为定性温度。

（4）流体绕流球体的强迫流动换热

在填充床和流化床中球形固体颗粒悬浮在流体中，流体与颗粒外部的绕流进行对流换热。这时，固体颗粒与流体之间的对流换热属于流体外掠球体的强制对流换热。球体绕流时边界层的情况和绕流圆柱时类似，其对流换热系数的计算可以采用以下得到广泛认可的关联式：

$$Nu_d=2+(0.4Re_d^{1/2}+0.06Re_d^{2/3})Pr^{0.4}\left(\frac{\mu_f}{\mu_w}\right)^{1/4} \tag{3-104}$$

方程的适用范围：$0.71<Pr<380$，$3.5<Re_d<7.6\times10^4$，$1.0<\mu/\mu_w<3.2$，定性温

度为流体的平均温度。

如果流体是空气或是与空气相近 Pr 数的气体，可采用以下简化计算式：

$$Nu_d = 0.33 Re_d^{0.6} \tag{3-105}$$

方程的适用范围：$20 < Re_d < 1.5 \times 10^5$，定性温度为边界层温度。

在强制对流换热中，有时需要既考虑强制对流又要考虑自然对流。一般认为，$Gr/Re^2 \geqslant 0.1$ 时自然对流的影响不能忽略，而 $Gr/Re^2 \geqslant 10$ 时强制对流的影响相对于自然对流也可以忽略不计。

3.3.4.3 自然对流换热

由于流体自身温度场的不均匀而导致密度不均匀所引起的流动称为自然对流。在自然对流换热过程中，流体运动的动力是由密度变化所产生的浮升力，因此在分析自然对流换热问题时，必须考虑密度随温度的变化。Gr 准数表达了浮升力与黏性力之比，Gr 准数越大，自然对流换热就越强烈。

根据 3.3.4.1 分析得到自然对流条件下的准数方程基本形式为

$$Nu = f(Gr, Pr)$$

自然对流换热固体壁面的几何形状可分为垂直平板与垂直圆柱的自然对流、水平平板与水平圆柱的自然对流；按固体壁面的热状况可分为等温和等热通路自然对流；按流体形式空间可分为大空间自然对流换热和有限空间自然对流换热。本节仅介绍大空间自然对流换热和有限空间自然对流换热情形下的特点和相关的计算方法。

（1）大空间自然对流换热

所谓大空间指的是换热空间尺寸比换热物体的尺寸大得多的空间，大空间使流体的自然对流不受影响，大空间中物体的换热结果不致引起空间温度的变化。

下面以置于空气中的垂直热表面引起的自然对流换热为例，分析大空间中的自然对流换热。如图 3-25 所示，在贴壁处，空气温度等于壁面温度 t_w，沿着垂直壁面的方向上随着离表面距离的增加，空气温度逐渐降低，达到一定距离 δ 以后，空气温度等于周围环境温度 t_∞，不再发生变化。也就是说，只在 $x < \delta$ 的空间范围内空气温度受到壁面温度加热的影响。

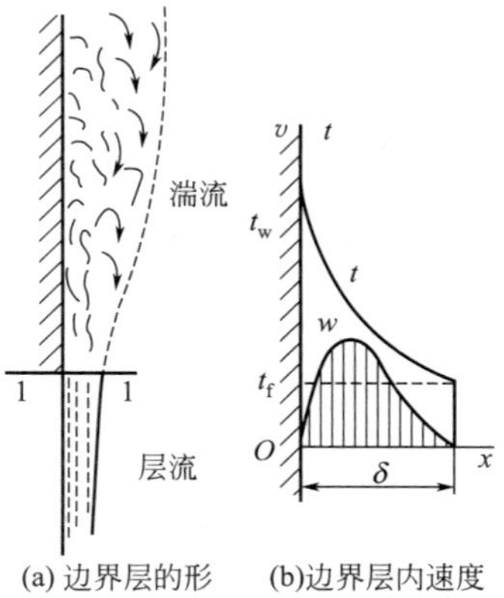

自然对流时，流体运动的动力是浮升力，障碍流体运动的是黏性力，这两种力的相对大小决定了流动状态。空气在沿着热表面向上流动时，空气不断从表面吸收热量，温度不断升高，浮升力随之增大，向上的流动从规则的层流会转变为湍流，向上流动的流体层随着高度的增加而逐渐增厚。由于在贴壁处黏性作用使流动速度为零，而在 $x \geqslant \delta$ 区域温度不均匀作用消失，速度也等于零，因此，向上流动的流体层内的速度分布在偏近热壁的中间处速度有一个峰值。

图 3-25　大空间的自然对流换热

通过以上分析可知，当流体沿着热表面进行自然对流换热时，流动状态受换热过程的影响，流体的物性参数也会对流动状态有所影响。工程上，对大空间自然对流换热的准则方程式一般用幂函数形式表示：

$$Nu_b=C(Gr_b \cdot Pr_b)^n \tag{3-106}$$

式中，以边界层平均温度 $t_b=(t_\infty+t_w)/2$ 为定性温度。在几种典型的大空间自然对流换热情况下，常数 C 和 n 的值列于表 3-7。

表 3-7　典型的大空间自然对流换热计算的 C 和 n 值

自然对流表面形状及位置	示意图	流态	常数		定性尺寸	$Gr \cdot Pr$
			C	n		
竖壁及垂直圆柱形表面	H	层流 紊流	0.59 0.10	1/4 1/3	高度 H	$10^4 \sim 10^9$ $10^9 \sim 10^{12}$
水平圆柱		层流 紊流	0.53 0.13	1/4 1/3	外径 d	$10^4 \sim 10^9$ $10^9 \sim 10^{12}$
水平板(热面朝上或冷面朝下)		层流 紊流	0.54 0.15	1/4 1/3	正方形取边长；长方形取两边平均值；圆盘取 $0.9d$；狭长条取短边	$2\times10^4 \sim 8\times10^6$ $8\times10^6 \sim 10^{11}$
水平板(热面朝下或冷面朝上)		层流	0.27	1/4		$10^5 \sim 10^{11}$

式(3-106) 只适用于恒壁温情况下的大空间自然对流换热。在许多实际问题中，虽然空间不大，但热边界层的发展并不相互干扰，因而也可以应用大空间自然对流换热的规律计算。实践表明，对于距离为 a、高度为 H 的两个热竖壁形成的空气夹层中的自然对流换热，只要 $a/H>0.28$，就可应用大空间的自然对流换热规律计算。

如果自然对流表面具有恒定的热流密度，如电子元器件的散热，这时自然对流换热的平均换热系数可以采用平板中心点的壁温作为壁面温度计算温差，采用恒壁温条件下公式进行计算。

【例 3-11】 直径为 0.3m 的水平圆管，壁面温度维持 250℃。水平圆管置于室内，环境空气温度为 15℃。试计算每米管长的自然对流热损失。

解　定性温度

$$t_b=\frac{1}{2}(t_f+t_w)=\frac{1}{2}(250+15)=132.5(℃)$$

查得 132.5℃空气的物性参数：$k=0.034\text{W}/(\text{m}\cdot℃)$；$\nu=26.26\times10^{-6}\text{m}^2/\text{s}$；$Pr_f=0.687$，$\beta=1/T_f=1/(132.5+273)=2.46\times10^{-3}(\text{K}^{-1})$

$$Gr \cdot Pr=\frac{g\beta(t_w-t_\infty)d^3}{\nu^2}Pr$$

$$=\frac{9.81\times2.46\times10^{-3}\times(250-15)\times0.3^3}{(26.26\times10^{-6})^2}\times0.687=1.53\times10^8$$

查表 3-7 得，$C=0.53$，$n=1/4$，于是

$$Nu_b=0.53(Gr_b\cdot Pr_b)^{0.25}=0.53\times(1.53\times10^8)^{0.25}=58.9$$

对流换热系数，$h=Nu\dfrac{k}{d}=58.9\times\dfrac{0.034}{0.3}=6.67[\mathrm{W/(m^2\cdot ℃)}]$

单位管长的对流换热量：

$$q=h(t_w-t_\infty)\pi dl=6.67\times(250-15)\times3.14\times0.3=1477(\mathrm{W/m})$$

（2）有限空间自然对流换热

有限空间自然对流换热是在相对较小的空间中，流体的加热和冷却是在彼此靠得很近的地方发生。流体在夹层中自然对流换热属于有限空间的自然对流换热。这时，流体的流动受到有限空间的限制，冷热两股流体互相干扰，要区分冷、热表面对流体产生自然对流换热的影响是困难的，在此空间中的热流量是热面放热和冷面吸热两者综合作用的结果。正是由于有限空间自然对流换热的这些特点，使其换热规律与大空间自然对流换热情况下的不相同。

这里仅讨论直立和水平放置的封闭夹层情况下的自然对流换热，如图 3-26 所示。定性尺寸为夹层厚度 δ，定性温度为两壁的平均温度 $(t_{w1}+t_{w2})/2$。

夹层内流体的流动主要取决于以夹层厚度 δ 为特征长度的 Gr 数：

$$Gr_\delta=\frac{g\beta\Delta t\delta^3}{\nu^2} \tag{3-107}$$

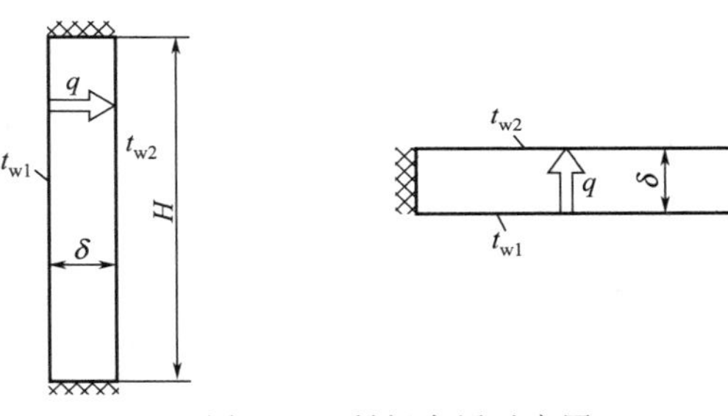

图 3-26　封闭夹层示意图

在竖夹层自然对流换热中，需要考虑宽高比 δ/H 对换热的影响。对于空气夹层，准数方程的一般形式为

$$Nu_\delta=C(Gr_\delta\cdot Pr)^m\left(\frac{\delta}{H}\right)^n \tag{3-108}$$

式中，常数 C 和 m，n 的值列于表 3-8。

表 3-8　有限空间自然对流换热计算的 C 和 m、n 值

夹层位置	系数与幂指数			适用条件	
	C	m	n	$Gr_\delta\cdot Pr$	Pr
竖壁夹层(气体)	0.197	1/4	1/9	$2000\sim2\times10^5$	0.5～2
	0.073	1/3	1/9	$2\times10^5\sim1.4\times10^7$	0.5～2
热面在下的水平夹层(气体)	0.059	0.4	0	1700～7000	0.5～2
	0.212	1/4	0	$7000\sim3.2\times10^5$	0.5～2
	0.061	1/3	0	$>3.2\times10^5$	0.5～2

以上所述的是无相变的对流换热，另一类是有相变的对流换热。有相变的对流换热问题以蒸汽遇冷凝结和液体受热沸腾最为常见。因为伴随有相变过程的对流换热的机制非常复杂，影响因素多，其换热规律与单相换热有很大的不同。有相变的对流换热问题的分析和计算方法，可考虑相关传热学文献和资料。

3.4 辐射换热

前面讨论的导热、对流换热这两种热量传递方式是必须通过物体的宏观运动或微观粒子的热运动才能进行能量转移。辐射换热是由于物质的电磁运动引起的能量传递，辐射换热不需要任何中间介质，在真空中也能进行。太阳距离地球一亿五千万公里，它们之间几乎真空，太阳以热辐射方式把大量热量传递到地球。由于热量传递机制的差别，辐射换热规律的研究与导热和对流有明显差异。本节中主要介绍辐射换热的基本概念和基本规律。

3.4.1 热辐射的基本概念

3.4.1.1 热辐射的本质和特点

物体以电磁波方式传递能量的过程称为辐射，被传递的能量称为辐射能。由于自身温度或热运动的原因而激发产生的电磁波传播，称为热辐射。由热辐射产生的射线称为热射线。

一切物体只要在绝对零度以上，内部的电子就会产生振动。物体中电子振动或激发的结果，就会向外放出电磁波。当外界提供能量使温度升高时，其中的电子跃迁到较高能级，处于激发态，而电子在高能级上是不稳定的，有随时回到低能态的趋势。此时，能量以电磁波辐射的形式放射出来。

由于电磁波的波长不同，投射到物体上产生的效应不同。辐射换热中关注的是投射到物体上电磁波被物体吸收后，转变为热能的那一部分电磁波。在工业上所遇到物体温度范围大多在 2000K 以下，相应的波长主要分布在 0.38～1000μm，包括可见光和红外线。这部分热辐射很容易被物体吸收，它们投射到物体上能产生热效应，一般把它们称为热射线，如图 3-27 所示。热射线的辐射能取决于温度。对于温度很高的太阳辐射，主要能量集中在 0.2～2μm 的波长范围，其中可见光（λ=0.38～0.76μm）占有很大的比例。实际上，热辐射与光辐射的本质完全相同，所不同的仅仅是波长的范围，传热学中所研究的热辐射只是整个电磁波谱中很小的一部分。

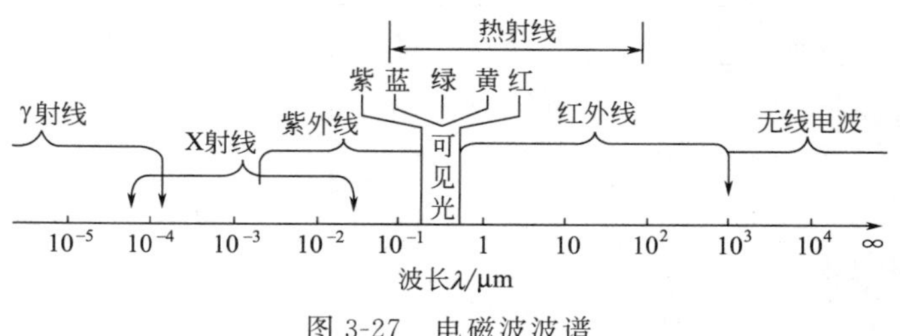

图 3-27 电磁波波谱

热辐射的本质决定了热辐射过程具有以下特点：

① 辐射换热过程伴随着能量形式的转化。物体的热能转化为辐射能而发射热射线，当此热射线被另一物体表面吸收时，辐射能又转化为热能。

② 一切物体只要其温度高于绝对零度，都会不断地辐射热射线。当物体间有温差时，高温物体辐射给低温物体的能量大于低温物体辐射给高温物体的能量，因此总的结果是高温物体把能量传递给低温物体。即使各个物体的温度相同，辐射换热仍在不断进行，只是每个物体辐射出去的能量，等于吸收的能量，辐射换热处于动态平衡。

③ 热辐射的传播规律与可见光的一样。热射线在真空的传播速度为每秒 30 万千米，可见光的反射、折射规律对热射线同样正确。

3.4.1.2 热辐射的吸收、反射和透射

当热射线投射到物体表面上，会发生吸收、反射和透射现象（图 3-28）。设投射到物体表面上全波长范围的总能量为 Q（单位为 W/m^2），其中被吸收能量 Q_A、反射能量 Q_R、透过能量 Q_D，根据能量守恒定律有：

$$Q_A + Q_R + Q_D = Q \tag{3-109}$$

可得

$$\frac{Q_A}{Q} + \frac{Q_R}{Q} + \frac{Q_D}{Q} = 1$$

即

$$A + R + D = 1 \tag{3-110}$$

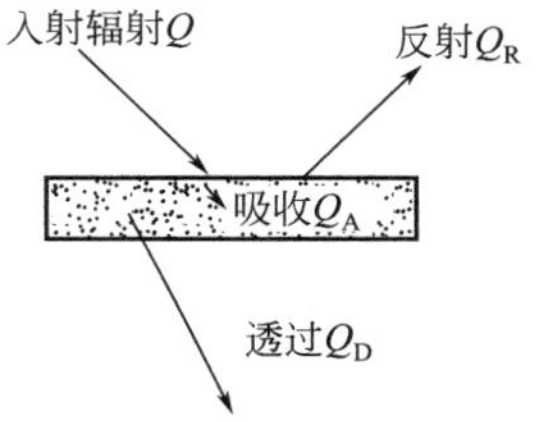

图 3-28　辐射能的吸收、反射和透过

式中，$A=\frac{Q_A}{Q}$为物体的吸收率；$R=\frac{Q_R}{Q}$为物体的反射率；$D=\frac{Q_D}{Q}$为物体的透过率。吸收率 A、反射率 R 和透过率 D 分别表示物体对投入辐射的吸收能力、反射能力和透射能力。

实际上，当辐射线投射到固体或液体表面上，一部分射线被反射，其余射线在很短距离内（1μm～1mm）就能被完全吸收。因此可以认为，热射线几乎不透过工程材料，即 $A+R\approx 1$，$D\approx 0$。并且固体和液体对热射线的吸收和反射都在表面上进行，其表面状况对吸收和反射特性有重要影响。对于固体表面，当表面粗糙度限于投射线的波长时，形成镜面反射，遵循入射角等于反射角的规则。高度磨光的金属板具有镜面反射的特性。当表面的粗糙大于投射线波长时，投射辐射反射到半球空间各个所有方向，形成漫反射。大多数工程材料的表面都是漫反射表面。

投射到气体界面上的热射线能穿透气体，而几乎不反射，即 $R\approx 0$，$A+D\approx 1$。因此，辐射和吸收在整个气体容积中进行。

物体都具有一定的吸收能力、反射能力和透射能力。从理想物体着手研究，可使问题简化。如果投射到物体上的辐射能全部被物体吸收，此时 $A=1$，$R=D=0$，该物体称为绝对黑体（简称黑体）；如果投射到物体上的辐射能全部被物体表面反射，此时 $R=1$，$A=D=0$，该物体称为绝对白体，或镜体。如果投射到物体上的辐射能全部透过物体，此时 $D=1$，$A=R=0$，该物体称为绝对透热体（简称透热体或透明体）。

需要说明的是，白体、黑体和透明体的概念仅仅是借助于可见光对射线吸收和反射的特性进行命名。实际上，影响热辐射的吸收和反射的主要因素是其物性、表面状态和温度，而

不是物体表面的颜色。因为热辐射不仅仅包含可见光，还包括很多看不见的辐射能，如红外线，可见光只占全波长射线的很小一部分。例如雪和煤，对可见光的吸收率有明显的差别，在光学上分别是白色和黑色，但对红外线的吸收率却基本相同。白雪几乎不吸收可见光，但对于红外线的吸收率 $A=0.985$，接近于黑体。不管什么颜色的物体，光滑表面的吸收率比粗糙表面的吸收率要小得多。

3.4.1.3 辐射力、辐射强度

物体表面在一定温度下，向半球空间不同方向发射各种不同波长的辐射能。为了说明物体的辐射能力，引入辐射力和辐射强度的概念。

（1）辐射力

单位时间内，单位辐射面积向半球空间所有方向辐射的全部波长范围内（$0<\lambda<\infty$）的总辐射能，称为辐射力。用 E 表示，单位是 $\mathrm{W/m^2}$。若物体是黑体，通常用下标 b 加以区分，表示为 E_b。

用光谱分析仪分离不同波长的辐射能，发现辐射能按波长分布是不同的。不同波长下的辐射能大小用单色辐射力进行描述。在波长 λ 下，单位时间、单位辐射表面向半球空间所有方向辐射的单位波长内的能量，称为单色辐射力，也称为光谱辐射力。单色辐射力用 E_λ 表示，单位是 $\mathrm{W/(m^2 \cdot m)}$，黑体的单色辐射力则表示为 $E_{b,\lambda}$。

辐射力是包括物体向各个方向所辐射的一切波长的总能量，辐射力与单色辐射力存在如下关系：

$$E_\lambda=\frac{\mathrm{d}E}{\mathrm{d}\lambda} \tag{3-111}$$

$$E=\int_0^\infty E_\lambda \mathrm{d}\lambda \tag{3-112}$$

某指定方向上在单位时间、单位面积、单位立体角所发射的所有波长的辐射能，称为定向辐射力，用 E_θ 表示，单位是 $\mathrm{W/(m^2 \cdot sr)}$。

$$E_\theta=\frac{\mathrm{d}Q_\theta}{\mathrm{d}\omega \mathrm{d}A} \tag{3-113}$$

（2）辐射强度

在某辐射方向上，单位时间、与辐射方向相垂直的单位面积、单位立体角内所发射的全部波长的辐射能，称为辐射强度，用 I_θ 表示，单位是 $\mathrm{W/(m^2 \cdot sr)}$。由于辐射强度的大小与辐射方向有关，所以也称为定向辐射强度。

与表面法线方向成 θ 角的方向上的辐射强度［图 3-29(a)］：

$$I_\theta=\frac{\mathrm{d}Q_\theta}{\mathrm{d}\omega \mathrm{d}A\cos\theta} \tag{3-114}$$

式中，$\mathrm{d}\omega$ 为立体角。立体角是以球面中心为顶点的圆锥体所张的球面角。立体角的大小为其被球面所截面积与球面半径 r 平方之比，单位是 sr（球面度），如图 3-29(b) 所示。

$$d\omega=\frac{dA_n}{r^2} \tag{3-115}$$

辐射强度定义中的可见辐射面积是指辐射表面投射到与辐射方向相垂直方向的面积，即$dA_c=dA\cos\theta$。

比较定向辐射力与定向辐射强度的定义式(3-113)和式(3-114)可知，两者间的关系为：

$$E_\theta=I_\theta\cos\theta \tag{3-116}$$

辐射强度

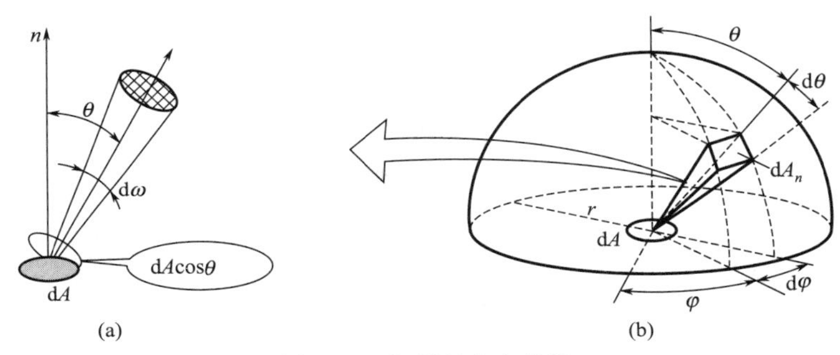

图 3-29 辐射的方向特性

3.4.2 热辐射的基本定律

3.4.2.1 普朗克定律

黑体是能够吸收所有投射到表面辐射能的物体，其吸收率等于1。在相同温度的物体中，黑体的辐射能力最大。

虽然在自然界并不存在真正的黑体，但是黑体在辐射分析研究中有其特殊的重要性，为探究物体的辐射能力，用人工的方法制造出十分接近于黑体的模型，如图3-30所示。当辐射线经小孔射入空腔时，经过内壁面多次反射吸收，最终能离开小孔的能量是微乎其微的，可以认为辐射完全被吸收在空腔内部。就辐射特性而言，小孔具有黑体表面一样的性质。

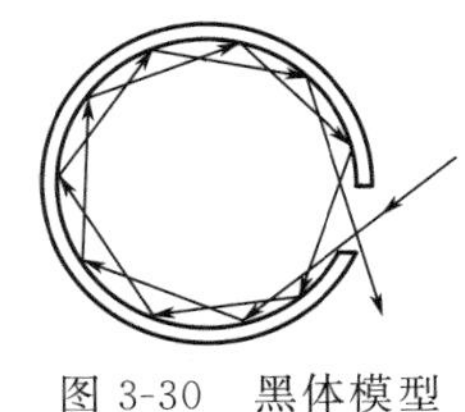

图 3-30 黑体模型

1901年，普朗克（Plank）在量子理论的基础上揭示了黑体的单色辐射力与波长、绝对温度间的关系，即为普朗克定律：

$$E_{b\lambda}=\frac{c_1\lambda^{-5}}{e^{\frac{c_2}{\lambda T}}-1} \tag{3-117}$$

式中　$E_{b\lambda}$——黑体的单色辐射力，W/m^3；

λ——波长，m；

T——热力学温度，K；

c_1——第一辐射常数，$c_1=3.742\times10^{-16}W\cdot m^2$；

c_2——第二辐射常数，$c_2=1.439\times10^{-2}m\cdot K$。

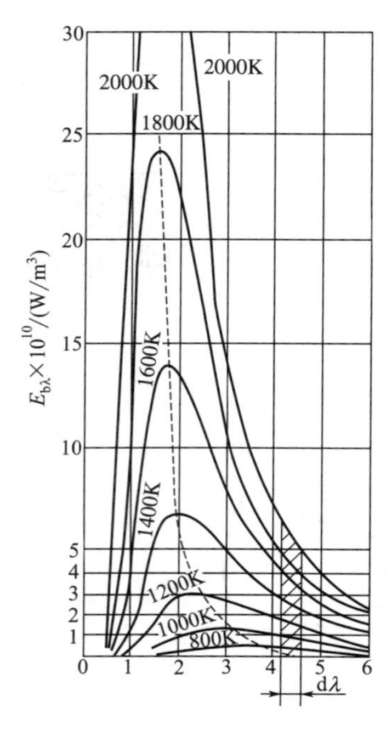

图 3-31　黑体单色辐射力与温度、波长的关系

根据普朗克定律表达式(3-117) 得到黑体单色辐射力随温度与波长的变化曲线，如图 3-31 所示。由图中可知：

① 每个温度对应有一条能量分布曲线。

② 在一定温度下，各个波长下能量不同。$E_{b\lambda}$ 先是随着波长增大而增加，当波长增大到一定值 λ_m 时，达到最大值 $E_{b\lambda,max}$。

③ 随着温度升高，相同波长对应的 $E_{b\lambda}$ 增大，而且温度越高，$E_{b\lambda}$ 增加越快。

④ 随着温度升高，最大单色辐射力 $E_{b\lambda,max}$ 向短波方向移动。辐射光谱中可见光相应增多，亮度也逐渐增加。

严格地说，普朗克定律仅适用于黑体或性状与黑体相似的物体，对于有很大反射率的物体是不适用的，所以不能用加热后颜色的变化作为判断一切物体温度的依据。

3.4.2.2　维恩偏移定律

通过普朗克定律中 $E_{b\lambda}$-λ 特性曲线发现，随着温度的升高，最大单色辐射力的位置向短波方向移动。研究发现，单色辐射力最大值所对应的波长 λ_m(μm) 与温度 T 有如下函数关系

$$T\lambda_m=2896 \tag{3-118}$$

式(3-118) 称为维恩（Wien）定律或维恩偏移定律。事实上，1839 年维恩从热力学观点推导出此定律，它是在普朗克定律发现之前得到此定律的。通过对普朗克定律求极值也可以得到维恩偏移定律的结果。

根据维恩定律，如果已知最大单色辐射力下所对应的波长，可以计算出物体的表面温度。如通过光谱分析仪测得太阳光 $\lambda_m=0.5\mu m$，则可计算得太阳表面温度为 5793K。

严格地说，维恩定律只适用于黑体，对实际物体有明显差异。

3.4.2.3　斯蒂芬-玻尔兹曼定律

斯蒂芬-玻尔兹曼（Stefan-Boltzmann）定律 $E_b=\sigma T^4$，表达了黑体辐射力与温度的关系。1879 年斯蒂芬最早通过实验研究得到黑体辐射力与温度关系，而后 1884 年波尔兹曼从热力学理论分析予以证明。斯蒂芬-玻尔兹曼定律的提出比普朗克定律早近 20 年。

实际上，黑体的辐射力也可以通过对普朗克定律表达式(3-117) 的积分求得

$$E_b=\int_0^\infty E_{b,\lambda}d\lambda=\int_0^\infty \frac{c_1\lambda^{-5}}{e^{\frac{c_2}{\lambda T}}-1}d\lambda=\sigma T^4 \tag{3-119}$$

式中　σ——斯蒂芬-玻尔兹曼常数，$\sigma=5.67\times10^{-8}\mathrm{W/(m^2\cdot K^4)}$；

　　T——热力学温度，K。

斯蒂芬-玻尔兹曼定律说明黑体的辐射功率与其绝对温度的四次方成正比，所以此定律也叫四次方定律，是辐射换热计算的基础。它说明黑体的辐射功率仅仅与其温度有关，而与其他因素无关。斯蒂芬-玻尔兹曼定律不仅解决了黑体辐射功率的计算问题，同时指出随着黑体温度的升高其辐射功率迅速增大。

3.4.2.4　兰贝特定律

实际上，在半球空间内，不同方向上其辐射能的分布是不均匀的。兰贝特（Lambert）定律揭示了黑体表面辐射能在空间的分布规律。兰贝特定律指出，黑体表面在半球空间各个方向上的辐射强度相等。

$$I_{\theta_1}=I_{\theta_2}=I_{\theta_3}=\cdots=I_n \tag{3-120}$$

半球空间各个方向辐射强度相等的表面称为漫辐射表面。根据定向辐射力和定向辐射强度的关系，$E_\theta=I_\theta\cos\theta$，在辐射面的法线方向，$\theta=0°$时，有 $E_n=I_n$，因此，式(3-120)可写为：

$$E_{\mathrm{b},\theta}=I_{\mathrm{b},\theta}\cos\theta=I_{\mathrm{b},n}\cos\theta=E_{\mathrm{b},n}\cos\theta \tag{3-121}$$

式(3-120)和式(3-121)均为兰贝特定律的表达式，它说明黑体的定向辐射力 E_θ 随方向角 θ 按余弦规律变化，法线方向的定向辐射力最大，故兰贝特定律也称余弦定律。

各个方向的辐射能量分布之所以不同，是因为辐射表面在不同方向上的可见辐射面积不同。在 θ 方向上可见辐射面积为 $\mathrm{d}A\cos\theta$，随着 θ 值增大，辐射力 $E_{\mathrm{b},\theta}$ 逐渐减小。但是在法线方向上，可见辐射面积就是实际面积 $\mathrm{d}A$。辐射能的最大密度是在辐射表面的法线方向上，如图3-32所示。

下面利用兰贝特定律推导黑体辐射力和辐射强度之间的关系。根据定向辐射力的定义，黑体在半球空间内的总辐射力与定向辐射力的关系可写为：

$$E=\int_0^{2\pi}E_\theta\,\mathrm{d}\omega=\int_0^{2\pi}E_n\cos\theta\,\mathrm{d}\omega \tag{3-122}$$

从图3-33中可知，

$$\mathrm{d}\omega=\frac{\mathrm{d}A}{r^2}=\frac{r\,\mathrm{d}\theta\times r\sin\theta\,\mathrm{d}\varphi}{r^2}=\sin\theta\,\mathrm{d}\theta\,\mathrm{d}\varphi \tag{3-123}$$

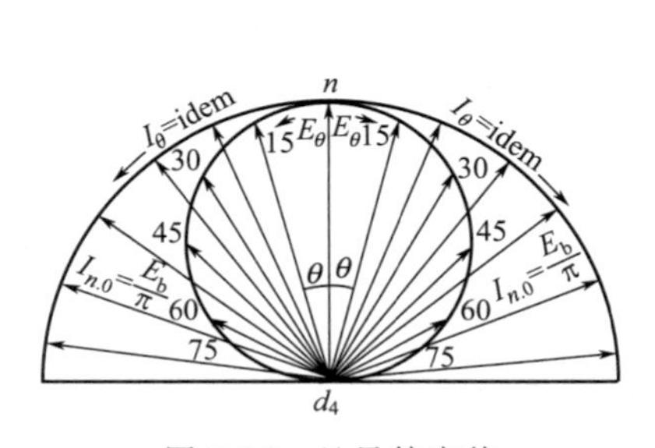

图3-32　兰贝特定律

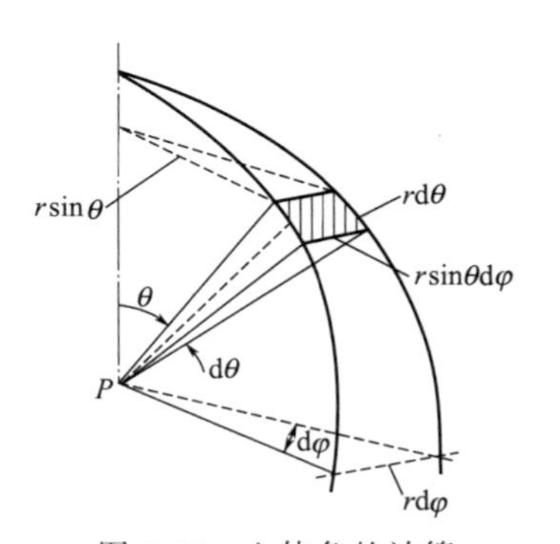

图3-33　立体角的计算

于是，$E=\int_0^{\pi/2}E_n\cos\theta\sin\theta\mathrm{d}\theta\int_0^{2\pi}\mathrm{d}\varphi=E_n\pi$

上式可写成：

$$E_{\mathrm{b},n}=\frac{1}{\pi}E_{\mathrm{b}}=I \tag{3-124}$$

式(3-124) 表明，黑体的辐射力是任意方向辐射强度的 π 倍，且法线方向上的辐射力为总辐射力的$\frac{1}{\pi}$倍。

对实际物体表面，各个方向的辐射强度并不相等。实际测定结果表明，半球空间平均辐射力与法向辐射力的比值变化并不大。对于大多数工程材料，往往可以不考虑物体辐射的方向特性，近似地认为服从兰贝特定律。教材中涉及的辐射换热物体表面均可作为漫反射表面处理。

3.4.2.5 克希霍夫定律

克希霍夫定律确定了物体的辐射力与吸收率之间的关系。

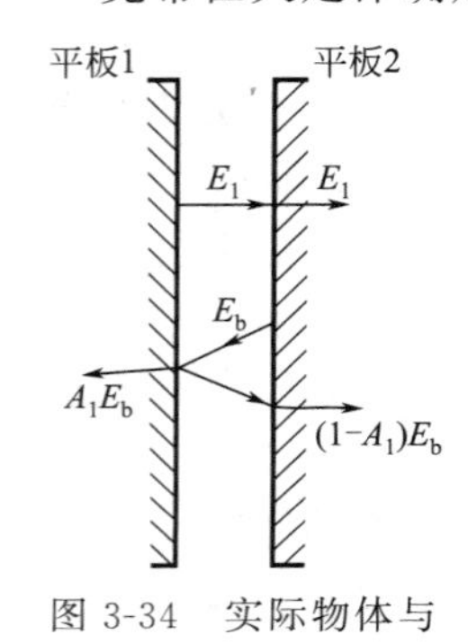

图 3-34 实际物体与黑体的辐射传热

设有两块相距很近的无限大平行平板，如图 3-34 所示，可以认为平板 1 发射的辐射能完全投射到平板 2 上。若平板 1 为实际物体，其温度、辐射力及吸收率分别为 T_1、E_1 和 A_1；平板 2 为黑体，其温度、辐射能力及吸收率分别为 T_2、E_{b} 和 A_2。如 $T_2>T_1$，由于平板 2 为黑体，$A_2=1$，平板 1 发射的 E_1 全部被平板 2 吸收。由平板 2 发射的 E_{b} 被平板 1 吸收后，余下的 $(1-A_1)E_{\mathrm{b}}$ 被反射到平板 2，并全部被吸收。因此，平板 1 的净辐射传热量为：

$$q=E_1-A_1E_{\mathrm{b}}$$

当 $T_1=T_2$，两板达到热平衡状态时，$q=0$，有

$$E_1=A_1E_{\mathrm{b}} \quad 或 \quad \frac{E_1}{A_1}=E_{\mathrm{b}}$$

平板 1 为任意实际物体，当平板 1 用其他材料替代，上式可以写成：

$$\frac{E_1}{A_1}=\frac{E_2}{A_2}=\cdots=\frac{E}{A}=E_{\mathrm{b}}=f(T) \tag{3-125}$$

式(3-125) 为克希霍夫定律的表达式，它表明任何物体的辐射力与其吸收率的比值恒等于同温度下黑体的辐射力，并且只与温度有关，与物体的性质无关。同时克希霍夫定律表明，实际物体辐射力等于物体吸收率与同温度下黑体辐射力的乘积，即

$$E=AE_{\mathrm{b}} \tag{3-126}$$

式(3-126) 是克希霍夫定律的另一种表达形式。

对于实际物体，吸收率 $A<1$，由此可见，在任意温度下，黑体具有最大的辐射力和最大的吸收率。对于实际物体而言，物体的吸收率越大，其辐射能力也越大。换言之，善于吸收的物体也善于辐射，反之亦然。

3.4.2.6 灰体及其特性

由于任何波长下的一切实际物体的单色辐射力都小于相应黑体的单色辐射力，因此一切实际物体的辐射力也都小于同温度下黑体的辐射力。假如一种物体的辐射光谱是连续的，在任何温度下所有各个波长的单色辐射力与同温度下相应黑体单色辐射力的之比为定值，

这种物体称为灰体。即：

$$\frac{E_{\lambda_1}}{E_{b,\lambda_1}}=\frac{E_{\lambda_2}}{E_{b,\lambda_2}}=\frac{E_{\lambda_3}}{E_{b,\lambda_3}}=\cdots=\frac{E}{E_b}=\varepsilon \tag{3-127}$$

式(3-127) 中的比值 ε 称为物体的辐射率（也称为黑度）。显然，灰体的辐射率不随波长变化，而且某一波长下辐射率等于总的辐射率。对于黑体 $\varepsilon=1$，对于实际物体 $\varepsilon=0\sim1$。这时，式(3-125) 改写成如下形式，

$$A=\frac{E}{E_b}=\varepsilon \tag{3-128}$$

式(3-128) 表明任何物体的吸收率等于同温度下的辐射率。

考察实际物体在不同波长下的单色辐射力可以发现，实际物体的辐射与灰体辐射是有差别的。实际物体的辐射率并非是一个常数，而与波长有关，图 3-35 所示为某一温度下黑体、灰体与实际物体单色辐射光谱。实际上，灰体是一种理想物体。在工程计算中，为了计算方便常常把大多数实际物体都看作灰体，这样实际物体的辐射力可用斯蒂芬-玻尔兹曼定律表示为：

$$E=\varepsilon E_b=\varepsilon\sigma T^4 \tag{3-129}$$

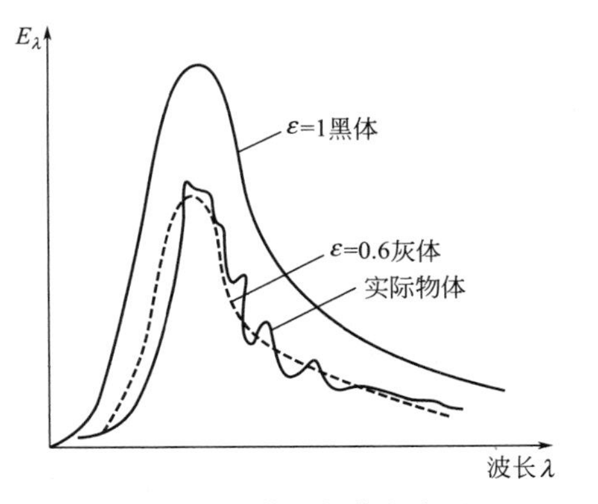

图 3-35 黑体、灰体与实际物体的单色辐射力

大多数工程材料的辐射率随温度的升高而增大。工程材料的辐射率除了与温度有关外，还与材料的性质、表面状态（氧化程度、粗糙程度）有关。表面越粗糙，辐射率越大。各种材料的辐射率都是通过实验方法测定得到的，常见材料的辐射率可从附录和相关手册中查找。

3.4.3 黑体间的辐射换热

3.4.3.1 角系数

(1) 角系数的定义

影响物体间的辐射换热的因素除了物体的温度、辐射率和吸收率，还与换热物体的尺寸、形状和相对位置等几何因素有关系。

两个任意放置的物体表面，表面 1 向半球空间发射的辐射能投射到表面 2 上的比率，称为表面 1 对表面 2 的角系数，用符号 φ_{12} 表示。同样，表面 2 对表面 1 的角系数表示为 φ_{21}。角系数的数学表达式为

$$\varphi_{12}=\frac{Q_{12}}{E_1A_1} \tag{3-130}$$

由上式可知，角系数是一个无量纲量。

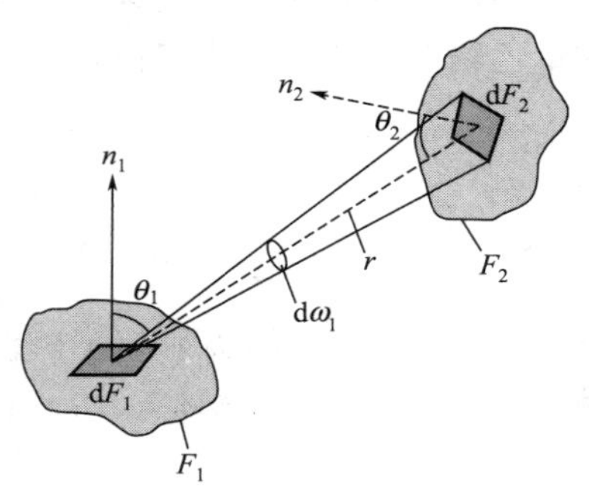

图 3-36　任意放置的两个换热物体

（2）角系数的计算

如图 3-36 所示，在两个任意放置的黑体换热表面分别取微元面 dF_1 和 dF_2，两者距离为 r，两个表面间法线与连线 r 间的夹角为 θ_1 和 θ_2。根据兰贝特定律，在 θ_1 方向上的定向辐射力为

$$E_{b,\theta_1}=E_{b,n}\cos\theta_1=\frac{1}{\pi}E_{b1}\cos\theta_1$$

把上式代入定向辐射力的定义式 $E_{\theta_1}=\frac{dQ_{12}}{d\omega_1 dF_1}$ 中，从表面 1 投射到表面 2 上的辐射能为

$$dQ_{12}=\frac{E_{b1}}{\pi}\cos\theta_1 dF_1 d\omega_1$$

同理，从表面 2 投射到表面 1 上的辐射能为

$$dQ_{21}=\frac{E_{b2}}{\pi}\cos\theta_2 dF_2 d\omega_2$$

根据立体角定义，可知

$$d\omega_1=\frac{dF_2\cos\theta_2}{r^2}\text{和 } d\omega_2=\frac{dF_1\cos\theta_1}{r^2}$$

因此，有

$$Q_{12}=E_{b1}\int_{F_1}\int_{F_2}\frac{\cos\theta_1\cos\theta_2}{\pi r^2}dF_1dF_2$$

$$Q_{21}=E_{b2}\int_{F_1}\int_{F_2}\frac{\cos\theta_1\cos\theta_2}{\pi r^2}dF_1dF_2$$

所以，

$$\varphi_{12}=\frac{Q_{12}}{E_{b1}F_1}=\frac{1}{F_1}\int_{F_1}\int_{F_2}\frac{\cos\theta_1\cos\theta_2}{\pi r^2}dF_1dF_2 \tag{3-131a}$$

$$\varphi_{21}=\frac{1}{F_2}\int_{F_1}\int_{F_2}\frac{\cos\theta_1\cos\theta_2}{\pi r^2}dF_1dF_2 \tag{3-131b}$$

式(3-131) 为任意两表面间角系数的理论计算式。虽然该计算式是通过黑体之间的辐射换热推导得到的，但是从计算表达式可以看到任意两个表面间的角系数与表面的性质无任何关系，角系数是一个纯几何参数。角系数仅与换热物体的形状、尺寸及物体间的相对位置有关，而与物体性质和温度条件无关。因此，角系数又称为形状因子，计算式(3-131) 对于任何漫射表面均适用。

角系数的确定通常采用两种方法，一种是积分法，利用角系数的理论计算式(3-131)进行积分运算。由于式(3-131)是一个双重积分，实际计算工程十分复杂。工程上为了方便起见，通常把角系数理论求解的结果绘制图。常见的几种表面间角系数算图可在附录中查找。另一种方法是代数法，利用角系数的性质，通过代数处理计算得出。

（3）角系数的性质

① 相对性　对比式（3-131a）和式（3-131b）可以得到：

$$\varphi_{12}F_1=\varphi_{21}F_2 \tag{3-132}$$

上式表明任意两个表面间的角系数 φ_{12}、φ_{21} 不是独立的，而是存在约束关系，因而相互间可以进行互换，所以这一性质又称为互换性。

② 自见性　自见性是指一个物体表面辐射出来的能量投射到自身表面的分数。对于平面和凸面，其自见性为零，即 $\varphi_{11}=0$。凹面，有一定的自见性，$\varphi_{11}>0$。

③ 完整性　根据能量守恒原理，对于由 N 个物体表面组成的封闭体系来说，任一物体表面辐射的能量将全部分配到体系中的各个表面上。以图 3-37 表面 1 为例，有

$$Q_1=Q_{11}+Q_{12}+Q_{13}+\cdots+Q_{1N}$$

因此，封闭体系中任一表面与各个表面的角系数之间存在关系式，

$$\sum_{j=1}^{N}\varphi_{1j}=\varphi_{11}+\varphi_{12}+\varphi_{13}+\cdots+\varphi_{1N}=1 \tag{3-133}$$

此即为角系数的完整性。

④ 分解性　两个表面 F_1 和 F_2 之间辐射换热时，如果将 F_1 分解成 F_3 和 F_4 两个表面[见图 3-38(a)]，根据能量守恒原理，则有

$$F_1\varphi_{12}=F_3\varphi_{32}+F_4\varphi_{42} \tag{3-134}$$

同样，如果把 F_2 也分解成 F_5 和 F_6 两个表面［见图 3-38(b)］则

$$F_1\varphi_{12}=F_1\varphi_{15}+F_1\varphi_{16} \tag{3-135}$$

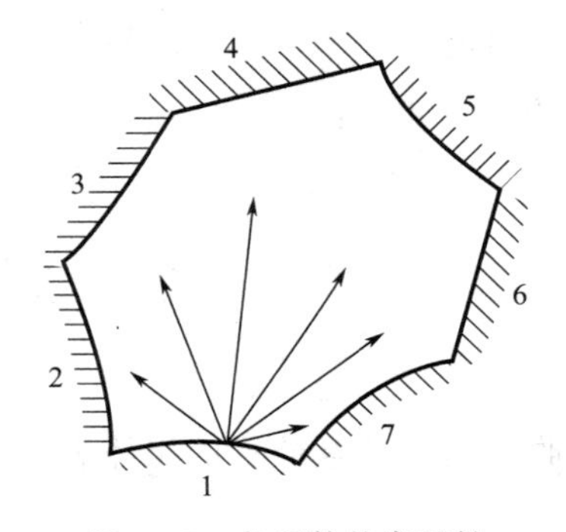

图 3-37　角系数的完整性

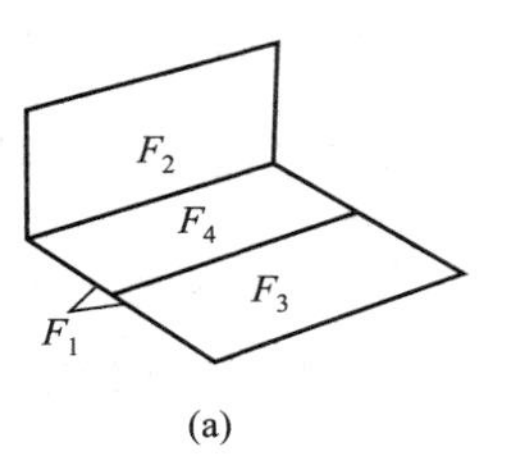

F_1　F_6　F_5　F_2

(b)

图 3-38　角系数的分解性

利用角系数的上述性质，通过代数方法求解可以得到表面间的角系数。常见的几种物体表面之间角系数的代数分析方法举例说明列于表 3-9 中。

表 3-9 某些物体之间角系数的推导

名称	图示	角系数的推导
两个无限大平行平板	F_2 F_1	根据完整性：$\varphi_{11}+\varphi_{12}=1$ 自见性：$\varphi_{11}=0$，故 $\varphi_{12}=1$ 同理 $\varphi_{21}=1$，$\varphi_{22}=0$
一个物体被另一个物体包围	F_2 F_1	对于物体 1，根据完整性：$\varphi_{11}+\varphi_{12}=1$ 自见性：$\varphi_{11}=0$，故 $\varphi_{12}=1$ 对于物体 2，根据完整性：$\varphi_{21}+\varphi_{22}=1$ 相对性：$F_1\varphi_{12}=F_2\varphi_{21}$ 故 $\varphi_{21}=F_1/F_2$，$\varphi_{22}=1-\varphi_{21}=\dfrac{F_2-F_1}{F_2}$
一个平面和一个曲面组成的封闭体系	F_2 F_1	根据完整性：$\varphi_{11}+\varphi_{12}=1$ 自见性：$\varphi_{11}=0$，故 $\varphi_{12}=1$ 相对性：$F_1\varphi_{12}=F_2\varphi_{21}$ 故 $\varphi_{22}=1-\varphi_{21}=\dfrac{F_2-F_1}{F_2}$
表面 1 与表面 3 之间的角系数（表面 1 与表面 2、表面 3 垂直）	1 2 3	分解性：$F_{(23)}\varphi_{1(23)}=F_3\varphi_{31}+F_2\varphi_{21}$ 相对性：$F_1\varphi_{1(23)}=F_1\varphi_{13}+F_1\varphi_{12}$ 故 $\varphi_{13}=\varphi_{1(23)}-\varphi_{12}$

3.4.3.2 黑体间的辐射换热

设任意放置的两个黑体表面，其表面积分别为 F_1、F_2，温度为 T_1、T_2，表面间介质对热辐射是透明的，单位时间从表面 1 发射出并到达表面 2 的辐射能为：

$$Q_{1-2}=E_{b1}F_1\varphi_{12}$$

单位时间从表面 2 发射出并到达表面 1 的辐射能为：

$$Q_{2-1}=E_{b2}F_2\varphi_{21}$$

由于两表面都是黑体，投射到表面上辐射能均被全部吸收，两个任意放置的黑体表面间的净辐射换热量为：

$$Q_{12}=Q_{1-2}-Q_{2-1}=E_{b1}F_1\varphi_{12}-E_{b2}F_2\varphi_{21}$$

即，

$$Q_{12}=(E_{b1}-E_{b2})F_1\varphi_{12}=\sigma(T_1^4-T_2^4)F_1\varphi_{12} \tag{3-136}$$

3.4.4 物体间的辐射换热

实际物体间的辐射换热比黑体间的辐射换热要复杂得多。在黑体间辐射换热时，因为投射到黑体表面的辐射能全部被吸收，只需要考虑温度和角系数的影响。实际物体表面间辐射时，表面对外界投射的辐射能只吸收其中一部分，其余部分被反射，被反射部分只是部分被另一表面吸收，余下部分再度被反射，如图 3-39 所示。在换热表面间形成多次辐射、反复吸收的现象，如此无限往返，并逐次减弱，以至无穷。从数学上分析，表面 1 与表面 2 之间的实际辐射换热量是一个无穷级数之和。如果用这种方法分析实际物体间的辐射换热会带来许多烦琐的分析计算工作，通常是引入有效辐射等概念用网络分析方法进行研究，使问题分析过程简单方便。

3.4.4.1 组成辐射换热网络的基本单元

（1）有效辐射

物体由于自身温度产生辐射能向外发射，同时，还能吸收其他物体投射到该物体表面上的部分辐射能，其余部分被反射。实际上从物体表面发射的辐射能应该包括本身辐射和反射辐射两部分，这一能量称为该表面的有效辐射，如图 3-40 所示。

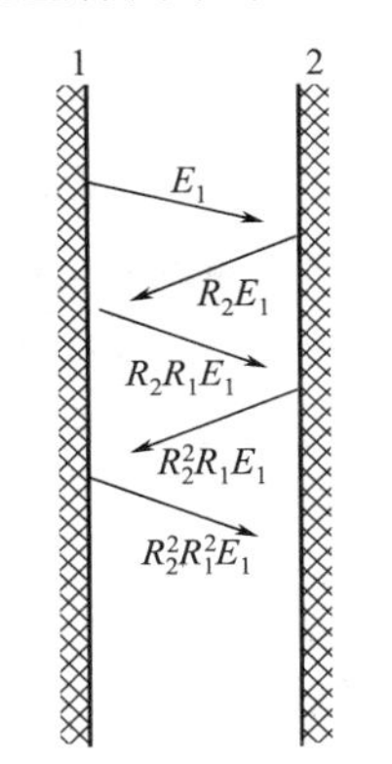

图 3-39 两平板间的辐射换热

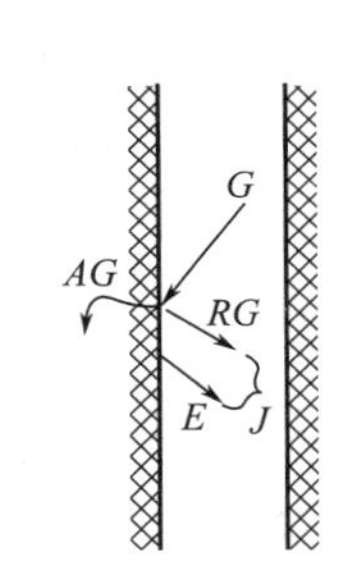

图 3-40 有效辐射示意图

本身辐射（E）：单位时间物体本身单位面积所发射的辐射能。

投射辐射（G）：单位时间投射到单位面积物体表面上的辐射能。

有效辐射（J）：单位时间物体单位面积所发射的总辐射能，包括本身辐射和对投射辐射的反射能量之和。

$$J = E + RG = \varepsilon E_b + (1 - A)G \tag{3-137}$$

有效辐射的概念是辐射网络分析方法的基础。对于黑体来说，所有投射到黑体表面的辐射能被全部吸收，黑体的有效辐射就是其本身辐射。

微课14

有效辐射

(2) 表面热阻

讨论辐射换热的主要目的是计算物体间的辐射换热量。从前面讨论中可以定性地知道影响物体辐射换热的主要因素除了物体温度、辐射率、吸收率外，还有物体的尺寸、形状和相对位置等几何因素。如果利用热阻的概念进行分析，辐射换热的热阻由空间热阻和表面热阻两部分组成。

分析图 3-40 中的辐射换热可知，物体表面向外辐射的净辐射能量应该等于该表面的有效辐射与投射辐射之差。

$$q=\frac{Q}{F}=J-G=\varepsilon E_{\mathrm{b}}+(1-A)G-G=\varepsilon E_{\mathrm{b}}-AG \tag{3-138}$$

将物体表面近似作为灰体处理，根据克希霍夫定律可知 $A=\varepsilon$，有效辐射可表示为，

$$J=\varepsilon E_{\mathrm{b}}+(1-\varepsilon)G \tag{3-139}$$

把式(3-139) 代入到式(3-138) 中，消去 G，可得

$$Q=\frac{E_{\mathrm{b}}-J}{\dfrac{1-\varepsilon}{\varepsilon F}} \tag{3-140}$$

将式(3-140) 绘制成网络分析图，如图 3-41 所示。式中$\frac{1-\varepsilon}{\varepsilon F}$反映的是仅仅由于表面因素产生的影响，称为辐射换热的表面热阻。

对于黑体，$\varepsilon=1$，表面热阻为零。表面越接近黑体，表面热阻越小。表面热阻可以看作是由于相对于黑体来说，物体表面不能全部吸收投射到其表面上的辐射能，或者它的辐射力没有黑体那么大，从而产生的辐射热阻。

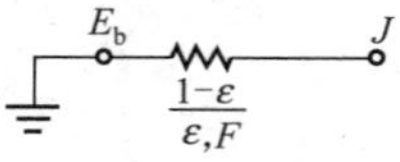

图 3-41 表面热阻单元

(3) 空间辐射热阻

对于两个辐射物体表面，由于物体的尺寸形状和相对位置的不同，一个物体发射的辐射能只是部分到达另一物体的表面上，这时，两个物体表面间的净辐射传热量为

$$Q_{12}=Q_{1-2}-Q_{2-1}=J_1F_1\varphi_{12}-J_2F_2\varphi_{21}$$

利用角系数的相对性，上式可写为

$$Q_{12}=\frac{J_1-J_2}{\dfrac{1}{F_1\varphi_{12}}}=\frac{J_1-J_2}{\dfrac{1}{F_2\varphi_{21}}} \tag{3-141}$$

把式(3-141) 绘制成网络分析图，如图 3-42 所示。式中$\frac{1}{F_1\varphi_{12}}$和$\frac{1}{F_2\varphi_{21}}$中所涉及的各个参数是与换热表面的大小、空间位置相关的空间因素，称为辐射换热的空间热阻。当换热表面积 $F_1\to\infty$，或 $F_2\to\infty$，空间热阻为零。

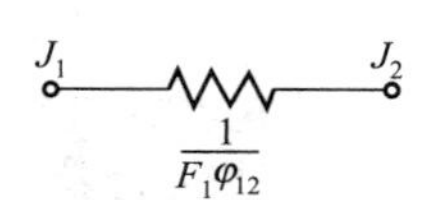

图 3-42 空间热阻单元

表面热阻网络单元和空间热阻网络单元是组成辐射换热网络的基本单元，可以根据不同情况把它们用不同方式连接起来，组成各种不同情况的辐射网络。

3.4.4.2 两个物体之间的辐射换热

由于大多数的工程材料可近似按灰体处理，因此，下面从灰体之间辐射换热入手，采用辐射换热的网络分析方法求解实际物体间的辐射换热问题。

对于两个物体组成的辐射换热体系，从表面1辐射出的辐射能、表面1给表面2的辐射能和从表面2辐射出的辐射能这三个能量应该相等，其相应辐射网络为热阻的串联形式。如图3-43所示，两个物体表面间的辐射换热网络是由两个表面热阻和一个空间热阻串联组成。

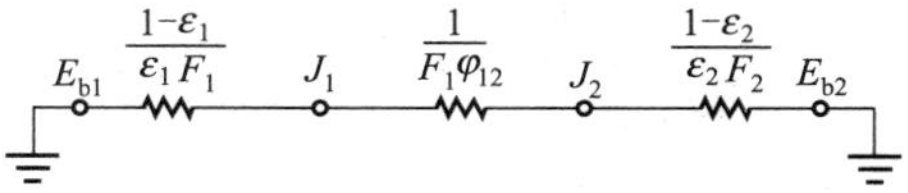

图3-43 两个物体表面间的辐射换热网络

根据辐射换热网络图，应用串联电路的计算方法。两个物体表面间的辐射换热量为：

$$Q_{12}=\frac{E_{b1}-E_{b2}}{\dfrac{1-\varepsilon_1}{\varepsilon_1 F_1}+\dfrac{1}{F_1\varphi_{12}}+\dfrac{1-\varepsilon_2}{\varepsilon_2 F_2}}=\frac{\sigma(T_1^4-T_2^4)F_1\varphi_{12}}{1+\varphi_{12}\left(\dfrac{1}{\varepsilon_1}-1\right)+\varphi_{21}\left(\dfrac{1}{\varepsilon_2}-1\right)} \tag{3-142}$$

式(3-142)为两个物体表面间辐射换热的通用计算式。它适用于两灰体处于任意位置时的辐射换热计算，也适用于组成封闭体系时的辐射换热计算。对于几种经常遇到的特殊情况，可以进行简化的表达式。

① 其中一个表面 F_1 为凸表面，此时 $\varphi_{11}=0$，$\varphi_{12}=1$，上式简化为

$$Q_{net,12}=\frac{\sigma(T_1^4-T_2^4)F_1}{\dfrac{1}{\varepsilon_1}+\dfrac{F_1}{F_2}\left(\dfrac{1}{\varepsilon_2}-1\right)} \tag{3-143}$$

② 一个表面的面积远小于另一个表面的面积时，$F_1 \ll F_2$，$F_1/F_2 \rightarrow 0$，且表面1为凸面，则有

$$Q_{net,12}=\varepsilon_1(E_{b1}-E_{b2})F_1=\varepsilon_1\sigma(T_1^4-T_2^4)F_1 \tag{3-144}$$

这时对体系辐射换热有影响的主要是小面积表面的辐射率。

③ 两个表面的面积相等，$F_1 \approx F_2$，$F_1/F_2 \rightarrow 1$，则

$$Q_{net,12}=\frac{\sigma(T_1^4-T_2^4)F_1}{\dfrac{1}{\varepsilon_1}+\dfrac{1}{\varepsilon_2}+\dfrac{1}{\varphi_{12}}-2} \tag{3-145}$$

如果面积相等的两个表面中，其中有一个凸面或平面，则有

$$Q_{net,12}=\frac{\sigma(T_1^4-T_2^4)F_1}{\dfrac{1}{\varepsilon_1}+\dfrac{1}{\varepsilon_2}-1} \tag{3-146}$$

式(3-146)适合于两个无限大平行平板、两个直径几乎一样的同心球、无限长同心圆柱体。

从以上各计算式可知，两个物体间温度差、角系数、换热物体的辐射率是影响辐射换热的三个基本因素。提高换热物体间的温差，增大换热物体面积，采用较大辐射率的材料能够增强物体间的辐射换热。

【例 3-12】 直径为 50mm 的长钢管置于横断面为 0.5m×0.5m 的封闭槽道中心。钢管外表面温度为 250℃，辐射率为 0.8。槽道内壁温度为 50℃，辐射率为 0.9。求每米钢管的辐射散热损失。

解 由于钢管表面 F_1 为凸面，$\varphi_{12}=1$，根据式(3-143)

$$Q_{\text{net},12}=\frac{\sigma(T_1^4-T_2^4)F_1}{\dfrac{1}{\varepsilon_1}+\dfrac{F_1}{F_2}\left(\dfrac{1}{\varepsilon_2}-1\right)}$$

$$=\frac{5.67\times10^{-8}\times[(250+273)^4-(50+273)^4]\times3.14\times0.05}{\dfrac{1}{0.8}+\dfrac{3.14\times0.05}{4\times0.5}\left(\dfrac{1}{0.9}-1\right)}=452.4(\text{W})$$

【例 3-13】 用热电偶测量管道内空气温度。如果管道内空气温度与管道壁温度不同，则由于热电偶与管道壁间的辐射换热产生测量误差。当管道壁温度 $t_2=100$℃，热电偶测量读数温度 $t_1=200$℃，计算此时的测温误差，假定热电偶接点处的对流换热系数 $h=46.52\text{W}/(\text{m}^2\cdot℃)$，其辐射率 $\varepsilon_1=0.9$。

解 热电偶接点面积 F_1 与管道壁面的面积 F_2 相比，$F_1\ll F_2$，因此，根据式(3-144)

$$q_{1,2}=\varepsilon_1\sigma(T_1^4-T_2^4)$$

设空气的真实温度为 t_g，管道内热空气通过对流换热传递给热电偶接点的热量：

$$q_{g1}=h(t_g-t_1)$$

热电偶接点达到稳定状态时的热平衡式为

$$\varepsilon_1\sigma(T_1^4-T_2^4)=h(t_g-t_1)$$

由上式可知热电偶的读数误差为

$$\delta_t=t_g-t_1=\frac{\varepsilon_1\sigma}{h}(T_1^4-T_2^4)$$

$$=\frac{0.9\times5.669\times10^{-8}}{46.52}\times[(200+273)^4-(100+273)^4]=33.6(℃)$$

管道内空气的真实温度 $t_g=200+33.6=233.6$(℃)。

上例说明，热电偶在管道中测量透热气体温度时，会产生一定的测量误差。从计算过程中可以看到，测温误差与热电偶接点与管壁温差、对流换热系数及热电偶套管材料的辐射率等因素相关。

3.4.4.3 多个物体表面间的辐射换热

三个或三个以上表面组成封闭系统的辐射换热比较复杂。进行换热网络法分析求解时，分别列出各节点的热平衡方程，可求解得到表面间的辐射换热量。

以三个表面组成封闭体系的辐射换热为例进行说明，如图 3-44 所示。

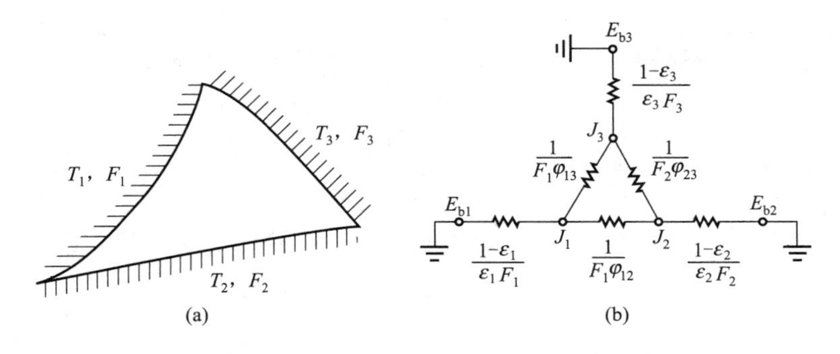

图 3-44 三个表面组成封闭体系及辐射换热网络

三个节点 J_1、J_2 和 J_3 的节点平衡方程如下

$$
\left.\begin{aligned}
&\text{对于 } J_1 \text{ 节点} \quad \frac{E_{b1}-J_1}{\dfrac{1-\varepsilon_1}{\varepsilon_1 F_1}}+\frac{J_2-J_1}{\dfrac{1}{F_1\varphi_{12}}}+\frac{J_3-J_1}{\dfrac{1}{F_1\varphi_{13}}}=0 \\
&\text{对于 } J_2 \text{ 节点} \quad \frac{E_{b2}-J_2}{\dfrac{1-\varepsilon_2}{\varepsilon_2 F_2}}+\frac{J_1-J_2}{\dfrac{1}{F_1\varphi_{12}}}+\frac{J_3-J_2}{\dfrac{1}{F_2\varphi_{23}}}=0 \\
&\text{对于 } J_3 \text{ 节点} \quad \frac{E_{b3}-J_3}{\dfrac{1-\varepsilon_3}{\varepsilon_3 F_3}}+\frac{J_1-J_3}{\dfrac{1}{F_1\varphi_{13}}}+\frac{J_2-J_3}{\dfrac{1}{F_2\varphi_{23}}}=0
\end{aligned}\right\} \tag{3-147}
$$

当各个表面的温度、面积、辐射率及各表面间的相互位置确定时，以上方程组中只有 J_1、J_2 和 J_3 为未知数，方程组为封闭方程，可得到 J_1、J_2 和 J_3 的值。由此便可容易地得到各个表面间的辐射换热量及外界与表面的辐射换热量。

如果三个物体中有一个表面为黑体，设表面 3 为黑体，此时表面热阻 $\frac{1-\varepsilon_3}{\varepsilon_3 F_3}=0$。从而 $J_3=E_{b3}$，网络图简化成如图 3-45(a) 所示。此时上述代数方程简化为二元方程组。如果表面 3 为绝热表面，则该表面与外界的净辐射换热量为零，即 $Q_3=\frac{1-\varepsilon_3}{\varepsilon_3 F_3}$，也可得到 $J_3=E_{b3}$。此时绝热表面的温度是不确定的，这种表面也称重辐射表面，相应辐射网络图可简化成如图 3-45(b) 所示。

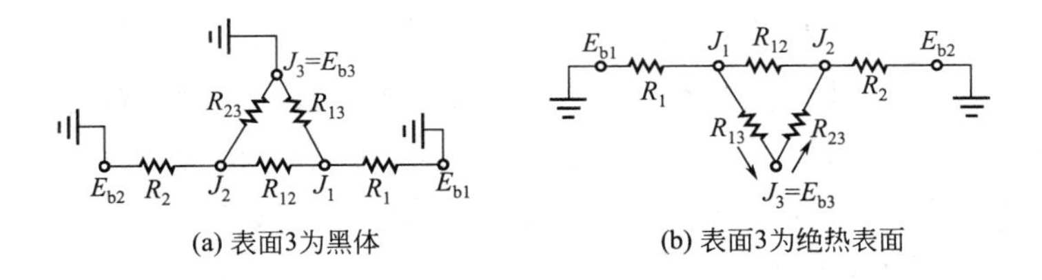

图 3-45 有黑体和绝热表面的辐射网络图

【例 3-14】 窑炉的墙灰为500mm，窑墙上有一直径为150mm的观察孔，炉内的温度为1400℃，车间室温为30℃。计算通过观察孔向外界的辐射换热损失。

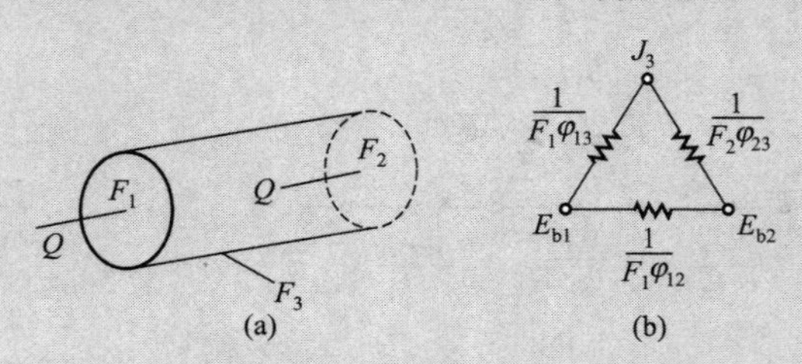

图 3-46 例 3-14 附图

解 观察孔可看作由三个表面组成的封闭体系，其中侧表面 F_3 为绝热表面，表面 F_1 位于窑墙的内表面，表面 F_2 面向车间，由此得到辐射换热网络图（图 3-46）。

$$\frac{r_1}{\delta}=\frac{r_2}{\delta}=\frac{75}{500}=0.15$$

根据附录，查得 $\varphi_{12}=0.022$，由完整性有 $\varphi_{13}=1-\varphi_{12}=1-0.022=0.978$。同理可以得到 $\varphi_{23}=0.978$。

由于 $F_1=F_2=\frac{1}{4}\pi d^2=0.0177(\text{m}^2)$

由辐射换热网络图得到总辐射热阻为

$$\frac{1}{R_t}=\frac{1}{\frac{1}{F_1\varphi_{13}}+\frac{1}{F_2\varphi_{23}}}+\frac{1}{\frac{1}{F_1\varphi_{12}}}$$

$$=\frac{1}{\frac{1}{0.0177\times0.978}+\frac{1}{0.0177\times0.978}}+\frac{1}{\frac{1}{0.0177\times0.022}}=9.03\times10^{-3}$$

由表面1辐射给表面2净辐射的散热损失为

$$Q_{12}=\frac{\sigma(T_1^4-T_2^4)}{R_t}$$

$$=9.03\times10^{-3}\times5.669\times10^{-8}\times[(1400+273)^4-(30+273)^4]=4005(\text{W})$$

3.4.4.4 遮热板与遮热罩

从前面的讨论已经知道，要削弱辐射换热或减少辐射热损失，可以通过降低辐射物体的温度或减少物体表面辐射率的方式。如果物体温度不能改变，可以采用遮热板或遮热罩来削弱物体间辐射换热。遮热板或遮热罩在整个换热体系中并不放出或吸收热量，只是在热流通路中增加了热阻，以减少其辐射换热量。

（1）遮热板的作用

设有两块无限大平行平板Ⅰ和Ⅱ（图 3-47），它们的温度、辐射率分别为 T_1、ε_1 和 T_2、ε_2，且 $T_1>T_2$。在两平板之间加入遮热板Ⅲ，遮热板的温度和辐射率为 T_3 和 ε_3。此时，热量先由板Ⅰ辐射给遮热板Ⅲ，再由遮热板Ⅲ辐射给板Ⅱ，这种情况下的辐射网络如图 3-48。下面分析遮热板加入前后，两表面间辐射换热量的变化。

在未加遮热板时单位面积的辐射换热量为

$$q_{12}=\frac{\sigma(T_1^4-T_2^4)}{\frac{1}{\varepsilon_1}+\frac{1}{\varepsilon_2}-1}$$

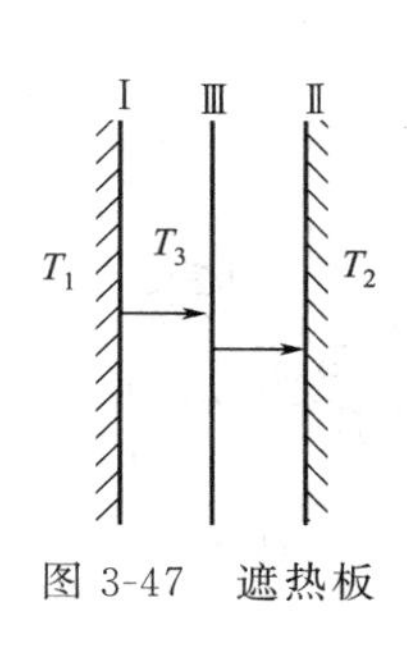

图 3-47 遮热板

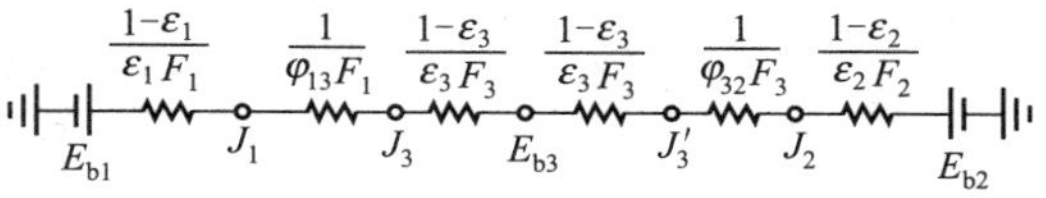

图 3-48 两平板间使用遮热板时的辐射网络

加入遮热板后，两个物体间辐射增加了两个表面热阻和一个空间热阻，单位面积的辐射换热量为

$$q'_{12}=\frac{E_{b1}-E_{b2}}{\frac{1-\varepsilon_1}{\varepsilon_1}+\frac{1}{\varphi_{13}}+2\frac{1-\varepsilon_3}{\varepsilon_3}+\frac{1}{\varphi_{23}}+\frac{1-\varepsilon_2}{\varepsilon_2}}=\frac{\sigma(T_1^4-T_2^4)}{\frac{1}{\varepsilon_1}+\frac{1}{\varepsilon_2}+2\left(\frac{1}{\varepsilon_3}-1\right)} \tag{3-148}$$

当 $\varepsilon_1=\varepsilon_2=\varepsilon_3$，即在两块辐射率相同的平板间插入一块辐射率相同的遮热板时，比较以上两式可得到，$\frac{1}{2}q_{12}=q'_{12}$，此时两表面的辐射换热量减少为原来的 1/2。进一步推论可知，当加入 n 块辐射率相同的遮热板时，辐射热量将减少为原来的 $1/(n+1)$。这表明遮热板是层数越多，遮热效果越好。

两平行平板之间设置遮热板时，遮热板的辐射率 ε_3 越小，减少辐射换热量效果越好。如两平行平板的辐射率均为 0.8，当遮热板辐射率为 0.8 时，辐射换热量减少一半；当遮热板的辐射率为 0.05 时，辐射换热量仅为原来的 1/27。因此，在生产实践中，常选用磨光过的具有高反射系数的金属板作为遮热板。但是需要注意的是，在两块无限大平行平板之间设置遮热板时，其隔热效果与遮热板设置的位置无关。

（2）遮热罩的作用

在球形或圆柱形换热体系中设置遮热罩时，情况与遮热板有所不同。两圆柱形物体 1 和 2 之间的辐射换热量为

$$Q_{net,12}=\frac{(E_{b1}-E_{b2})F_1}{\frac{1}{\varepsilon_1}+\frac{F_1}{F_2}\left(\frac{1}{\varepsilon_2}-1\right)}$$

当两圆柱形物体 1 和 2 之间设置遮热罩时，如图 3-49 所示，相应的网络结构如图 3-50 所示，根据热阻串联原则，其净辐射热量为

$$Q'_{12}=\frac{E_{b1}-E_{b2}}{\frac{1-\varepsilon_1}{F_1\varepsilon_1}+\frac{1}{F_1\varphi_{13}}+2\frac{1-\varepsilon_3}{F_3\varepsilon_3}+\frac{1}{F_2\varphi_{23}}+\frac{1-\varepsilon_2}{F_2\varepsilon_2}}$$

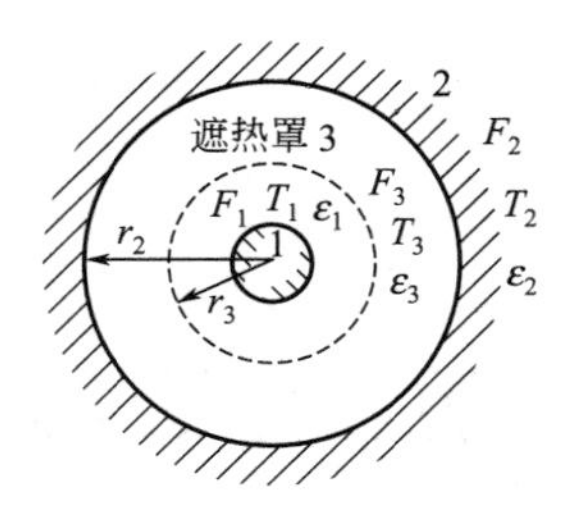

图 3-49　在圆柱形物体间设置遮热罩

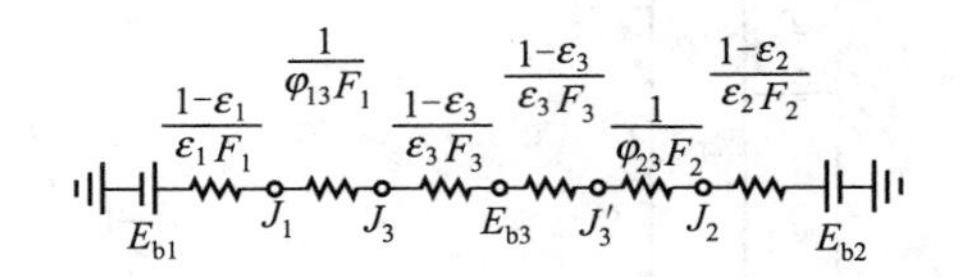

图 3-50　圆柱形物体间设置遮热罩的网络图

因为 $\varphi_{13}=1$，$\varphi_{23}=\dfrac{F_3}{F_2}$，将此代入上式，并整理得

$$Q_{12}'=\frac{(E_{b1}-E_{b2})F_1}{\dfrac{1}{\varepsilon_1}+\dfrac{F_1}{F_2}\left(\dfrac{1}{\varepsilon_2}-1\right)+\dfrac{F_1}{F_3}\left(\dfrac{2}{\varepsilon_2}-1\right)}$$

由此，设置遮热罩后，两表面间的辐射换热量的变化为

$$\frac{Q_{12}'}{Q_{12}}=\frac{\dfrac{1}{\varepsilon_1}+\dfrac{F_1}{F_2}\left(\dfrac{1}{\varepsilon_2}-1\right)}{\dfrac{1}{\varepsilon_1}+\dfrac{F_1}{F_2}\left(\dfrac{1}{\varepsilon_2}-1\right)+\dfrac{F_1}{F_3}\left(\dfrac{2}{\varepsilon_2}-1\right)} \tag{3-149}$$

由上式可以看出，对两个位置已固定的圆柱形物体来说，当 ε_3 为常数时，遮热罩越靠近物体 1（即$\dfrac{F_1}{F_3}$越大时），其隔热效果就越好；当遮热罩位置确定时，$\dfrac{F_1}{F_3}$为常数，遮热罩的辐射率越小，其隔热效果越好。

【例 3-15】 为了减少例 3-13 中由于辐射换热所引起的热电偶读数误差，在热电偶接点周围设置遮热罩。如果空气温度为 233.6℃，其他给定值仍和例 3-14 相同，由遮热罩表面到气流的对流换热系数 $h_c'=11.63\text{W}/(\text{m}^2\cdot℃)$，遮热罩辐射率 $\varepsilon_3=0.8$，试求此时热电偶的读数应为多少？

解 （1）设遮热罩的温度为 t_3，其表面积为 F_3，管道内热空气以对流方式传给热接点的热量为

$$Q_{g1}=h_cF_1(t_g-t_1)$$

管道内热空气以对流方式传给遮热罩两表面的热量为

$$Q_{g3}=2h_c'F_3(t_g-t_3)$$

热接点以辐射方式传给遮热罩的热量为

$$Q_{13}=\frac{1}{\dfrac{1}{\varepsilon_1}+\dfrac{F_1}{F_3}\left(\dfrac{1}{\varepsilon_3}-1\right)}\sigma(T_1^4-T_3^4)F_1$$

遮热罩以辐射方式传给管道壁的热量为

$$Q_{23}=\frac{1}{\frac{1}{\varepsilon_2}+\frac{F_2}{F_3}\left(\frac{1}{\varepsilon_3}-1\right)}\sigma(T_3^4-T_2^4)A_3$$

(2) 当热接点达到稳定热状态时，$Q_{g1}=Q_{13}$，其热平衡方程式为

$$h_cF_1(t_g-t_1)=\frac{1}{\frac{1}{\varepsilon_1}+\frac{F_1}{F_3}\left(\frac{1}{\varepsilon_3}-1\right)}\sigma(T_1^4-T_3^4)F_1$$

因为 $$F_3\gg F_1$$

热平衡方程式改写成

$$h_cF_1(t_g-t_1)=\varepsilon_1\sigma(T_1^4-T_3^4)F_1 \tag{a}$$

(3) 当遮热罩达到稳定热状态时，$Q_{g3}+Q_{13}=Q_{32}$

因为 $F_2\gg F_3$，$F_3\gg F_1$，所以有 $Q_{13}\approx 0$，则热平衡方程式可简化为

$$2h'_cF_3(t_g-t_3)=\varepsilon_3\sigma(T_3^4-T_2^4)F_3 \tag{b}$$

(4) 将各已知数值代入式(a) 和式(b) 中得

$$46.25\times(233.6-t_1)=0.9\times5.669\times10^{-8}(T_1^4-T_3^4)$$
$$2\times11.63\times(233.6-t_3)=0.8\times5.669\times10^{-8}(T_3^4-T_2^4)$$

联立求解上述方程组，可得

$$t_3=185.2℃ \qquad t_1=218.2℃$$

因此，加遮热罩后热电偶的测量误差

$$\delta_t=(t_g-t_1)=233.6-218.2=15.4(℃)$$

计算结果说明加遮热罩后热电偶的测量误差比原来降低了 15.4℃。

3.4.5 气体辐射与火焰辐射

3.4.5.1 气体辐射的特征

气体辐射与固体、液体辐射相比，有如下三个特点：

① 不同的气体的辐射能力和吸收能力相差很大　单原子气体和对称型双原子气体如 H_2、N_2、O_2 等在工业上常见的温度范围内，对热辐射的吸收能力和辐射能力都很弱，可认为是透热体。结构不对称型双原子气体如 CO、NO 等与多原子气体如 O_3、CO_2、H_2O、SO_2 及 CH_4、C_mH_n 等都具有明显的辐射能力和吸收能力。

工程上，燃烧产物中含有一定浓度的二氧化碳和水蒸气，它们的辐射和吸收特性对烟气的影响很大。当有这类气体存在时，需要考虑气体与固体间的辐射换热。

② 气体的辐射和吸收对波长有选择性　液体和固体的辐射光谱是连续的，它几乎能够

辐射和吸收从 0～∞全波段的辐射能。气体的辐射光谱是不连续的，它只是在某些波长范围内具有辐射能力，相应地也只是在同样的波长范围内具有吸收能力，通常把具有吸收和辐射能力的波长范围称为光带。在光带以外，气体既不发射也不吸收，对热射线呈现出透热体的性质。所以说气体的辐射和吸收都具有一定的选择性。

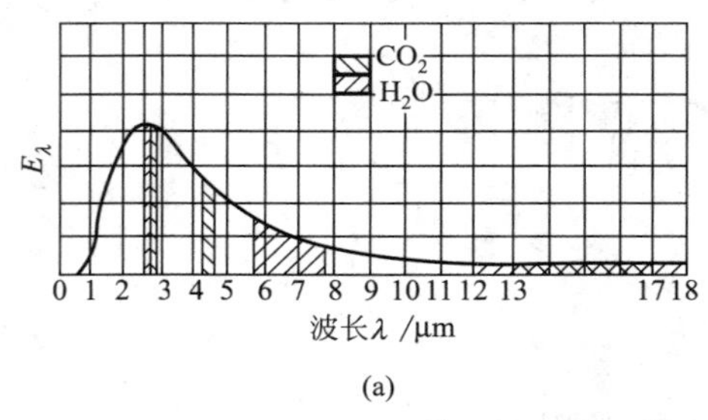

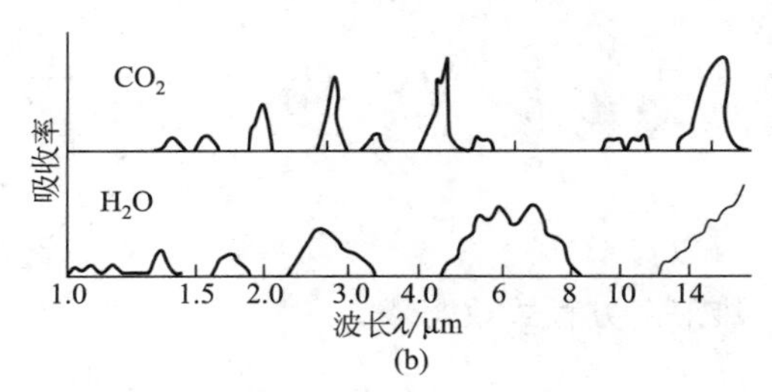

图 3-51　CO_2 和水蒸气（H_2O）的辐射光谱

CO_2 和水蒸气的吸收光谱图见图 3-51。从图中可以看出，CO_2 和水蒸气的吸收光谱有三条重要的吸收光带，这些光带都处在红外线波长范围内。在某些波长范围内，CO_2 和水蒸气的吸收光带是重合的。由于水蒸气的吸收光带宽于 CO_2 的吸收光带，因此它的吸收率和辐射率比 CO_2 的高。因为辐射对波长具有选择性的特点，气体不是灰体。

③ 气体对于辐射能的吸收和辐射是在整个容积内进行的　固体和液体对于辐射能的吸收和辐射是在很薄的表面层上进行的，而气体辐射和吸收过程是在气体所占空间内进行的。由于气体对于热辐射没有反射能力，当辐射能通过具有吸收能力的气体时，投射到气体层上的辐射能就进入气体内部，沿途被气体分子吸收而减弱。这种减弱的程度取决于沿途所遇到的分子数目，而分子数目与气体的密度、射线的行程长度有关。对于具有辐射能力的气体，则整个容积内的气体都向外辐射能量，气体层界面所感受到的辐射为整个容积气体的辐射。气体的辐射和吸收是在整个容积中进行的，与气体的容积大小和形状有关。

3.4.5.2　气体的辐射率和吸收率

设投射到气体层界面上（$x=0$ 处）的单色辐射强度为 $I_{\lambda 0}$，通过一段距离 x 后，单色辐射强度减弱为 $I_{\lambda x}$。通过微元气层 $\mathrm{d}x$ 后，由气体的吸收作用而导致单色辐射强度的减少量是 $\mathrm{d}I_{\lambda x}$，如图 3-52 所示。辐射强度的减少量 $\mathrm{d}I_{\lambda x}$ 与气体层的厚度、单色辐射强度 $I_{\lambda x}$ 成正比，即

$$\mathrm{d}I_{\lambda x}=-k_\lambda I_{\lambda x}\mathrm{d}x \tag{3-150}$$

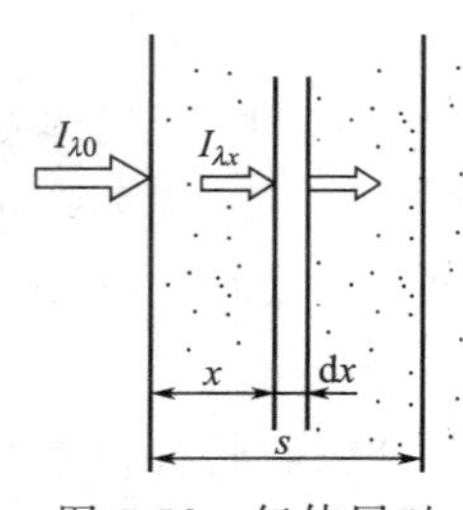

图 3-52　气体层对辐射能的吸收

式中，k_λ 为单色辐射减弱系数，表示气体对某一波长辐射单位长度内减弱的百分数。它的大小取决于气体的种类、密度和辐射波长。当气体的温度和压强为常数时，对上式积分可得

$$\int_{I_{\lambda 0}}^{I_{\lambda l}}\frac{\mathrm{d}I_{\lambda x}}{I_{\lambda x}}=-\int_0^l k_\lambda \mathrm{d}x$$

得

$$I_{\lambda l}=I_{\lambda 0}\mathrm{e}^{-k_\lambda l} \tag{3-151}$$

式(3-151) 表明了辐射能在吸收性气体中传播时，单色辐射强度是按指数递减的，称为比尔定律，描述了气体吸收辐射能规律。

一般认为气体对辐射能没有反射能力（$R=0$），根据吸收率定义，当气体层厚度为 l 时气体的单色吸收率为：

$$A_{\lambda l}=\frac{I_{\lambda 0}-I_{\lambda l}}{I_{\lambda 0}}=1-e^{-k_\lambda l} \tag{3-152}$$

根据克希霍夫定律：$\varepsilon_\lambda=A_\lambda$，则气体层的光谱辐射率（单色辐射率）为：

$$\varepsilon_{\lambda l}=A_{\lambda l}=1-e^{-k_\lambda l} \tag{3-153}$$

从上式可知，对于确定气体，气体层越厚，射线行程中接触气体分子越多，其吸收率越大，相应的辐射率就越大。当气体层的厚度趋近于无穷大时，单色吸收率 $A_{\lambda l}$ 和单色辐射率 $\varepsilon_{\lambda l}$ 将趋近于 1。此时，气体层就具有黑体的性质。当气体厚度一定时，气体分子数目与气体的密度相关，因此，气体对辐射能的吸收和辐射与气体的温度、压强及气体层厚度有关。将吸收性气体所有光带中的光谱辐射率和光谱吸收率总加起来，即为气体的发射率和吸收率 A_g。气体的吸收率和辐射率可表示为，

$$\varepsilon_g=A_g=f(T_g, p_g l_g) \tag{3-154}$$

由于气体具有体积辐射的特点，气体的辐射力与辐射线在气体中的行程有关。容器中不同部位气体发射的辐射能落到同一界面所经历的行程是不相同的。为了简化计算，采用平均射线行程 l_g（有效辐射长度）的概念。将不同的气体体积换算成相应的半球形，半球的半径就是该气体的平均射线行程。对于任意形状的气体，平均射线行程可按照下式进行计算，

$$l_g=3.6\frac{V}{A} \tag{3-155}$$

式中　V——气体的体积，m^3；

　　A——气体的表面积，m^2。

在实践中要应用气体吸收定律求算气体的辐射率和吸收率是十分困难的。因此，不得不借助实验来确定气体的辐射率 ε_g 和吸收率 A_g。

（1）气体的辐射率 ε_g

CO_2 和水蒸气是在工程实际中常见的具有吸收能力和辐射能力的气体，对这两种气体辐射率的研究具有重要的应用价值。

当气体中同时有水蒸气和二氧化碳时，考虑到 CO_2 和 $H_2O(g)$ 发射的辐射能波段有一部分重叠，有相互吸收现象，故混合气体总辐射率可按下式计算：

$$\varepsilon_g=\varepsilon_{CO_2}+\varepsilon_{H_2O}-\Delta\varepsilon=C_{CO_2}\varepsilon^*_{CO_2}+C_{H_2O}\varepsilon^*_{H_2O}-\Delta\varepsilon \tag{3-156}$$

式中　$\Delta\varepsilon$——由于 CO_2 和 $H_2O_{(g)}$ 辐射光带重叠而引入的修正量；

C_{CO_2}、C_{H_2O}——气体总压偏离 1atm 或水蒸气分压不为零时的校正系数（1atm＝101325Pa）。

通过大量试验，CO_2 和 $H_2O(g)$ 辐射率 $\varepsilon^*_{CO_2}$ 和 $\varepsilon^*_{H_2O}$ 的值与热力学温度 T_g 及 $p_g l_g$ 的变量关系，绘制成图，见附录 9。

(2) 气体的吸收率 A_g

由于气体发射和吸收辐射能的选择性，气体一般不能作为灰体处理。

气体中同时有水蒸气和二氧化碳时，混合气体的吸收率可以用与式(3-156) 类似的形式表示：

$$A_g = A_{CO_2} + A_{H_2O} - \Delta A = C_{CO_2} A^*_{CO_2} + C_{H_2O} A^*_{H_2O} - \Delta A \tag{3-157}$$

式中，C_{CO_2} 和 C_{H_2O} 依然采用附录 9 中查得，CO_2 和 $H_2O(g)$ 吸收率 $A^*_{CO_2}$ 和 $A^*_{H_2O}$ 可以分别通过式(3-158) 和式(3-159) 进行计算，其中 $\varepsilon^*_{CO_2}$ 和 $\varepsilon^*_{H_2O}$ 同样可以从附录 9 中相应的图线查得，只是其中 T_g 用 T_w 替代，$p_g l_g$ 修正后为 $p_{CO_2} l_g \frac{T_w}{T_g}$ 和 $p_{H_2O} l_g \frac{T_w}{T_g}$。$\Delta A$ 则是以 T_w 替代 T_g 后查图得到 $\Delta\varepsilon$ 对应的数值。

$$A^*_{H_2O} = \left(\frac{T_g}{T_w}\right)^{0.45} \varepsilon^*_{H_2O}\left(T_w, p_{H_2O} l_g \frac{T_w}{T_g}\right) \tag{3-158}$$

$$A^*_{CO_2} = \left(\frac{T_g}{T_w}\right)^{0.65} \varepsilon^*_{CO_2}\left(T_w, p_{CO_2} l_g \frac{T_w}{T_g}\right) \tag{3-159}$$

从以上各式可知，气体的吸收率与其辐射率不同，吸收率不仅与气体本身温度 T_g 有关，还与投射的辐射能光谱有关。当物体本身温度与投射的辐射物体温度 T_w（如器壁、物料等）不同时，气体的辐射率与其吸收率不相等。

(3) 气体的辐射力

根据试验测定的结果，气体的辐射力不遵循斯蒂芬-玻尔兹曼定律。1939 年沙克利用哈杰利和埃克尔特的实验数据提出用下面公式来计算 CO_2 和水蒸气的辐射力：

$$E_{CO_2} = 4.05 (p_{CO_2} l_g)^{1/3} \left(\frac{T_g}{100}\right)^{3.5} \tag{3-160}$$

$$E_{H_2O} = 4.03 \times p^{0.8}_{H_2O} l^{0.6}_g \left(\frac{T_g}{100}\right)^3 \tag{3-161}$$

式中，p_{CO_2}，p_{H_2O} 分别为气体中 CO_2 和 $H_2O_{(g)}$ 的分压，单位为 atm。

为方便起见，在实际计算中仍采用斯蒂芬-玻尔兹曼定律的形式计算气体的辐射力。

$$E_g = \varepsilon_g E_b = \varepsilon_g \sigma T^4_g \tag{3-162}$$

式(3-162) 中气体的辐射率 ε_g 与气体性质、分压、温度和平均射线行程有关，同时考虑采用斯蒂芬-玻尔兹曼定律计算所引起的误差。

3.4.5.3 气体与外壳之间的辐射换热

(1) 外壳是黑体

气体与黑体外壳之间的辐射换热可以看作为两个无限靠近的表面之间的换热，此时的角系数为 1。它们之间净辐射换热量，等于气体的本身辐射减去从黑体外壳投射来而被气体吸收的辐射能，

$$Q_{net,gw}=E_gF-A_gE_{bw}F=\sigma(\varepsilon_gT_g^4-A_gT_w^4)F \tag{3-163}$$

在生产实践中，作为外壳的炉墙或烟道辐射率相当大，可以近似地作为黑体处理，用上式计算辐射换热。

（2）外壳是灰体

如果外壳不是黑体，气体辐射到外壳上的能量部分被外壳吸收，另一部分被反射。被反射的部分又有一部分被气体吸收，另一部分穿透气层再度辐射到外壳上来。如此反复进行反射、透过和吸收，并逐次削弱，其过程比黑体外壳的辐射要复杂。用有效辐射的概念来分析问题，则可比较容易解决。

$$q_g=J_g-G=\varepsilon_gE_{bg}-A_gG \tag{3-164}$$

气体对外壳的净辐射热量等于气体与外壳的有效辐射之差。根据系统热平衡关系，如果气体温度 $T_g>$外壳 T_w，气体辐射出的热量必等于外壳得到的热量，亦等于气体对外壳的净辐射热量。得到：

$$q_{net,gw}=\frac{\sigma}{\dfrac{1}{A_g}+\dfrac{1}{\varepsilon_w}-1}\left(\frac{\varepsilon_g}{A_g}T_g^4-T_w^4\right) \tag{3-165}$$

在工程近似计算中，可认为 $A_g\approx\varepsilon_g$，于是

$$q_{net,gw}=\frac{\sigma}{\dfrac{1}{\varepsilon_g}+\dfrac{1}{\varepsilon_w}-1}(T_g^4-T_w^4) \tag{3-166}$$

上式是具有辐射能力的气体与固体壁面间辐射换热的基本公式。各种热管道内和烟道内具有辐射能力的气体与壁面间的辐射换热；蓄热室内烟气与格子砖之间的辐射换热；换热器内烟气与管壁之间的辐射换热，均可用以上公式进行计算。

3.4.5.4 火焰辐射

净化的气体燃料完全燃烧时，其燃烧产物中的主要成分是二氧化碳、水蒸气和氮气，固体微粒很少。由于 CO_2 和水蒸气的辐射光谱中不包括可见光谱，所以，火焰的颜色略带蓝色而近于无色，其亮度很小，辐射率也较小，这类火焰叫暗焰或不发光火焰。不发光火焰的辐射与吸收具有选择性，属于气体辐射范围，可以用气体辐射的有关公式计算辐射率和吸收率。

如果是发生炉煤气、重油或煤粉等燃料直接喷火燃烧室或窑炉内燃烧，其燃烧产物中不仅含有 CO_2、水蒸气等吸收性气体，而且还有悬浮的灰分、炭黑和焦炭等固体颗粒。由于固体的辐射光谱是连续的，它包含着可见光谱，因此，火焰有一定的颜色，其亮度较大，辐射率也较大，这类火焰叫辉焰或发光火焰。对于发光火焰，其辐射主要取决于固体微粒的辐射，燃料种类、燃烧方法及燃烧设备等因素会影响微粒的大小、在气流中浓度及变化情况，从而影响火焰的辐射。

火焰辐射是一个十分复杂的现象，影响其辐射和吸收的因素很多，用理论分析得到火焰辐射率的精确计算公式是困难的。通常是通过实验得到不同燃料燃烧时火焰的辐射率。为了把复杂的问题简单化，在热工计算中，仍采用气体辐射率公式的形式来计算火焰辐射率。

在火焰窑炉内，火焰、窑墙和物料同时存在，情况更复杂了。假如窑墙的表面温度与物料的表面温度相差不大，两者的辐射率也相近，则可将窑墙与物料看作为同一种物体考虑，应用气体辐射的计算式。

3.5 综合传热过程与换热器

几种基本传热方式同时起作用的过程称为综合传热过程。实际工程中，各种基本传热方式并非单独发生，而是几种传热方式同时发生的，并且它们彼此间会相互影响。在生产实践中存在许多这种现象，例如窑炉内高温气体通过墙壁向周围空间散热，换热器内的热气体与空气之间的换热，以及窑炉内火焰与物料间的换热等现象都属于综合传热。

3.5.1 传热过程与复合传热

3.5.1.1 复合传热

既有对流换热又有辐射换热的现象称为复合传热。物体表面与接触流体进行对流换热的同时，物体与流体之间还存在辐射换热，这时物体与流体间的换热就是复合传热。为讨论方便起见，本节中只讨论传热现象中对流换热和辐射换热互不干扰的情况。

气体与物体表面换热时，物体表面的复合传热的热流密度为

$$q_{net,gw}=q_c+q_r=h_c(t_g-t_w)+\frac{1}{\frac{1}{\varepsilon_g}+\frac{1}{\varepsilon_w}-1}\sigma(T_g^4-T_w^4) \tag{3-167}$$

式中 q_c——对流换热热流密度，W/m^2；

q_r——辐射换热热流密度，W/m^2。

令，辐射换热系数 h_r

$$h_r=\frac{\frac{\sigma}{\frac{1}{\varepsilon_g}+\frac{1}{\varepsilon_w}-1}(T_g^4-T_w^4)}{t_g-t_w}=\frac{\left(\frac{Q}{A}\right)_{net,gw}}{t_g-t_w} \tag{3-168}$$

则，物体与气体间复合换热的热流密度，

$$\begin{aligned} q_{net,gw}&=q_c+q_r=h_c(t_g-t_w)+h_r(t_g-t_w) \\ &=(h_c+h_r)(t_g-t_w)=h(t_g-t_w) \end{aligned} \tag{3-169}$$

式中 h——复合传热系数，$h=h_c+h_r$，$W/(m^2 \cdot K)$。

微课15

复合传热

3.5.1.2 流体通过器壁的间接传热

（1）流体通过平壁的间接传热

在平壁两侧存在有两种不同温度的流体（图 3-53），高温流体通过平壁将热量传递给低温流体，其中包括三个传热过程：

① 高温流体与平壁内表面之间的复合换热；

② 平壁内部的导热；

③ 平壁外表面与低温流体之间的复合换热。

在稳定态传热时，则上述三个传热过程的热流量是相等的，热流密度计算式分别为，

$$
\begin{aligned}
q &= h_1(t_{f1} - t_{w1}) \\
q &= \frac{k}{\delta}(t_{w1} - t_{w2}) \\
q &= h_2(t_{w2} - t_{f2})
\end{aligned}
\tag{3-170}
$$

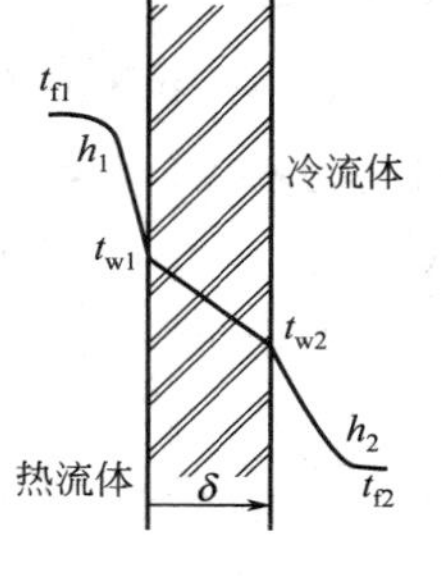

图 3-53 单层平壁的间接传热

式中，h_1、h_2 分别为高温流体和低温流体与平壁内、外表面之间的复合传热系数。联立求解上述方程组，可得通过单层平壁间壁传热的计算公式：

$$q = \frac{1}{\dfrac{1}{h_1} + \dfrac{\delta}{k} + \dfrac{1}{h_2}}(t_2 - t_1) \tag{3-171}$$

传热热阻

$$\sum R_t = \frac{1}{h_1} + \frac{\delta}{k} + \frac{1}{h_2} \tag{3-172}$$

此时的传热热阻为 3 个热阻的串联。$\frac{1}{h_1}$ 和 $\frac{1}{h_2}$ 称为外热阻，为对流热阻与辐射热阻组成的复合热阻；$\frac{\delta}{k}$ 称为内热阻流体，为导热热阻。

设

$$K = \frac{1}{R_t} = \frac{1}{\dfrac{1}{h_1} + \dfrac{\delta}{k} + \dfrac{1}{h_2}} \tag{3-173}$$

式中，K 为综合传热系数，表示高温流体对低温流体传热能力的大小。流体通过单层平壁传热的计算式(3-171）可写为

$$q = \frac{t_2 - t_1}{\sum R_t} = \frac{\Delta t}{\sum R_t} = K\Delta t \tag{3-174}$$

如果流体通过多层平壁进行间壁传热，根据热阻叠加原理，其计算公式为

$$q = \frac{1}{\dfrac{1}{h_1} + \sum\limits_{i=1}^{n} \dfrac{\delta_i}{k_i} + \dfrac{1}{h_2}}(t_2 - t_1) \tag{3-175}$$

对应的传热热阻为 $$\sum R_t = \frac{1}{h_1} + \sum_{i=1}^{n} \frac{\delta_i}{k_i} + \frac{1}{h_2} \tag{3-176}$$

【例 3-16】 某窑炉壁内层为耐火黏土砖，外层为红砖，已知炉壁内表面温度为 1000℃，外表面温度要求不得超过 80℃，并要求尽量多用红砖少用耐火砖。已知耐火砖的热导率 $k_t = 0.698 + 0.64 \times 10^{-3} t$[W/(m・℃)]，红砖的热导率 $k_t = 0.465 + 0.51 \times 10^{-3} t$[W/(m・℃)]，红砖最高使用温度为 600℃，红砖看作黑体，环境温度为 20℃，炉壁表面向环境的对流换热系数为 7.13W/(m^2・℃)，求两层材料的最小厚度（mm）。

解 如图 3-54 所示，$t_{w1} = 1000℃$，$t_{w2} = 600℃$，$t_{w3} = 80℃$，$t_3 = 20℃$。

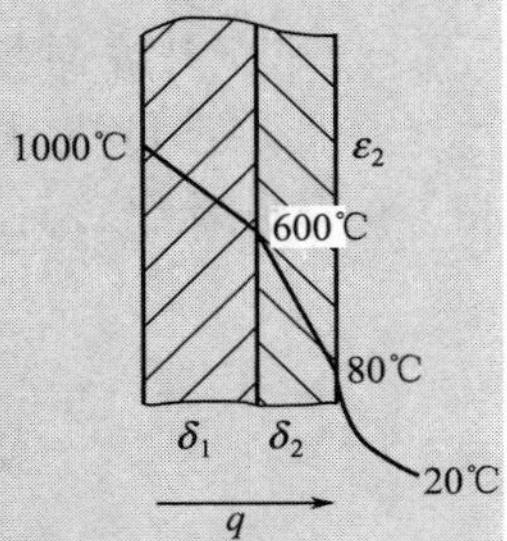

图 3-54 例 3-16 图

（1）平均热导率计算

耐火砖 $k_1 = 0.698 + 0.64 \times 10^{-3} \times \frac{1000+600}{2} = 1.21$[W/(m・℃)]

红砖 $k_2 = 0.465 + 0.51 \times 10^{-3} \times \frac{600+80}{2} = 0.64$[W/(m・℃)]

热流量为

$$\begin{aligned} q &= h_{c2}(t_{w3} - t_3) + \varepsilon\sigma(T_{w3}^4 - T_3^4) \\ &= 7.13 \times (80-20) + 1 \times 5.67 \times 10^{-8} \times [(273+80)^4 - (273+20)^4] \\ &= 890.32(\mathrm{W/m^2}) \end{aligned}$$

（2）计算两层材料的厚度

对耐火砖 $$q = \frac{k_1}{\delta_1}(t_{w1} - t_{w2}) = \frac{1.21}{\delta_1} \times (1000-600)$$

因此 $$\delta_1 = 0.54\mathrm{m} = 540\mathrm{mm}$$

同理，对红砖 $$q = \frac{k_2}{\delta_2}(t_{w2} - t_{w2}) = \frac{0.64}{\delta_1} \times (600-80)$$

得 $$\delta_2 = 0.37\mathrm{m} = 370\mathrm{mm}$$

（2）器壁为圆筒壁的间接传热

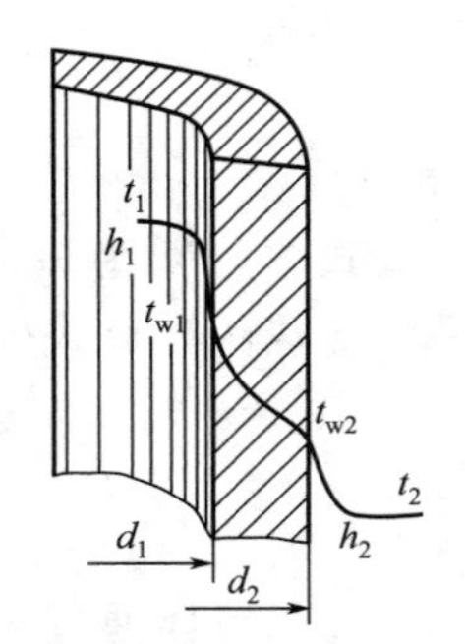

图 3-55 单层圆筒壁的间接传热

由于圆筒壁内侧和外侧的表面积不相等，通过圆筒壁的传热用单位长度传递热量表示。设圆筒壁的内、外直径分别为 d_1 和 d_2，对应的温度分别 t_{w1} 和 t_{w2}，筒体内外两侧的复合传热系数为 h_1 和 h_2，如图 3-55 所示。当传热处于稳定态时，筒内流体通过单位长度圆筒壁传出的热量，可表示为：

流体与内壁间的对流、辐射换热：$q_l = h_1 \pi d_1 (t_1 - t_{w1})$

外壁与流体的对流、辐射换热：$q_l = h_2 \pi d_2 (t_{w12} - t_2)$

圆筒壁导热：$q_l = \dfrac{2\pi k (t_{w1} - t_{w2})}{\ln(d_2/d_1)}$

联立求解上述三个方程式，可得

$$q_l=\frac{1}{\frac{1}{h_2d_2\pi}+\frac{1}{2k\pi}\ln\frac{d_1}{d_2}+\frac{1}{h_1\pi d_1}}(t_2-t_1) \tag{3-177}$$

单位长度传热系数为： $$K_1=\frac{1}{\frac{1}{h_2d_2\pi}+\frac{1}{2k\pi}\ln\frac{d_1}{d_2}+\frac{1}{h_1\pi d_1}} \tag{3-178}$$

对应的单位长度总热阻：$$R_t=\frac{1}{h_2\pi d_2}+\frac{1}{2k\pi}\ln\frac{d_2}{d_1}+\frac{1}{h_1\pi d_1} \tag{3-179}$$

对于多层圆筒壁，相比单层圆筒壁增加若干个导热热阻，其计算公式为

$$q_l=\frac{1}{\frac{1}{h_2d_2\pi}+\sum_{i=1}^{n}\frac{1}{2k_i\pi}\ln\frac{d_i}{d_{i+1}}+\frac{1}{h_1\pi d_1}}(t_2-t_1) \tag{3-180}$$

3.5.2 换热器

3.5.2.1 换热器的分类

换热器是指在两种或两种以上不同温度的流体间进行热量交换的设备。由于应用场合、工艺要求不同，换热器的种类繁多，结构形式多样。在工程应用中，按工作原理换热器通常可分为以下几种类型。

① 间壁式换热器　冷热两种流体在换热器中用固体壁隔开，相互不接触，热量通过壁面形成间壁式换热。

② 混合式换热器　冷热两种流体直接接触，相互混合交换热量。例如将锅炉中的水蒸气直接通入水中将水加热的浴池，将水变成水滴与冷空气直接接触使水冷却的冷却塔等都是混合式换热器。

③ 蓄热式（或回流式、再生式）换热器　借助于热容量较大的蓄热体，冷、热流体交替地与蓄热体接触，使蓄热体周期地吸热和放热，从而将热流体的热量传给冷流体，如锅炉的再生式空气预热器和玻璃池窑的蓄热室。

在工程上得到最广泛应用的是间壁式换热器。本节主要介绍间壁式换热器。

间壁式换热器按流体流动方式又分为顺流换热器、逆流换热器和复杂流换热器三种。图 3-56 中描述了流体在间壁式换热器中的各种流动形式。按照换热器的结构分类，间壁式换热器有套管式换热器、管壳式换热器、肋片管式换热器和板式换热器，如图 3-57 所示。

3.5.2.2 换热器的传热计算

换热器的计算一般有三个目的：①确定换热面积，从而进一步确定换热器的主要尺寸；②确定器壁的温度，以便选择换热器的材料；③通过阻力计算，确定流体阻力，以便选择风机（或泵）。

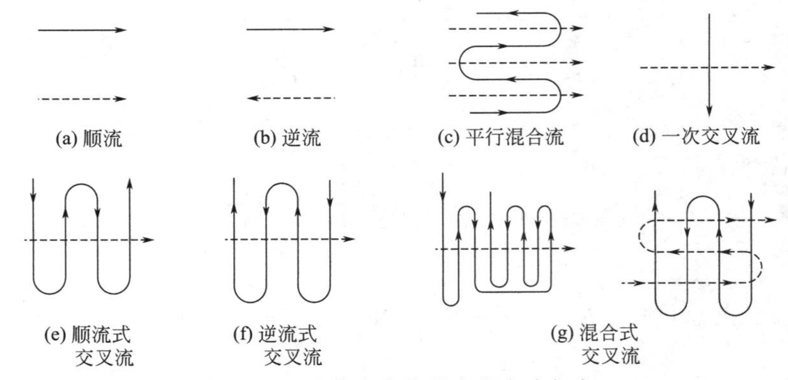

图 3-56　流体在换热器中的流动方式

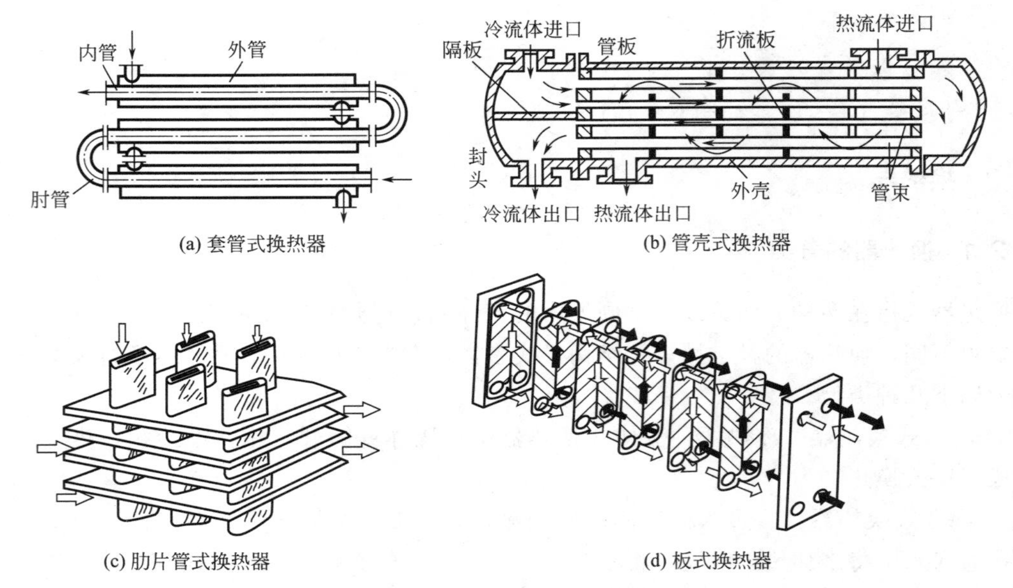

图 3-57　不同结构的间壁换热器

（1）传热量的计算

在换热器中，两种流体通过器壁面积 dA 的传热量为

$$dQ = K(t_2 - t_1)dA \tag{3-181}$$

式中，K 为换热器的综合传热系数，反映传热过程的强度。由于流体的温度随流动路径而发生变化，冷热流体之间的温差也随着流动发生变化。需要确立一个可以反映整个换热器表面的温差，因此，采用平均温度差的概念。式(3-181) 积分得

$$Q = \int_0^A K(t_2 - t_1)dA = K\Delta t_{av}A \tag{3-182}$$

式(3-182) 为换热器计算的基本关系式，Δt_{av} 为整个换热面的平均温差。

为方便起见，用下标“1”表示高温流体，“2”表示低温流体；上标“′”表示进口参数，“″”表示出口参数。冷、热流体的质量流量分别为 G_{m2} 和 G_{m1}。低温流体在换热器

进、出口之间的热量变化为

$$Q=G_{m2}c''_{p2}t''_2-G_{m2}c'_{p2}t'_2=G_{m2}(c''_{p2}t''_2-c'_{p2}t'_2) \tag{3-183}$$

（2）平均温差的计算

在换热器中，冷热两流体间的温差是沿流动路程发生变化的。顺流和逆流换热器内流体温度的沿程变化规律不同。下面以逆流换热器为例，推导平均温差的计算式。

为分析问题方便，需要对换热器中的传热过程做以下假设：①传热过程是稳定态操作过程；②比热容 c_{p1} 和 c_{p2} 在整个换热面上为常量；③传热系数 K 不随管程变化，即 K 视为常数；④换热器中无热损失。

如图 3-58 所示，在距开始端为 x 处热流体流经微元换热面 $\mathrm{d}A$ 的过程中，热流体放出的热量为

$$\mathrm{d}Q=-G_{m1}c_{p1}\mathrm{d}t_1=-C_1\mathrm{d}t_1 \tag{3-184}$$

冷流体吸收的热量为

$$\mathrm{d}Q=-G_{m2}c_{p2}\mathrm{d}t_2=-C_2\mathrm{d}t_2 \tag{3-185}$$

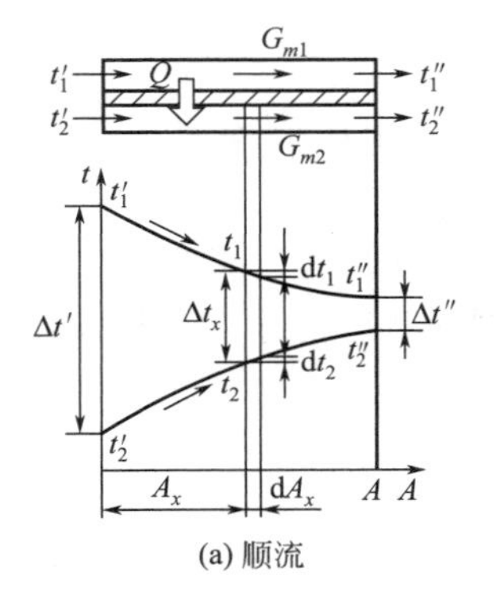

(a) 顺流

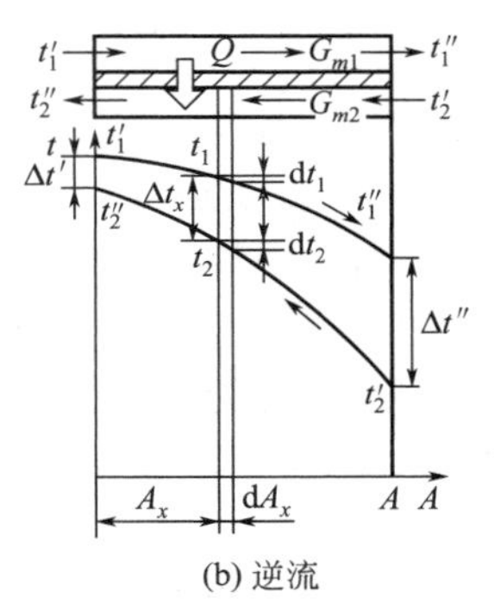

(b) 逆流

图 3-58　顺流和逆流流动及其温度变化

令 $C_1=G_{m_1}c_{p1}$，$C_2=G_{m_2}c_{p2}$。根据冷、热流体的吸收和放出的热量，式(3-184) 和式(3-185) 相减，可得

$$\mathrm{d}t_2-\mathrm{d}t_1=-\mathrm{d}Q\left(\frac{1}{C_2}-\frac{1}{C_1}\right)$$

将式(3-181) 代入上式，

$$\mathrm{d}(t_2-t_1)=-K(t_2-t_1)\mathrm{d}A\left(\frac{1}{C_2}-\frac{1}{C_1}\right)$$

分离变量，并积分，

$$-\int_{\Delta t_1}^{\Delta t_2}\frac{\mathrm{d}(t_2-t_1)}{t_2-t_1}=K\left(\frac{1}{C_2}-\frac{1}{C_1}\right)\int_0^A \mathrm{d}A$$
$$\ln\frac{\Delta t_1}{\Delta t_2}=K\left(\frac{1}{C_2}-\frac{1}{C_1}\right)A \tag{3-186}$$

上式表明，在逆流换热器中，温差随着换热面积呈指数变化。根据换热器的换热量计算

式 $Q=K\Delta t_{av}A$，则可得平均温差计算式，

$$\Delta t_{av}=\frac{\frac{Q}{C_2}-\frac{Q}{C_1}}{\ln\frac{\Delta t_1}{\Delta t_2}} \tag{3-187}$$

对式(3-184) 和式(3-185) 分别积分可得

$$\frac{Q}{C_2}=t_2'-t_2'' \qquad \frac{Q}{C_1}=t_1''-t_1'$$

将上两式代入式(3-187) 中，有

$$\Delta t_{av}=\frac{(t_2'-t_2'')-(t_1''-t_1')}{\ln\frac{\Delta t_1}{\Delta t_2}}=\frac{(t_2'-t_1'')-(t_2''-t_1')}{\ln\frac{\Delta t_1}{\Delta t_2}}$$

$$\Delta t_{av}=\frac{\Delta t_1-\Delta t_2}{\ln\frac{\Delta t_1}{\Delta t_2}} \tag{3-188}$$

式中，Δt_1 和 Δt_2 分别表示逆流换热器进、出口的流体温度差，$\Delta t_1=t_2'-t_1''$，$\Delta t_2=t_2''-t_1'$。式(3-188) 为逆流换热器平均温差的计算公式。由此可见，换热器的平均温差为换热器两流体温度差的对数平均值，称为对数平均温差。实际上，式(3-188) 是计算逆流和顺流换热器平均温差的通式，因为对于顺流式换热器同样可以推导得到与式(3-188) 相同的结果，此时两端流体温度差写为，

$$\Delta t_1=t_2'-t_1' \qquad \Delta t_2=t_2''-t_1''$$

如果流体的温度沿换热面变化不大，就可以用 Δt_1 和 Δt_2 的算术平均值计算：

$$\Delta t_{av}=\frac{\Delta t_1+\Delta t_2}{2} \tag{3-189}$$

当$\frac{\Delta t_1}{\Delta t_2}\leqslant 2$ 时，算术平均温差与对数平均温差之间相差不到 4%，这在工业计算中是允许的。

对于错流式或复合流式换热器，其平均温差的计算相当复杂。为了方便计算，其平均温差值计算是在逆流式平均温差基础上进行修正，即

$$\Delta t_{av}=\varepsilon_{\Delta t}\ \frac{\Delta t_1-\Delta t_2}{\ln\frac{\Delta t_1}{\Delta t_2}} \tag{3-190}$$

式中，温度修正系数 $\varepsilon_{\Delta t}$ 的值取决于换热器中流体的流动形式。工业上常遇到的几种形式的 $\varepsilon_{\Delta t}$ 已绘成了图线，在有关设计手册中均可查到。

（3）传热系数

由于传热系数受到温度的影响，在换热器中传热系数随着传热过程发生变化，因此，一

般都采用换热器的进口端和出口端的传热系数的算术平均值来计算：

$$K=\frac{K_1+K_2}{2} \tag{3-191}$$

式中，K_1、K_2 分别为换热器的进口端和出口端的传热系数，W/(m^2·℃)。

（4）换热面积计算

通过前面的换热量、平均温差和传热系数的计算，换热器的换热面积就可以通过下式计算得到，

$$A=\frac{Q}{K\Delta t_{av}} \tag{3-192}$$

换热器的传热计算关系式表明了换热过程中各个参数之间的影响关系，由此可知，可以通过增大传热面积、增加平均温差和传热系数等途径强化换热器的传热过程。工业上通常是通过改善传热面的结构实现传热面积的增加。一般来说，物料的温度由生产工艺确定，由此提高介质的温度必须考虑技术上的可行性和经济上的合理性。在温度、热容相同的条件下，逆流换热器与顺流换热器相比，具有较大温差，从传热的角度出发采用逆流操作可得到较大的平均温差。当高温流体与低温流体的热容相差很大时，逆流与顺流式换热器的传热效果则几乎相同。

练习题

1. 在单层圆筒壁内，稳定导热的温度分布曲线为：________。

（a）对数曲线；（b）直线；（c）折线；（d）抛物线

2. 多层平壁内，稳定导热的温度分布曲线为________。

3. 随着温度的升高，金属的导热系数的变化是：________。

（a）减小；（b）不变；（c）增大；（d）不确定

4. 由红砖、保温砖、黏土砖组成的多层平壁，假如层与层间由于接触不紧密而存在空气，则多层平壁的传导热流量将：________。

（a）增大；（b）减小；（c）不变；（d）不能确定

5. 管道流动中，温度边界层厚度与对流换热强度的关系：________。

（a）没有影响；（b）随边界层厚度增加而增加；（c）随边界层厚度减少而增加；（d）不确定

6. 绝大多数情况下强制对流时的对流换热系数________自然对流。

（a）小于；（b）等于；（c）大于；（d）无法比较

7. 准数方程 $Nu=f(Re、Pr、Gr)$ 在强制对流换热时，可简化为：________。

8. 当物体表面与外界空气的温度差为110℃时，热流量为120W/m^2，其对流换热系数为________。

9. 普朗克定律揭示了________________按波长和温度的分布规律

10. 在半球空间中，________方向上，固体的辐射能力最强。

11. 两个物体间角系数的大小与物体的________有关。

（a）几何参数；（b）是否为黑体；（c）辐射率；（d）表面性质

12. 削弱辐射换热的有效方法是加遮热板，而遮热板表面的辐射率应________。

（a）大一点好；（b）小一点好；（c）大、小都一样；（d）无法判断

13. 平壁与圆管壁材料相同，厚度相同，在两侧表面温度相同条件下，圆管内表面积等于平壁表面积，试问哪种情况下导热量大？

14. 两根直径不同的蒸汽管道，外表面敷设厚度相同、材料相同的绝热层。若管子外表面和绝热层外表面温度相同，试问两根管子每米长的热损失是否相同？

习题

参考答案

1. 在一次测定空气横向流过单根圆管的对流换热试验中，得到下列数据：管壁平均温度 $t_w=69℃$，空气温度 $t_f=20℃$，管子外径 $d=14mm$，加热段长 80mm，输入加热段的功率为 8.5W。如果全部热量通过对流换热传给空气，试问此时的对流换热系数为多大？

2. 锅炉壁的厚度 $\delta_1=20mm$，热导率为 $k_1=46.5W/(m·℃)$。在锅炉的内表面附着一层厚度 $\delta_2=2mm$ 的水垢，水垢的热导率 $k_2=0.9W/(m·℃)$。已知锅炉外壁面的表面温度为 250℃，水垢内表面温度为 200℃。求通过锅炉壁的热流量 q；锅炉壁与水垢接触面的温度。（锅炉筒直径较大，可近似按平壁计算）

3. 某炉墙由一层 400mm 厚的耐火砖和一层 200mm 厚的保温砖砌成，操作稳定后炉内表面温度为 1400℃，外表面温度为 120℃，求炉墙导热的热流通量和两砖间的界面温度。设两砖间接触良好，耐火砖热导率 $k_1=0.8+0.0006t$ [W/(m·℃)]，保温砖热导率 $k_2=0.3+0.0003t$ [W/(m·℃)]。

4. 用平板法测定材料热导率。试件为 $d=100mm$ 的圆形平板，厚度为 20mm。通过平板的热流量为 55W，测得试件两个表面的温度分别为 180℃ 和 30℃。（1）求材料的热导率；（2）经检查发现试件与平板之间上下都有 0.1mm 的空气隙，问试件的真实热导率为多少？由（1）计算得到的热导率误差为多少？已知空气热导率数值为 $t_1=180℃$，$k_1=0.0378W/(m·℃)$；$t_2=30℃$，$k_2=0.0267W/(m·℃)$。

5. 外径为 100mm 的蒸汽管道外包裹玻璃棉毡进行保温。已知蒸汽管道外壁温度为 450℃，要求保温层外表面温度不超过 50℃，并且单位管长的散热量不超过 168W/m，试计算所需的保温的厚度。

6. 某管道外径为 30mm，准备在其外面包上两层厚度均为 15mm 的不同种类的保温材料。第一种材料热导率为 0.04W/(m·℃)，另一种材料热导率为 0.1W/(m·℃)，若管道表面与保温后外表面的温差是一定的，试通过计算确定两种保温材料何种在外，哪种在里面更加有利于管道保温。

7. 一高为 1m，宽 0.7m 的双层玻璃窗，由两层厚 3mm，热导率 $k=0.74W/(m·K)$ 的玻璃组成，其间空气夹层厚 10mm。已知空气夹层两侧玻璃表面温度分别是 16℃ 和 −16℃。若不考虑空气间隙中的自然对流，不考虑辐射换热，问在其他条件不变时双层玻璃窗的热阻为单层玻璃窗的多少倍？

8. 某厂蒸汽管道为 $\phi175mm\times5mm$ 的钢管，外面包了一层 95mm 厚的石棉保温层，管壁和石棉的热导率分别为 50W/(m·℃)、0.1W/(m·℃)，管道内表面温度为 300℃，保温

层外表面温度为50℃。试求每米管长的散热损失。在计算中能否略去钢管的热阻，为什么？

9. 用平底锅烧开水，与水相接触的锅底温度为108℃，热流密度为42400W/m^2。使用一段时间后，锅底结了一层平均厚度为3mm的水垢，水垢的热导率取1.1W/(m·K)。假设此时与水相接触的水垢的表面温度仍为108℃，热流密度也不变。试计算水垢与锅底接触面的温度。

10. 一厚度为10cm的无限大平壁，热导率k为15W/(m·K)。平壁两侧置于温度为20℃，表面传热系数h为50W/(m^2·K)的流体中，平壁内有均匀的内热源$\dot{Q}=4\times10^4$W/m^3。试确定平壁内的最高温度及平壁表面温度。

11. 一直径为5cm、长为30cm的钢圆柱体，初始温度为30℃，将其放入炉温为1200℃的加热炉中加热，升温到800℃方可取出。设钢圆柱体表面与炉气间的换热系数为140W/(m^2·K)，问需多长时间才能达到要求。钢的物性参数：$c=0.48$kJ/(kg·℃)，$\rho=7753$kg/m^3，$k=33$W/(m·℃)。

12. 厚度0.25m的不锈钢大平板铸件，热导率为23 W/(m·℃)，导温系数为0.44×10^{-5}m^2/s。在炉内被加热到767℃后，取出放在27℃的空气中冷却。表面的换热系数为125W/(m^2·℃)。计算经过85分钟后，平板中心和平板表面的温度为多少？

13. 长度为2m、直径为ϕ19mm×2mm的水平圆管，表面被加热到250℃，管子暴露在温度为20℃、压强为101.3kPa的大气中，试计算管子的自然对流传热速率。

14. 对置于气流中的一块很粗糙的表面进行传热试验，测得如下的局部换热特性的结果：$Nu_x=0.04Re_x^{0.9}Pr^{1/3}$，其中特性长度$x$为计算点离开平板前缘的距离。试计算当气流温度$t_\infty=27$℃、流速$u_\infty=50$m/s时离开平板前缘$x=1.2$m处的切应力。平壁温度$t_w=73$℃。

15. 在一次对流换热的试验中，10℃的水以1.6m/s的速度流入内径为28mm、外径为31mm、长1.5m的管子。管子外表面均匀地缠绕着电阻带作为加热器，其外还包有绝热层。设加热器总功率为42.05W，通过绝热层的散热损失为2%，试确定：(1) 管子出口处的平均水温；(2) 管子外表面的平均壁温。管材的$k=18$W/(m·K)。

16. 水平放置的外径为0.3m的蒸汽管，管外表面温度为450℃，管周围空间很大，充满着50℃的空气。试求每米管长对空气的自然对流换热损失。(不考虑辐射散热)

17. 一水平封闭夹层，上下表面间距$\delta=20$mm，夹层内充满压力$p=1.013\times10^5$Pa的空气。一个表面温度为130℃，另一表面温度为30℃。试计算热表面在冷表面上方及在冷表面下方两种情形通过单位面积夹层的传热量。

18. 用空气强制冷却圆柱形料垛，根据模型实验，确定空气与料垛间的对流换热的准数方程为$Nu_f=0.0146Re_f^{0.86}$。已知空气温度为20℃，空气流速为1.25m/s，料垛直径为0.12m。求圆柱形料垛对空气的对流换热系数。

19. 两根用同样材料制成的等长度水平横管，具有相同的表面温度，在空气中自然散热。第一根管子的直径是第二根管子直径的10倍，如果这两根管子的($Gr\cdot Pr$)值均在$10^3\sim10^6$之间，且准数方程式为$Nu_b=0.53Gr_b^{0.25}$。试求两根管子的对流换热系数的比值和热损失的比值。

20. 为了研究某窑炉中烟气的流动阻力变化规律，用实物尺寸1/20的模型，以20℃空气作为介质进行试验。实物中烟气的平均温度为900℃，烟气流速为5m/s。模型中空气流速为多少才能保证模型与实物实现流动的动力相似。(烟气的物性参数可通过查表获取)

21. 某物体表面在427℃时的辐射能力与黑体在327℃时的辐射能力相同，求该物体的辐射率。

22. 两无限大平行平面，其表面温度分别为20℃及600℃，辐射率均为0.8。(1) 求这两平行平面的本身辐射、投射辐射和有效辐射。(2) 若在这两平面中安放一块辐射率为0.8或0.05的遮热板，试求这两块无限大平行平面间的净辐射热流量。

23. 两无限大平行平板Ⅰ和平板Ⅱ，平板Ⅰ为黑体，温度$t_1=827$℃，平板Ⅱ为辐射率等于0.8的灰体，温度$t_2=627$℃。试求：(1) 平板Ⅰ在此情况下的最大辐射强度的波长；(2) 两平板间的净辐射热量；(3) 绘出系统的辐射网络图。

24. 试求直径为0.3m，辐射率为0.8的裸气管在单位长度的辐射散热损失。已知裸气管的表面温度为440℃，周围环境温度为10℃。如同时考虑对流换热损失，裸气管对流换热系数为35W/(m^2·℃)，裸气管的散热损失又为多少?

25. 一根直径$d=50$mm、$l=8$m的钢管，被置于横断面为0.2m×0.2m的砖槽道内。若钢管温度和辐射率分别为$t_1=250$℃、$\varepsilon_1=0.79$，砖槽壁面温度和辐射率分别为$t_2=27$℃、$\varepsilon_2=0.93$，试计算该钢管的辐射热损失。

26. 烟道直径为1m，烟气的压力和平均温度分别为10^5Pa和827℃。烟气中CO_2和H_2O的体积分数分别为15%和5%，其余均是无辐射和吸收能力的气体。试计算烟气的黑度。

27. 若上题中烟道的壁温为527℃、辐射率为1，其他条件不变，试确定烟气对外壳所辐射能量的吸收率，以及烟气与外壳之间的辐射换热量。

28. 有一平板，水平放置在太阳光下，已知太阳投射到平板上的热流量为700W/m^2，周围环境温度为25℃。如果忽略对流换热，试求下列情况下的平板表面温度：

(1) 平板表面涂有白漆；

(2) 平板表面涂有无光黑漆；

(3) 如果将上述平板放置在工业炉的热辐射下，当辐射热流量仍为700W/m^2，环境温度仍为25℃时。

已知白漆对于太阳辐射的吸收率为0.14，白漆对于低于2000℃的热辐射的吸收率为0.90，无光黑漆对于太阳辐射的吸收率为0.96，无光黑漆对于低于2000℃的热辐射的吸收率为0.95。

29. 热空气在ϕ426mm×9mm的钢管内流过，热空气的温度用一个装在外径为15mm的瓷保护管中的热电偶来测量，已知钢管内壁温度为110℃，热电偶读数（即瓷管温度）为220℃，瓷管的辐射率为0.8，空气向瓷管的对流换热系数为52.4W/(m^2·℃)。设瓷管本身的热传导可忽略不计。试求：由于热电偶保护管向钢管壁的辐射换热而引起的测量相对误差(%)，并求出空气的实际温度。

30. 在习题29的装置中，为了减少热电偶的测量误差，把热电偶保护瓷管用薄铝圆筒屏蔽，屏蔽筒的辐射率为0.3，面积为保护瓷管端部的4倍。空气向屏蔽筒的对流换热系数为35W/(m^2·℃)，其他数据与上题相同。试求：此时空气的真实温度以及热电偶的测量相对误差(%)。

31. 平壁外表面覆盖着厚25mm、热导率为0.14W/(m·℃)的隔热层，隔热层内壁温度为315℃，环境温度为38℃，为保证隔热层外表面温度不超过41℃，对流换热系数应当多少?(隔热层外表面辐射率$\varepsilon_w=1$)

32. 已知某锅炉内的烟气温度为1000℃，水的温度为200℃，烟气与壁面的对流辐射的复合换热系数为 112W/(m^2·℃)，水对壁面对流换热系数为 2320W/(m^2·℃)。试求锅炉壁[δ=20mm，k=58W/(m^2·℃)]内外表面温度和通过锅炉壁的热流量。如果在烟气的一侧附上一层烟灰[δ=0.5mm，k=0.1W/(m^2·℃)]，在水的一侧附有一层水垢[δ=2mm，k=1.16W/(m^2·℃)]，此时通过锅炉壁热流量为多少？

33. 如图所示，用 r_1=20mm 的管道输送低温介质，若管外表面温度 T_1=77K，辐射率 ε_1=0.25。外部用一个 r_2=40mm 的套管将它包裹起来，表面温度 T_2=300K，辐射率 ε_2=0.4。用一根直径 r_3=30mm 的辐射遮热管来降低热量损失，假设遮热管两面的辐射率 ε_3=ε_3'=0.05，问增加遮热管之后，热流减少了多少？若在冷管道外侧敷设热导率等于 0.03W/(m·K) 的保温材料，其外表面温度为 300K，达到相同隔热效果需要多厚的保温材料？

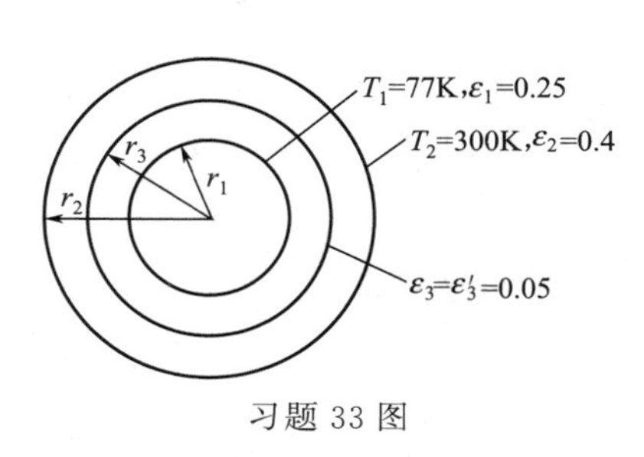

习题 33 图

34. 一钢管，壁厚为 2mm（可近似作为平壁处理），热导率为 k=20W/(m·℃)，两侧与流体进行对流换热，换热系数分别为 h_1=800W(m^2·℃) 和 h_2=50W/(m^2·℃)。两侧流体的平均温差为 60℃。为强化传热采取如下措施：(1) h_1 增大 60%；(2) h_2 增大 20%；(3) 以热导率为 k=320W/(m·℃) 的等厚度铜管代替钢管。试分别计算传热量增加的百分比，并由计算结果说明哪种措施最有效。

35. 在换热器中，一种流体从 250℃ 被冷却到 150℃，另一种流体从 80℃ 被加热到 120℃。如果换热器被设计成顺流式、逆流式。试分别求出其对数平均温度差。

36. 采用一管式错流换热器，将热废气用于加热水，水温从 35℃加热到 85℃，水的流量为 2.5kg/s，废气进出口温度分别为 200℃ 及 93℃，已知总传热系数为 180W/(m^2·℃)。试计算换热器的传热面积。

37. 有一套管逆流式换热器，用水冷却油，油在内管中流动，油进出口温度分别为 110℃和 75℃，水在套管环隙中流动，水的流量为 68kg/min，水的进出口温度分别为 35℃和 75℃。已知按内管外表面积计算的平均总传热系数为 320W/(m^2·℃)，油的比热容为 1.9kJ/(kg·℃)。试求此换热器的换热面积。

第4章

质量传递原理

4.1 引言

若一个体系具有两种或两种以上组分，而且在空间上存在组分浓度分布不均匀，则会产生组分由高浓度向低浓度方向的传递，这一传递过程称为质量传递过程，简称传质。

浓度梯度的存在是质量传递的推动力。严格地讲温度梯度和压力梯度也会引起质量传递，前者称为热扩散，后者称为压力扩散。在一般工程问题中，温度梯度和压力梯度的变化不大，这两种扩散效应较小的情况下，往往可以忽略不计。由于篇幅的原因，本章仅讨论由浓度梯度引起的质量传递过程。

与热量传递一样，质量传递也是自然界和工程领域普遍存在的传递现象。在日常生活和材料、化工、机械、能源、动力、航空航天、环保等工程领域中质量传递现象均是十分重要的过程。材料制备过程中物料的干燥、组分之间的化学反应及燃料燃烧等过程均与质量传递有着密切的关系。

根据传质机理，质量传递的基本方式有分子扩散和对流传质两大类。分子扩散传质是依靠分子的随机运动而引起的质量转移行为。在运动流体与固体壁面之间，或两种不同互不相溶流体之间发生的质量传递过程称为对流传质。室内一隅的香味，在静止空气中依靠分子运动传递到另一隅，需要较长时间。一旦有微风，气味的传递速度则加快，这是因为流体分子携带它所具有的任何物理、化学性质（包括能量、动量和质量）传递给相遇的流体，这就是对流传质的结果。

质量传递现象与动量传递、热量传递都是由于在体系内某一强度因素存在梯度所引起的自发过程，三种传递过程在机理上具有相似性，三者是可类比现象。因此，质量传递的研究方法与热量传递、动量传递的研究是类似的。在分析和研究质量传递现象时，通常采用动量、热量和质量传递类比的方法。

4.2 质量传递的基本概念

4.2.1 混合物组成的表示方法

4.2.1.1 质量浓度与摩尔浓度

在多组分体系中，单位体积中某组分的量称为该组分的浓度。某组分的量可以用质量或物质的量表示，因而，浓度表示方法有质量浓度和摩尔浓度。

组分 i 的质量浓度 ρ_i 即为单位体积混合物中组分 i 的质量，单位为 kg/m^3 或 g/m^3。单位体积

混合物中组分 i 的物质的量用摩尔数表示，即是组分 i 的摩尔浓度，用 c_i 表示，其单位为 $kmol/m^3$ 或 mol/m^3。

若某一体系由 n 个组分组成，则该体系的总质量浓度 ρ 和总摩尔浓度 c 分别为：

$$\rho=\sum_{i=1}^{n}\rho_i \tag{4-1}$$

$$c=\sum_{i=1}^{n}c_i \tag{4-2}$$

质量浓度和摩尔浓度的关系为：

$$c=\frac{\rho}{M} \tag{4-3}$$

$$c_i=\frac{\rho_i}{M_i} \tag{4-4}$$

式中　M——混合物的平均摩尔质量；

M_i——i 组分的摩尔质量。

4.2.1.2　质量分数与摩尔分数

（1）质量分数

在多元体系中，组分 i 的质量浓度 ρ_i 与混合物的总质量浓度 ρ 之比称为该组分的质量分数，用 w_i 表示：

$$w_i=\frac{\rho_i}{\rho} \tag{4-5}$$

在多元体系中各组分的质量分数之和应为 1，即：

$$\sum_{i=1}^{n}w_i=1 \tag{4-6}$$

（2）摩尔分数

在多元体系中，组分 i 的摩尔浓度 c_i 与混合物的总摩尔浓度 c 之比称为该组分的摩尔分数，通常用 x_i 表示：

$$x_i=\frac{c_i}{c} \tag{4-7}$$

同样，多元体系中各组分的摩尔分数之和为 1，即：

$$\sum_{i=1}^{n}x_i=1 \tag{4-8}$$

对于理想气体，根据理想气体的状态方程可得：

$$x^i=\frac{c_i}{c}=\frac{p_i/RT}{p/RT}=\frac{p_i}{p} \tag{4-9}$$

此式为混合气体的道尔顿（Dalton）分压定律。

4.2.2 传质的速度与通量

4.2.2.1 传质的速度

(1) 相对于固定坐标的速度

在多元传质体系中，各组分通常以不同的速度运动，因此，多元混合物的速度应是体系中各组分速度的加权平均速度。该速度可以表示为质量平均速度，也可表示为摩尔平均速度。

若多元体系中 i 组分相对于固定坐标系的速度为 u_i，则质量平均速度 v 的定义式为

$$\vec{v}=\frac{\sum_{i=1}^{n}\rho_i\vec{u}_i}{\sum_{i=1}^{n}\rho_i}=\frac{\sum_{i=1}^{n}\rho_i\vec{u}_i}{\rho} \tag{4-10}$$

相应地，多元体系相对于固定坐标系的摩尔平均速度 $\vec{v}_{\mathrm{m}}$ 定义式为

$$\vec{v}_{\mathrm{m}}=\frac{\sum_{i=1}^{n}c_i\vec{u}_i}{\sum_{i=1}^{n}c_i}=\frac{\sum_{i=1}^{n}c_i\vec{u}_i}{c} \tag{4-11}$$

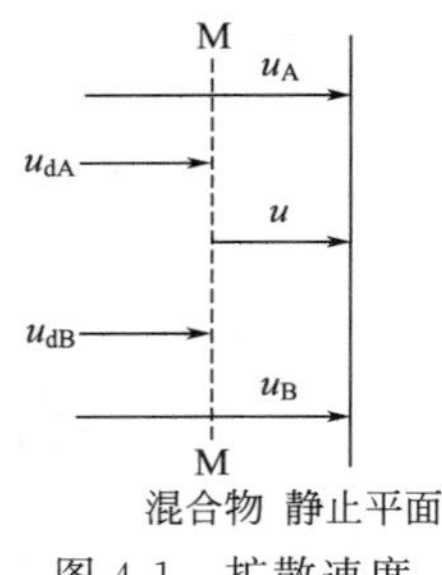

图 4-1 扩散速度

(2) 扩散速度

设多元体系由组分 A 和 B 组成，对于体系中任意静止平面 M—M，由于分子不规则热运动引起的扩散，使 A 和 B 组分通过 M 平面的速度分别为 u_{dA} 和 u_{dB}，称为扩散速度（图 4-1）。该二元混合物通过 M 平面的平均移动速度为 u，称为主体流动速度。于是，组分 A 和 B 实际移动的总速度为

$$u_{\mathrm{A}}=u_{\mathrm{dA}}+u \tag{4-12}$$

$$u_{\mathrm{B}}=u_{\mathrm{dB}}+u \tag{4-13}$$

因此可知，对于多元混合物体系中某组分的扩散速度与其他速度的关系可以写为：扩散速度＝总速度－移动速度。总速度也称为绝对速度。

4.2.2.2 传质通量

单位时间内通过垂直于传质方向上单位面积的物质的量称为传质通量，通常可以表示为质量通量和摩尔通量。某组分的通量为该组分的速度与其浓度的乘积，因此，传质通量是矢量，其方向与该组分的速度方向一致。在质量传递中，由于传质速度表示形式不同，传质通量也有不同的表示形式。

(1) 总传质通量

以总速度（绝对速度）表示的传质通量为总传质通量。设二元混合物体系的总质量浓度为 ρ，组分 A 和 B 的质量浓度分别为 ρ_{A} 和 ρ_{B}，以绝对速度表示组分 A 和 B 的质量通量为

$$n_A=\rho_A u_A \tag{4-14}$$

$$n_B=\rho_B u_B \tag{4-15}$$

则混合物的总质量通量为

$$n=n_A+n_B=\rho_A u_A+\rho_B u_B=\rho v \tag{4-16}$$

因此，混合物的质量平均速度

$$v=\frac{1}{\rho}(\rho_A u_A+\rho_B u_B) \tag{4-17}$$

以绝对速度表示的质量通量实际上相对于静止坐标系的通量。同样可以摩尔浓度表示总传质通量，其表示形式列于表 4-1 中。

（2）扩散通量

质量平均速度 u 和摩尔平均速度 u_m 是混合物中各组分的共有速度，也可作为衡量各组分扩散速度的基准。以质量平均速度 u 和摩尔平均速度 u_m 确定的扩散通量则分别称为 i 组分的分子扩散质量通量 j_i 和分子扩散摩尔通量 J_i。

扩散速度与浓度的乘积称为以扩散速度表示的传质通量，组分 A 和 B 的扩散质量通量可表示为

$$j_A=\rho_A u_{dA}=\rho_A(u_A-u) \tag{4-18}$$

$$j_B=\rho_B u_{dB}=\rho_B(u_B-u) \tag{4-19}$$

式中，$\rho_A u$ 和 $\rho_B u$ 是由于混合物的总体流动所引起的组分 A 和 B 由一处向另一处移动，这种由总体流动产生的质量传递区别于由浓度梯度产生的质量传递。

总之，各组分的迁移是分子扩散和宏观流动两者的共同效应。从外部看（静止坐标），体系的质量迁移是两者的叠加作用。从体系内部看，系统整体是静止的，迁移仅仅是分子扩散的作用。

对于双组分混合物体系，浓度、扩散速度与扩散通量的相互关系及表示方式列于表 4-1 中。

表 4-1　双组分混合物体系中浓度、扩散速度与扩散通量的相互关系

项目		质量浓度基准	摩尔浓度基准
扩散速度	组分 A	$u_{dA}=u_A-u$	$u_{dA}=u_A-u_m$
	组分 B	$u_{dB}=u_B-u$	$u_{dB}=u_B-u_m$
混合物平均速度		$v=\frac{1}{\rho}(\rho_A u_A+\rho_B u_B)$	$v_m=\frac{1}{c}(c_A u_A+c_B u_B)$
总传质通量（相对于静止坐标系）	组分 A	$n_A=\rho_A u_A$	$N_A=c_A u_A$
	组分 B	$n_B=\rho_B u_B$	$N_B=c_B u_B$
	混合物	$n=n_A+n_B=\rho u$	$N=N_A+N_B=cu$
扩散通量（相对于平均速度）	组分 A	$j_A=\rho_A u_{dA}=\rho_A(u_A-u)$	$J_A=c_A u_{dA}=c_A(u_A-u_m)$
	组分 B	$j_B=\rho_B u_{dB}=\rho_B(u_B-u)$	$J_B=c_B u_{dB}=c_B(u_B-u_m)$
	混合物	$j=j_A+j_B$	$J=J_A+J_B$

【例 4-1】 由 O_2（组分 A）和 CO_2（组分 B）构成的二元系统中发生一维稳态扩散知 $c_A=0.022\text{kmol/m}^3$，$c_B=0.065\text{kmol/m}^3$，$u_A=0.0015\text{m/s}$，$u_B=0.0004\text{m/s}$，试求：

(1) 平均速度 v 和 v_m；

(2) N_A，N_B，N；

(3) n_A，n_B，n。

解 (1)

$$\rho_A=c_A M_A=0.022\times 32=0.704(\text{kg/m}^3)$$

$$\rho_B=c_B M_B=0.065\times 44=2.860(\text{kg/m}^3)$$

$$\rho=\rho_A+\rho_B=0.704+2.860=3.564(\text{kg/m}^3)$$

$$c=c_A+c_B=0.022+0.065=0.087(\text{kmol/m}^3)$$

$$v=\frac{1}{\rho}(\rho_A u_A+\rho_B u_B)=\frac{1}{3.564}\times(0.704\times 0.0015+2.860\times 0.0004)=6.17\times 10^{-4}(\text{m/s})$$

$$v_m=\frac{1}{c}(c_A u_A+c_B u_B)=\frac{1}{0.087}\times(0.022\times 0.0015+0.065\times 0.0004)=6.78\times 10^{-4}(\text{m/s})$$

(2)

$$N_A=c_A u_A=0.022\times 0.0015=3.30\times 10^{-5}[\text{kmol/(m}^2\cdot\text{s)}]$$

$$N_B=c_B u_B=0.065\times 0.0004=2.60\times 10^{-5}[\text{kmol/(m}^2\cdot\text{s)}]$$

$$N=N_A+N_B=3.30\times 10^{-5}+2.60\times 10^{-5}=5.90\times 10^{-5}[\text{kmol/(m}^2\cdot\text{s)}]$$

(3)

$$n_A=\rho_A u_A=0.704\times 0.0015=1.06\times 10^{-3}[\text{kg/(m}^2\cdot\text{s)}]$$

$$n_B=\rho_B u_B=2.860\times 0.0004=1.14\times 10^{-3}[\text{kg/(m}^2\cdot\text{s)}]$$

$$n=n_A+n_B=1.06\times 10^{-3}+1.14\times 10^{-3}=2.20\times 10^{-3}[\text{kg/(m}^2\cdot\text{s)}]$$

4.3 质量传递微分方程

在多组分系统中，在非稳态并伴有化学反应发生条件下发生传质现象时，必须采用传质微分方程才能对传质过程进行全面的描述。

多组分的传质微分方程是对每一个组分进行质量衡算导出，其推导原则与单组分连续性方程的推导相同，故多组分系统的传质微分方程也称为多组分系统的连续性方程。

4.3.1 传质微分方程的推导

下面以双组分系统为例，采用欧拉观点进行传质微分方程推导。在流体中任意取一微元体，其边长分别为 dx、dy 和 dz，如图 4-2 所示。根据质量守恒定律，组分 A 的质量衡算式可写为：

输入微元体的质量速率＋反应生成的质量速率＝输出微元体的质量速率＋微元体内累积的质量速率

设在微元体的点（x，y，z）处，质量平均速度为 u，其在三个直角坐标的分量为 u_x、u_y 和 u_z。对于组分 A，输入或输出微元体的质量一是由于流体的总体流动，二是因为浓度梯度引起的分子扩散，因此，组分 A 总的质量通量为（$\rho_A u_x+j_{Ax}$）。

依据质量衡算式对微元体内组分 A 的各项质量速率进行分析。

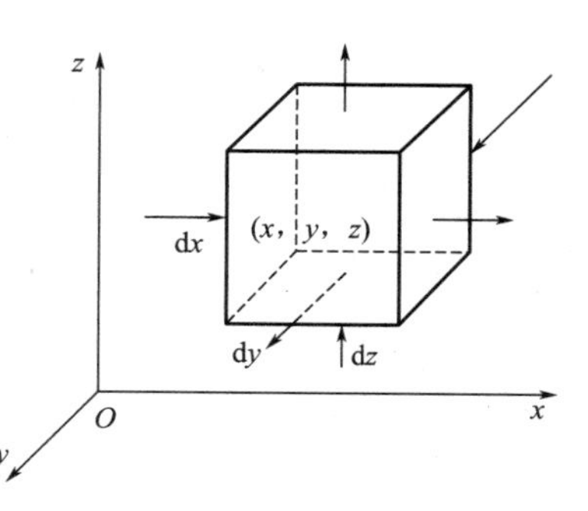

图 4-2 微元体质量衡算示意图

① 组分 A 沿 x 方向从微元体左侧输入的总质量速率为

$$输入_x=(\rho_A u_x+j_{Ax})\mathrm{d}y\mathrm{d}z$$

② 组分 A 沿 x 方向从微元体右侧输出的总质量速率为

$$输出_x=\left[(\rho_A u_x+j_{Ax})+\frac{\partial(\rho_A u_x+j_{Ax})}{\partial x}\mathrm{d}x\right]\mathrm{d}y\mathrm{d}z$$

③ 组分 A 沿 x、y 和 z 方向输出与输入微元体的净质量速率分别为

$$输出_x-输入_x=\left[\frac{\partial(\rho_A u_x)}{\partial x}+\frac{\partial j_{Ax}}{\partial x}\right]\mathrm{d}x\mathrm{d}y\mathrm{d}z$$

$$输出_y-输入_y=\left[\frac{\partial(\rho_A u_y)}{\partial y}+\frac{\partial j_{Ay}}{\partial y}\right]\mathrm{d}x\mathrm{d}y\mathrm{d}z$$

$$输出_z-输入_z=\left[\frac{\partial(\rho_A u_z)}{\partial z}+\frac{\partial j_{Az}}{\partial z}\right]\mathrm{d}x\mathrm{d}y\mathrm{d}z$$

④ 组分 A 在微元体内的净质量速率沿 x、y 和 z 方向净质量速率之和为

$$\left[\frac{\partial(\rho_A u_x)}{\partial x}+\frac{\partial(\rho_A u_y)}{\partial y}+\frac{\partial(\rho_A u_z)}{\partial z}+\frac{\partial j_{Ax}}{\partial x}+\frac{\partial j_{Ay}}{\partial y}+\frac{\partial j_{Az}}{\partial z}\right]\mathrm{d}x\mathrm{d}y\mathrm{d}z \tag{4-20}$$

⑤ 组分 A 在微元体内积累的质量速率为

$$\frac{\partial M_A}{\partial \tau}=\frac{\partial \rho_A}{\partial \tau}\mathrm{d}x\mathrm{d}y\mathrm{d}z \tag{4-21}$$

⑥ 由化学反应生成组分 A 的质量速率　如单位体积流体中由于化学反应组分 A 的生成速率为 r_A。当 A 为生成物，r_A 为正值。因此微元体内生成组分 A 的质量速率为

$$r_A\mathrm{d}x\mathrm{d}y\mathrm{d}z \tag{4-22}$$

⑦ 对微元体进行质量衡算。将式(4-20)～式(4-22) 代入质量衡算式，有

$$\left[\frac{\partial(\rho_A u_x)}{\partial x}+\frac{\partial(\rho_A u_y)}{\partial y}+\frac{\partial(\rho_A u_z)}{\partial z}+\frac{\partial j_{Ax}}{\partial x}+\frac{\partial j_{Ay}}{\partial y}+\frac{\partial j_{Az}}{\partial z}\right]+\frac{\partial \rho_A}{\partial \tau}-r_A=0$$

将上式展开，可得

$$\rho_A\left(\frac{\partial u_x}{\partial x}+\frac{\partial u_y}{\partial y}+\frac{\partial u_z}{\partial z}\right)+u_x\frac{\partial \rho_A}{\partial x}+u_y\frac{\partial \rho_A}{\partial y}+u_z\frac{\partial \rho_A}{\partial z}+\frac{\partial j_{Ax}}{\partial x}+\frac{\partial j_{Ay}}{\partial y}+\frac{\partial j_{Az}}{\partial z}+\frac{\partial \rho_A}{\partial \tau}-r_A=0 \tag{4-23}$$

由于 ρ_A 是随体导数，则有

$$\frac{\mathrm{d}\rho_A}{\mathrm{d}\tau}=\frac{\partial \rho_A}{\partial \tau}+u_x\frac{\partial \rho_A}{\partial x}+u_y\frac{\partial \rho_A}{\partial y}+u_z\frac{\partial \rho_A}{\partial z} \tag{4-24}$$

⑧ 分子扩散的扩散速率，可用 Fick 定律表示

$$\left.\begin{aligned} j_{Ax} &= -D_{AB}\frac{\partial \rho_A}{\partial x} \\ j_{Ay} &= -D_{AB}\frac{\partial \rho_A}{\partial y} \\ j_{Az} &= -D_{AB}\frac{\partial \rho_A}{\partial z} \end{aligned}\right\}$$

于是有，

$$\frac{\partial j_A}{\partial x}+\frac{\partial j_A}{\partial y}+\frac{\partial j_A}{\partial z}=-D_{AB}\left(\frac{\partial^2 \rho_A}{\partial x^2}+\frac{\partial^2 \rho_A}{\partial y^2}+\frac{\partial^2 \rho_A}{\partial z^2}\right) \tag{4-25}$$

⑨ 将式(4-24) 和式(4-25) 代入式(4-23) 中，整理后可得

$$\rho_A\left(\frac{\partial u_x}{\partial x}+\frac{\partial u_y}{\partial y}+\frac{\partial u_z}{\partial z}\right)+\frac{d\rho_A}{d\tau}-D_{AB}\left(\frac{\partial^2 \rho_A}{\partial x^2}+\frac{\partial^2 \rho_A}{\partial y^2}+\frac{\partial^2 \rho_A}{\partial z^2}\right)-r_A=0 \tag{4-26}$$

式(4-26) 为通用的传质微分方程。若以摩尔浓度为基准，以 R_A 表示单位体积内组分 A 的摩尔生成速率，同样可得

$$c_A\left(\frac{\partial u_x}{\partial x}+\frac{\partial u_y}{\partial y}+\frac{\partial u_z}{\partial z}\right)+\frac{dc_A}{d\tau}-D_{AB}\left(\frac{\partial^2 c_A}{\partial x^2}+\frac{\partial^2 c_A}{\partial y^2}+\frac{\partial^2 c_A}{\partial z^2}\right)-R_A=0 \tag{4-27}$$

式(4-27) 是以摩尔浓度表示的通用传质微分方程的形式。

4.3.2 传质微分方程的简化

(1) 不可压缩流体的传质微分方程

对于均质不可压缩流体，混合物总质量浓度恒定，$\rho=$常数。同样总摩尔浓度亦是恒定，根据不可压缩流体的连续性方程式

$$\frac{\partial u_x}{\partial x}+\frac{\partial u_y}{\partial y}+\frac{\partial u_z}{\partial z}=0$$

式(4-26) 和式(4-27) 可简化为

$$\frac{d\rho_A}{d\tau}-D_{AB}\left(\frac{\partial^2 \rho_A}{\partial x^2}+\frac{\partial^2 \rho_A}{\partial y^2}+\frac{\partial^2 \rho_A}{\partial z^2}\right)-r_A=0 \tag{4-28}$$

$$\frac{dc_A}{d\tau}-D_{AB}\left(\frac{\partial^2 c_A}{\partial x^2}+\frac{\partial^2 c_A}{\partial y^2}+\frac{\partial^2 c_A}{\partial z^2}\right)-R_A=0 \tag{4-29}$$

式(4-28) 和式(4-29) 为双组分体系不可压缩流体的传质微分方程。该式适用于总浓度为常数、有分子扩散并伴有化学反应的非稳态三维对流传质过程。

(2) 分子扩散传质微分方程

对于固体或无主体流动流体的分子扩散过程，由于混合物平均速度 $u=0$ 或 $u_m=0$，式(4-28) 和式(4-29) 可进一步简化为

$$\frac{\partial \rho_A}{\partial \tau}=D_{AB}\left(\frac{\partial^2 \rho_A}{\partial x^2}+\frac{\partial^2 \rho_A}{\partial y^2}+\frac{\partial^2 \rho_A}{\partial z^2}\right)+r_A=0 \tag{4-30}$$

$$\frac{\partial c_A}{\partial \tau}=D_{AB}\left(\frac{\partial^2 c_A}{\partial x^2}+\frac{\partial^2 c_A}{\partial y^2}+\frac{\partial^2 c_A}{\partial z^2}\right)+R_A=0 \tag{4-31}$$

若系统内不发生化学反应，$r_A=0$，$R_A=0$，则有

$$\frac{\partial \rho_A}{\partial \tau}=D_{AB}\left(\frac{\partial^2 \rho_A}{\partial x^2}+\frac{\partial^2 \rho_A}{\partial y^2}+\frac{\partial^2 \rho_A}{\partial z^2}\right) \tag{4-32}$$

$$\frac{\partial c_A}{\partial \tau}=D_{AB}\left(\frac{\partial^2 c_A}{\partial x^2}+\frac{\partial^2 c_A}{\partial y^2}+\frac{\partial^2 c_A}{\partial z^2}\right) \tag{4-33}$$

式(4-32) 和式(4-33) 为无化学反应时的分子扩散传质微分方程，又称为费克第二定律。它适用于总浓度不变时，无总体流动的分子扩散，即总质量浓度 ρ=常数或总物质的量浓度 c=常数的条件下，在固体、主体流动总通量为零的静止流体或层流流体中进行的分子扩散。

4.4 分子扩散

分子扩散是由于体系中浓度的不均匀引起的质量传递现象，是分子的无规则热运动产生的结果。分子扩散与传导传热都是由不规则分子运动引起的，因此分子扩散又称为传导传质。只要存在浓度梯度，不论气体、液体还是固体中均可发生分子扩散传质（图 4-3）。例如物料的干燥、物质在多孔固体中的扩散、气体吸收等。

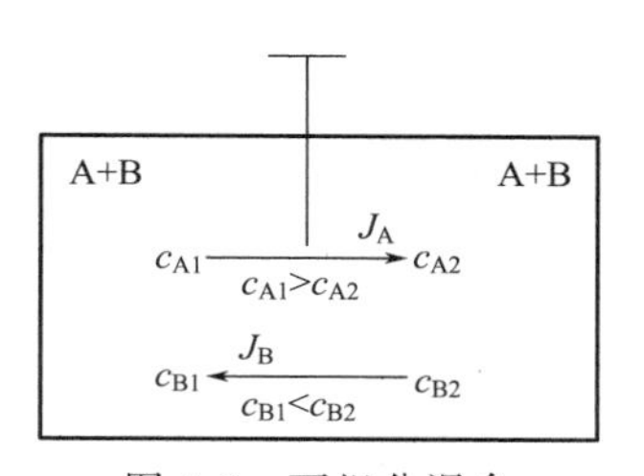

图 4-3 两组分混合体系分子扩散传质

用一个隔板把容器分为左右两室，两室中分别充入温度和压强相同而浓度不同的 A 和 B 的混合气体，且左边区域 A 组分浓度较高，右边区域 B 组分的浓度较高。当隔板插出后，由于左右两室的组分浓度不同，在浓度梯度的作用下 A 分子进入右室较多而返回左室较少，这就形成 A 组分由左向右的扩散。与此同时，B 组分则由右向左进行扩散。这一扩散过程会一直进行到整个容器中 A 和 B 两种组分的浓度分布完全均匀，但是扩散过程仍继续进行，只是左右两方向的扩散通量相等，此时系统处于扩散的动态平衡。

4.4.1 费克定律

4.4.1.1 费克定律

描述分子扩散通量的基本定律为费克（Fick）定律。对于由 A 和 B 两种组分组成的混合物，由浓度梯度引起的扩散通量可表示为

$$j_A=-D_{AB}\frac{\partial \rho_A}{\partial n} \tag{4-34}$$

$$J_A = -D_{AB}\frac{\partial c_A}{\partial n} \tag{4-35}$$

式中　j_A，J_A——组分A沿扩散方向（n 方向）的分子扩散质量通量和摩尔通量，kg/(m^2·s)，kmol/(m^2·s)；

D_{AB}——组分 A 在组分 B 中的分子扩散系数，m^2/s；

$\frac{\partial \rho_A}{\partial n}$，$\frac{\partial c_A}{\partial n}$——组分 A 在扩散方向上的质量浓度梯度。

式(4-34) 和式(4-35) 是以质量浓度和摩尔浓度表示的费克第一定律，多数情况下也简称为费克定律，其中“－”表示分子扩散通量方向与浓度梯度方向相反。

由费克定律可以看出，在温度和压强一定的情况下，两组分组成的混合物扩散体系中任一组分的分子扩散通量大小与该组分的浓度梯度成正比，且分子扩散朝着浓度降低的方向进行。

应予指出，费克定律仅适用于无主体流动或静止流体中由于浓度差引起的分子扩散。若扩散过程同时伴有混合物主体流动，则实际的质量通量还应考虑由主体流动形成的通量。

4.4.1.2 分子扩散系数

分子扩散系数是表征物质分子扩散能力的物性常数，它是体系的组成、温度和压力和的函数。根据费克定律可知，分子扩散系数可以理解为单位浓度梯度下组分通过单位面积所扩散的物质的量。目前，分子扩散系数主要通过实验进行测定，附录 8 中列出了某些气体、液体和固体的分子扩散系数值。

对于理想气体及稀溶液，在一定温度和压力下，浓度变化对分子扩散系数 D_{AB} 的影响不大。对非理想气体、浓溶液及固体，则 D_{AB} 是浓度的函数。

低密度气体的扩散系数随温度的升高而增大，随着压力的升高而减小。低压下扩散系数与压力成反比，高压下扩散系数与压力的关系比较复杂。

液体的扩散系数不仅与体系的温度和压力有关，还随着浓度的变化而改变。在稀溶液中每一个溶质分子均处于溶剂分子包围中，其扩散系数随浓度的变化不大。在浓溶液中，D_{AB} 是浓度和函数。在实际工程中，溶质浓度在 5%以内的均可看作稀溶液，有时浓度高达 10%仍然可当作稀溶液。当温度发生变化时，液体中的扩散系数变化规律可由下式进行计算：

$$\frac{D_{AB1}\mu_{B1}}{T_1} = \frac{D_{AB2}\mu_{B2}}{T_2} \tag{4-36}$$

式中　μ_{B1}，μ_{B2}——溶剂在温度为 T_1 和 T_2 时的黏度，Pa·s。

物质在固体中扩散系数随浓度而异，且在不同方向上可能会有不同数值。各种物质在固体中的扩散系数的数值差别很大。固体中分子扩散系数随温度的升高而增大，扩散系数与温度的变化关系可从下式中体现：

$$D_{AB} = D_0 \exp\left(-\frac{Q}{RT}\right) \tag{4-37}$$

式中　Q——扩散活化能，kJ/kmol；

D_0——扩散常数或频率因子，m^2/s。

由于液体的密度、黏度均比气体高得多，溶质在液体中的扩散系数远比气体中的低，物质在固体中的扩散系数更低。气体、液体和固体在扩散系数（m^2/s）的数量级分别为 $10^{-5}\sim10^{-4}$、$10^{-10}\sim10^{-9}$ 和 $10^{-10}\sim10^{-15}$。

4.4.2 一维稳态分子扩散

4.4.2.1 一维稳态分子扩散的速率方程

物体中各点浓度均不随着时间而变，且只沿着一个空间方向变化，这种分子扩散为一维稳态分子扩散。在一定条件下，某些实际问题可以简化为一维稳态分子扩散问题。

根据扩散通量定义和费克定律，若扩散方向为 z，由式(4-18) 和式(4-34) 联立，有

$$j_A=\rho_A(u_A-u)=-D_{AB}\frac{d\rho_A}{dz}$$

$$\rho_A u_A=-D_{AB}\frac{d\rho_A}{dz}+\rho_A u \tag{4-38}$$

根据平均速度的定义式，有

$$\rho_A u=\rho_A\left[\frac{1}{\rho}(\rho_A u_A+\rho_B u_B)\right]=w_A(n_A+n_B) \tag{4-39}$$

将 $n_A=\rho_A u_A$ 和式(4-39) 代入式(4-38)，可得

$$n_A=-D_{AB}\frac{d\rho_A}{dz}+w_A(n_A+n_B) \tag{4-40}$$

同理，

$$N_A=-D_{AB}\frac{dc_A}{dz}+x_A(N_A+N_B) \tag{4-41}$$

式(4-40) 和式(4-41) 是一维稳态分子扩散过程扩散速率方程的表示式。

4.4.2.2 流体中二元稳态扩散

(1) 等摩尔逆向扩散

在 A 和 B 组分组成的无化学反应的二元扩散传质体系中，当 A、B 两组分的净摩尔通量 N_A 和 N_B 的大小相等、方向相反时的扩散称为等摩尔逆向扩散，即 $N_A=-N_B$。

对于 z 方向的等摩尔逆扩散一维分子传质，式(4-41) 可写

$$N_A=-D_{AB}\frac{dc_A}{dz} \tag{4-42}$$

由于扩散过程为无化学反应的一维稳态分子扩散，将式(4-42) 代入分子扩散传质微分方程式(4-33) 中，可得

$$\frac{dN_A}{dz}=0 \tag{4-43}$$

式(4-43) 表明沿 z 方向的 A 组分的扩散通量 N_A 是常数，同样可以得到 B 组分的扩散通量也是常数。将式(4-42) 代入到式(4-43) 中，可得浓度梯度方程：

$$\frac{d^2 c_A}{dz^2}=0 \tag{4-44}$$

由边界条件 $z=z_1$，$c_A=c_{A_1}$；$z=z_2$，$c_A=c_{A_2}$，对式(4-44) 积分，求解得 A 组分的浓度分布方程为

$$c_A=\frac{c_{A_2}-c_{A_1}}{z_2-z_1}z+c_{A_1} \tag{4-45}$$

由上式可见，在等摩尔逆向扩散情况下，流体中某一组分的摩尔浓度呈线性分布。由式(4-42) 可得

$$N_A=D_{AB}\frac{c_{A_1}-c_{A_2}}{z_2-z_1} \tag{4-46}$$

上式结果与一维稳态导热情况类似，所以一维稳态导热的结果均可应用于该传质过程。

(2) 一种组分通过静止的另一组分的扩散

组分 A 通过静止的或不扩散的 B 组分的稳态扩散是在双组分扩散传质体系中一种常见的扩散情况。例如水在空气中的蒸发、水膜表面的绝热蒸发等。

由于其中的一种组分（设为 B 组分）静止，此时 $N_{Bz}=0$，此时式(4-41) 为：

$$N_A=-D_{AB}\frac{dc_A}{dz}+\frac{c_A}{c}N_{Az} \tag{4-47}$$

总浓度 c 为常数的条件下，上式积分可得：

$$N_A=\frac{D_{AB}c}{z_2-z_1}\ln\frac{c-c_{A_2}}{c-c_{A_1}} \tag{4-48}$$

或

$$N_A=\frac{D_{AB}c}{z_2-z_1}\ln\frac{1-x_{A_2}}{1-x_{A_1}} \tag{4-49}$$

对于理想气体，以压强表示的摩尔通量为

$$N_A=\frac{D_{AB}p}{RT(z_2-z_1)}\ln\frac{p-p_{A_2}}{p-p_{A_1}}=\frac{D_{AB}p}{RT(z_2-z_1)}\ln\frac{p_{B_2}}{p_{B_1}} \tag{4-50}$$

上式表明，在一种组分通过静止的另一组分的扩散时，浓度或气体的分压为对数分布。单向扩散与等摩尔逆扩散是工程中常见的典型扩散过程，单向扩散与等摩尔逆扩散相比有，

$$\frac{N_A}{N_{A等}}=\frac{c_{A_1}-c_{A_2}}{c}\ln\frac{c-c_{A_1}}{c-c_{A_2}} \tag{4-51}$$

即单向扩散比等摩尔逆扩散通量大。差别在于前者有主体流动，由此产生对流扩散通量。工程实际中，气体的吸收和吸附过程、空气的加湿等都是单向扩散。

4.4.2.3 固体中的分子扩散

固体中的分子扩散包括气体、液体和固体在固体中的扩散。诸如固体的干燥，固体催化剂的吸收和催化反应，物料的干燥和高温下金属热处理等均属于固体中的扩散传质现象。固体中的扩散传质通常可以分为两种类型：一种是与固体内部结构无关的扩散，另一种是固体内部孔道中的扩散。

（1）与固体内部结构无关的固体中稳态的扩散

与固体结构无关的固体内部的分子扩散主要是固体组分的原子运动造成的固体内部的扩散。由固体按均匀物质处理时，由于固体中分子扩散通量很小，因而可以忽略主体运动。此时，扩散通量主要是由组分的浓度差产生，而与固体结构无关。例如固体物料的干燥、金属内部物质的相互渗透、溶质溶解于水并在水溶液中的扩散等。

由于固体扩散中溶质 A 的浓度一般很低，x_A 很小，可忽略，式(4-41) 可写为

$$N_A = -D_{AB}\frac{\mathrm{d}c_A}{\mathrm{d}z} \tag{4-52}$$

由于扩散速率的表达式及传递规律与热传导具有相似性，其解的形式也与热传导具有相同的形式。

组分 A 在两个间距为 z_2-z_1 的无限大平板间进行稳态扩散时，对上式积分可得

$$N_A = D_{AB}\frac{c_{A_1}-c_{A_2}}{z_2-z_1} \tag{4-53}$$

组分 A 通过圆筒壁进行扩散时，若圆筒壁长度为 l，内、外半径为 r_1、r_2，同样对式(4-52) 积分，组元 A 通过圆筒壁总的扩散净摩尔通量为

$$N_A = D_{AB}(c_{A_1}-c_{A_2})\frac{2\pi l}{\ln(r_2/r_1)} \tag{4-54}$$

对于通过内、外半径为 r_1、r_2 的球壁，则有

$$N_A = D_{AB}(c_{A_1}-c_{A_2})\frac{4\pi r_1 r_2}{r_2-r_1} \tag{4-55}$$

（2）多孔固体中稳态的扩散

在多孔固体中充满了空隙或孔道，当扩散物质在孔道内进行扩散时，其扩散通量不仅与扩散物质本身有关，还与孔道的尺寸相关（图 4-4）。根据扩散物质的分子运动的平均自由程与孔道直径的关系，可将多孔固体中的扩散分为费克型扩散、纽特逊扩散及过渡型扩散。

① 费克型扩散　当固体内部孔道的直径 d 远大于流体分子运动的平均自由程 λ 时，通常 $d \geqslant 100\lambda$，则固体内部的扩散为费克型扩散。这种情况下，孔道直径较大，当液体或密度较大气体通过孔道时，碰撞主要发生在流体分子之间，分子与孔道壁面间的碰撞的机会较少，此时扩散的规律遵循费克定律。

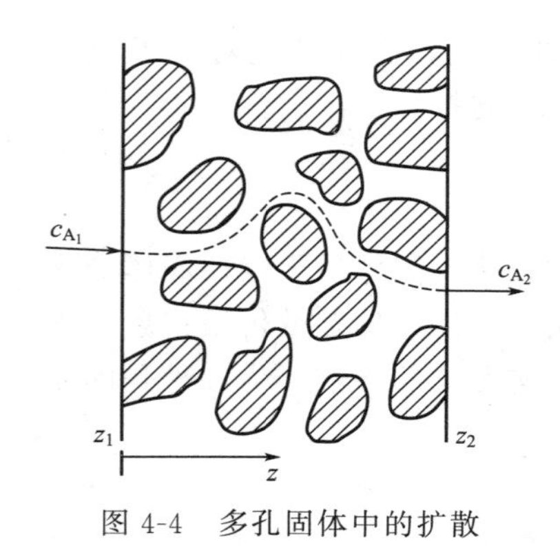

图 4-4 多孔固体中的扩散

根据分子运动学，分子平均自由程 λ 可用下式计算：

$$\lambda=\frac{3.2\mu}{p}\left(\frac{RT}{2\pi M}\right)^{\frac{1}{2}} \tag{4-56}$$

式中 μ——动力黏度，Pa·s；

p——组分的分压，Pa；

T——热力学温度，K；

M——组分的摩尔质量，kg/kmol；

R——气体常数，8.314J/(mol·K)。

多孔固体中费克型扩散的扩散通量方程可用下式表述：

$$N_A=D_{eff}\frac{c_{A_1}-c_{A_2}}{z_{A_2}-z_{A_1}} \tag{4-57}$$

与一般固体中的扩散不同，式(4-57) 中扩散系数 D_{eff} 称为有效扩散系数。在多孔固体的扩散过程中，组分分子扩散必须通过曲折路径，该路径大于固体的厚度 z_2-z_1。另一方面，组分在多孔固体内部扩散时，扩散面积为孔道的截面积，并不是固体的总截面积，扩散面积与固体的空隙率有关。因此需要对 D_{AB} 进行修正。有效扩散系数 D_{eff} 与 D_{AB} 的关系如下，

$$D_{eff}=\frac{\varepsilon}{\tau}D_{AB} \tag{4-58}$$

式中 ε——多孔固体的空隙率；

τ——曲折因子，表征多孔固体中扩散空隙的弯曲度。

② 纽特逊扩散 当固体内部孔道的直径 d 远小于流体分子运动的平均自由程 λ 时，通常 $d\leqslant\frac{1}{10}\lambda$，流体分子与孔道壁面之间的碰撞概率大于分子之间的碰撞机会，此时，扩散物质和扩散阻力主要取决于分子与壁面的碰撞阻力，分子之间的碰撞阻力则可忽略。这类扩散现象不遵循费克定律，称为纽特逊（Kundsen）扩散。当孔道直径与流体分子运动的平均自由程相当，分子之间的碰撞以及分子与孔道壁面之间的碰撞对扩散的影响相当，此类扩散为过渡区扩散。

纽特逊扩散的扩散通量可用分子运动学进行推导，其表达式为

$$N_A=\frac{d}{3}\bar{u}_A\frac{c_{A_1}-c_{A_2}}{z_{A_2}-z_{A_1}} \tag{4-59}$$

式中，$\bar{u}_A$ 为组分 A 的分子平均速度，$\bar{u}_A=\left(\frac{8RT}{\pi M_A}\right)^{0.5}$。因此，式(4-59) 可写为

$$N_A=\frac{d}{3}\left(\frac{8RT}{\pi M_A}\right)^{0.5}\frac{c_{A_1}-c_{A_2}}{z_{A_2}-z_{A_1}} \tag{4-60}$$

将上式写成费克定律的形式

$$N_A = D_{KA}\frac{c_{A_1}-c_{A_2}}{z_{A_2}-z_{A_1}} \tag{4-61}$$

式中　D_{KA}——纽特逊扩散系数，m^2/s。

4.5 对流传质

4.5.1 对流传质机理分析

对流传质是指运动流体与固体壁面之间，或不互溶的两种运动流体之间发生的质量传递过程。对流传质类似于对流传热。在对流传质过程中，不仅依靠分子扩散而且还依靠流体各部分之间的宏观相对位移，是流体的涡流扩散与分子扩散联合作用的结果。与对流换热相似，对流传质的速率受到分子扩散与流体运动的综合影响。

根据流体流动原因不同分为强制对流传质与自然对流传质两类。流体层流流过界面时的传质为层流下的质量传递，流体湍流流过界面时的传质为湍流下的质量传递。在实际工程中，以湍流传质最为常见。当流体湍流流过壁面时，在层流内层中，流体沿壁面平行流动，在与流动垂直的方向上只有分子无规则的微观运动，质量传递通过分子扩散进行，此种情况下的传质速率用费克第一定律描述。在湍流主体中有大量旋涡存在，这些旋涡运动剧烈。此处主要发生涡流传质，分子扩散的影响可忽略。

在湍流主体中涡流发生强烈混合，其中的浓度梯度必然很小。在层流内层中，由于无旋涡存在，仅依靠分子扩散进行传质，所以浓度梯度很大。

质量传递过程受到流体性质、流体流动状态以及流场几何特征等因素的影响。对流传质的通量可以用类似于对流换热规律公式的形式表示，即，

$$N_A = k_c(c_{Aw}-c_{A\infty}) \tag{4-62}$$

式中　k_c——对流传质系数，$kmol/(m^2 \cdot s)$；

c_{Aw}——A组分在壁面上的浓度，$kmol/m^3$；

$c_{A\infty}$——A组分在主流中的浓度，$kmol/m^3$。

由于对流传热与对流传质现象的相似性，对流传质的问题多采用与对流传热过程类比的方法处理。

4.5.2 浓度边界层

当流体流过固体壁面发生质量传递时，与对流换热过程中存在温度边界层一样，在壁面附近垂直方向上存在的浓度梯度，离开壁面一定距离的流体中浓度分布是均匀的。通常将壁面附近具有较高浓度梯度的薄层称为浓度边界层，亦称为传质边界层。

因此，可以认为对流传质过程的阻力主要集中在固体壁面附近的浓度边界层内，浓度边界层内的质量扩散主要依靠分子扩散。当发生对流传质时，固体壁面同时形成速度边界层和浓度边界层。

图4-5是流体纵掠平板时的浓度边界层。在平板壁面上的浓度边界层厚度δ_c通常定义

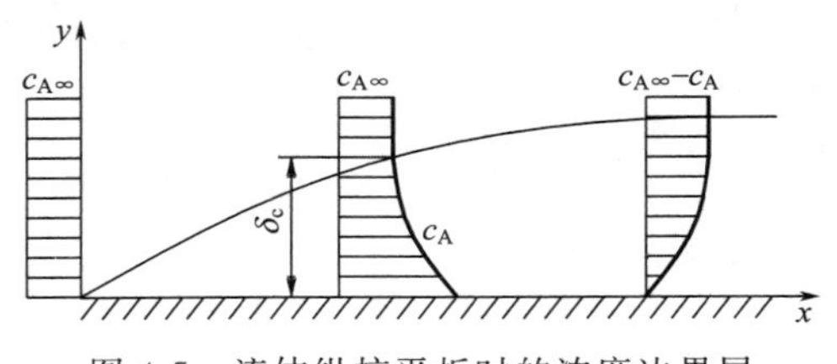

图 4-5 流体纵掠平板时的浓度边界层

为流体外缘处与壁面处的浓度差（c_A-c_{Aw}）与最大浓度差（$c_{Aw}-c_{A\infty}$）的 99%时的垂直距离，即

$$\delta_c=y\left|\frac{c_A-c_{Aw}}{c_{Aw}-c_{A\infty}}=99\%\right. \tag{4-63}$$

浓度边界层将流动分成两个区域：具有显著浓度变化的边界层与浓度区域均匀的主流。显然，质量传递过程主要在浓度边界层内进行。

浓度边界层越薄，则边界层内的浓度梯度越大，传质通量越大。显然，速度边界层、温度边界层与浓度边界层都是流动方向距离 x 的函数。

在讨论温度边界层中，当 $Pr=1$ 时，$\delta=\delta_t$，速度边界层厚度与温度边界层厚度相等。同样，在浓度边界层中，当 $\nu=D_{AB}$，即 $Sc=\nu/D_{AB}=1$ 时，$\delta=\delta_c$，速度边界层厚度与浓度边界层厚度相等。

4.5.3 对流传质系数

式(4-62) 给出了对流传质通量的计算式。根据质量传递的基本原理可知，影响对流传质系数的因素不仅与流体的物理性质、传质壁面几何形状有关，而且取决于流动状态、流动产生的原因等因素，因此，通过理论分析或试验方法揭示质量传递过程中对流传质系数的关系式，是对流传质过程研究中的主要任务。

由于质量传递过程与热量传递过程的相似性，传热与传质过程的数学描述是类似的。可以通过类比方法得到描述各自情况下的对流传质准数方程，求出对流传质系数。

从前述可知，对流传热系数组成的 Nu 数可用准数方程 $Nu=f(Gr,Re,Pr)$求解得到。对流传质系数也可用对流传质系数组成的 Sh（Sherwood，薛伍德）准数表示，Sh 数可用准数方程 $Sh=f(Gr,Re,Sc)$的形式表示。

$$Sh=\frac{k_c l}{D_{AB}} \tag{4-64}$$

Sc 称为施米特（Schmide）数，$Sc=\nu/D_{AB}$ 表征传质过程中速度分布与浓度分布之间的关系。在传质过程中的作用与 Pr 在对流传热过程中的作用相似。

根据相似原理可分析推导出对流传质的准数方程的通用式为：

$$Sh=KGr^a Re^b Sc^c \tag{4-65}$$

自然对流传质情况下的传质准数方程为：$Sh=KGr^a Sc^c$ (4-66)

强制对流传质情况下的传质准数方程为：$Sh=KRe^b Sc^c$ (4-67)

上述准数方程需要通过大量试验数据进行关联。对于不同的流动情况，方程的具体表达形式不同。

(1) 管内强制流动的对流传质

与管内对流换热相似，利用式(4-67) 对大量实验数据进行关联得到光滑管内强制对流传质的准则方程，

$$Sh_d = 0.023Re_d^{0.83}Sc^{0.44} \tag{4-68}$$

上式的适用范围为 $2\times10^3<Re<3.5\times10^5$，$0.6<Sc<2500$，定性尺寸为管内径 d。

（2）流体流过光滑平壁

层流时，$Re<1500$，

$$Sh_x = 0.332Re_x^{\frac{1}{2}}Sc^{\frac{1}{3}} \tag{4-69}$$

由式(4-69）可计算得到流体沿着平壁时，流动方向上距离平壁前缘 x 处的局部对流传质系数。对式(4-69）进行积分平均，得到整个平壁的平均对流传质系数，定性尺寸为平壁的长度 L。

$$Sh_L = 0.664Re_L^{\frac{1}{2}}Sc^{\frac{1}{3}} \tag{4-70}$$

湍流时，$1.5\times10^4<Re<3\times10^5$，以平壁的长度 L 为定性尺寸，计算平均传质系数，

$$Sh_L = 0.0364Re_L^{0.8}Sc^{\frac{1}{3}} \tag{4-71}$$

（3）流体流过圆球

当液体流过单个圆球时，$2<Re<800$，$788<Sc<1680$，

$$Sh_d = 2.0 + 0.95Re_d^{\frac{1}{2}}Sc^{\frac{1}{3}} \tag{4-72}$$

当气体流过球形液滴时，$0<Re<200$，

$$Sh_d = 2.0 + 0.6Re_d^{\frac{1}{2}}Sc^{\frac{1}{3}} \tag{4-73}$$

4.6 热质传递过程分析

4.6.1 水在空气中蒸发时的热质传递

水从表面蒸发是由于水分子热运动的结果，水蒸发失去了动能较大的分子，水分子的平均动能减小，从而降低了表面温度。假设水面附近的空气层是饱和空气，质流方向是从液面到气体，热流方向则可以是从液面到气体，也可以是从气体到液面，这要取决于液面温度与气体温度的差值。

当气体温度高于液面温度，但气体提供热量少于液面蒸发水分所消耗的热量，则液面温度降低。如果在蒸发开始阶段，液面温度高于气体温度，由于液体表面放热和蒸发的双重作用，液面温度下降，发生不稳定蒸发过程。经过一段时间蒸发，液面温度与气体温度相等，两者的换热量为零。但是蒸发过程仍然进行，这样使得液面温度会继续下降，液面温度低于气体温度。这时，热量传递的方向是从气体到液体。随着液面温度的降低，液面上的饱和水蒸气分压也相应减小，蒸发速度也逐渐降低。另一方面，由于蒸发过程的进行，使液面温度 t_w 与气体温度 t_f 的温差增大，传热量增大。当液面温度降低到某一温度 t_{wet} 时，液体从气

体中吸收的热量与水分蒸发所消耗的热量相平衡，将维持在液面温度 $t_w = t_{wet}$ 下进行稳定蒸发，直至蒸发过程完成。

假设水分蒸发的摩尔通量为 J_w，相应温度下的汽化热为 r_w，写出相应的热平衡式为

$$q=(h+h_r)(t_f-t_w)=J_w r_w \tag{4-74}$$

式中 h，h_r——对流换热系数和辐射换热系数。

液面水分的蒸发速度与对流传质速率相平衡，质量平衡式为

$$J_w=h_d(c_{w1}-c_{w2})=\frac{h_d}{RT}(p_{ww}-p_{wf}) \tag{4-75}$$

式中 p_{ww}——温度为 t_{wet} 的饱和空气中的水蒸气分压；

p_{wf}——远离液面的不饱和空气中的水蒸气分压；

c_{w1}，c_{w2}——液面附近空气与远离液面的不饱和空气中的水蒸气浓度。

由式(4-74) 和式(4-75) 可得

$$\frac{h_d}{RT}(p_{ww}-p_{wf})r_w=(h+h_r)(t_f-t_w) \tag{4-76}$$

4.6.2 毛细多孔体的热质传递

许多无机材料属于毛细多孔材料，其中有液态和气态的水。气态物质的传递可按照扩散和喷射形式的分子传递、压差作用下的摩尔传递及蒸汽和气体混合物的过滤运动等形式进行。液体传递按照扩散、毛细渗透和压力梯度下的过滤运动等方式进行。

在毛细多孔体中传质可采用 Fick 定律来表示，由浓度梯度引起的质量通量密度为

$$\vec{j}_{Aw}=-D_{AB}\nabla\rho \tag{4-77}$$

在非等温度条件下，物料内部存在温度梯度，内部水分将由于热扩散而产生传递，这种现象称为热湿传导，又称为 Luikov 效应，在不可逆热力学中将这种由温差引起的质量传递现象称为 Soret 效应。当热扩散方向与质扩散方向一致时，由温差引起的质量扩散通量可表示为

$$\vec{j}_{At}=-D_t\rho_0 s_t\nabla t \tag{4-78}$$

式中 D_t——热湿扩散中的质量扩散系数，m^2/s；

ρ_0——干物料的密度，kg/m^3；

s_t——物料的温度梯度系数，表示物料热扩散能力与质扩散能力之比，$℃^{-1}$。

在浓度梯度和温度梯度共同作用下的质量扩散通量为

$$\vec{j}_A=\vec{j}_{Aw}+\vec{j}_{At}=-D_{AB}\nabla\rho-D_t\rho_0 s_t\nabla t \tag{4-79}$$

在毛细多孔体温度升高的过程中，当物体温度高于所对应的饱和温度时，毛细多孔体内部产生的过剩蒸气压形成不松弛的压力梯度，在该压力梯度作用下升温时水分由表及里移动，冷却时则相反。当物料内部温度达到 60～100℃或更高温度时，过剩蒸气压差是水分迁移的基本因素，这时不仅有气态水分子的迁移，还有液态水沿毛细管的迁移。一般情况下，

物体中水分在压力梯度作用下所产生的质量扩散通量可表示为

$$\vec{j}_{Ap}=-D_v\rho_0\nabla p \tag{4-80}$$

式中，D_v 为水蒸气的质量扩散系数，它表明在物料内部水分以蒸汽形态传递。

根据物体中各种传递过程的耦合分析有：

$$\vec{j}_A=\vec{j}_{Aw}+\vec{j}_{At}+\vec{j}_{Ap}=-D\nabla\rho-D_t\rho_0 s_t\nabla t-D_v\rho_0\nabla p \tag{4-81}$$

上式中并未考虑惯性力或水静压力梯度作用下的液体运动，因为认为此时松散介质中的液体过滤运动看作为与传质无关。

下面讨论当具有与传质同时发生的传热问题。这种情况下，必须计算传质流体中所携带的热量。即

$$q=-k\nabla t+h'j_A \tag{4-82}$$

式中　h'——物体内部传递水分的焓。

将式(4-79) 代入上式，则有

$$q=-k\nabla t-D_{AB}h'\nabla\rho-D_t h'\rho_0 s_t\nabla t$$

在传热与传质现象同时发生的情况下，如物体的比热容以 c 表示，其导热微分方程可用下列形式表示，

$$\frac{\partial t}{\partial\tau}=a\nabla^2 t+\frac{\varepsilon r}{c}\frac{\partial W}{\partial\tau} \tag{4-83}$$

式(4-83) 中右边的第二项表示水分在物体内部蒸发时对温度变化的影响。ε 为相变准数，又称为水分内蒸发系数。当 $\varepsilon=0$ 时，全部水分以液态形式传递；当 $\varepsilon=1$ 时，全部水分以蒸汽形式传递；当 $0<\varepsilon<1$ 时，处于中间状态。

4.7 动量传递、热量传递和质量传递的类比

4.7.1 传递过程分析

在大量的物理和化学过程中，由于某些原因系统会偏离平衡状态处于一种非平衡状态，这时系统会通过某种机理，自发地产生一种过程，会发生某种物理量的转移，使系统趋向一个新的平衡态。这种自发地由非平衡态向平衡态转变的过程，通称为传递过程。

动量传递、热量传递和质量传递是自然界和工程领域普遍存在的传递现象。当系统存在速度、温度和浓度梯度时，将会发生动量、热量和质量传递。动量、热量和质量的传递可以是由分子的微观运动引起的分子扩散，也可以是由旋涡混合造成的流体微团的宏观运动引起的湍流传递。

实际生产过程是由若干操作单元组成，单元操作的基础——流体流动同传热和传质一样，也被视为一种传递现象。因为真实流体在流动时，必然存在着动量传递。处于不同速度流体层的分子或微团相互交换位置时，将发生高速流体层向低速流体层的动量传递。当系统

中各部分之间存在温度差异时，发生高温区流体层向低温区的热量传递。温度变化过程是热量传递的宏观表现形式。同样，当系统中存在浓度差时会导致质量传递的发生。

流体不同于固体的特点是流体是由连续的质点“联结”在一起的“软体”，单个刚性质点的运动过程是一个“点”的连续变化过程，而连续体的运动过程是连续体的连续变化过程。因此，通过对连续体内速度、温度和浓度变化过程的描述，研究分析动量、热量和质量传递规律。引入微元体的概念，微元体的特点是它有尺度但可以趋于无限小，因此可以看作为质点。也是因为微元体有尺度，可以进行积分，通过积分微元体可以扩大为具有一定体积的体——连续体变化的规律。因此，建立体现传递过程规律的微元体微分方程，然后求解这些方程，探求传递过程中的定量化规律，是研究传递过程的主要方法。

动量传递、热量传递和质量传递这三种传递现象既有各自的特点，又有许多共同规律。这三种传递现象是可类比现象，在工程研究中可利用现象之间的类似性采用类比方法建立描述传递现象的规律。

4.7.2 分子传递

4.7.2.1 传递机理的类似性

黏滞现象、导热现象和质量扩散现象从微观上来说分别是非均匀流场中分子不规则运动过程所引起的动量传递、热量传递和质量传递的结果，通称为流体的分子传递性质。分子在无规则运动的过程中，将原先所在区域的流体宏观性质输运到另一区域，再通过分子间的相互碰撞，交换和传递各自的物理量。

当流体各层间的速度不同时，分子传递的结果产生黏性切应力；当温度分布不均匀时，分子传递的结果产生热传导；当流体某组分密度分布不均匀时，分子传递的结果将引起该组分的质量传递。动量、热量和质量的传递具有共同的物理本质，都是基于分子热运动。描述这三种传递过程的物理定律分别是牛顿黏性定律、傅里叶定律和费克定律。这三个定律虽然是由三位科学家在不同时期独立提出，但其方程形式及所揭示规律相似。

在一维流动条件下，动量、热量和质量传递所遵循的牛顿黏性定律、傅里叶定律和费克定律经变形可改写为

$$\tau_{yx}=-\nu\frac{\mathrm{d}(\rho u_x)}{\mathrm{d}y}$$

$$q_y=-\alpha\frac{\mathrm{d}(\rho c_p T)}{\mathrm{d}y}$$

$$j_{\mathrm{A}y}=-D_{\mathrm{AB}}\frac{\mathrm{d}(\rho u_{\mathrm{A}})}{\mathrm{d}y}$$

以上三个方程具有类似的表达形式，其中 τ_{yx}，q_y 和 $j_{\mathrm{A}y}$ 分别表示流体的动量、能量和质量在 y 方向上的通量；$\frac{\mathrm{d}(\rho u_x)}{\mathrm{d}y}$、$\frac{\mathrm{d}(\rho c_p T)}{\mathrm{d}y}$ 和 $\frac{\mathrm{d}(\rho u_{\mathrm{A}})}{\mathrm{d}y}$ 分别表示单位体积流体的动量、能量和质量在 y 方向的梯度；ν、α 和 D_{AB} 分别为动量扩散系数、热扩散系数和质量扩散系数。

对比以上三式可得，在一维系统中，动量传递、热量传递和质量传递三者具有一致的数学表达式，即

$$\left.\begin{array}{l}动量\\热量\\质量\end{array}\right\}传递通量=\left.\begin{array}{l}动量\\热量\\质量\end{array}\right\}扩散系数\times\left.\begin{array}{l}动量\\热量\\质量\end{array}\right\}浓度梯度$$

4.7.2.2 传递系数的可比性

流体所具有的动量、热量和质量传递性质分别与流体的黏性（运动黏度 ν）、热传导性（热扩散系数 α）和扩散性（质量扩散系数 D_{AB}）有关。从微观的角度分析，这三种传递现象的产生均可归因于非均匀流场中流体分子的不规则热运动。运动黏度 ν、热扩散系数 α 和质量扩散系数 D_{AB} 三个流体物性系数不但具有相同的单位（m^2/s）和量纲（L^2/T），还可依照由刚性球体分子组成的低密度气体运动论，用同一公式推算出来，即

$$\nu \approx \alpha \approx D_{AB} = \frac{1}{3}\bar{u}\lambda \tag{4-84}$$

从牛顿黏性定律、傅里叶定律和菲克定律的数学表达式可以看到，动量、热量和质量传递过程存在着类似性：

① 三种分子传递过程可以用一个通式来表示，即

传递通量=扩散系数×浓度梯度

动量、热量和质量传递速率均与传递量的浓度梯度成正比，传递方向与浓度梯度方向相反。通常将通量等于扩散系数乘以浓度梯度的方程称为现象方程。

流体在 y 方向上的动量、热量和质量通量的大小与单位体积流体的动量、热量和质量沿 y 方向的梯度成正比，传递方向与梯度方向相反。

② 动量、热量和质量传递的扩散系数 ν、α 和 D 具有相同的单位和量纲。

③ 动量传递的推动力是由速度差引起的，而热量和质量传递的推动力是由温度差和浓度差产生的。

常见传递现象的一维通量方程列于表 4-2 中。

表 4-2 几种传递现象的一维通量方程

扩散量	扩散过程	通量方程	扩散系数	物理定律
动量	黏性剪切流	$\tau_{yx} = -\nu\frac{d(\rho u_x)}{dy}$	$\nu = \frac{\mu}{\rho}$	牛顿黏性定律
热量	热传导	$q = -a\frac{d(\rho c_p T)}{dy}$	$a = \frac{k}{\rho c_p}$	傅里叶定律
质量(组分 A)	双组分混合物中扩散	$j_{Ay} = -D_{AB}\frac{d(\rho_A)}{dy}$	D_{AB}	费克定律
电量	电传导	$i = -a_e\frac{d(c''V)}{dy}$	$a_e = \frac{k_e}{c''}$	欧姆定律

注：i—电荷通量，$C/(m^2 \cdot s)$；c''—单位体积电容，$C/(m^3 \cdot V)$；V—电势，V；a_e—电量扩散系数，m^2/s；k_e—电导率，$C/(V \cdot m \cdot s)$。

应当指出的是，上述类似只能适用于一维系统。一方面，因为热量和质量是标量，其通量是矢量；而动量是矢量，它的通量是张量。另一方面，质量传递是物质的移动，需要占有空间；而动量和热量传递并不占有空间。热量可以通过间壁传递，质量不可能通过间壁进行传递。

4.7.3 湍流传递

在湍流流动中，除了分子传递现象外，流体微团的不规则混合运动也引起动量、热量和质量的传递，其结果从表象上看相当于在流体中产生了附加的湍流切应力、湍流热传导和湍流质量扩散。由于流体微团的质量比分子的质量大得多，湍流传递的强度自然要比分子传递的强度明显要大得多。

因为在流体中存在湍流扩散性质，总的切应力 τ_s、总的热量通量密度 q_s 和组分 A 总的质量扩散通量 j_s 分别为：

$$\tau_s=-(\mu+\mu_t)\frac{d\overline{u}}{dy}=-\mu_{eff}\frac{d\overline{u}}{dy} \tag{4-85}$$

$$q_s=-(k+k_t)\frac{d\overline{T}}{dy}=-k_{eff}\frac{d\overline{T}}{dy} \tag{4-86}$$

$$j_s=-(D_{AB}+D_{ABt})\frac{d\overline{\rho}_A}{dy}=-D_{ABeff}\frac{d\overline{\rho}_A}{dy} \tag{4-87}$$

式中，μ_t，k_t 和 D_{ABt} 分别为湍流动力黏度、湍流热导率和湍流质量扩散系数。

μ_{eff}，k_{eff} 和 D_{ABeff} 分别为有效动力黏度、有效热导率和组分 A 的有效质量扩散系数。

在充分发展的湍流中，湍流传递系数往往比分子传递系数大得多，因而有 $\mu_{eff}\approx\mu_t$，$k_{eff}\approx k_t$，$D_{ABeff}\approx D_{ABt}$。湍流中动量传递、热量传递和质量传递的数学关系式也是类似的。

4.7.4 动量、热量和质量传递的类比

工程实际中，流体大多数处于湍流状态，湍流的流动机理十分复杂，湍流扩散系数很难用纯数学方法求得。目前工程上主要采用实验研究和类似律来求解湍流对流传质系数。类比法直接建立了阻力系数、对流传热系数和传质系数之间的简单关系式，湍流传递问题可利用容易测量的壁面阻力系数，通过类比法计算传质系数。

应用类比法需要满足：①物性恒定；②系数内无能量或质量产生；③无辐射传热；④无黏性耗散；⑤稀溶液、低传质速率，即传质不影响速度场。

类似于 Pr 和 Sc 数，把热量扩散系数与质量扩散系数的比值称为 Le（Lewis，路易斯）数，即：

$$Le=\frac{a}{D_{AB}} \tag{4-88}$$

它表示温度分布与浓度分布的对比关系。当 $a=D_{AB}$ 时，且两者的边界条件相同时，温度分布和浓度分布完全一致。此时，$Sh_x=Nu_x$

即：

$$\frac{k_c x}{D_{AB}}=\frac{hx}{k}$$

则

$$k_c=\frac{hD_{AB}}{k}=\frac{h}{\rho c_p} \tag{4-89}$$

式(4-89) 表明对流传质系数与对流换热系数之间存在一个简单关系。它是在 $Le=1$ 的条件下导出的，适用于层流也可用于湍流。

根据三种传递过程的类似性，可建立摩擦阻力系数、对流换热系数和对流传质系数之间

的关系。

（1）雷诺类比

1874年雷诺通过理论分析，指出了动量传递和热量传递、质量传递在机理上的相似性，并提出了一个简化的一维模型，采用三种传递现象类比的概念，导出了摩擦因子与热导率、传质系数之间的关系式，即雷诺类比式。

雷诺类比是假设整个湍流一直延伸到壁面，即整个边界层都处于湍流状态。当 $Pr=1$，$Sc=1$ 时，3种传递过程完全类似，相应的无量纲速度场、温度场、浓度场均完全一致。

雷诺首先提出了动量传递与热量传递在机理上类似，得到类比式

$$St=\frac{h}{\rho c_p u_\infty}=\frac{C_f}{2} \tag{4-90}$$

St 称为斯坦顿（Stanton）数。同样，将类比观念推广到动量与质量传递之间，有

$$St=\frac{k_c}{u_\infty}=\frac{C_f}{2} \tag{4-91}$$

湍流流动分子扩散与涡流扩散相比可忽略不计，且 $\mu_t \approx k_t$ 和 $\approx D_{ABt}$，进行动量、热量和质量传递三者之间的类比，则有

$$St=\frac{k_c}{u_\infty}=\frac{h}{\rho c_p u_\infty}=\frac{C_f}{2} \tag{4-92}$$

式(4-92）为湍流情况下的广义雷诺类比表达式。它表达了摩擦因子 C_f、对流换热系数 h 和对流传质系数 k_c 之间的关系。将不同情况下的 C_f 值代入式(4-92）可得对流传质系数的计算式。

对于外掠平板的层流，有

$$Sh=0.332Re_x^{0.5} \tag{4-93}$$

对于圆管内的湍流流动，有

$$Sh=0.0395Re_d^{0.75} \tag{4-94}$$

（2）普朗特-泰勒类比

普朗特-泰勒类比是在雷诺类比研究的基础上，考虑到湍流中层流内的影响提出的。假设湍流流动由层流底层和湍流核心区两部分组成，对于 $Sc\neq 1$ 的流动，考虑湍流边界层中层流内层的影响，普朗特-泰勒比拟式为

$$St=\frac{\frac{C_f}{2}}{1+5\sqrt{\frac{C_f}{2}}(Pr-1)} \tag{4-95}$$

对于传质过程则有

$$St'=\frac{\frac{C_f}{2}}{1+5\sqrt{\frac{C_f}{2}}(Sc-1)} \tag{4-96}$$

上式适用于 $Sc=0.5\sim2.0$ 的介质。在实际应用中，通常已知物性参数值，Re、Pr 和 Sc 数，可以求出对流换热系数和对流传质系数。

文献中报道的类比还有很多，由于到目前为止仍然缺乏一个描述湍流的较为完善的理论，所以各种比拟均有局限性，工程上应用较多的仍是经验或并经验公式。

练习题

1. 在分子扩散过程中，扩散通量与________成正比。
2. 质量扩散的推动力是________。
3. 在没有浓度差的均匀混合液体中，温度是否也可以引起扩散的发生？
4. 根据传质机理，可将传质分为________和________两大类。
5. 对流传质通量与浓度差和________成正比。
6. 在等摩尔逆向扩散中，两组分的净摩尔通量的大小是否相等？
7. 固体中分子扩散速度是否比气体中分子扩散速度慢？
8. 解释 Sc 数和 Le 数的物理意义。

习题

1. 在一个密闭容器内装有等摩尔分数的 O_2、N_2 和 CO_2，试求各组分的质量分数。若为等质量分数，求各组分的摩尔分数。

2. 容器中含 25℃的 N_2 和 CO_2，它们的分压均为 100kPa，试计算每种物质的质量浓度、摩尔浓度、摩尔分数和质量分数。

3. 在 20℃及 1atm 下 CO_2 与空气的混合物缓慢流过 Na_2CO_3 溶液表面，空气不溶于 Na_2CO_3，CO_2 透过 1mm 厚的静止空气层扩散到 Na_2CO_3 溶液表面并很快被吸收，界面上 CO_2 浓度可以忽略不计。混合气体中 CO_2 的摩尔分数为 0.2。CO_2 在空气中 20℃时的扩散系数为 $0.18cm^2/s$。计算 CO_2 的扩散速率。

4. 管中 CO_2 气体通过 N_2 进行稳定的分子扩散，管长为 0.2m，管径为 0.01m。管内的温度 298K，总压 101.32kPa。管两端 CO_2 的分压分别为 60.795kPa 和 10.132kPa。CO_2 通过 N_2 的扩散系数 $D_{AB}=1.67\times10^{-5}m^2/s$。试计算 CO_2 的扩散通量。

5. 组分 A 以分子扩散的方式通过厚度为 h 的膜。膜两侧组分 A 的分压为 $p_{A1}=0$，$p_{A2}=30kPa$，假设扩散系数为常数，总压力为 100kPa，且扩散方式为等摩尔逆向扩散，试计算在距离膜厚度的 1/4、1/3 和 3/4 处组分 A 的分压。

6. 20℃的空气以 15m/s 的速度流过内径为 20mm、长为 2m 的直圆管，管内壁被水浸湿。如果空气为干空气，试计算对流传质系数。

7. 30℃空气以 0.15m/s 的速度流过长为 1.2m 盛满水的容器以加湿，如果气液界面的温度为 20℃，空气湿度为 25%，试计算（1）对流传质系数；（2）单位宽度的表面水的蒸发量。

第 5 章

物料干燥

5.1 引言

5.1.1 固体物料的去湿方法

在材料的生产过程中，一些原料或半成品通常含有高于生产要求的水分，需要在生产过程中除去其中的部分水分，这种操作称为去湿。

根据固体物料中脱水原理的不同，去湿方法可分为以下三种类型。

① 机械去湿　采用压榨、离心分离、过滤等机械方法使物料脱水。这种方法的特点是可除去大量的水分，且在脱水过程中不发生相变，去湿能耗较低，但去湿程度不高。

② 吸附去湿　用一些平衡水汽分压较低的干燥剂（如无水 $CaCl_2$、硅胶等）与湿物料并存，物料中的水分经气相转入干燥剂内。该方法只能够除去少量水分。

③ 热能去湿　通过对物料加热使其中的水分汽化逸出。这种利用热能除去固体物料中水分的操作称为干燥。其特征是采用能量传递方式使物料中湿分产生挥发、冷凝、升华等相变过程与物体分离以达到去湿目的。这种方法去湿彻底，但需要消耗一定能量。

5.1.2 物料的干燥方法

根据对被干燥物料的加热方式不同，干燥方法可分为以下几种。

① 传导干燥　热能通过传热表面以热传导方式加热物料，使其中的水分汽化。

② 对流干燥　热能通过具有干燥能力的高温干燥介质与物料直接接触，以对流方式加热物料，使其中的水分汽化，所产生的蒸汽被干燥介质带走。

③ 辐射干燥　热能以电磁波的形式辐射到物料表面，以辐射换热的方式加热物料，使其中的水分汽化。

④ 场干燥法　对物料施加高频电场或声波场，利用高频电场或声波场的交变作用，使物料的电能或声能变为热能加热物料而除去水分。

在材料的生产过程中，对流干燥是最为普遍的方式，其中常见的干燥介质有空气、烟气等。由于空气和烟气作为干燥介质时的性质很接近，本章主要讨论以空气为干燥介质的对流干燥过程。

对流干燥过程可以是连续过程，也可以是间歇过程，其流程如图 5-1 所示。在对流干燥中，干燥介质预热到一定温度后进入干燥器中，与物料进行传热、传质。当温度较高的气流与物料接触时，气体以对流方式传热给物料，物料中水分受热汽化并进入空气中。同时，物料内部的水分在浓度梯度作用下向表面迁移。干燥过程既是热量传递过程，又是质量传递过程，而且这些过程同时进行。图 5-2 为对流干燥过程中的传热和传质示意图。

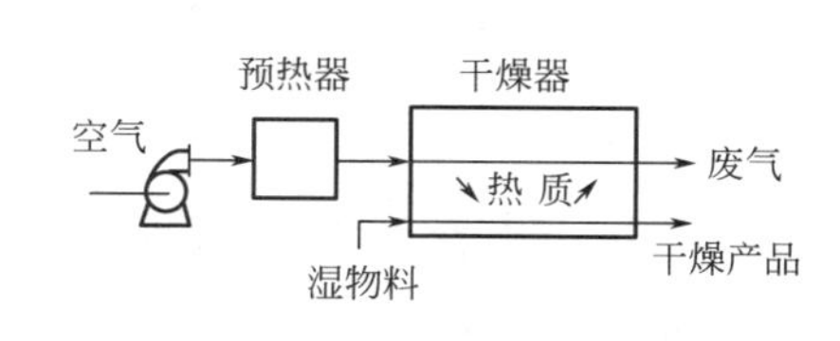

图 5-1 对流干燥流程

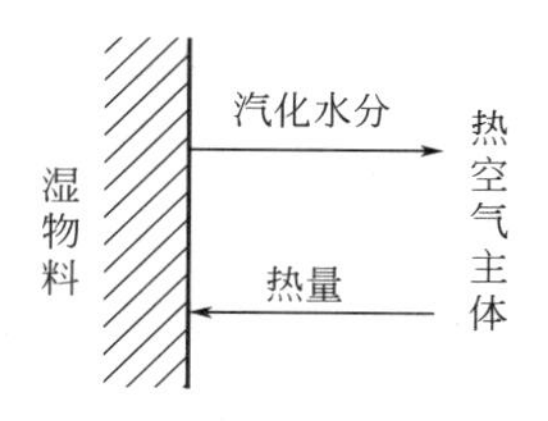

图 5-2 对流干燥过程中的传热和传质示意图

对流干燥过程的特点可归纳如下：①一种典型的非稳态不可逆过程；②有多相多组分参与，一般要涉及相变传热和传质，影响因素众多；③在干燥过程中传热和传质相互耦合；④干燥过程与物料性质、干燥介质的组分和状态密切相关。

5.2 干燥静力学

干燥静力学是考察气固两相接触时传热、传质过程进行的方向和极限，为此，有必要对水分的热力学性质及其在气、固两相中的平衡关系进行讨论。

5.2.1 湿空气的性质

5.2.1.1 干空气与湿空气

完全不含水蒸气的空气称为绝干空气（简称干空气）。湿空气是指含有水蒸气的空气，是干空气和水蒸气的混合物。由于自然界中江河湖海中水的蒸发汽化，大气中总是含有或多或少的水蒸气，所以人们通常遇到的空气都是湿空气。一般情况下，空气中水蒸气的含量及变化都较小，可近似地作为干空气来计算。在干燥、通风采暖、空气调节等过程中，空气中水蒸气含量对过程有显著的影响，因此有必要按湿空气来考虑。

空气是氮、氧及少量其他气体的混合物。干空气的成分比较稳定，可以当作一种单一气体。生活中，湿空气中水蒸气的含量随地理环境及季节而异；在工程应用中，湿空气中水蒸气的含量随工况不同而发生变化。总的来说，湿空气中的水蒸气分压通常很低（0.003～0.004MPa），空气中的水蒸气可视为理想气体。湿空气是理想气体的混合物，遵循理想气体状态方程。

依据道尔顿（Dalton）分压定律，湿空气的总压 p 应为干空气的分压 p_a 与水蒸气分压 p_v 之和：

$$p=p_a+p_v \tag{5-1}$$

湿空气中的水蒸气通常处于过热状态，干空气与过热水蒸气组成的湿空气称为未饱和空气。温度为 t 的未饱和空气中水蒸气分压低于温度为 t 时的饱和压力。

当水蒸气的分压达到对应温度下的饱和压力，水蒸气达到饱和状态。由干空气与饱和水蒸气组成的湿空气称为饱和空气。饱和空气不再具有吸湿能力，若向其中加入水蒸气，将会凝结为水珠从中析出，这时水蒸气的分压是该温度下的最大值，称为饱和水蒸气分压 p_{sv}。

5.2.1.2 湿空气中水蒸气的量

（1）绝对湿度

单位体积湿空气所含水蒸气的质量称为湿空气的绝对湿度，用 ρ_v 表示。若将湿空气作为二元混合体系，则湿空气的绝对湿度为水蒸气的质量浓度，也就是该温度和分压下的水蒸气密度。根据理想气体状态方程可得：

$$\rho_v = \frac{p_v}{RT}M_v = \frac{p_v}{R_v T} \tag{5-2}$$

式中 M_v——水蒸气的摩尔质量，$M_v = 18\text{kg/kmol}$；

R——通用气体常数，其值为 8314.3J/(kmol·K)；

R_v——水蒸气的气体常数，$R_v = \frac{R}{M_v} = \frac{8314.3}{18} = 462\text{J/(kg·K)}$；

T——湿空气温度，K。

对于饱和空气

$$\rho_{sv} = \frac{p_{sv}}{RT}M_v = \frac{p_{sv}}{R_v T} \tag{5-3}$$

式中 ρ_{sv}——饱和空气的绝对湿度，kg/m^3；

p_{sv}——饱和水蒸气分压，Pa。

由式(5-3) 可知，饱和空气的绝对湿度同样是温度的单值函数。在 0～100℃范围及标准大气压下，饱和水蒸气分压与温度的关系可用如下函数表示。

$$p_{sv} = 610.8 + 2674.3\left(\frac{t}{100}\right) + 31558\left(\frac{t}{100}\right)^2 - 27645\left(\frac{t}{100}\right)^3 + 94124\left(\frac{t}{100}\right)^4 \tag{5-4}$$

表 5-1 中列出了标准大气压下饱和空气的绝对湿度及饱和水蒸气分压的数据。

表 5-1 标准大气压下饱和空气的绝对湿度及饱和水蒸气分压

饱和温度 t/℃	绝对湿度 ρ_{sv}/(kg/m^3)	饱和水蒸气分压 p_{sv}/kPa	饱和温度 t/℃	绝对湿度 ρ_{sv}/(kg/m^3)	饱和水蒸气分压 p_{sv}/kPa
−15	0.00139	0.1652	45	0.06524	9.5840
−10	0.00214	0.2599	50	0.08294	12.3338
−5	0.00324	0.4012	55	0.10428	15.7377
0	0.00484	0.6106	60	0.13009	19.9163
5	0.00680	0.8724	65	0.16105	25.0050
10	0.00940	1.2278	70	0.19795	31.1567
15	0.01282	1.7032	75	0.24165	38.5160
20	0.01720	2.3379	80	0.29299	47.3465
25	0.02303	3.1674	85	0.35323	57.8102
30	0.03036	4.2430	90	0.42307	70.0970
35	0.03959	5.6231	95	0.50411	84.5335
40	0.05113	7.3764	99.4	0.58625	99.3214

需要说明的是，绝对湿度仅表示湿空气中水蒸气的质量的多少，不能完全说明空气的干燥能力。绝对湿度保持不变的条件下，如果温度较高，空气中的水蒸气分压较低，空气具有较强的吸湿能力；如果温度较低，空气的水蒸气分压较高，此时空气的吸湿能力较弱；如果温度低于该绝对湿度值所对应的饱和温度，湿空气中就会有水珠凝结出来，此时的湿空气就不具有干燥能力。

（2）相对湿度

相对湿度是指在一定的总压下，湿空气的绝对湿度 ρ_v 与相同温度下可能的最大绝对湿度（即饱和空气的绝对湿度）ρ_{sv} 的比值，用 φ 表示，通常用百分数表示。

由式(5-2) 和式(5-3) 可知，相对湿度也可表示为湿空气中水蒸气的分压 p_v 与同温度下饱和空气中水蒸气分压 p_{sv} 之比，即

$$\varphi=\frac{\rho_v}{\rho_{sv}}\times 100\%=\frac{p_v}{p_{sv}}\times 100\% \quad (p_{sv}\leqslant p \text{ 时}) \tag{5-5}$$

空气的相对湿度表明了湿空气中水蒸气含量接近饱和空气中水蒸气含量的程度，故又可称为饱和度。

相对湿度 φ 的大小直接反映了空气作为干燥介质时所具有的干燥能力。φ 值越小，湿空气距离饱和状态越远，吸收水蒸气的能力越强；反之，空气潮湿，吸收水蒸气的能力较弱。当 $\varphi=0$ 时即为干空气，干燥能力最强。当 $\varphi=100\%$ 时，$p_v=p_{sv}$，为饱和空气，空气失去干燥能力。对于一般湿空气，$0<\varphi<100\%$。

当作为干燥介质的湿空气被加热到相当高的温度时，p_{sv} 可能大于总压力。这时，湿空气中水蒸气所能达到的最大分压是湿空气的总压。这种情况下，相对湿度的定义为：

$$\varphi=\frac{p_v}{p} \qquad (p_{sv}>p \text{ 时}) \tag{5-6}$$

（3）湿含量

在以湿空气为工作介质的干燥过程中，一定质量的湿空气中水蒸气含量不断变化，但干空气的量保持不变。为了分析计算方便，通常以单位质量干空气为基准表示湿空气的一些状态参数，湿含量就是这类描述湿空气状态的参数之一。

空气的湿含量是指 1kg 干空气所携带的水蒸气质量，以 d 表示。

$$d=\frac{m_v}{m_a}=\frac{\rho_v}{\rho_a}(\text{kg 水蒸气/kg 干空气}) \tag{5-7}$$

式中，m_v 和 m_a 分别表示湿空气中水蒸气和干空气的质量，kg。

根据理想气体状态方程，有：

$$d=\frac{\rho_v}{\rho_a}=\frac{p_v/R_vT}{p_a/R_aT}=\frac{p_vM_v}{p_aM_a}=0.622\frac{p_v}{p_a} \tag{5-8}$$

式中，M_a 为空气的摩尔质量，$M_a=29$kg/kmol。

由于湿空气的总压 $p=p_a+p_v$，结合式(5-5) 可得：

$$d=0.622\frac{p_v}{p-p_v}=0.622\frac{\varphi p_{sv}}{p-\varphi p_{sv}}(\text{kg 水蒸气/kg 干空气}) \tag{5-9}$$

由于饱和水蒸气分压 p_{sv} 是温度 t 的单值函数。当湿空气总压一定时，空气的含湿量是温度 t 和相对湿度 φ 的函数，即 $d=f(\varphi,t)$。

上述三个表示湿空气中水蒸气的量均为湿空气的状态参数，分别适用于不同的场合。在测定湿空气中水蒸气的量时通常用绝对湿度；在描述湿空气的干燥能力时用相对湿度较为清楚；而在进行干燥计算时则采用湿空气的湿含量较为方便。绝对湿度、相对湿度和湿含量这三个参数相互之间可以进行转换。

5.2.1.3 湿空气的温度参数

(1) 干球温度

用普通温度计（干球温度计）测量得到的空气温度，相对于湿球温度，此温度称为干球温度。干球温度即是湿空气的实际温度，通常简称为空气温度，用 t 表示。

(2) 湿球温度

在普通温度计的感温球外包裹湿纱布，湿纱布的一端浸入水中，使得纱布保持湿润，这种温度计称为湿球温度计。达到稳态平衡时，湿球温度计测出的空气温度称为湿球温度，用 t_w 表示。

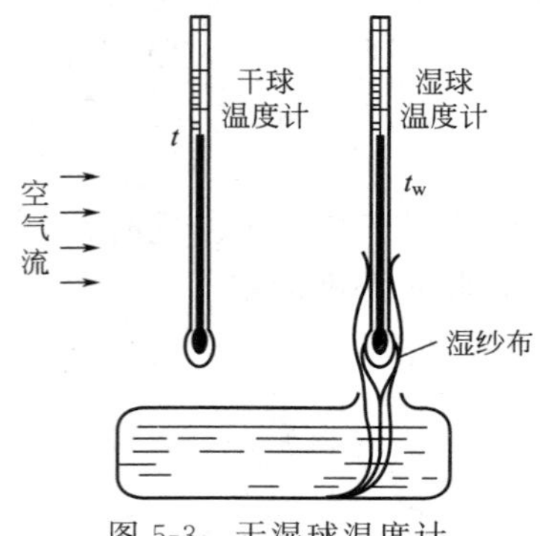

图 5-3 干湿球温度计

由干球温度计和湿球温度计组合成的温度计称为干湿球温度计（图 5-3）。

当温度为 t、湿含量为 d 的大量不饱和空气流过湿球温度计的周围时，在湿纱布表面与空气中的水蒸气压差作用下，水分从湿纱布表面汽化并扩散到空气中。水分汽化需要吸收热量，因而使湿球温度计表面的温度降低并低于气流温度。温差作用导致空气向湿球温度计表面通过对流方式传热，其传热速率随着两者温差的增大而提高。当气流传递给水分的热量与汽化需要的热量相等时，达到动态平衡，湿纱布中的水温保持恒定，此时，湿球温度计所指示的平衡温度就是湿空气的湿球温度。

因此，对于不饱和空气，湿球温度总是低于干球温度（$t_w<t$）。而对于饱和空气，由于干球温度计表面与湿球温度计表面一样处于湿润状态（饱和状态），因此干球温度与湿球温度相等（$t_w=t$）。

对于不饱和空气，当热量传递和质量传递达到平衡状态，空气向湿纱布表面传递的热量恰好等于湿纱布表面水分汽化所需热量。即：

$$hF(t-t_w)=k_dF(d_w-d)\gamma_w \tag{5-10}$$

式中 h——空气与湿球温度计表面之间的对流换热系数，$W/(m^2 \cdot ℃)$；

F——湿球温度计换热表面积，m^2；

k_d——以含湿量为传质动力的对流传质系数，$kg/(m^2 \cdot s)$；

d_w——t_w 温度下对应的饱和空气的湿含量，kg 水蒸气/kg 干空气；

γ_w——水在 t_w 温度下的汽化潜热，J/kg。

由上式可得：

$$t_w = t - \frac{k_d \gamma_w}{h}(d_w - d) \tag{5-11}$$

由于对流传热系数 h 和对流传质系数 k_d 都与掠过湿球的气流速度有关。当气流为湍流运动时，h 和 k_d 都与气流速度的 0.8 次幂成正比，即 h/k_d 的值与流速无关，仅与物系性质有关。对于空气-水系统，h/k_d 的值约为 1.09kJ/(kg·℃)。

从式(5-11) 可知，湿球温度是湿空气的温度和湿含量的函数。对流换热系数 h 与对流传质系数 k_d 均是气流速度的函数，严格意义上，湿球温度不是湿空气的状态参数。当温度 t 和湿含量 d 一定时，湿球温度 t_w 为定值。反之，当 t 和 t_w 一定，湿含量 d 必为定值。因此，在工程上可用干湿球温度计测量空气的湿含量。

(3) 绝热饱和温度

图 5-4 是一个绝热饱和过程。一定量的未饱和湿空气从一个装有水的足够长的绝热长管道上方以恒定流量通过，以保证空气与水有足够的接触时间。水分不断汽化进入湿空气，水的汽化所需热量只能来自空气的显热，使得空气的温度下降。随着空气中水蒸气含量的逐渐增大，空气达到饱和状态，空气温度不再下降，空气的温度等于管道内水的温度。此时饱和空气温度称为绝热饱和温度，以 t_{as} 表示。使不饱和空气在绝热条件下达到饱和状态的过程称为绝热饱和过程。

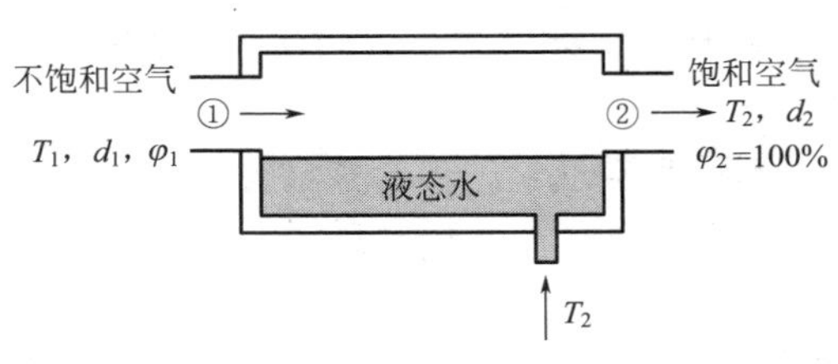

图 5-4 绝热饱和过程

在绝热饱和过程中，水汽化所吸收的热量等于不饱和空气温度降低所释放出的热量。以 1kg 干空气为基准，热量平衡关系如下：

$$c_w(t - t_{as}) = (d_{as} - d)\gamma_{as} \tag{5-12}$$

式中 c_w——管道进口未饱和空气的比热容，kJ/(kg·℃)；

d_{as}——管道出口饱和空气的湿含量，即 t_{as} 下饱和空气的湿含量，kg 水蒸气/kg 干空气；

γ_{as}——水在绝热饱和温度 t_{as} 下的汽化潜热，kJ/kg。

由式(5-12) 可得：

$$t_{as} = t - \frac{\gamma_{as}}{c_w}(d_{as} - d) \tag{5-13}$$

由上式可知，湿空气的绝热饱和温度与湿空气的温度 t 和湿含量 d 有关，是湿空气的状态参数。同时，实验结果表明，对于空气-水系统，当空气流速在 3.8～10.2m/s 时，$c_w \approx \frac{h}{k_d} = 1.09$kJ/(kg·℃)。

比较式(5-11) 和式(5-13) 可知，绝热饱和温度与湿球温度近似相等。应予指出，绝热饱和温度和湿球温度是具有不同物理意义的参数。湿球温度是大量空气与少量水接触达到平衡状态下的温度，而绝热饱和温度是一定量的不饱和空气在绝热条件下与大量水充分接触达到饱和时的温度。

（4）露点

不饱和空气在总压和湿含量不变的情况下，空气冷却到饱和状态（$\varphi=100\%$）的温度称为露点，用 t_d 表示。若湿空气在达到露点后继续冷却，空气中的水蒸气就会凝结成水滴而析出。

根据上述定义，湿空气在露点温度下处于饱和状态，根据式(5-9）可得：

$$d=0.622\frac{p_{sd}}{p-p_{sd}}(\text{kg 水蒸气/kg 干空气}) \tag{5-14}$$

式中　p_{sd}——温度露点 t_d 时的饱和水蒸气分压，Pa。

由于饱和水蒸气分压与温度是单值函数，因此，露点是湿空气含湿量 d 的单值函数。若已知空气的总压和湿含量，可由式(5-14）计算出 p_{sd} 值，根据保和水蒸气压表查得相应的饱和温度即为湿空气的露点。露点也可用湿度计或露点仪进行测量。

对于空气-水系统，$t_w \approx t_{as}$，并且干球温度 t、湿球温度 t_w 和露点 t_d 之间存在下列关系：

不饱和空气：$t_d<t_w<t$；

饱和空气：$t_d=t_w=t$。

露点及露点温度

5.2.1.4　湿空气的比体积和密度

（1）湿空气的比体积

湿空气的比体积是指在一定温度和总压力下 1kg 干空气体积与其所携带的水蒸气体积的总和，用 v 表示。根据理想气体状态方程，湿空气比体积的表达式可写为：

$$v=v_a+\mathrm{d}v_v=\frac{R_a}{p}T+\mathrm{d}\frac{R_v}{p}T=(R_a+\mathrm{d}R_v)\frac{T}{p} \tag{5-15}$$

式中　v_a——干空气的比体积，m^3/kg；

v_v——水蒸气的比体积，m^3/kg。

（2）湿空气的密度

湿空气的密度是指单位体积湿空气的质量，用 ρ 表示。由于湿空气是干空气和水蒸气的混合物，因此湿空气的密度是湿空气中空气的质量浓度与水蒸气的质量浓度之和，即：

$$\rho=\frac{m_a+m_v}{V}=\rho_a+\rho_v \tag{5-16}$$

根据湿空气密度定义又可表示为：

$$\rho=\frac{1+d}{v} \tag{5-17}$$

由理想气体状态方程，式(5-16) 可写为

$$\rho=\frac{p_v}{R_vT}+\frac{p_a}{R_aT}$$
$$=\frac{p}{R_aT}+\frac{p_v}{T}\left(\frac{1}{R_v}-\frac{1}{R_a}\right)=\frac{p}{R_aT}-0.001315\frac{\varphi p_{sv}}{T} \tag{5-18}$$

5.2.1.5 湿空气的比热容和焓

(1) 湿空气的定压比热容

湿空气的比热容是指在定压情况下1kg干空气及其所携带的$d$kg水蒸气升高或降低1℃所吸收或释放的热量，用c_w表示。湿空气的比热容也是以1kg干空气为基准，其单位为kJ/(kg干空气·℃)。

$$c_w=c_a+dc_v[\text{kJ/(kg 干空气·℃)}] \tag{5-19}$$

式中 c_a——干空气的定压热容量，kJ/(kg·℃)；

c_v——水蒸气的定压热容量，kJ/(kg·℃)。

在0～120℃范围内，干空气与水蒸气的平均比热容分别为1.01kJ/(kg·℃)和1.88kJ/(kg·℃)，因此湿空气的比热容可用下式近似计算。

$$c_w=1.01+1.88d\quad[\text{kJ/(kg 干空气·℃)}] \tag{5-20}$$

由此可见，湿空气的比热容不仅与温度有关（c_a和c_v是温度的函数)，而且与湿空气的湿含量有关。

(2) 湿空气的焓

湿空气的焓同样是以1kg干空气为基准，是指1kg干空气焓及其所携带的$d$kg水蒸气的焓值之和，用h表示。

$$h=h_a+dh_v(\text{kJ/kg 干空气}) \tag{5-21}$$

式中 h_a——干空气的焓，kJ/kg；

h_v——水蒸气的焓，kJ/kg。

若以0℃时的干空气和0℃时的饱和水为焓值基准点，在温度为0～120℃范围内h_a和h_v分别可由下式计算。

$$h_a=c_at=1.01t \tag{5-22}$$

$$h_v=c_vt+\gamma_0=1.88t+2501 \tag{5-23}$$

式中 γ_0——0℃时水蒸气的汽化潜热，2501kJ/kg。

将式(5-22) 和式(5-23) 代入式(5-21) 得到：

$$h=(c_a+c_vd)t+\gamma_0d=c_vt+\gamma_0d=(1.01+1.88d)t+2501d \tag{5-24}$$

湿空气的焓同样是湿空气的状态参数，其数值随着温度和湿含量的增大而增大。

上面介绍的湿空气的参数中除湿球温度不是严格意义上的状态参数外，其余均是湿空气

的状态参数。根据上述各个关系式，在一定的总压力下，只要已知湿空气的任意两个状态参数即可确定其余的状态参数。

【例 5-1】 在容积为 $50m^3$ 的空间中，空气温度为 30℃，相对湿度为 60%，大气压强 $p=101.3kPa$。求湿空气的露点、含湿量、干空气的质量、水蒸气质量和湿空气的焓值。

解 由饱和水蒸气表 5-1 查得，$t=30℃$时，$p_{sv}=4.243kPa$，所以

$$p_v=\varphi p_{sv}=0.6\times4.243=2.546(kPa)$$

对应于此水蒸气分压下的饱和温度即为湿空气的露点温度，从饱和水蒸气表中可查得

$$t_d=21.25℃$$

根据式(5-9) 可得湿空气的湿含量为：

$$d=0.622\frac{p_v}{p-p_v}=0.622\times\frac{2.546}{101.3-2.546}=0.016(\text{kg 水蒸气/kg 干空气})$$

干空气分压

$$p_a=p-p_v=101.3-2.546=98.754(kPa)$$

根据状态方程可得干空气质量

$$m_a=\frac{p_aV}{R_aT}=\frac{98.755\times50}{287\times(273+30)}=56.78(kg)$$

水蒸气质量

$$m_v=m_ad=0.016\times56.78=0.91(kg)$$

湿空气的焓

$$\begin{aligned}h&=(1.01+1.88d)t+2501d\\&=(1.01+1.88\times0.016)\times30+2501\times0.016\\&=71.22(\text{kJ/kg 干空气})\end{aligned}$$

【例 5-2】 在一个标准大气压下（101.325kPa），由干湿球温度计测得空气的干球温度和湿球温度分别为 30℃和 20℃。求湿空气的 d，φ，h，p_v，p_a。

解 由表 5-1 中查得，20℃和 30℃时饱和水蒸气分压分别为 $p_{sv1}=2.338kPa$ 和 $p_{sv2}=4.243kPa$，由附录 3 查得 20℃时水的汽化潜热 $\gamma_w=2453kJ/kg$。

根据式(5-10) 可以计算出 20℃时湿空气的湿含量为：

$$d_w=0.622\frac{p_{sv1}}{p-p_{sv1}}=0.622\times\frac{2.338}{101.325-2.338}=0.0147(\text{kg 水蒸气/kg 干空气})$$

由于 $t_w\approx t_{as}$

因而 $t_{as}=20℃$；

$$\gamma_{as}=\gamma_w=2446kJ/kg$$

$$d_{as}=d_w=0.0147\text{kg 水蒸气/kg 干空气}$$

而由式(5-20) $c_w=1.01+1.88d$

代入式(5-13) 可得：

$$20=30-\frac{2446}{1.01+1.88d}(0.0147-d)$$

求解可得：

$$d=0.011\text{kg 水蒸气/kg 干空气}$$

由含湿量 d 的定义，温度为 30℃时

$$d=0.622\frac{\varphi p_{sv2}}{p-\varphi p_{sv2}}$$

得：

$$\varphi=\frac{dp}{(0.622+d)p_{sv2}}=\frac{0.011\times101.325}{(0.622+0.011)\times4.243}$$

$$=0.415=41.5\%$$

$$h=(1.01+1.88d)t+2501d$$

$$=(1.01+1.88\times0.011)\times30+2501\times0.011$$

$$=58.43(\text{kJ/kg 干空气})$$

水蒸气分压

$$p_v=\varphi p_{sv}=\varphi p_{sv2}=0.415\times4.243=1.76(\text{kPa})$$

干空气分压

$$p_a=p-p_v=101.325-1.68=99.65(\text{kPa})$$

5.2.2 湿空气的焓湿图及应用

湿空气的所有状态参数均可由两个独立的参数通过解析法确定，但计算较为烦琐。工程上为方便起见，将各参数之间的关系在平面坐标上绘制成湿度图。常见的湿度图有温度-湿度图（t-d 图）和焓湿图（h-d 图）。这里主要介绍 h-d 图。

5.2.2.1 焓湿图

h-d 图以湿空气的焓值 h 为横坐标，以湿含量 d 为纵坐标。h-d 图表示在一定的大气压下，湿空气各个主要参数之间的关系，包括等湿线、等焓线、等干球温度线、等湿球温度线、等相对湿度线及水蒸气分压线等六条曲线。为了使图中各种图线较好地分布，h-d 图采用 135°斜角坐标系，另作辅助横坐标 ox 与纵轴正交，将斜轴 ox'上的数值投影到 ox 轴上，以方便读数。图 5-5 是总压力为 101.325kPa 时的 h-d 图。

下面对 h-d 图中的六条曲线分述如下。

① 等湿含量线（等 d 线） 等湿含量线是一簇平行于纵坐标的直线。d 值在辅助水平轴上读出。

② 等焓线（等 h 线） 等焓线是一簇平行于斜横轴 ox'与辅助水平轴成 45°的直线。当温度相同时，空气的焓 h 随湿含量 d 的增加而增加；在相同湿含量下，h 随温度 t 的升高而增加。

③ 等温线（等 t 线） 由式(5-24) 可知，$h=1.01t+(1.88t+2501)d$，当空气的温度 t

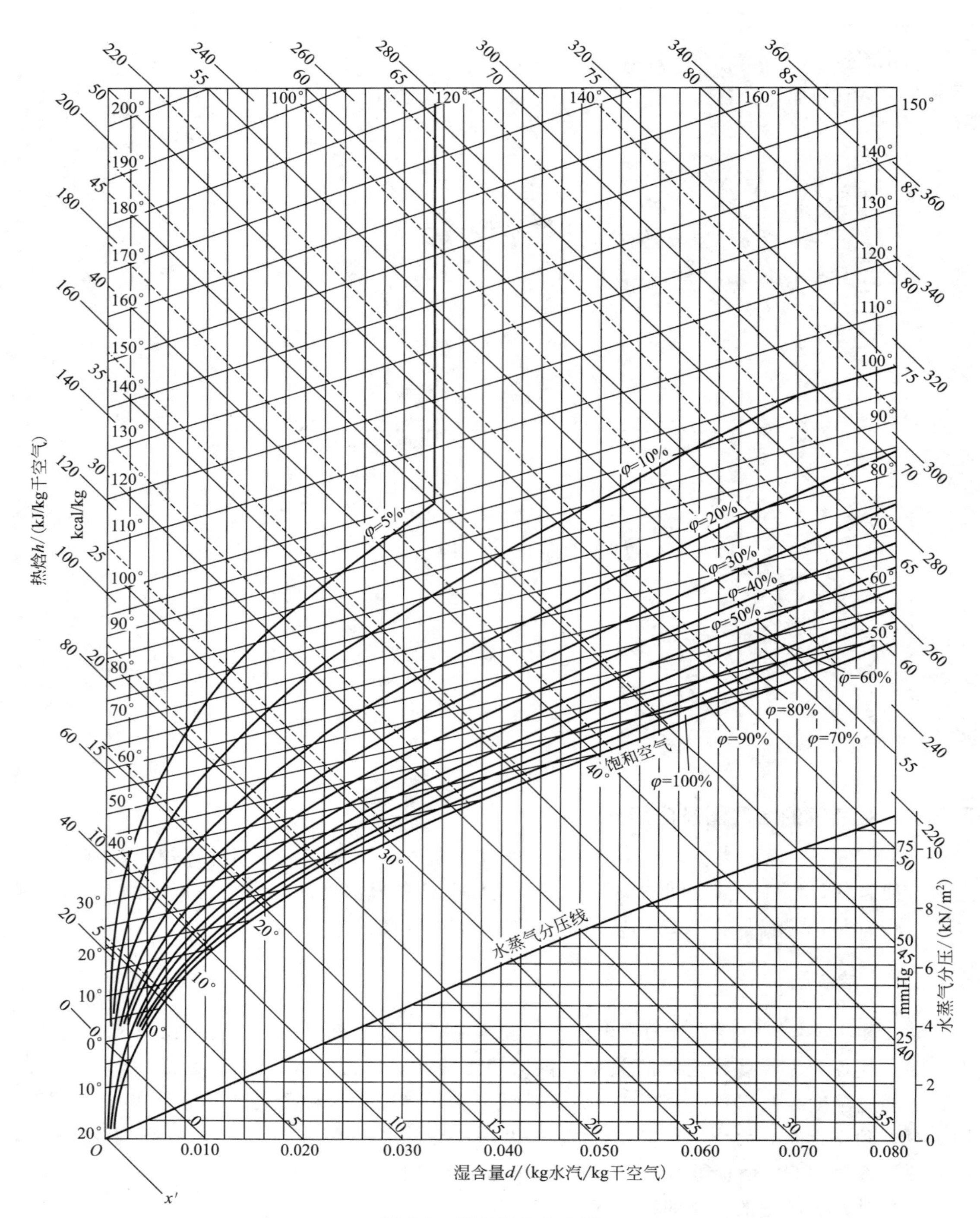

图 5-5 湿空气的 h-d 图

一定时，湿含量 d 与焓 h 成直线关系，等温线是一簇向右上方倾斜的直线。温度越高，直线的截距越大，直线的斜率也越大。

④ 等相对湿度线（等 φ 线） 由式(5-9) 可知，在一定大气压下，φ 为某一定值时，d 是 p_{sv} 的函数，而饱和蒸气压是温度的函数，因此，在 φ 恒定的情况下，湿含量 d 是温度 t

的函数。在图中将 φ 值下的各个（d，t）点连接即构成相应等 φ 线。等 φ 线为一簇向上微凸的曲线。在沸点处，含湿量 d 为常数，此时，等 φ 线突变为垂直向上的直线。

$\varphi=100\%$的等 φ 线称为饱和空气线。饱和线以上的区域为不饱和空气区域，且离饱和线越远，相对湿度越小，干燥能力越强；饱和线以下的区域为过饱和区域，此区域内湿空气成雾状，在干燥过程应避免。由露点的定义可知，$\varphi=100\%$的饱和线实际上是不同含湿量 d 时的露点温度曲线。

⑤ 等湿球温度线（等 t_w 线） 由湿球温度的定义可知，当达到湿球温度时，周围不饱和空气传给水的热量等于水分蒸发所消耗的热量。设不饱和空气的焓为 h_1，湿含量为 d_1；饱和空气的焓和湿含量为 h_2，d_2。则有

$$h_2-h_1=c_p t_w(d_2-d_1) \tag{5-25}$$

由上式可知，当空气的湿球温度 t_w 为定值时，热焓 h 与湿含量 d 的关系是线性的。等 t_w 线是一簇从左向右向下倾斜的直线。当 t_w 较低，d 较小，且计算要求不高时，可近似用等 h 线代替等 t_w 线。

⑥ 水蒸气分压线（等 p_v 线） 是空气中水蒸气分压 p_v 与湿含量 d 之间的关系曲线。对式(5-9) 进行变换，可得

$$p_v=\varphi p_{sv}=\frac{pd}{0.622+d} \tag{5-26}$$

当总压 p 为定值时，p_v 与 d 为一条通过原点并向上微凸的曲线。在图中 $\varphi=100\%$的曲线下方的空位中绘出这一曲线，p_v 标于右边的坐标上。

5.2.2.2 焓湿图的应用

（1）确定湿空气的状态参数

h-d 图中任意一点都表征湿空气的某一确定状态，只要依据任意两个独立的参数，即可在 h-d 图中确定其状态点，并可由此确定相应的状态参数。

【例 5-3】 已知空气的干球温度 $t=30℃$，湿球温度 $t_w=25℃$，求空气的相对湿度 φ、水蒸气分压 p_v、焓 h、露点 t_d。

解 ① 如图 5-6 所示，由 $t=30℃$ 的等温线与 $t_w=25℃$ 的等湿球温度相交可得 A 点，A 点即是该湿空气的状态点。

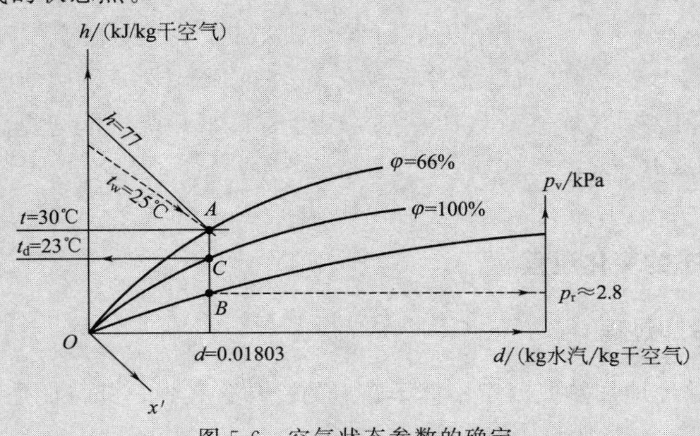

图 5-6 空气状态参数的确定

② 通过 A 点分别作等 h 线和等 d 线，可得 $d=0.018$kg/kg 干空气；$h=77$kJ/kg 干空气。

③ 过 A 点的等 φ 线，得到 $\varphi=66\%$。

④ 由 $d=0.018$ 的等 d 线与 $\varphi=100\%$的等 φ 线交于 C 点，过 C 点的等温线所对应的温度为露点，$t_d=23$℃。

⑤ 由等 d 线与分压线相交于 B 点，从右侧纵轴可读得 $p_v=2.8$kPa。

（2）描述空气的状态变化过程

在实际工程中，经常需要对干燥介质进行加热（冷却）、加湿（去湿）等操作。利用 h-d 图可以通过确定空气状态变化前后的状态点，确定相应的状态参数。以空气预热过程为例，在空气的预热过程中，如不考虑预热器的吸气和逸气，预热前后空气的湿含量相等，空气的预热过程在 h-d 图上以等 d 线表示。

其他湿空气的状态变化过程的描述在下节内容中有讲解。

利用湿-焓图确定湿空气的状态参数

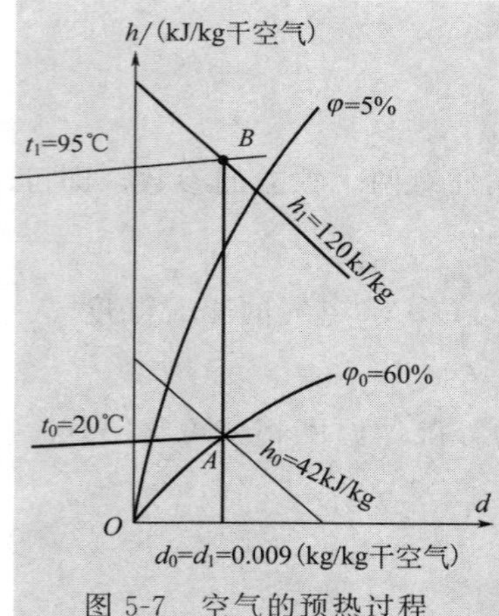

图 5-7　空气的预热过程

【例 5-4】 如图 5-7 所示，将 $t_0=20$℃，$\varphi_0=60\%$的空气经加热器预热 $t_1=95$℃，求空气加热后的状态参数及从加热器中所获得的热量。

解　① 由 $t_0=20$℃等温线和 $\varphi_0=60\%$的等 φ 线得到交点 A，A 点为预热前空气的状态点。

② 空气的预热过程沿着等 d 线进行，空气预热后的状态可由 $d=d_0$ 等 d 线与 $t_1=95$℃等 t 线的交点 B 点获得。

③ 由过 B 点的等焓线可得 $h_1\approx120$kJ/kg 干空气，$\varphi_1<5\%$。

④ 1kg 干空气即（$1+d$）kg 湿空气从加热器中所获得的热量为 $q=h_1-h_0=120-42=78$(kJ/kg 干空气)

显然空气通过预热后其焓值 h 增加，相对湿度 φ 降低，吸湿能力提高。反之，冷却过程则沿着等 d 线从点 $B\rightarrow A$。

5.2.3　湿空气状态的变化过程

5.2.3.1　加热和冷却过程

在对空气进行单纯地加热或温度不低于露点的冷却过程中，其特征是湿空气中的水蒸气分压（p_v）和含湿量（d）保持不变。

图 5-7 中描述了空气加热或冷却过程中状态变化情况。在加热过程中，湿空气的温度

升高，焓值增大，相对湿度减小；反之，在冷却过程中，湿空气的温度降低，焓值减小，相对湿度增大。因此，在利用热空气作为干燥介质时，需要将空气进行预热，以提高空气的吸湿能力。空气加热或冷却过程中吸收或放出的热量等于状态变化前后的焓值变化量。

5.2.3.2 绝热加湿和去湿过程

在实际工程应用中，为了使湿空气达到相应的使用要求，常常采用对空气喷雾加湿或冷却去湿。在采用空气作干燥介质的过程中，物料的干燥也就是空气的加湿过程；在空气调节技术中也经常有空气的加湿或去湿过程。在绝热加湿过程中，水分蒸发需要的热量完全由空气温度下降释放出的显热供给。无外加热源的物料干燥过程可以看作是绝热加湿过程。

在绝热加湿过程中，其特征是湿空气的焓保持不变，而相对湿度和湿含量均增加，湿空气温度降低。如图 5-8 所示，加湿过程沿着等 h 线从状态点 $A \to B$。加湿过程中各状态参数之间的具体关系为

$$\left.\begin{aligned}\Delta h &= h_2 - h_1 = 0\\ \Delta t &= t_2 - t_1 < 0\\ \Delta \varphi &= \varphi_2 - \varphi_1 > 0\\ \Delta d &= d_2 - d_1 > 0\end{aligned}\right\}$$

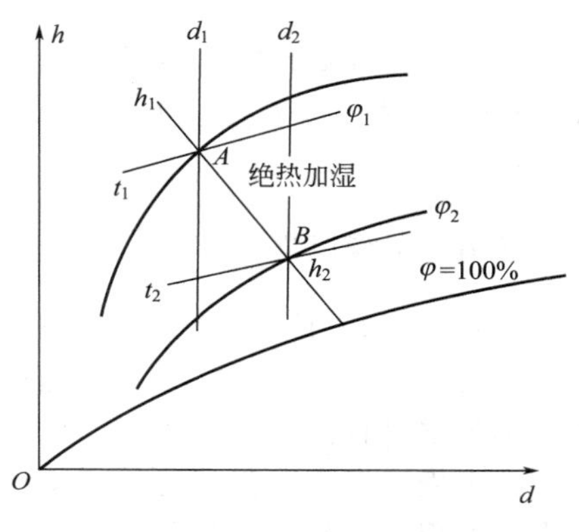

图 5-8 空气的加湿过程

5.2.3.3 绝热混合过程

在空调和干燥技术中，经常采用两股或多股状态不同的湿空气进行混合，以获得温度、湿度符合要求的空气。在混合过程中，气流与外界的热交换量很少，混合过程可以看作是绝热过程。混合后的湿空气状态取决于混合前各股空气的状态及相对流量。

如果忽略混合过程中微小的压力变化。设混合前两股气流的质量流量、湿含量和焓分别为 $\dot{m}_{a1}$，d_1，h_1 和 $\dot{m}_{a2}$，d_2，h_2，混合后气流的质量流量、湿含量和焓为 $\dot{m}_{a3}$，d_3，h_3。根据质量守恒定律和能量守恒定律可得：

干空气质量守恒 $$\dot{m}_{a1} + \dot{m}_{a2} = \dot{m}_{a3} \tag{a}$$

湿空气中水蒸气质量守恒 $$\dot{m}_{a1} d_1 + \dot{m}_{a2} d_2 = \dot{m}_{a3} d_3 \tag{b}$$

能量守恒 $$\dot{m}_{a1} h_1 + \dot{m}_{a2} h_2 = \dot{m}_{a3} h_3 \tag{c}$$

式(a)、式(b)、式(c) 联立求解，整理后得：

$$\frac{\dot{m}_{a1}}{\dot{m}_{a2}} = \frac{d_2 - d_3}{d_3 - d_1} = \frac{h_2 - h_3}{h_3 - h_1} \tag{5-27}$$

由混合前两股气流的质量流量和状态参数，根据式(5-27) 可计算出混合后气流的状态参数如下。

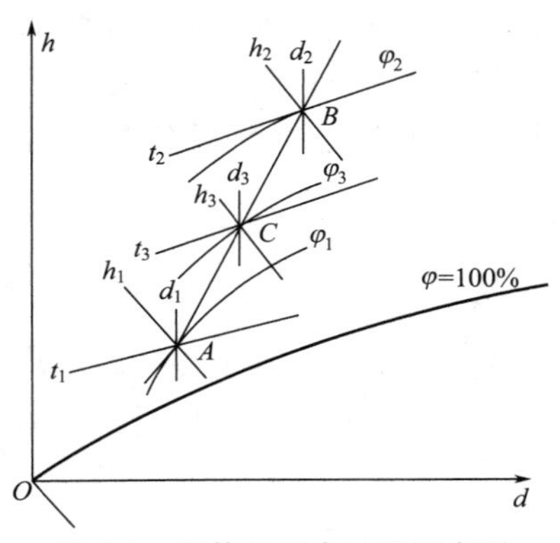

图 5-9　气体的混合过程示意图

$$d_3=\frac{\dot{m}_{a1}}{\dot{m}_{a1}+\dot{m}_{a2}}d_1+\frac{\dot{m}_{a2}}{\dot{m}_{a1}+\dot{m}_{a2}}d_2=\frac{x}{x+1}d_1+\frac{1}{x+1}d_2 \tag{5-28}$$

$$h_3=\frac{\dot{m}_{a1}}{\dot{m}_{a1}+\dot{m}_{a2}}h_1+\frac{\dot{m}_{a2}}{\dot{m}_{a1}+\dot{m}_{a2}}h_2=\frac{x}{x+1}h_1+\frac{1}{x+1}h_2 \tag{5-29}$$

式中，$x=\frac{\dot{m}_{a1}}{\dot{m}_{a2}}$为混合前两股气流的质量流量之比。

图 5-9 为两股空气混合过程的示意图。在 h-d 图确定混合前两股空气的状态点（A 和 B），混合后空气的状态点（C 点）必定在两股空气状态点的连线上。根据混合前两股气流的质量流量比 x，可确定混合后空气的状态参数。

5.2.3.4　干燥过程

在对流干燥过程中，为提高空气的干燥能力，一般需要对不饱和空气进行预热，再作为干燥介质与湿物料接触，吸收湿物料中的水分。所以，干燥过程可以认为是空气的加热过程和绝热吸湿过程的复合过程。

若干燥过程中与外界无能量交换，也未向干燥设备补充热量，在干燥过程中空气的状态为等焓过程，这种干燥过程称为理想干燥过程。当干燥设备向外界散热、为干燥设备额外提供能量时，空气的焓值会变化，相对于理想干燥过程，这种非等焓干燥过程称为实际干燥过程。

图 5-10 为理想干燥过程，冷空气初始状态点为 A 点，经过预热后的状态点沿等 d 线变化到 B 点。B 点也是干燥介质进入干燥器的初始状态点。由于理论干燥过程为等焓过程，从 B 点沿 $h_1=h_2$ 的等 h 线与空气离开干燥器时的温度 t_2 的等温线相交于 C 点。C 点即是空气离开干燥器时的状态点。对于实际干燥过程，依据损失或加入能量的多少，得到焓值变化量 $\Delta h=h_1-h_2$，由空气离开干燥器的温度 t_2 和焓值 h_2 确定其状态点 D。如图 5-11 所示。

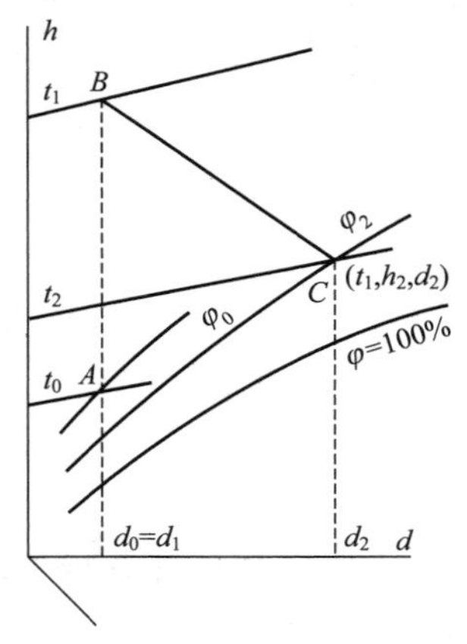

图 5-10　理想干燥过程示意图

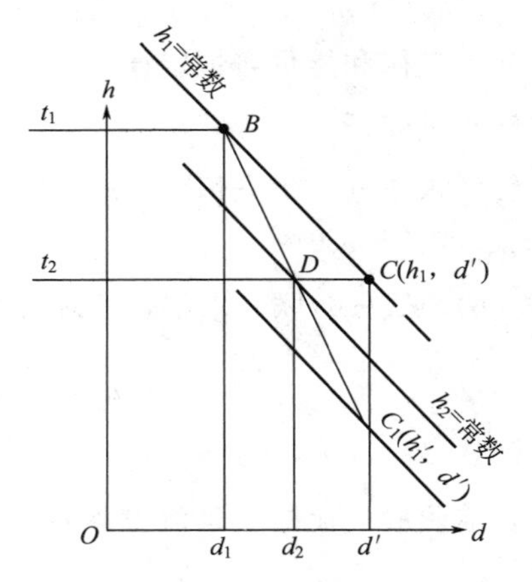

图 5-11　实际干燥过程示意图

【例 5-5】 已知空气 $t_1=30℃$、$p_{v1}=2.938kPa$，将该空气送入加热器进行加热后，$t_2=60℃$，然后送入干燥器中作为干燥介质。空气流出干燥器时的温度 $t_3=35℃$。求空气在加热器中吸收的热量和 1kg 干空气所吸收的水分。大气压强 $p=0.1MPa$。

解 从饱和水蒸气表中可知，$t_1=30℃$，$p_{sv1}=4.243kPa$；$t_2=60℃$，$p_{sv2}=19.916kPa$；$t_3=35℃$，$p_{sv3}=5.6231kPa$。

$$\varphi_1=\frac{p_{v1}}{p_{sv1}}=\frac{2.938}{4.243}=0.692$$

$$d_1=0.622\times\frac{p_{v1}}{p-p_{v1}}=0.622\times\frac{2.938}{100-2.938}=0.0188(\text{kg/kg 干空气})$$

$$h_1=1.01t_1+d_1(2501+1.88t_1)$$
$$=1.01\times30+0.0188\times(2501+1.88\times30)=78.38(\text{kJ/kg 干空气})$$

加热过程：$d_2=d_1=0.0188$kg 水蒸气/kg 干空气，

由 $d=0.622\times\dfrac{\varphi p_s}{p-\varphi p_s}$，有

$$\varphi_2=\frac{d_2p}{(0.622+d_2)p_{s2}}=\frac{0.0188\times100}{(0.622+0.0188)\times19.916}=0.147$$

$$h_2=1.01t_2+d_2(2501+1.88t_2)$$
$$=1.01\times60+0.0188\times(2501+1.88\times60)=109.74(\text{kJ/kg 干空气})$$

空气在加热器所吸收的热量：$q=h_2-h_1=109.74-78.38=31.36$(kJ/kg 干空气)

在干燥器中的吸湿过程中焓不变：$h_2=h_3=109.74$kJ/kg 干空气

$$h_3=1.01t_3+d_3(2501+1.88t_3)$$

$$d_3=\frac{h_3-1.01t_3}{2501+1.88t_3}=\frac{109.74-1.01\times35}{2501+1.88\times35}=0.029(\text{kg/kg 干空气})$$

干燥过程中吸收水分：

$$\Delta d=d_3-d_2=0.029-0.0188=0.0102(\text{kg 水蒸气/kg 干空气})$$

5.3 干燥过程分析与计算

5.3.1 水分在气-固两相间的平衡

水分在固体物料中可以不同的形式存在，并以不同的方式与固体物料结合。固体物料与水分结合的特征、强度不同，使水分从固体物料中分离的条件也有所不同。

5.3.1.1 结合水与非结合水

根据物料中所含水分在干燥过程中去除的难易程度不同可分为结合水和非结合水。

(1) 结合水

它是以吸附、渗透和结构水等形式凭借化学力和物理化学力与物料相结合的水分。

当物料与水以化学力结合时，即水存在于物料的分子结构中，这部分水称为化学结合水。脱除化学结合水需要较高的温度，不属于干燥范围。

物料表面通过吸附作用形成的水膜，通过物料纤维皮壁的渗透水，微孔毛细管（$<10^{-4}$mm）中的水分，这些以物理化学力与物料结合的水分称为物理化学结合水。物理化学结合水中以吸附水与物料的结合最强。

由于化学力和物理化学力的存在，结合水所产生的水蒸气分压小于同温度下纯水的饱和水蒸气分压，干燥过程中的传质推动力小，故较难以去除。

(2) 非结合水

机械地附着在固体物料表面或颗粒堆积层的大空隙中的水分为非结合水。

非结合水包括物料表面的湿润水分，空隙中水分及粗毛细管（$>10^{-4}$mm）中水分，这类水分与物料的结合属于机械结合，结合力较弱，水分所产生的水蒸气分压与纯水在同温度下的饱和水蒸气分压相同。因此，在干燥过程中，非结合水比结合水容易去除。

结合水与非结合水是根据物料与水分的结合方式不同划分的，仅与物料的性质有关，与空气的状态无关。

5.3.1.2 平衡水分和自由水分

依据在一定干燥条件下，物料中的水分能否用干燥方法去除，将物料中的水分划分为平衡水分和自由水分。

(1) 平衡水分

将湿物料与一定温度的不饱和空气相接触，物料中的含水量将逐渐减少。当物料表面水蒸气分压与湿空气水蒸气分压达到平衡时，物料的含水量不再随着与空气接触时间的延长而变化，此时，物料中含水量称为此空气状态下该物料的平衡水分。平衡水分是物料在一定空气状态下被干燥的极限。

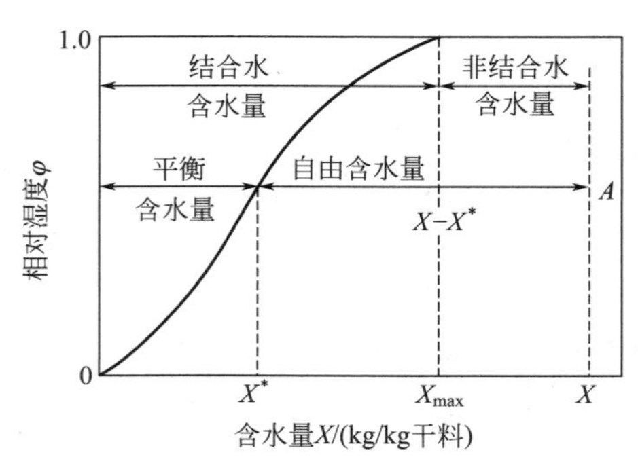

图 5-12 物料的平衡水分曲线

物料的平衡含水量与物料的种类、空气状态有关。对于同一物料，温度一定时，空气的相对湿度越大，平衡水分就越大；相对湿度一定时，温度越高，平衡水分则越小，但变化量不大。非吸水性物料的平衡含水量很低，可接近于零；吸水性物料的平衡含水量较高。

图 5-12 为物料的平衡水分曲线，其中 X^* 为平衡含水量。比较物料的含水量（X）与平衡含水量（X^*）的大小可判断干燥过程进行的方向，确定物料能否被干燥。

（2）自由水分

物料中所含水量中大于平衡水分的那一部分水分，即可在一定空气状态下用干燥方法去除的水分称为自由水分，其大小为 $X-X^*$ 。

物料中水分是自由水与平衡水之和、平衡水和自由水是空气状态函数，结合水与非结合水与空气状态无关，反映物料本身特性。从图 5-12 中可看出，通过干燥可除去的水分通常包括两部分：一部分是非结合水（$X-X_{max}$），另一部分是结合水（$X_{max}-X^*$）。固体物料中只要有非结合水存在，物料表面的饱和水蒸气分压即为饱和水蒸气分压，对应 $\varphi=100\%$。除去结合水后，首先除去的是结合较弱的水，余下的是结合较强的水，这时 φ 逐渐下降。利用平衡水分曲线可确定物料中结合水分与非结合水分的大小，判断水分去除的难易程度。

5.3.2 干燥过程的物料衡算和热量衡算

5.3.2.1 物料中水分的表示方法

（1）湿基含水量

湿基含水率是指以湿物料中水分占湿物料质量的百分数，用符号 w 表示。若湿物料质量为 m，其中含有水分的质量为 m_w，则

$$w=\frac{m_w}{m}\times100\% \tag{5-30}$$

（2）干基含水量

干基含水率是以绝干物料为基准时物料中水分的质量，即物料中所含水分的质量与干物料质量之比，用 X 表示。若湿物料中绝干物料的质量为 m_0，则

$$X=\frac{m_w}{m_0}\times100\% \tag{5-31}$$

由湿基含水量和干基含水量的定义可知，这两种含水量的关系为

$$w=\frac{X}{1+X} \tag{5-32}$$

$$X=\frac{w}{1-w} \tag{5-33}$$

在实际生产中，通常用湿基含水表示物料中水分的含量。由于物料的含水量是随着干燥过程的进行不断减少的，用湿基含水量表示物料水分时，进行干燥过程计算不方便。绝干物料的质量在干燥过程中是不变的，故在干燥过程计算时多采用干基含水量。

5.3.2.2 物料衡算

在干燥过程计算中，首先应确定从物料中除去的水分量、所需要的干燥介质质量以及所需提供的热量，并据此进行干燥设备的设计或选型。

干燥过程的物料衡算和热量衡算是确定干燥过程空气用量和分析干燥过程热效率的基

础，是进行干燥系统设计的基本依据。

图 5-13 为一典型的连续干燥过程，由预热器和干燥器两部分组成。空气经预热后进入干燥器与物料相接触，物料的含水量降低，温度升高。根据干燥过程的需要，在干燥器内可补充热量。

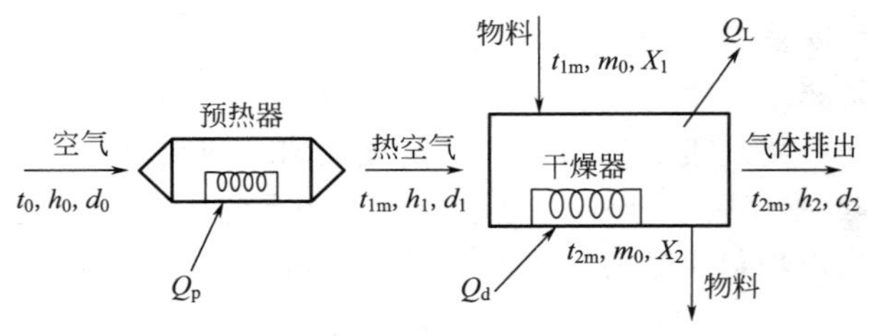

图 5-13　连续干燥过程的示意图

通过干燥系统的物料衡算，可确定干燥过程中从物料中除去的水分量、空气消耗量及干燥的物料量。

（1）水分蒸发量

设干燥过程中绝干物料量为 m_0(kg/s)；绝干空气质量流量 L(kg 干空气/s)。以干燥器为控制体，设备中总水分包括空气中水蒸气和物料中水分，根据质量守恒定律可得

$$m_0X_1+Ld_1=m_0X_2+Ld_2 \tag{5-34}$$

式中　X_1，X_2——干燥器进、出口物料的干基含水量，kg 水/kg 干料；

d_1，d_2——干燥器进、出口物料的含湿量，kg/kg 干空气。

干燥过程中被除去水分速率，即单位时间水分蒸发量 W_L(kg/s) 为

$$W_L=m_0(X_1-X_2)=L(d_2-d_1) \tag{5-35}$$

（2）空气消耗量

由式(5-35) 可得，汽化 W_L 水分所需要的绝干空气量 L

$$L=\frac{W_L}{d_2-d_1} \tag{5-36}$$

除去 1kg 水分所消耗的干空气量 l(kg 干空气/kg 水) 为

$$l=\frac{L}{W_L}=\frac{1}{d_2-d_1} \tag{5-37}$$

（3）处理的物料量

若不计在干燥器内的物料损失，在干燥器内干物料量的质量不变，即

$$m_0=m_1(1-w_1)=m_2(1-w_2) \tag{5-38}$$

式中　m_1，m_2——进、出干燥器的物料流量，kg/s；

w_1，w_2——进、出干燥器物料中的湿基水分，kg 水/kg 湿料。

单位时间内干燥器处理的物料量以干物料量计为 m_0，以湿物料量计则为 m_1。

5.3.2.3 热量衡算

通过干燥器的热量衡算可求出预热器所需要热量、干燥器需要补充的热量和干燥系统所消耗的总热量、干燥系统的热效率。

（1）预热器的加热量

以预热器为控制体，忽略过程中的热损失，预热器的热量衡算式为

$$Lh_0+Q_p=Lh_1 \tag{5-39}$$

单位时间内预热器消耗的热量，即空气在预热器所获得的热量为

$$Q_p=L(h_1-h_0) \tag{5-40}$$

（2）干燥器的加热量

以干燥器作为控制体，对干燥器进行热量衡算，有

$$Lh_1+m_0h_{m1}+Q_d=Lh_2+m_0h_{m2}+Q_L \tag{5-41}$$

式中　Q_d——干燥中补充的热量，kW；

Q_L——干燥器中的热损失，kW。

物料进出干燥器的焓分别为

$$h_{m1}=c_{s1}t_{m1}+d_1c_{w1}t_{m1}=c_{m1}t_{m1}$$

$$h_{m2}=c_{s2}t_{m2}+d_2c_{w2}t_{m2}=c_{m2}t_{m2}$$

式中　c_s，c_w——绝干物料的比热容[kJ/(kg 干料·℃)]和水的比热容[kJ/(kg 水·℃)]；

c_{m1}，c_{m2}——干燥器进、出口物料的比热容，kJ/(kg 干料·℃)。

由此可得，单位时间内干燥器需要补充的热量为

$$Q_d=L(h_2-h_1)+m_0(c_{m2}t_{m2}-c_{m1}t_{m1})+Q_L \tag{5-42}$$

（3）干燥系统总的热量消耗

干燥系统总的热量消耗为预热器和干燥器内消耗热量总和，由式(5-41)和式(5-42)可得

$$Q=Q_d+Q_p=L(h_2-h_0)+m_0(c_{m2}t_{m2}-c_{m1}t_{m1})+Q_L \tag{5-43}$$

由上式可知，干燥系统消耗的总热量主要用于加热空气、加热物料和干燥系统的热损失。干燥过程中的热损失根据设备使用的具体情况，按传热学的有关公式进行计算。

（4）干燥系统热效率

干燥系统的热效率是指用于干燥过程中物料水分蒸发消耗热量占输入干燥系统总热量的百分比，通常用 η 表示，即

$$\eta=\frac{\text{蒸发水分所需的热量}}{\text{输入干燥系统的总热量}}\times 100\% \tag{5-44}$$

其中，物料中水分汽化耗热量

$$Q'=m_w(2501+1.88t_2-1.88t_{m1}) \tag{5-45}$$

通常物料进入干燥系统时的温度 t_{m1} 较低，可忽略物料中水分带入的焓，上式简化为

$$Q'\approx m_w(2501+1.88t_2) \tag{5-46}$$

干燥系统的热效率计算式为

$$\eta=\frac{Q'}{Q}\times 100\%=\frac{m_w(2501+4.183t_2)}{Q}\times 100\% \tag{5-47}$$

干燥系统的热效率反映了干燥过程中热量的有效利用程度，同时也决定干燥过程的经济性。由以上各式可以看出，提高干燥过程的热效率可通过如下途径：

① 提高空气的预热温度 t_1。对于热敏性物料，预热温度不宜过高，可采用多次加热的方式。

② 降低空气的出口温度 t_2。降低 t_2 可以提高热效率，但同时降低了干燥过程的传热推动力，降低干燥速率。若废气的出口温度过低以至接近饱和状态，气流易在设备或管道出口处结露。通常为安全起见，废气出口温度须比进入干燥器气体的湿球温度高 20～50℃。

③ 回收废气中热量用以预热冷空气或冷物料。

④ 加强干燥设备和管路的保温，减少干燥过程的热损失。

【例 5-6】 在连续干燥器中，湿物料以 1.58kg/s 的速率送入其中，要求湿物料从 $w_1=5\%$ 干燥至 $w_2=0.5\%$。以温度为 20℃、含湿量为 0.007kg/kg 干空气、总压为 101.3kPa 的空气为干燥介质，空气预热温度为 127℃，废气出口温度为 82℃。设该过程为理想干燥过程，试求（1）空气用量；（2）预热器的热负荷。

解 （1）过程中干物料的处理量

$$m_0=m_1(1-w_1)=1.58\times(1-0.05)=1.5(\text{kg 干料/s})$$

湿物料进、出干燥器的含水量

$$X_1=\frac{w_1}{1-w_1}=\frac{0.05}{1-0.05}=0.0527(\text{kg/kg 干料})$$

$$X_2=\frac{w_2}{1-w_2}=\frac{0.005}{1-0.005}=0.00502(\text{kg/kg 干料})$$

干燥过程蒸发水分的量

$$m_w=m_0(X_1-X_2)=1.5\times(0.0527-0.00502)=0.0715(\text{kg/s})$$

空气进入干燥器时的状态　$d_1=d_0=0.007(\text{kg/kg 干空气})$

空气的焓值

$$\begin{aligned}h_1&=(1.01+1.88d_1)t_1+2501d_1\\&=(1.01+1.88\times0.007)\times127+2501\times0.007=147.45(\text{kJ/kg 干空气})\end{aligned}$$

空气离开干燥器时的状态

$$h_2=h_1=147.45(\text{kJ/kg 干空气}),\ t_2=82℃$$

$$d_2=\frac{h_2-1.01t_2}{1.88t_2+2501}=\frac{147.45-1.01\times82}{1.88\times82+2501}=0.0243(\text{kg/kg 干空气})$$

干燥过程干空气用量

$$L=\frac{m_w}{d_2-d_1}=\frac{0.0715}{0.243-0.007}=0.303\ (\text{kg 干空气/s})$$

对应湿空气用量为

$$L(1+d_0)=0.303\times(1+0.007)=0.305(\text{kg 空气/s})$$

(2) 空气进入预热器时的状态

$$\begin{aligned}h_0&=(1.01+1.88d_0)t_0+2501d_0\\&=(1.01+1.88\times0.007)\times20+2501\times0.007=37.97(\text{kJ/kg 干空气})\end{aligned}$$

预热器的热负荷　$Q_p=L(h_1-h_0)=0.303\times(147.45-37.97)=33.17(\text{kW})$

5.3.2.4 干燥器出口空气状态的确定

在对干燥系统进行物料平衡和热量平衡时，必须知道空气在干燥器出口的状态参数。在干燥器内空气与物料之间同时进行热量传递和质量传递，使空气的温度降低、湿度增加，同时还有外界向干燥器补充热量、干燥器向周围环境散热，情况比较复杂，故干燥器空气出口状况比较难以确定。通常根据情况在干燥器内焓值变化情况，就干燥过程分为等焓过程与非等焓过程进行讨论。

微课18

理论干燥过程

(1) 等焓过程

若干燥过程中：①干燥器内不补充热量 $Q_d=0$；②干燥器中热损失忽略不计 $Q_L=0$；③物料在干燥中温度不变化，$t_{m1}=t_{m2}$。此时干燥器进出口空气的焓值相等，$h_1=h_2$，为等焓干燥过程。在实际操作中很难实现等焓过程，因此等焓过程又称为理想干燥过程。

由于干燥过程中空气状态沿等焓线 BC 变化，可利用 h-d 图确定空气出口状态点，图 5-14 中的 C 点，得到相应的状态参数。对于等焓干燥过程，也可根据空气的等焓式与物料衡算式(5-35) 联立，通过计算确定空气的出口状态。

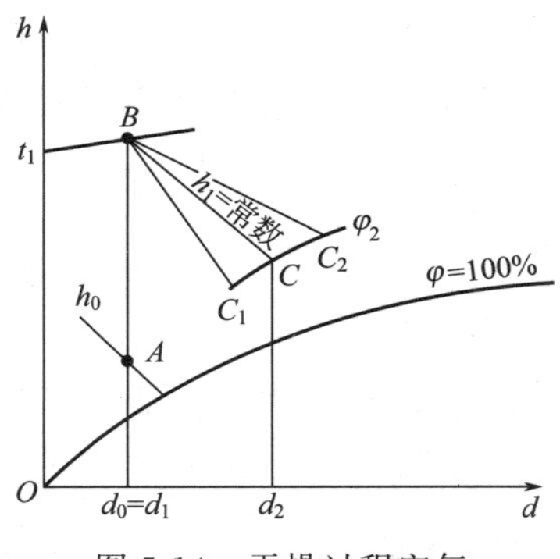

图 5-14　干燥过程空气状态变化示意图

(2) 非等焓过程

在实际干燥过程中很难做到干燥设备没有散热损失、进出口物料温度相等，因此非等焓干燥过程又称为实际干燥过程。

当干燥器内不补充热量 $Q_d=0$，但是存在干燥器中的热损失，$Q_L\neq0$；或者物料在干燥过程中温度升高。此时，空气通过干燥器后焓值降低，$h_1>h_2$。图 5-14 中，干燥过程的操作线 BC_1 在等焓线 BC 的下方，C_1 为空气离开干燥器的状态点。在大多数实际干燥过程是属于此类情况。

当向干燥器内补充热量大于热损失与加热物料消耗热量之和时，由式(5-42) 可知，$h_1\leqslant h_2$。即空气通过干燥器后焓值增加。此时，干燥过程的操作线 BC_2 在等焓线 BC 的上方，C_2 为空气离开干燥器的状态点。

另外，实际干燥过程计算中，气体离开干燥器的状态也可以由物料衡算式和热量衡算式联立求解来确定。

5.3.3 干燥速率

5.3.3.1 干燥动力学实验

由于干燥机理和过程的复杂性，干燥速率通常由实验测定。为简化影响因素，实验一般是在恒定干燥条件下进行。恒定干燥条件是指干燥过程中空气的湿度、温度、速度以及与湿物料的接触状况都不变。大量空气与少量湿物料接触的情况可以认为是恒定干燥条件，空气的各项性质可取进、出口的平均值。在这种条件下进行干燥，可直接地分析物料本身的干燥特性。

在干燥实验中记录每一个时间间隔内物料质量的变化及物料的表面温度，直到湿物料的质量恒定。这时物料中含水量为该条件下的平衡含水量。根据实验数据绘出物料含水量与物料表面温度、干燥时间的关系曲线，如图 5-15 所示，此曲线称为干燥曲线。

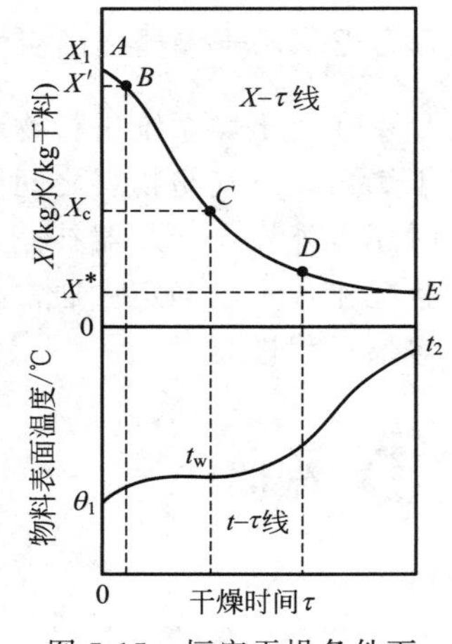

图 5-15 恒定干燥条件下物料的干燥曲线

5.3.3.2 干燥速率曲线

物料的干燥速率即水分的汽化速率，可用单位时间内在单位干燥面积上汽化的水分质量表示，其表达式为：

$$j=\frac{\mathrm{d}m_w}{F\mathrm{d}\tau}=-\frac{m_0\mathrm{d}X}{F\mathrm{d}\tau}[\mathrm{kg/(m^2\cdot s)}] \tag{5-48}$$

式中 F——干燥面积，m^2；

X——物料干基含水量，kg 水/kg 干料。

式中的负号表示物料的含水量随着干燥时间 τ 的延长而减少。

根据干燥曲线可求出斜率$\frac{\mathrm{d}X}{\mathrm{d}\tau}$，代入式(5-48) 计算出物料的干燥速率，可绘出图 5-16 所示的干燥速率曲线。从图中可以看出，整个干燥过程可分为预热阶段（$A\rightarrow B$）、恒速干燥（$B\rightarrow C$）和降速干燥（$C\rightarrow D\rightarrow E$）三个阶段。通常预热阶段时间很短，可以忽略不计。每个干燥阶段都有各自的特点。

(1) 恒速干燥阶段

此阶段的干燥速率如图 5-16 中 BC 所示。在这一阶段，物料内部的水分能及时扩散到表面，物料整个表面都有充分的非结合水。由于非结合水与物料的结合力极弱，空气传递给物料的热量全部用于蒸发水分，空气与物料间的传热速率等于物料表面水分的汽化速率对应的吸热速率，故物料的表面温度保持不变，即为该空气状态下的湿球温度 t_w。

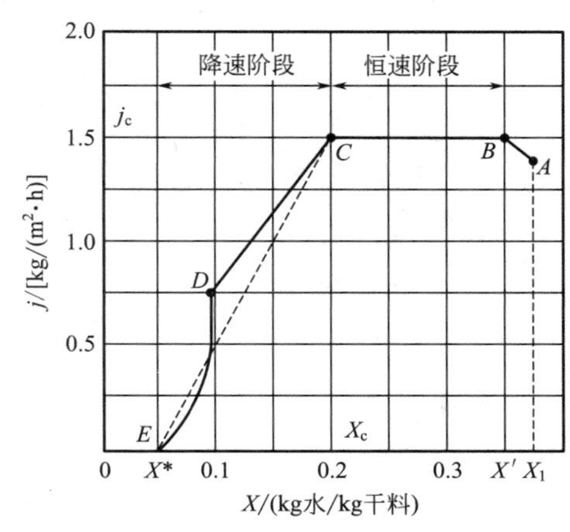

图 5-16 恒定干燥条件下的干燥速率曲线

对流传热速率

$$q=h(t-t_w)=\frac{dm_w}{F d\tau}\gamma_w=j\gamma_w \tag{5-49}$$

传质速率

$$j=k_d(d_w-d) \tag{5-50}$$

式中 γ_w——水在湿球温度下的汽化潜热，J/kg；

h——物料与空气间的对流换热系数，W/(m^2·℃)；

k_d——以含湿量差值为推动力的传质系数，$k_d=k_c\rho$，kg/(m^2·s)；

F——湿物料与空气接触的表面积，m^2。

由式(5-49) 有：$j=\frac{q}{\gamma_w}=h(t-t_w)$

将上式代入式(5-50) 中，可得恒速干燥阶段的干燥速率

$$j=k_d(d_w-d)=\frac{h}{\gamma_w}(t-t_w) \tag{5-51}$$

对恒定干燥条件，h 和 k_d 保持不变，且 (d_w-d) 和 $(t-t_w)$ 亦为定值，由式(5-51) 可知，此阶段干燥速率保持恒定，干燥速率不随物料的含水量改变而变化，故称为恒速干燥阶段。由此不难看出，只要物料表面全部被非结合水所覆盖，干燥速率必为定值。

在恒速干燥阶段，物料内部水分向表面的扩散速率（内扩散速率）等于或大于物料表面水分的汽化速率（外扩散速率），物料表面始终维持湿润状态。此阶段汽化的水分为非结合水分，干燥速率由物料表面的水分汽化速率所控制，所以恒速干燥阶段又称为表面汽化控制阶段，即外扩散控制阶段，干燥速率取决于干燥条件。

(2) 降速干燥阶段

图 5-16 中 CDE 段中，干燥速率随物料含水量的减小而降低，此阶段称为降速干燥阶段。

在降速干燥阶段，物料内部水分向表面扩散的速率已小于物料表面水分的汽化速率，物料表面不能再保持完全湿润而形成部分"干区"[见图 5-17(a)]，实际汽化面积减小，以物料全部外表面计算的干燥速率下降。如图 5-16 中的 CD 段称为第一降速阶段。

图 5-16 中的 DE 段称为第二降速干燥阶段。当物料外表面全部成为"干区"后 [见图 5-17(b)]，水分的汽化面由物料表面移向内部，使传热和传质路径加长，造成干燥速率下降。同时，当到达 D 点时，物料中的非结合水已经全部除尽，进一步汽化的是平衡蒸气压较小的各种结合水，传质推动力减小，干燥速率降低。当到达 E 点时，物料的含水量与

空气达到平衡，物料含水量为平衡含水量 X^*，物料的干燥即行停止［见图 5-17(c)］。

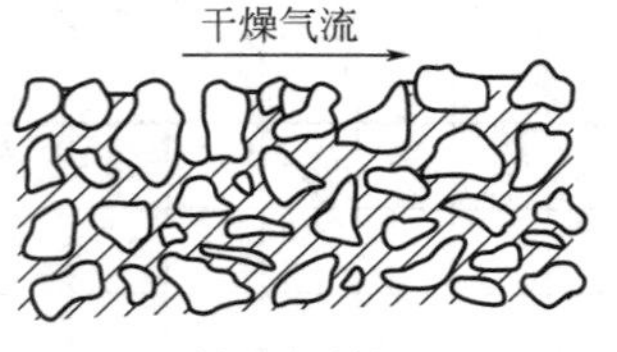

(a)第一降速阶段

(b)第二降速阶段

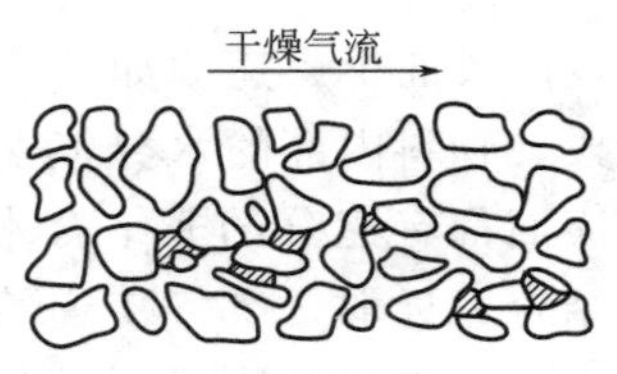

(c)干燥终了

图 5-17　水分在多孔物料中的分布

降速干燥阶段，干燥速率主要取决于物料内部水的扩散速率，与物料本身的结构、形状和尺寸等因素有关，受外部干燥介质的条件影响较小，这一阶段又称为内部迁移控制阶段，即内扩散控制阶段。在这一阶段物料中水分迁移的形式可以呈液态也可呈气态，水分多时主要是以液态形式扩散，水分少时主要是以气态形式扩散。

（3）临界含水量

恒速干燥阶段与降速干燥阶段的分界点称为临界点（图 5-16 中的 C 点），相应的物料平均含水量为临界含水量（X_c）。临界含水量越大，降速干燥阶段开始越早，完成相同干燥任务所需干燥时间越长。临界含水量不仅与物料的性质、物料的厚度有关，也受恒速阶段干燥速率的影响。通常，吸水性物料的临界含水量比非吸水性物料的大；物料越厚，临界含水量越大；恒速阶段的干燥速率越大，临界含水量越大。到达临界点后继续干燥，只是增加制品内部的孔隙，制品表面只有微小的收缩。此时可适当地采取加快干燥速率的措施。

5.3.3.3　影响干燥速率的因素

（1）恒速干燥阶段

恒速干燥阶段属于外扩散控制阶段，此时影响干燥速率的主要因素有：

① 空气流速　在绝热条件下，当空气流动方向与物料表面平行时，如空气的质量流量 $G=0.68\sim8.14\mathrm{kg/(m^2\cdot s)}$，空气平均温度 $t=45\sim150℃$，则干燥速率 $j\propto G^{0.8}$；当空气垂直穿过物料颗粒堆积层时，则干燥速率 $j\propto G^{0.49\sim0.59}$。

② 空气中的湿含量　若空气温度不变，空气的含湿量降低，传质推动力（d_w-d）将增大，干燥速率增加。

③ 空气温度　若空气含湿量不变，提高空气的温度，空气的湿球温度也将增加，但与干球温度相比，湿球温度增加的幅度很小，（$t-t_w$）增大，所以干燥速率仍有增加。

④ 空气与物料接触方式　当物料颗粒悬浮分散在气流中，物料与空气的接触面积加大，且传热系数（h）和传质系数（k_c）大，这时物料的干燥速率较大。当气流掠过物料层表面时，空气与物料接触面积小，干燥速率较低。当气流垂直穿过物料时，干燥速率介于两者之间。

（2）降速干燥阶段

降速干燥阶段的特点是物料中只含有结合水分，干燥速率取决于物料内部水分的扩散，而与干燥介质的条件关系不大。

水分在物料内部扩散的机制主要有液体扩散理论和毛细管理论。

① 液体扩散理论　物料内部的水分不均匀，形成了浓度梯度，水分在浓度梯度作用下

依靠扩散而运动。非多孔性湿物料的降速干燥阶段符合扩散理论。

② 毛细管理论　由于固体颗粒间存在空隙而形成截面大小不同且相互沟通的孔道，孔道在物料表面上有大小不同的开口。当干燥进入降速阶段后，表面上每个开口形成凹型液面，由于表面张力作用而产生毛细管力。对于颗粒或纤维组成的多孔性物料，水分的移动主要依靠毛细管作用。

大多数固体物料的干燥介于多孔性和非多孔性物料之间，在降速阶段的前期，水分的移动靠毛细管作用力，而在后期，水分移动是以扩散方式进行的。

在非等温度条件下，物料内部存在温度梯度，内部水分将由于热扩散而产生传递，这种现象称为热湿传导。

在干燥过程中，当物料温度高于所对应的饱和温度时，物料内部产生的过剩蒸气压形成不松弛的压力梯度，在该压力梯度作用下升温时水分由表及里移动，冷却时则相反。当物料内部温度达到60～100℃或更高温度时，过剩蒸气压差是水分迁移的基本因素，这时不仅有气态水分子的迁移，还有液态水沿毛细管的迁移。一般情况下，物料中水分在压力梯度作用下产生质量扩散通量 j_{Ap}。

当热扩散方向与质扩散方向一致时，由温差引起质量扩散通量 j_{At}。在物料内部浓度梯度产生的传质为 j_{Aw}。物料的干燥速率为热湿扩散中各种传递过程的耦合，即 $\vec{j}_{A}=\vec{j}_{Aw}+\vec{j}_{At}+\vec{j}_{Ap}$。

湿扩散速率与制品厚度成反比，减少厚度可提高干燥速率。在制品尺寸不能改变的情况下，双面加热与单面加热相比，平板表面的水分浓度降低，更有利于提高干燥速率。

热湿扩散中水分扩散不仅与加热强度有关，而且还与加热方式有关。若物料内部毛细管两端温度为 t_1 和 t_2，且 $t_1>t_2$，相应温度下水的表面张力 $\sigma_1<\sigma_2$，毛细管内的水分由高温端向低温端移动。增加物料内部的温度差有利于提高干燥速率。采用外部加热方式时，物料表面温度高于内部温度，热扩散方向与质扩散方向相反；采用内热源加热方式时，热扩散方向与质扩散方向相同，这有利于干燥速率的提高。

当物料被强烈加热时，随温度增加物料内部容易产生过剩蒸气压而使水分或水蒸气迁移。当物料温度较低时，物料内部的压力梯度很小，可忽略其产生的影响。

5.3.3.4 干燥时间计算

恒定干燥条件下，物料干燥所需要的时间由恒速干燥时间和降速干燥时间两部分组成。

(1) 恒速干燥时间

恒速干燥阶段需要的时间是物料从初始含水量干燥到临界含水量所需的时间。根据干燥速率的定义式(5-48)，有

$$\int_0^{\tau_1}\mathrm{d}\tau=-\frac{m_0}{F}\int_{X_1}^{X_c}\frac{\mathrm{d}X}{j_A} \tag{5-52}$$

对恒速干燥阶段，干燥速率 j_A 为一定值，恒速干燥的干燥时间为

$$\tau_1=\frac{m_0}{F}\times\frac{X_1-X_c}{j_A} \tag{5-53}$$

（2）降速干燥时间

当物料的含水量减少到临界含水量时，降速干燥阶段开始。同样对式(5-48）积分，物料从临界含水量（X_c）减少到（X_2）所需要的时间 τ_2 为

$$\int_0^{\tau_2} \mathrm{d}\tau = -\frac{m_0}{F}\int_{X_c}^{X_2} \frac{\mathrm{d}X}{j_A} \tag{5-54}$$

$$\tau_2 = \frac{m_0}{F}\int_{X_c}^{X_2} \frac{\mathrm{d}X}{j_A} \tag{5-55}$$

在降速干燥阶段，干燥速率随物料含水量减少而降低，干燥速率不是常数，不能够直接通过积分得到干燥时间。通常可用图解积分法或近似计算法求取。

① 图解积分法　当物料在降速干燥阶段的干燥速率与含水量呈非线性变化时，一般采用图解积分法求解 τ_2。由干燥速率曲线得到不同 X 所对应的 j_A 值，以 X 为横坐标，$1/j_A$ 为纵坐标，在直角坐标中绘出 X-$\frac{1}{j_A}$曲线，$X=X_2$ 与 $X=X_c$ 之间曲线下所包围的面积为积分项 $\int_{X_2}^{X_c} \frac{\mathrm{d}X}{j_A}$ 的值。如图 5-18 所示。

② 近似计算法　如果物料在降速干燥阶段的干燥速率与含水量的变化关系可近似作为线性关系处理，如图 5-19 中，用临界点 C 与平衡点 E 的连线 CE 近似替代降速干燥阶段的干燥曲线，则降速干燥的干燥速率可写成

$$j_A = K_X(X_c - X^*) \tag{5-56}$$

式中，比例系数 K_X 即 CE 线的斜率，可由物料的临界含水量和恒速干燥速率求取。

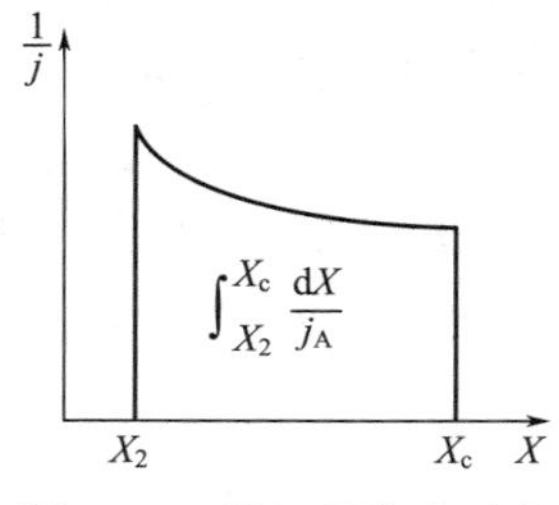

图 5-18　图解积分法示意

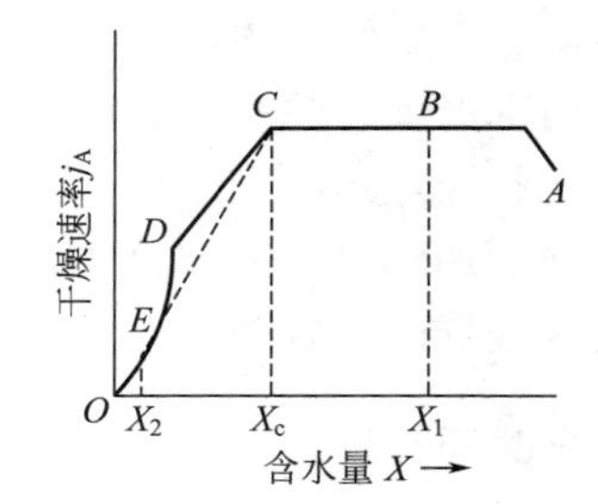

图 5-19　将降速干燥速率曲线处理为直线

将上式代入式(5-55）中，积分可得到降速干燥阶段的干燥时间

$$\tau_2 = \frac{m_0}{F}\int_{X_2}^{X_c} \frac{\mathrm{d}X}{K_X(X-X^*)} = \frac{m_0}{FK_X}\ln\frac{X_c - X^*}{X_2 - X^*} = \frac{m_0(X-X^*)}{Fj_A}\ln\frac{X_c - X^*}{X_2 - X^*} \tag{5-57}$$

在缺乏平衡水分数据时，可近似将平衡水分设为 0，此时降速度干燥时间为

$$\tau_2 = \frac{m_0 X_c}{Fj_A}\ln\frac{X_c}{X_2} \tag{5-58}$$

因此，物料在整个干燥过程中所需要的总的干燥时间 τ 为

$$\tau = \tau_1 + \tau_2 \tag{5-59}$$

【例 5-7】 已知物料在恒定空气条件下含水量从 0.10kg/kg 干料干燥至 0.04kg/kg 干料共需要 5h。如果将此物料继续干燥到含水量为 0.01kg/kg 干料还需多少时间？

已知此干燥条件下物料的临界含水量 $X_c=0.08$kg/kg 干料，降速干燥阶段的干燥曲线近似作为通过原点的直线处理。

解 (1) 由于 $X_1>X_c>X_2$，物料含水量从 X_1 下降到 X_2 经历等速干燥和降速干燥两个阶段

$$\tau_1=\frac{m_0}{F}\times\frac{X_1-X_c}{j_A}$$

$$\tau_2=\frac{m_0X_c}{Fj_A}\ln\frac{X_c}{X_2}$$

$$\frac{\tau_1}{\tau_2}=\frac{X_1-X_c}{X_c\ln\dfrac{X_c}{X_2}}=\frac{0.1-0.08}{0.08\times\ln\dfrac{0.08}{0.04}}=0.361$$

已知 $$\tau=\tau_1+\tau_2=5(\text{h})$$

解得 $$\tau_1=1.33\text{h};\ \tau_2=3.67\text{h}$$

(2) 继续干燥所需要的时间。

设物料从临界含水量 X_c，干燥 $X_3=0.01$kg/kg 干料至所需时间为 τ_3，则

$$\frac{\tau_3}{\tau_2}=\frac{\ln\dfrac{X_c}{X_3}}{\ln\dfrac{X_c}{X_3}}=\frac{\ln\dfrac{0.08}{0.01}}{\ln\dfrac{0.08}{0.04}}=3$$

$$\tau_3=3\tau_2$$

继续干燥所需要的时间 $\tau_3-\tau_2=2\tau_2=2\times3.67=7.34(\text{h})$

5.4 干燥技术

5.4.1 干燥设备的分类和基本要求

实现物料干燥的方法主要有两大类：自然干燥和人工干燥。自然干燥是将湿物料堆置于露天或室内的地上，借助风吹和日晒的自然条件使物料得以干燥。其特点是操作简便，不消耗动力和燃料，但是干燥速度慢，产量低，劳动强度高，受气候条件的影响大。人工干燥是指将湿物料放在干燥器中，通过加热使物料中的水分蒸发而得以干燥。其特点是干燥速度快，产量大，工艺过程中便于实现机械化、自动化。

工业上应用的干燥器类型很多，可根据不同的干燥对干燥器进行分类。

① 按干燥器的操作压力　常压和真空干燥器。

② 按干燥器的操作方式　间歇式和连续式干燥器。

③ 按加热方式　对流干燥器、传导干燥器、辐射干燥器和介电干燥器。

④ 按干燥器的结构　厢式干燥器、喷雾干燥器、流化床干燥器、气流干燥器和转筒式干燥器等。

由于被干燥物料的形状和性质不相同，所采用的干燥方法和设备也会不同，通常对干燥器有下列基本要求：

① 产品质量要求　能够达到所要求的干燥程度，干燥质量均匀等。

② 生产能力　干燥速率快，缩短干燥时间。

③ 干燥系统的热效率高　系统的热耗低，干燥过程经济性好。干燥设备利于气固接触。

④ 干燥系统的流动阻力小　降低输送设备所需能量。

⑤ 操作控制方便　附属设备简单等。

根据加热方式不同，人工干燥的加热方式分为外热源法和内热源法。外热源法是从物料表面开始加热，物料的受热由表及内，水分由内而外迁移至表面，蒸发干燥。外热源法的加热方式主要有传导、对流、辐射及对流-辐射加热等。内热源法就是将湿物料放在高频交变的电磁场中或微波场中，在外场作用下物料内部发热，水分蒸发得以干燥。其显著特点是水分蒸发的浓度梯度与温度梯度方向一致。

下面从不同加热方式分别介绍工业上常见的一些干燥技术和设备。

5.4.2　对流干燥

对流干燥是在热干燥中应用最广泛的一种干燥技术。干燥介质是热气体，包括空气、烟气、过热蒸汽等。干燥过程是靠热气体与物料表面的对流换热，向物料提供热量使物料内部的水分蒸发，并通过介质的宏观对流运动将物料表面的水分带走。热气体既是放热介质也是吸湿介质。这种干燥方法适用于各种形状、特性的物料。影响对流干燥的因素众多，主要有热气体的状态参数和被干燥物料的尺寸、形状及特性。

对于粒状物料，则随物料层厚度的增加，干燥速度迅速降低。在对流干燥中，按物料颗粒是否流动分为固定床对流干燥和流化床对流干燥两类。颗粒状物料进行对流干燥时可以采用悬浮态干燥（也称流态化或沸腾床干燥）、振动流态化干燥、气流干燥以及喷雾干燥等技术。块状物料的干燥可以采用厢式或洞道式干燥器。

5.4.2.1　厢式干燥器

厢式干燥器是一种间歇式干燥设备。物料放置于厢内支架上，经过预热器 1 加热的空气进入干燥器后，进入支架底层干燥物料；再经预热器 2 加热后送入支架中间干燥物料，最后经预热器 3 加热后送入支架上层干燥物料，直至废气排出。这种加热方式称为多级加热式，厢式干燥器也可以采用单级加热式。厢式干燥器属于固定床干燥方式。

厢式干燥器结构简单，对各种物料适应性强，适用于小批量多品种物料的干燥。其缺点是物料得不到分散，干燥时间长。

5.4.2.2　洞道式干燥

如图 5-20 所示为洞道式干燥器，干燥器为一长通道，盛有物料的小车在轨道上运行，空气连续地在洞道内被加热并流过物料，小车不断向前移动。空气流动方向与物料移动是逆向流动。洞道干燥器适用于体积大、干燥时间长的物料。

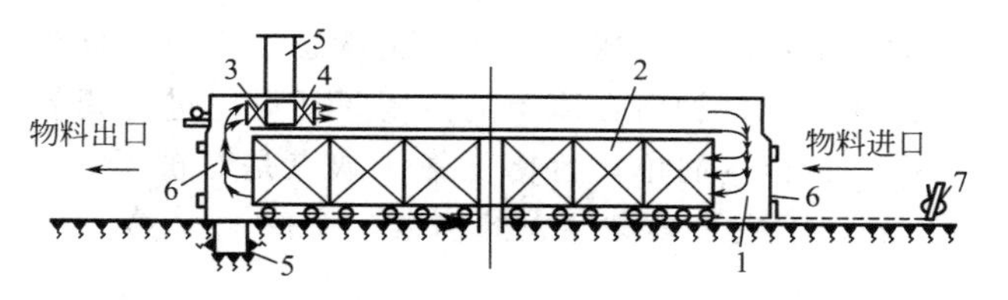

图 5-20 洞道式干燥器

1—洞道；2—运输车；3—送风机；4—空气预热器；5—废气出口；6—封闭门；7—推送运输车的绞车

5.4.2.3 气流干燥

气流干燥的流程如图 5-21 所示。湿物料预热到一定温度后送入干燥管，在干燥管中受气流冲击的粉粒分散于气流中成悬浮态。粉粒被气流向上输送过程中迅速分散并悬浮在空气中，由于干燥介质温度高于物料温度，因此气固两相之间产生强烈的传热和传质，物料被逐渐干燥。

气流干燥的优点是干燥强度大，传热和传质系数高，干燥时间短，热利用率高。但是气流阻力和动力消耗较大，物料对干燥器壁的磨损较大。气流干燥器适用于处理含非结合水及结块不严重又不怕磨损的粒状物料，尤其适宜干燥热敏性物料或临界水分低的细粒或粉末物料。

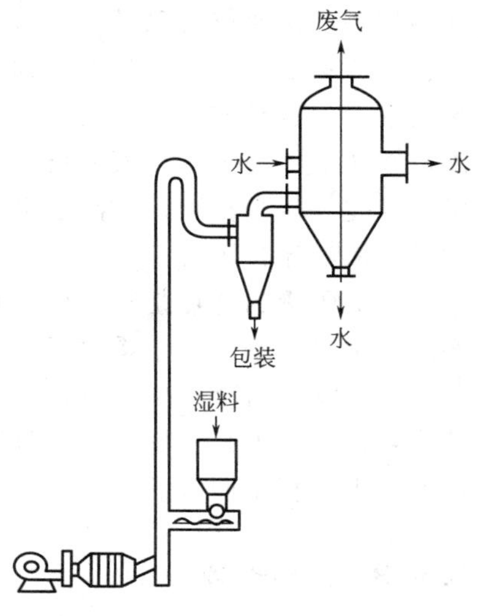

图 5-21 气流干燥流程

5.4.2.4 流化床干燥

流化床是流态化原理在干燥中的应用。图 5-22 是多层流化床干燥器的流程图。热气体通过多孔布风板与被干燥的粒状物料相接触，当空气速度保持在临界流化速度和颗粒终端速度之间时，固体颗粒就形成流态化，相应的设备称为流化床。在流化床中，颗粒在热气流中上下翻滚，互相碰撞，类似液体的沸腾现象，热气流与物料间进行剧烈传热与传质，湿物料被快速干燥。图 5-23 为卧式流化床干燥器的流程图，内部用挡板分隔成多室，物料依次流经各室进行干燥。

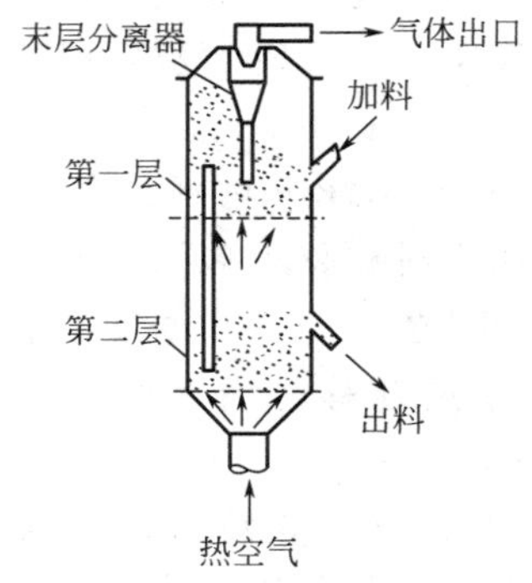

图 5-22 多层流化床干燥

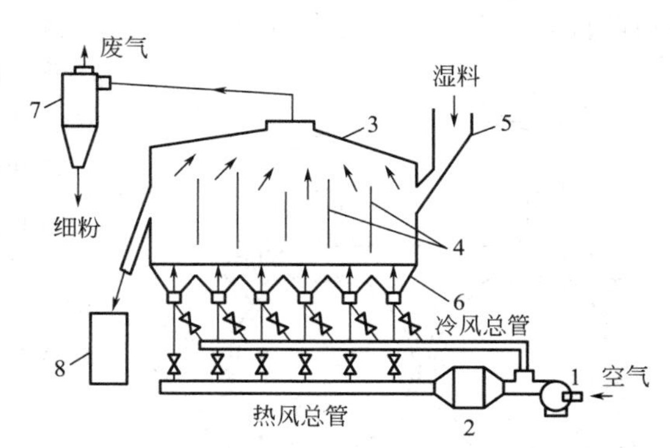

图 5-23 卧式多室流化床干燥器

1—风机；2—预热器；3—干燥室；4—挡板；5—料斗；6—多孔板；7—旋风分离器；8—干料桶

流化床干燥的主要优点是颗粒与干燥介质在沸腾状态下充分混合与分散，气固接触面积大，干燥速度大，干燥程度均匀；物料在床层的停留时间可以进行调节，对难干燥或干燥产品湿含量低的物料特别适用；结构简单，价格低廉。缺点是对被干燥物料的颗粒度有要求，一般粒度范围是 30～60μm，不宜干燥黏性大的物料。

5.4.2.5 喷雾干燥

喷雾干燥的原理是将料液喷散成细雾状使其分散在热气体中，液滴均匀分散在热气体并互相接触，快速进行热量和质量的传递，其中水分迅速蒸发，从而使物料得到干燥，成为微粒或细粉。这种方法一般适用于液体、悬浮液以及浆状液体的干燥。液体物料的雾化方法有机械雾化（压力雾化）、介质雾化。图 5-24 为喷雾干燥的流程示意图。

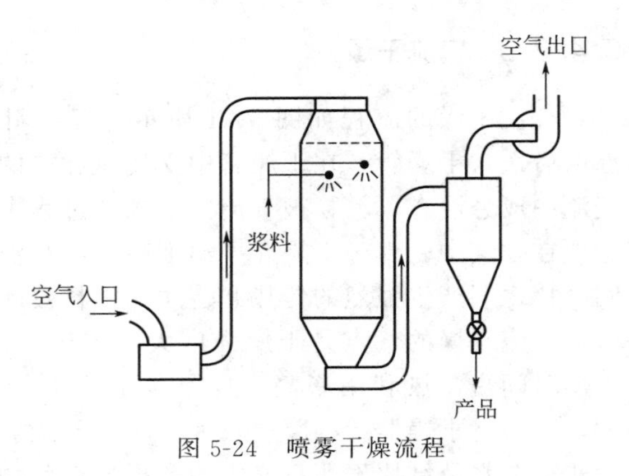

图 5-24　喷雾干燥流程

喷雾干燥的优点是料液可以直接得到粉粒产品；干燥面积大，干燥过程极快，一般仅需 3～10s，物料温度升高有限，特别适用于热敏性物料。其缺点是干燥过程热效率低，设备占地面积大，粉尘回收麻烦。

5.4.3 传导干燥

传导干燥一般是将湿物料与热表面直接接触来实现干燥的。湿物料与加热表面之间的热量传递依靠热传导的方式。当加热表面温度较低时，水分蒸发主要发生在物料表面；当加热表面温度较高时，热流深入到物料内部使物料内部的水分蒸发，而水的汽化速度高于蒸汽的迁移速度，由此产生压差，在此压差的作用下蒸汽向外逸出。传导干燥包括滚筒干燥、冷冻干燥和真空耙式干燥等，它适用于薄片、纤维、膏状物料的干燥。

对薄物料，恒速干燥阶段较短，而降速干燥阶段又可分为两个阶段，在第一降速干燥阶段内水分向表面的迁移是借助于毛细管力的作用，但容易形成干的外皮而堵塞毛细管腔；第二降速阶段，水分迁移则是依靠在物料内部汽化后再向表面的扩散，水分迁移的内阻力大大降低。因此，第二降速干燥阶段的蒸发层的迁移速度高于第一降速阶段。

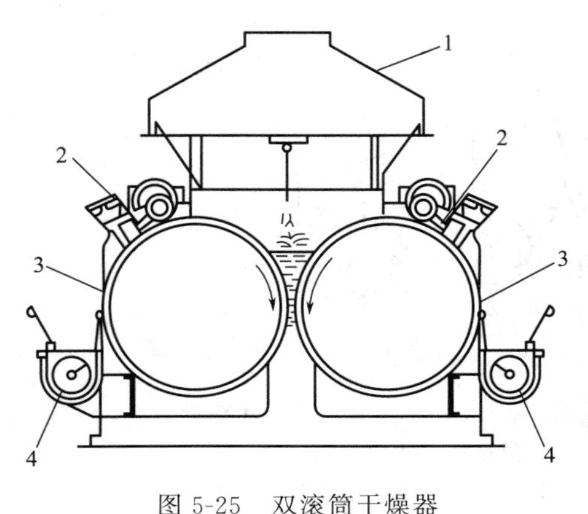

图 5-25　双滚筒干燥器

1—排气罩；2—刮刀；3—滚筒；4—螺旋输送器

这种现象不仅出现在纤维物料的传导干燥中，而且在毛细多孔物料和胶质多孔物料中也存在。对于毛细多孔物料在 $t \geqslant 100$℃温度下的传导干燥，物料内蒸汽渗透迁移是由过剩蒸气压差产生。

图 5-25 为典型的传导干燥设备滚筒式干燥器。旋转的滚筒壁面被内部蒸汽加热，从料槽中出来的薄层料浆被热筒壁加热干燥，物料中汽化的水分由排气管排出。滚筒转动使得被干燥的物料由筒壁上的刮刀刮下，经螺旋输送机送出。滚

筒干燥器传热面积小，干燥后产品的含水量较高（一般为3%～10%），适用于干燥小批量的液状、泥状和浆状物料。

5.4.4 辐射干燥

辐射干燥是以辐射的方式传热给物料使其干燥。辐射干燥中，通常利用的是热辐射，因此辐射干燥经常又称为热辐射干燥。根据辐射能的波长范围不同，主要有红外线干燥和可见光干燥。

红外线干燥原理是基于物体对热射线的吸收具有选择性。水是非对称的极性分子，对电磁辐射的固有吸收频率大部分在红外波段（0.7～1000μm）内，只要入射的红外线频率与被干燥物体的固有吸收频率一致时，物体就会吸收红外线使分子产生强烈共振并转变为热能，从而使物料温度升高，水分蒸发而得到干燥。一般把0.72～5.6μm波段的热射线称为近红外线；5.6～1000μm波段的热射线称为远红外线。

热辐射干燥过程与辐射源及物料的辐射或光学特性有关。研究结果表明，干燥用热辐射源的波长以0.4～15μm为宜。对于大毛细多孔胶体物料，在辐射波长较短（$\lambda=0.4\sim1.4\mu m$）时，随物料含水量的降低，辐射透射能力减弱；当辐射波长较长（$\lambda=1.4\sim15\mu m$）时，随物料含水量的降低，透射能力增加。水、非金属材料及有机高分子材料在远红外波段具有强烈的吸收能力，对于远红外线的吸收率比近红外线的吸收率要高，且穿透深度亦较深。

由于物料吸收红外线是在表面进行的，物体表面温度高于内部温度，传热方向与传质方向相反，对于热敏性物料会降低干燥的最大安全干燥速度。此外，当物体表面被干燥后，红外线要穿透干燥的物料表层深入物料内部比较困难。因此，红外线干燥主要适用于薄型制品。

红外线干燥器的结构特点与厢式干燥器相似。间歇式的红外线干燥器可随时开闭辐射源；也可制成连续的隧道式干燥器，用运输带连续地移动被干燥物料。远红外辐射元件可制成板状、管状、灯状或一些特殊形状。当辐射面的温度在400～500℃时，辐射效果最好；辐射元件的布置原则是应使被干燥物体能够较好地接受辐射。干燥器内要注意排湿，以免水蒸气吸收红外线而降低辐射强度。

在实际应用中，是否采用红外辐射干燥方法应根据被干燥物料特性及相应的技术经济指标来确定。

5.4.5 场干燥技术

5.4.5.1 高频电场干燥

高频电场干燥是通过向物料施加高频交变电场，利用物料的电阻发热。干燥时，物料放于高频电极平板之间，电磁波的高频振荡，使物料中的极性分子（如水等）和极性基团快速振动，由于分子热运动和分子之间的相互作用，极性分子随外加电场改变而产生的摆动受到阻碍，产生类似摩擦的作用而发热。物料的介电常数（ε）和损耗角正切值（$\tan\delta$）愈大，产生的热量愈多。水的ε和$\tan\delta$值都较大，因而，湿物料在高频电场中容易被干燥。

一般将高频电场的频率在$3\times10^2\sim3\times10^5$MHz范围内的称为微波干燥，将高频电场的频率低于300MHz的称为高频干燥。20世纪70年代以后，超高频电磁场加热得到发展，它应用于升华干燥，使干燥时间大大缩短。

在高频电场中，热量在物料内部产生，温度梯度的方向指向物料中心，水分浓度梯度方向是指向物料中心的高浓度区，此时，传热方向与传质的方向相同，有利于两者的相互促进与强化，提高制品干燥的最大安全干燥速率。高频电场的频率比红外线的频率高，电磁波的穿透深度则更深一些，而且，采用高频电场干燥，制品不易开裂和变形，可用于干燥形状复杂的大型制品。

纯粹用高频电场进行干燥运转成本很高，但在降速干燥阶段，当水分很难用对流干燥和传导传热除去时，高频电场干燥可以作为辅助手段提高干燥速率。

5.4.5.2 工频干燥

工频干燥的原理是将被干燥的制品作为电阻并联在工频（50Hz）电路中，用焦耳效应产生的热量使其中的水分蒸发而被干燥。通常是将电极粘贴在制品的两端，并通以电流。干燥过程中，整个制品同时被加热，由于表面上的水分蒸发和热量消耗，使制品表面的水分浓度和温度均低于制品中心，热量传递的方向与质量传递的方向一致，从而提高了制品的最大安全干燥速度。在工频电干燥中，随着制品中水分的蒸发，导电性能降低，电流减小，因此，需随着干燥过程的进行，逐渐增大电压，以使电流保持不变。工频电干燥的优点是干燥速度快，可用于大型制品的干燥；方法简便，干燥均匀性好；单位产品热耗少，但在干燥形状复杂的大型制品时，安装电极较困难。

5.4.5.3 声波场干燥

以适当频率的声波撞击物料，物料内部产生振动，使一部分结合水与物料分离。同时声波所传播的能量被物料吸收而产生热量，使物料中水分移动和蒸发后排出，达到干燥的目的。声波（包括超声波）场干燥中，水分既以液态也以气态的形式脱离物料。

研究结果表明，声波对传质有明显的强化作用。声波波长、频率的选择应根据物料的形状、尺寸、结构及性质来决定。一般来说，在低频率（0.5～6.0kHz）、高声能密度（＞160dB）下效果较好，对粗大物料效果尤其明显。

上述各种干燥方法各具特色，如将各种干燥方法加以适当的组合，综合各种方法的长处，则使干燥工艺过程更趋合理、经济、高效。

英国Drimax带式快速干燥器采用带式运输，红外干燥与热风对流干燥交替进行，如图5-26所示。用红外辐射使物料内部水分的温度迅速提高，加快内扩散速度，然后改用热风喷吹，加速外扩散，使制品的湿含量梯度增大，再进入第二循环进行红外辐射与热风喷吹的交替干燥，直至达到临界水分点，再采用热风喷吹。

将高频电场加热与热辐射、对流干燥结合起来或是将对流干燥与红外线干燥相结合的组合干燥方法也具有良好的发展前景。各种干燥方法和技术的依据不仅是干燥理论，而且涉及众多的学科与技术领域，但其实质是物料内外的热量、质量和动量传递过程的规律。

近些年来，国际上涌现出一系列新型的干燥技术。作为代表的有：脉冲燃烧干燥、对撞流干燥、冲击穿透干燥、超临界流体干燥、过热蒸汽干燥、接触吸附干燥等。这些新技术相对传统干燥技术在机理上有一定的突破，但在工业化应用方面仍有待于完善。

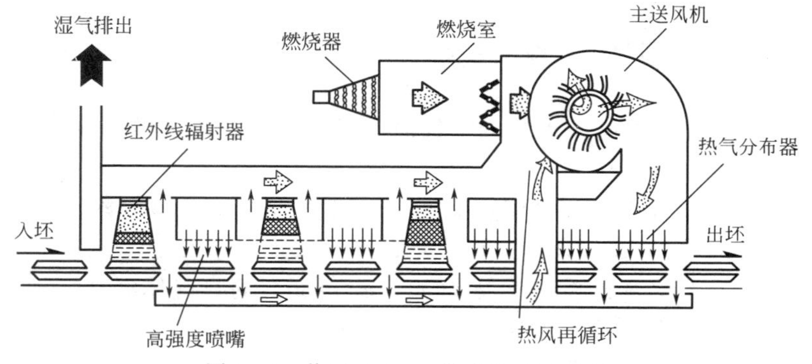

图 5-26　英国 Drimax 带式快速干燥器

练习题

1. 空气预热后，空气的温度升高的同时，其相对湿度会________。

(a) 降低；(b) 升高；(c) 不变化；(d) 不确定

2. 当 $\phi<10\%$时，比较 t、t_w、t_d 的大小：________。

(a) $t>t_w=t_d$；(b) $t>t_w>t_d$；(c) $t=t_w=t_d$；(d) $t>t_d>t_w$

3. 90℃空气的绝对湿度为 $0.25kg/m^3$，已知 90℃时饱和空气的密度为 $0.423kg/m^3$，该空气的相对湿度为：________。

4. 若空气中水蒸气分压为 18944Pa，饱和水蒸气分压为 0.047359MPa，则空气的相对湿度为________。

5. ________大小直接反映了空气作为干燥介质时所具有的干燥能力。

(a) 绝对湿度；(b) 相对湿度；(c) 含水量；(d) 湿含量

6. 某干燥设备每小时干燥物料 10000kg/h，物料初始湿基水分为 20%，干燥后物料水分 1%，每小时水分蒸发量为________ kg/h。

7. 等速干燥过程的干燥速率主要取决于：

(a) 干燥介质的性质；(b) 物料的性质；(c) 空气的温度；(d) 干燥的方式

8. 干燥介质进入干燥器时的含湿量为 0.03kg（水）/kg（干空气），干燥后干燥介质的含湿量为 0.263kg（水）/kg（干空气），蒸发 1kg 水需要的干燥介质用量为________ kg（气）/kg（水）。

9. 夏天在装有冰水的玻璃瓶外表面总是有“露水”，怎么解释这种现象？

10. 湿空气的 h-d 图包含哪些等值线？各个等值线的变化曲线如何？

习题

参考答案

1. 下列三种空气作为干燥介质，问采用何者干燥推动力最大？何者最小？为什么？

（1）$t=60℃$，$d=0.015kg/kg$ 干空气；　（2）$t=70℃$，$d=0.040kg/kg$ 干空气；

(3) $t=80℃$，$d=0.045$kg/kg 干空气。

2.已知大气压强为 0.1MPa，温度为 30℃，露点温度为 20℃，求空气的相对湿度、含湿量、焓、水蒸气分压。

3.将干球温度 27℃，露点为 22℃的空气加热到 80℃，试求加热前后空气的相对湿度的变化量。

4.总压为 1atm 的湿空气，干球温度为 30℃，相对湿度为 70%，求湿空气的（1）湿含量；（2）饱和湿含量；（3）露点温度；（4）焓；（5）水蒸气分压。

5.将 20℃，$\varphi_1=15\%$的新鲜空气与 50℃，$\varphi_2=80\%$的热气体混合，且 $m_{a1}=50$kg/s，$m_{a2}=20$kg/s，且新鲜空气和废气的比热容相同，求混合后气体的含湿量、焓。如将混合气体加热到 102℃，该气体的相对湿度和焓为多少？

6.某干燥器的湿物料处理量为 120kg/h，要求将湿基水分从 40%减少到 8%。干燥介质为干球温度 20℃，经预热器加热到 80℃后进入干燥器。空气在干燥器内为理想干燥过程，空气离开干燥器的温度 40℃，总压为 101.325kPa。试求每小时（1）水分汽化量；（2）湿空气的消耗量；（3）加热空气需提供的热量。

7.干球温度 20℃，湿球温度为 16℃的空气经预热器加热到 50℃后送入干燥器中总压 100kPa。空气在干燥器中绝热冷却，离开干燥器时的相对湿度为 80%、温度 32℃。求（1）离开干燥器废气的焓。（2）将 100kg 的新鲜干空气预热到 50℃所需要的热量及在干燥器内绝热干燥过程中所吸收的水分。

8.一理想干燥器在总压为 100kPa 下，将湿物料水分由 50%干燥至 1%，湿物料的处理量为 20kg/s。室外大气温度 25℃，湿含量为 0.005kg 水/kg 干空气，经预热后送入干燥器。废气排出温度为 50℃，相对湿度 60%。试求：（1）空气用量；（2）预热温度；（3）干燥器的热效率。

9.用热空气干燥湿物料，新鲜空气的温度为 20℃、湿含量为 0.006kg/(kg 干空气)，为保证干燥产品的质量，要求空气在干燥器内的温度不高于 90℃，为此，空气在预热器中加热到 90℃后送入干燥器，当空气在干燥器内的温度降为 60℃时，再用中间加热器将空气加热到 90℃，空气离开干燥器的温度为 60℃。假设两段干燥过程均为理想干燥过程。（1）在 h-d 图上定性表示空气通过干燥器的整个过程；（2）汽化 1kg 水所需要的新鲜空气。

10.物料在定态空气条件下进行间歇干燥。已知恒速干燥阶段的干燥速率为 1.1kg/(m^2·h)，每批物料的处理量为 1000kg 干料。干燥面积为 55m^2。试估计将物料从 0.15kg 水/kg 干料干燥到 0.005kg 水/kg 干料所需要的时间。

物料的平均含水量为零，临界含水量 0.125kg 水/kg 干物料。作为粗略估计，可设降速阶段的干燥速率与自由含水量成正比。

11.在恒定干燥条件下，将物料由含水量 0.33kg/kg 干料干燥到 0.09kg/kg 干料，需要 7h，若继续干燥至 0.07kg/kg 干料，还需要多少时间？已知物料的临界含水量为 0.16kg/kg 干料，平衡含水量为 0.05kg/kg 干料。设降速阶段的干燥速率与自由含水量成正比。

第6章

燃料及其燃烧

在材料的生产和加工过程中，经常需要消耗大量的热量，例如原料或半产品的干燥、高温烧成等。在材料制备过程中提供足够热量，创造高温环境是保证产品质量的必要条件。工业生产中高温和热量的来源通常由燃料燃烧产生或以电能的形式提供。燃料燃烧是利用燃烧过程将燃料本身的化学能转换为热能，以燃料燃烧获得热量资源丰富，价格低廉。利用电能转换热量则热利用率高，利于参数控制，提高产品质量，但存在资源有限、成本较高等约束。目前大多数材料生产中，工业窑炉的热源获取仍以燃料燃烧为主，且在材料的生产成本中，燃料费用所占比例较大。因此了解各燃料的性质、燃烧过程及特点，在生产过程中合理选用燃料，有效组织并控制燃烧过程，实现优化燃烧，达到材料生产过程的高产、优质和低消耗是十分必要的。

6.1 燃料的种类及其组成

燃料是指在燃烧过程中能够发出大量的热量，并且此热量能够有效地、经济地利用在工业和其他方面的物质。

燃料按物质形态可分为固体燃料、液体燃料和气体燃料。随着新的技术革命，除了传统的化石燃料，核燃料和生物燃料等新能源得到进一步开发应用。在能源消费结构中，目前矿物燃料占主导地位，以燃烧方式提供的矿物燃料所占比例在80%左右。矿物燃料是动植物残骸经过几千万年乃至几亿年的物理化学变化而形成的。不同的燃料不仅形态不同、组成不同，其物理化学性质也有明显差别。因此对固体燃料、液体燃料和气体燃料进行分别介绍。

6.1.1 固体燃料

固体燃料中煤的使用最为普遍，此处主要介绍煤的燃烧。

6.1.1.1 煤的种类

煤是原始植物经过复杂的生物、化学和物理作用等一系列变化而形成的，是由多种复杂的有机物和无机物混合组成的固体燃料，分子结构极其复杂。在不同的地质条件下，由于温度和压力的差异变质作用的程度（煤化程度）不同。随着煤化程度增高，煤中碳含量增加，H和O的含量减少。

由于煤的组成、结构和性质极其复杂，到目前为止还没有一种分类法能概括所有煤种的全部物理化学性质及其各种工业用途。世界各国根据各自煤炭资源情况制定不同的煤炭分类方法，我国煤的分类主要是按照煤的性质和用途进行的。根据《中国煤炭分类》（GB 5751—2009），采用煤化程度参数，主要是根据煤中干燥无灰基挥发分含量（V_{daf}）将煤分为无烟煤

($V_{daf}\leqslant 10\%$)、烟煤($V_{daf}=10\%\sim 37\%$)、褐煤($V_{daf}>37\%$) 3 大类。根据不同煤化程度及不同的用途，每大类中或细分为几个小类。

① 无烟煤　无烟煤是煤化程度最高的煤种，硬度和密度在煤中是最大的。发热量高，挥发分含量低，因其燃烧无烟而得名。挥发分析出温度较高，着火困难，不易燃尽，燃烧时有很短的蓝色火焰，储藏时稳定。根据干燥无灰基挥发分和氢含量，无烟煤可分为 3 个亚类。

② 烟煤　烟煤的煤化程度较无烟煤低，质地松软，密度较大。含碳量较高，发热量高，挥发分含量较高。容易着火，且火焰较长。考虑到煤化程度和工艺性能，根据干燥无灰基挥发分及黏结指数等指标，烟煤可划分为贫煤、贫瘦煤、瘦煤、焦煤、肥煤、1/3 肥煤、气肥煤、气煤、1/2 中黏煤、弱黏煤和长焰煤等 12 个亚类。

③ 褐煤　褐煤是煤中埋藏年代最短、炭化程度最低的一类，颜色大多呈褐色。褐煤的碳含量低，挥发分含量高且析出温度低，易着火。但其水分和灰分含量高，发热量低。褐煤在空气中容易风化，碎裂成小块并易自燃，因此不宜长途运输和长期储藏。采用透光率为指标，褐煤划分为 2 个亚类。

6.1.1.2　煤的组成及表示方法

煤在化学和物理上是非均相的矿物或岩石，由有机物质和无机物质混合组成，主要含有碳、氢和氧，还有少量的硫和氮，其他成分组成无机化合物以矿物质分散颗粒分布在煤中。由于煤中有机分子结构的复杂性和多样性，一些化合物的分子结构至今还不十分清楚。煤中有机物的元素组成，并不能代表煤中的某种化合物，也不能充分确定煤的性质。目前，煤的组成有两种分析方法：一是根据煤中元素分析得到煤的化学元素组成；二是根据煤中某些具有共同热行为的物质含量表示煤的组成。这就是煤的元素分析法和工业分析法。

(1) 元素分析

通过化学元素分析可知，煤是由碳(C)、氢(H)、氧(O)、氮(N)、硫(S) 5 种元素以及部分矿物杂质(灰分，ash)、水分(moisture)所组成。其中碳、氢和部分硫为可燃成分，而氧、氮、灰分、水分和部分硫(硫酸盐)为不可燃成分。

① 碳(C)　碳是煤中有机质的主要组成元素，是最主要的可燃物质。碳以各自碳氢化合物和碳氧化合物的形式存在。煤化程度越高，煤中碳的含量越大。泥煤中碳的质量百分含量 50%～60%，褐煤中碳含量 60%～75%，而在烟煤、无烟煤中碳含量则为 75%～90%，煤化程度最高的无烟煤中碳可高达 90%～98%。纯碳完全燃烧放出的热量为 32860kJ/kg。由于纯碳的着火比较困难，因此含碳量高的煤难以着火和燃尽，但其发热量较高。

② 氢(H)　氢也是煤中重要的可燃物质，氢的发热量最高，其低位发热量可高达 120370kJ/kg，是纯碳的 3.5 倍。煤中的氢有两种存在形式：一种是与碳、硫结合在一起的可燃氢，燃烧时能大量放热；另一种是与氧结合为水，称为化合氢，不能燃烧放热。煤中氢含量随煤的煤化程度增加而减少，正因为如此，变质程度最深的无烟煤，难以着火燃烧且发热量会不如某些优质的烟煤。此外，氢含量高的煤在储存过程中易于风化而失去部分可燃物质，在储存和使用中应加注意。

③ 氧(O)　氧是煤中的不可燃元素。氧会使煤中可燃质中部分元素(碳和氢)氧化，降低煤的发热量。煤的氧含量也随变质程度的加深而减少。泥煤中氧含量达 30%～40%，

褐煤中氧含量为10%～30%，而在烟煤中氧为2%～10%，无烟煤中氧则小于2%。

④ 氮（N） 煤中氮含量较少，一般为0.5%～3.0%，主要来自成煤植物。在煤燃烧时，氮常呈游离状态逸出进入燃烧产物，不产生热量。但在高温下或有催化剂存在时，部分氮会形成NO_x，污染大气。

⑤ 硫（S） 硫是煤中的极为有害的可燃元素。硫在燃烧后生成的SO_x气体会污染大气，给人体健康带来危害。SO_x还会与燃烧产物中的水蒸气结合形成亚硫酸和硫酸蒸气，严重腐蚀燃烧装置的金属表面。在炼铁、炼钢过程中，焦炭中的硫还会影响生铁和钢的质量。我国煤的含硫量一般为0.5%～3%，亦有少数煤超过3%。煤中的硫通常以无机硫、有机硫和单质硫三种类型存在。无机硫多以矿物杂质的形式存在于煤中，分为硫化物硫和硫酸盐硫。有机硫则是直接结合于有机母体中，主要由硫化物、硫醇和二硫化物组成。煤中的有机硫、硫化物硫和单质硫可以燃烧，其发热量为9100kJ/kg。

⑥ 灰分（A） 灰分是指煤中所含有的矿物杂质在燃烧过程中经过高温分解和氧化后生产的固体残留物，是不可燃、不能发热的惰性成分。灰分的来源，一是形成煤的植物本身的矿物质和成煤过程中进入的外来矿物杂质，二是开采运输过程中掺杂进来的灰、沙、土等矿物质。各种煤的灰分量差别较大，一般为5%～50%。当煤的灰分量较高时，不仅会影响煤的发热量，而且还会影响煤的着火与燃烧、设备的传热效率等。因此，煤灰分的高低是评价煤质优劣的重要依据。

⑦ 水分（M） 水分是煤中的不可燃杂质。燃烧过程中，水本身不能放热，而且水在汽化过程中还会消耗大量热量。若水分含量高，不仅会降低煤中可燃物的含量，而且使煤的发热能力降低。水分在煤中以游离水和化合水两种状态存在。游离水包括外在水和内在水。外在水是附着在煤的表面的水分，可用自然干燥的方法去除；而内在水又称固有水，是指吸附在煤内部毛细孔内的水，可用加热方式除去。化合水又称结晶水，这部分水分含量较少，用加热方法不能去除。煤中水分含量取决于煤内部结构和外界条件，一般变质程度高的煤，水分含量少。

（2）工业分析

工业分析组成是根据煤的燃烧过程特点来分析的煤组成。工业分析组成不是煤的原始组成，是在一定条件下，用加热方法将燃料中的各种复杂成分加以分解和转化而得到的成分。工业分析组成包括固定碳（FC）、挥发分（V）、水分（M）和灰分（A）四种成分。工业分析方法与元素分析法相比较是一种在工业上简单易行的方法，是用于实际工业中的煤成分分析的主要项目。根据工业分析组成，可以初步判断煤的种类、性质和用途。《煤的工业方法》（GB/T 212—2008）明确了煤的工业分析的规程。

微课19

煤的工业分析法

① 水分（M） 水分是指煤中的内在水分和固有水分，不包括结晶水。即将一定量空气干燥后的煤样置于105～110℃鼓风干燥箱内，于空气流中干燥至质量恒定时，根据煤样的质量损失计算出水分的质量分数。

② 灰分（A） 灰分是将一定量的分析试验煤样，放入马弗炉中，以一定的速度加热到(815±10)℃，灰化并灼烧到质量恒定，残留物的质量占煤样质量的质量分数。灰分是煤中矿物质的转化产物，主要成分有 SiO_2、Al_2O_3、Fe_2O_3、CaO 和 MgO，此外还有 K_2O、NaO 和 SO_3（硫酸盐形式存在）。灰分含量增加，不仅妨碍氧在煤焦内部的扩散，也会增加灰分中空隙而使氧在煤焦内部扩散面积提高。

③ 挥发分（V） 根据国家标准，挥发分（volatile matter）是将一定量的分析试验煤样，放在带盖的瓷坩埚中，在（900±10)℃下，隔绝空气加热 7min。以减少的质量占煤样质量的质量分数，减去该煤样的水分含量作为煤样的挥发分。煤加热所释放的挥发物成分很复杂，主要是由结晶水、碳氢化合物、碳氧化合物、氢气和焦油蒸气氮挥发性成分、热分解产物构成。煤中挥发分含量影响燃烧时火焰的长度和着火温度。一般来说，煤的挥发分含量越高，着火温度低，火焰长。

④ 固定碳（FC） 从测定煤样挥发分的焦渣中移去灰分后的物质称为固定碳（fix carbon)，即从煤样质量中除去灰分、挥发分和水分含量后的质量为固定碳的含量。固定碳与元素分析中的碳含量是不相同的两个概念。固定碳实际上是煤中有机物在一定加热制度下产生的热解固体产物，不仅含有 C 元素，还有 H、O 和 N 等元素。

（3）煤组成的表示方法

无论是元素分析还是工业分析组成，煤的组成常用各成分所占质量百分数表示。

由于开采、加工、运输、储存乃至气候等条件的不同，同类煤的组成会发生变化，特别是其中的水分及灰分分量。为此，对于煤的不同实际状态，采用不同的计算基准来表示燃料的组成。通常表示煤组成的基准有以下四种。

① 收到基（as received） 指使用单位收到的煤的组成，亦是实际使用的煤的组成。以全部组分的总量为计算基数，各个组分所占有的质量分数为组分的收到基组成，在各组成加下标“ar”表示。

$$C_{ar}+H_{ar}+O_{ar}+N_{ar}+S_{ar}+A_{ar}+M_{ar}=100\% \tag{6-1}$$

收到基在实际使用时方便，但由于受外在条件影响，常出现波动，使其他成分的相对含量发生变化，不便于直接比较。

② 空气干燥基（air dry） 将煤样在 20℃和相对湿度 70%的空气下连续干燥 1h 后，质量变化不超过 0.1%，即认为已达到空气干燥状态。此时煤中水分达到相应的平衡水分，煤中各个组分的质量分数成为空气干燥组成，在各组成加下标“ad”表示。

$$C_{ad}+H_{ad}+O_{ad}+N_{ad}+S_{ad}+A_{ad}+M_{ad}=100\% \tag{6-2}$$

空气干燥基通常作为实验室分析所用煤样的组成，可以消除水分波动对组成的影响。

③ 干燥基（dry） 干燥基是指绝对干燥的煤的组成。干燥基不受煤在开采、运输和贮存过程中水分变动的影响，能比较稳定地反映成批储存煤的真实组成，以各组成加下标“d”表示。

$$C_d+H_d+O_d+N_d+S_d+A_d=100\% \tag{6-3}$$

④ 干燥无灰基（dry ash free） 干燥基排除了水分波动的影响，如果再排除在开采、运输过程中灰分波动的影响，故除去灰分和水分后的煤组成，为干燥无灰基，在各组成加下标

"daf"表示。

$$C_{daf}+H_{daf}+O_{daf}+N_{daf}+S_{daf}=100\% \tag{6-4}$$

干燥无灰基是无水无灰的煤的组成，排除了外界条件的影响，可以较真实地反映燃料的燃烧性能。在煤矿的煤质资料中一般使用干燥无灰基组分表示，以说明煤种及其属性。

一般情况下，煤矿提供的是干燥无灰基组成，实验室给出的是空气干燥基或干燥基组成，而实际使用时则为收到基组成。因此，对于同一种煤，不同基准的组成需根据物质平衡关系进行换算。因系同一煤样，其中所含的各个元素的绝对含量恒定，由此可推导出各基准之间的换算关系。以C元素为例，根据质量守恒定律，1kg空气干燥基去除水分后折合为$(1-M_{ad})$kg干燥基，但其他各个组分的质量并不发生变化，因此

$$1\times C_{ad}=(1-M_{ad})C_d$$

有，

$$C_d=\frac{1}{1-M_{ad}}C_{ad} \tag{6-5}$$

其余基准之间的换算也可按照同样方法推导得出，表6-1中列出了各个基准之间的换算关系。

表6-1　煤组成的各种基准的换算关系

已知基准	所要换算的基准			
	收到基(ar)	空气干燥基(ad)	干燥基(d)	干燥无灰基(daf)
收到基(ar)	1	$\frac{1-M_{ad}}{1-M_{ar}}$	$\frac{1}{1-M_{ar}}$	$\frac{1}{1-M_{ar}-A_{ar}}$
空气干燥基(ad)	$\frac{1-M_{ar}}{1-M_{ad}}$	1	$\frac{1}{1-M_{ad}}$	$\frac{1}{1-M_{ad}-A_{ad}}$
干燥基(d)	$1-M_{ar}$	$1-M_{ad}$	1	$\frac{1}{1-A_d}$
干燥无灰基(daf)	$1-M_{ar}-A_{ar}$	$1-M_{ad}-A_{ad}$	$1-A_d$	1

不同基准的组成换算

【例6-1】 已知煤的工业分析值$C_{ad}=35\%$，$M_{ar}=10\%$，$M_{ad}=8\%$，求C_{ar}。

解　1kg收到基燃料折合成干燥基燃料时，总质量为$(1-M_{ar})$kg，则

$$C_{ar}=(1-M_{ar})C_d$$

1kg空气干燥基燃料折合成$(1-M_{ad})$kg干燥基燃料，有

$$C_{ad}=(1-M_{ad})C_d$$

由此可得

$$C_{ar}=\frac{1-M_{ar}}{1-M_{ad}}C_{ad}=\frac{1-10\%}{1-8\%}\times35\%=34.2\%$$

6.1.2 液体燃料

工业上所使用的液体燃料主要是从石油炼制而得的各种加工产品，此外化学方法从煤、石油和生物质提取的各种人造液体燃料和由煤制成的人工浆体也是液体燃料的重要组成部分。

6.1.2.1 燃油的种类

燃油主要是指从石油中炼制出的各个成品油，其主要种类有汽油、煤油、柴油及重油等。但是汽油、柴油等轻质油也可以从天然气及煤加氢和水煤气合成的方法获得。

采用直接蒸馏法炼制是按石油中各个组分的沸点范围不同分类的。石油在常压下蒸馏，各个组分按其沸点先后馏出，最先馏出的是汽油，然后依次为重汽油、煤油和柴油、润滑油（重柴油）等，剩下的残渣就是直馏重油（渣油）。将直馏重油进行减压蒸馏，其残渣为减压渣油。

裂解法是使分子较大的烃类断裂分解为分子较小的烃类。将直馏重油进行裂化，可得到裂化煤气和裂化汽油等动力燃料，残留下的为裂化重油或裂化渣油。

上述三种渣油统称为重油。工业窑炉中所采用的燃料油，主要为重油。

6.1.2.2 燃油的组成

组成燃油的化合物有碳氢化合物（烃类）和非碳氢化合物（胶状物质等）两大类。碳氢化合物（烃类）包括多种烷烃、烯烃、环烷烃、芳香烃等烃类。非烃化合物中质量含量最大的是胶状物质。胶状物质是高分子有机化合物，不易挥发，绝大部分集中在石油的残渣中。

燃料油的元素组成是碳、氢、氧、氮、硫、灰分、水分 7 种元素。各组成也是用质量百分数表示。碳、氢是燃料油的主要可燃成分，碳含量为 84%～87%，氢含量为 11%～14%。燃料油中所含氧和氮的量一般很小，氧的含量约为 0.1%～1%，氮的含量一般在 0.2%以下，很少超过 0.5%。绝大部分含氧、氮的化合物以胶状沥青状物质的形式存在，所以含胶状沥青物质多的油（如渣油）含氧、氮量也高。

根据含硫量的高低，可将燃料油分为低硫油（$S<0.5\%$）、中硫油（含 $S=0.5\%\sim1\%$）、高硫油（$S>1\%$）。由于燃料油含氢量高，燃烧后生成的大量水蒸气会与烟气中 SO_x 反应生成硫酸，对金属造成腐蚀，所以燃料油中的硫非常有害。

燃料油中灰分很少，一般在 0.05%以下，重油不超过 0.3%。绝大部分灰分存在于溶解在油中的碱金属的氯化物和硫酸盐矿物里。在燃料燃烧后，飞灰还会引起对燃烧装置的堵塞、磨损，当沉积在受热面时，还会影响传热。如果灰分中含有钒、钾、钠时，还会生成高温腐蚀的化合物。故对燃料油中灰分含量有严格限制。

燃料油中的水分含量较低。当燃料油中出现油水分层时，还会使炉内火焰脉动，同时水分会加速管道和设备腐蚀。一般情况下，燃料油的水分含量不应超过 0.2%。

燃料油的成分也是用收到基、空气干燥基、干燥基与干燥无灰基这四种基准表示，实际应用较多的是收到基。

6.1.3 气体燃料

6.1.3.1 气体燃料的种类

气体燃料有天然气体燃料及人造气体燃料。人造气体燃料中一部分是通过工艺过程从煤或燃油中制成的，如城市煤气；另一部分是某些工艺过程的副产品，如焦炉煤气、高炉煤气等。

① 天然气　通常天然气可分为4种：从矿井中开采出来的干天然气为纯天然气，也称为气田气；伴随石油开采产生的副产品为石油伴生气，也称油田气；伴随煤矿开采产生的副产品为矿井气，又称为煤层气，俗称瓦斯；石油蒸馏产生的轻质馏分气体为凝析气。天然气主要由甲烷、乙烷、丙烷和丁烷等烃类组成，其中甲烷占80%～90%。

② 液化石油气　它是石油开采和炼制过程中的副产品，主要成分是3～4个碳原子的烃类化合物。为了便于输送，常加压使之成液态，使用时减压令其汽化，具有气体燃料的燃烧特点。

③ 焦炉煤气　它是煤在炼焦炉中炼焦时的副产品，是煤在1000℃高温下进行干馏得到的可燃气体。属中等热值燃料。

④ 高炉煤气　它是高炉炼铁的副产品。高炉煤气的成分与高炉燃料的种类、炼铁品种及工艺有关，主要可燃成分有CO（25%～31%）、H_2（2%～3%）及CH_4（<1%），还含有大量的N_2（57%～61%）和CO_2（4%～10%）等。属低热值燃料。

⑤ 发生炉煤气　它是用空气和少量水蒸气将煤或焦炭混合在一起的情况下，发生氧化-还原作用而产生的人造气体燃料。根据所使用的气化剂不同，可分为水煤气、空气发生炉煤气和混合发生炉煤气。发生炉煤气主要可燃成分有CO和H_2，另外还含有大量的N_2和CO_2。

⑥ 城市煤气　由烟煤干馏或石油裂化等方法制取的人造气体燃料。

工业中所采用的气体燃料，以天然气、液化石油气和发生炉煤气较多。

6.1.3.2　气体燃料的组成

气体燃料是由可燃成分与不可燃成分组成的混合气体。可燃成分主要有CO、H_2、CH_4与其他烃类（饱和烃类如C_2H_6、C_3H_8等，不饱和烃类如C_2H_4、C_2H_2、C_3H_6、C_4H_8等）及H_2S等；不可燃成分有CO_2、H_2O、N_2、O_2及SO_2等。

气体燃料的组成一般用各个组分的体积分数表示，并有“湿成分”和“干成分”两种基准表示方法。

气体燃料的湿成分，指的是包括水蒸气在内的全部成分，用上标υ表示，即

$$CO^{\upsilon}+H_2^{\upsilon}+CH_4^{\upsilon}+C_mH_n^{\upsilon}+H_2S^{\upsilon}+CO_2^{\upsilon}+N_2^{\upsilon}+O_2^{\upsilon}+H_2O^{\upsilon}=100\% \tag{6-6}$$

气体燃料的干成分是不包括水蒸气的气体各成分，用上标d表示，即

$$CO^{d}+H_2^{d}+CH_4^{d}+C_mH_n^{d}+H_2S^{d}+CO_2^{d}+N_2^{d}+O_2^{d}=100\% \tag{6-7}$$

气体燃料的组成，通常用比较稳定的干成分来表示。由于实际使用的是湿煤气，在燃烧计算中则是采用气体燃料的湿成分作为计算依据。干、湿成分的换算关系如下：

$$x^{\upsilon}=x^{d}(1-H_2O^{\upsilon}) \tag{6-8}$$

式中，H_2O^{υ}为$1m^3$湿气体燃料中所含水蒸气的体积。气体燃料所含水蒸气量一般等于该温度下的饱和水蒸气量，当温度变化是，气体中的饱和水蒸气量随之变化，气体燃料的湿成分也发生变化。

6.2 燃料的性质

6.2.1 燃料的发热量

6.2.1.1 高位发热量和低位发热量

发热量是指单位质量或体积的燃料完全燃烧所释放出的热量，也称为热值。固体和液体燃料以 kJ/kg 为单位，气体燃料以 kJ/Nm^3 为单位（N 表示标准态）。

燃料的发热量有高位发热量和低位发热量两种。

高位发热量是指单位燃料在常压空气中完全燃烧，并当燃烧产物中的水蒸气全部凝结为水时所放出的热量，用 Q_{gr} 表示，此时燃烧产物中水的汽化潜热释放出来。低位发热量是单位燃料在常压空气中完全燃烧后，其燃烧产物中的水仍以水蒸气状态存在是所放出的热量，用 Q_{net} 表示。

高位发热量是评价燃料质量的标准。在实际燃料燃烧时，温度很高，燃烧产物中的水蒸气均以气态存在，不可能凝结为水而放出汽化热。由此在实际计算中使用的是低位发热量。

根据上述定义，燃料的低位发热量应该等于从高位发热量中减去水的汽化潜热。以煤为例，对于收到基，Q_{net} 与 Q_{gr} 换算关系为

$$Q_{net,ar}=Q_{gr,ar}-2501(M_{ar}+9H_{ar}) \tag{6-9}$$

对于煤的空气干燥基，有

$$Q_{net,ad}=Q_{net,ad}-2501(M_{ad}+9H_{ad}) \tag{6-10}$$

对煤的干燥基和干燥无灰基，由于成分中不含水分，但含有燃烧后可生成水的氢，有

$$Q_{net,d}=Q_{gr,d}-226H_d \tag{6-11}$$

$$Q_{net,daf}=Q_{net,daf}-226H_{daf} \tag{6-12}$$

对液体和气体燃料也可根据低位发热量的定义导出高位发热量与低位发热量的关系。在实际生产中，燃烧产物中的水分一般都是处于蒸汽状态，即燃料中水分的汽化潜热并没有被利用。因此，实际计算中一般用低位发热量，表 6-2 给出常用燃料的低位发热量。

表 6-2 常用燃料的低位发热量

固体燃料	发热量 Q^y_{dw}/(kJ/kg)	液体燃料	发热量 Q^y_{dw}/(kJ/kg)	气体燃料	发热量 Q^y_{dw}/(kJ/Nm^3)
泥煤	8380～10500	航空汽油	＞43100	天然气	33500～46100
褐煤	10500～16700	航空煤油	＞42900	高炉煤气	3350～4200
烟煤		柴油	约 42500	焦炉煤气	13000～18800
长焰煤	20900～25100	重油	39800～41000	发生炉煤气	3770～6700
贫煤	25100～29300			水煤气	10000～11300
无烟煤	20900～25100				

各种燃料发热量差别很大，即使同一种燃料也会因水分和灰分不同而变动。为便于不同燃料消耗量的计量和比较，提出统一的能源标准计量——标准燃料。标准燃料可分为标准

煤、标准油、标准气等。我国以煤为主，采用标准煤为计算基准，即将各种能源按其发热量折算为标准煤。以低位发热量计，每放出29300kJ热量折算为1kg标准煤。若燃料消耗量为Bkg，则折合为标准煤B_{bz}为

$$B_{bz}=\frac{BQ_{net,ar}}{29300} \tag{6-13}$$

6.2.1.2 发热量的测定与计算

气体燃料的发热量可由实验测定或通过计算求出。气体燃料是由若干可燃气体与不可燃气体混合而成，这些气体的低位发热量已由实验测定得到，可按照混合气体的加和性关系计算干气体的低位发热量。已知气体的为，相应发热量为

$$Q_{net}=\sum X_i Q_{net,i} \tag{6-14}$$

式中　X_i——组分i的体积分数；

$Q_{net,i}$——组分i的低位发热量。

液体的发热量可以用氧弹量热计测定弹筒发热量后计算获得，也可以通过计算方法获得。工业常用的经验公式有：由20℃时燃料油密度计算发热量［式(6-15)］，根据元素分析组成进行计算［式(6-17)］。

$$Q_{net,ar}=46424.5+3.1864\rho_{20}-8892.8(\rho_{20})^2\times10^{-6}(\mathrm{kJ/kg}) \tag{6-15}$$

煤的发热量可以由氧弹法测量。将一定量的燃料试样置于氧弹中，在有过剩氧的条件下燃烧，然后使燃烧产物冷却到室温，在此条件下测值得的单位质量燃料所放出的热量。此时，燃料中的碳完全燃烧生成二氧化碳，氢燃烧并经冷却变成水，硫和氮燃烧温度下转变成的二氧化硫、三氧化硫、氮氧化物等溶于水生成硫酸、硝酸。由于这些化学反应均是放热反应，因此弹筒发热量较燃料燃烧过程中所放出的热量要高。弹筒发热量（$Q_{gr,v,ad}$）与低位发热量之间的关系为

$$Q_{net,ad}=Q_{gr,v,ad}-4147S_{ad}-4992N_{ad}-2501(M_{ad}+9H_{ad}) \tag{6-16}$$

煤的发热量也可以根据煤的元素分析组成和工业分析组成进行计算。

根据元素分析组成计算煤的发热量：

$$Q_{net,ar}=33900C_{ar}+13000H_{ar}-10800(O_{ar}-S_{ar})-2501M_{ar} \tag{6-17}$$

根据工业分析结果计算煤的发热量通常是用我国煤炭科学研究院的经验公式。

对于无烟煤

$$Q_{net,v,ad}=K_0-36000M_{ad}-38500A_{ad}-10000V_{ad} \tag{6-18}$$

式中，K_0为常数，按表6-3查得。

表6-3　K_0值与V_{daf}的关系

V_{daf}/%	≤2.5	>2.5～5.0	>5.0～7.5	>7.5
K_0	34332	34750	35169	35588

对于烟煤

$$Q_{net,v,ad}=100K_1-(100K_1+2510)(M_{ad}+A_{ad})-1260V_{ad}-16750M_{ad} \quad (6\text{-}19)$$

式中，$16750M_{ad}$ 为修正项，仅当 $V_{daf}<35\%$，且 $M_{ad}>3\%$时，才保留。其他情况均不计算。K_1 为常数，可按表 6-4 查得。

表 6-4　K_1 值

K_1 / $V_{daf}/\%$	焦渣特性						
	1	2	3	4	5～6	7	8
>10～13	352	352	354				
>13～16	337	350	354	356			
>16～19	335	343	350	352	356		
>19～22	329	339	345	348	352	356	358
>22～28	320	329	339	343	350	354	356
>28～31	320	327	335	339	345	352	354
>31～34	306	325	331	335	341	348	350
>34～37	306	320	329	333	339	345	348
>37～40	306	316	327	331	335	343	348
>40	304	312	320	325	333	339	343

6.2.2　煤的特性

6.2.2.1　煤的燃烧特性

煤的燃烧过程是一个重量损失过程，通过热分析，获得煤的热重分析（TGA）曲线、微分热重分析（DTGA）曲线、差热分析（DTA）曲线，可以揭示煤反应特性。微分热重分析是将少量有代表性的煤粉样置于天平支架的坩埚内，通以氧气或空气，按规定的升温速度升温，随着温度的升高，试样的失重率$\left(\frac{dW}{dt}\text{，即单位时间损失的质量}\right)$不断发生变化，最后到燃烬，记录$\frac{dW}{dt}$随温度、时间的变化曲线为 DTGA 曲线，又称为燃烧分布曲线，常用于比较判断煤的可燃性。

图 6-1 为典型煤样的热分析 DTGA 曲线。图中 A 点处挥发分开始析出；B 点为挥发分最大失重率及对应温度；C 点处固定碳开始着火；D 点对应固定碳最大失重率；E 点处煤已燃尽。

一般情况下，把煤中挥发分含量作为判别煤着火特性的决定性指标。当煤中挥发分含量低且析出温度高时，其着火点高。无烟煤的挥发分含量一般低于 10%，且析出温度较高，因而着火困难。固定碳的失重峰起点对应的温度点为煤着火点。烟煤、褐煤的挥发分含量相对较高，其着火温度比较容易，储存时应注意防止自燃。

在相同升温速度下测定不同煤样的燃烧特性曲线，可以判断煤样的相对燃烧特性。挥发分失重峰、固定碳失重峰的宽窄表示挥发分释放、固定碳燃烧的剧烈程度。失重峰的峰值表

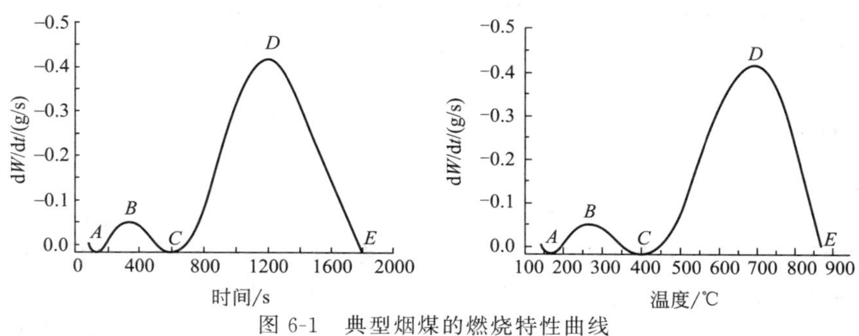

图 6-1 典型烟煤的燃烧特性曲线

示挥发分释放和固定碳燃烧的最大速度。低固定碳含量，其失重峰点对应温度低、时间短，且失重峰高而窄，表明煤的着火温度低、燃烧速度快，燃尽时间短。

6.2.2.2 结渣性

结渣性是指煤在高温状态下灰分的黏结能力。如果灰分的熔点低，燃烧温度下易结渣成块并包裹可燃物，造成不完全燃烧，同时使烟气通路截面变化小，通风阻力增加，从而影响煤的燃烧。结渣性一般可用焦渣特性和熔融特性表达。

（1）焦渣特性

焦渣是煤中的水分及挥发分析出后在坩埚中的残留物，包括煤中的固定碳及灰分。焦渣特性随煤种不同而变化，根据焦渣特性，可以初步鉴定煤的黏结特性。国家标准规定，焦渣特性分为八级。焦渣等级低，为粉状和弱黏着，焦渣等级越高，越明显为膨胀熔融黏结状。

（2）煤灰的熔融特性（灰熔点）

灰分的组成影响煤灰的熔融性。当灰分中 SiO_2、Al_2O_3 含量多时，高温灰渣中易形成莫来石晶相，灰分软化温度高。当 FeO、Na_2O、K_2O 等含量多时，高温灰渣中易形成钙铝黄长石晶相，灰分软化温度降低。灰分软化温度还与燃烧气氛有关。在氧化性气氛中，Fe_2O_3 和 Fe_3O_4 与 SiO_2 形成软化温度高的硅酸盐质灰分。在还原气氛中，FeO 与 SiO_2 形成软化温度低的硅酸盐质灰分。

灰分的熔点常采用三角锥法测定，如图 6-2 所示。在规定升温速度下，当角锥顶部尖端开始变圆或弯曲时，这一温度称变形温度（DT）；当三角锥尖端弯倒至底座平面时，此时的温度称软化温度（ST）；当三角锥熔融在底座平面上时的温度称熔化温度（FT）。

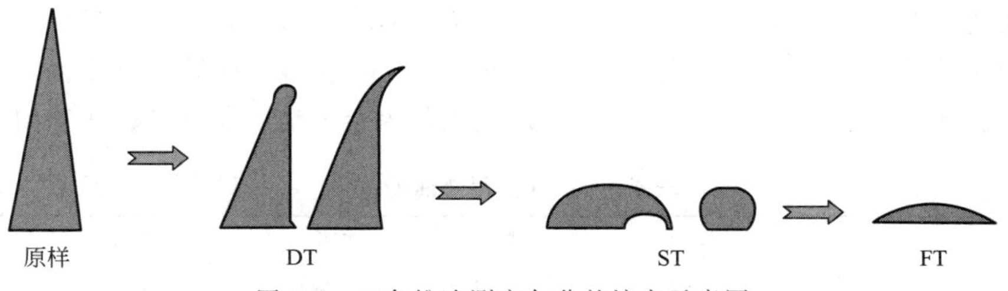

图 6-2 三角锥法测定灰分的熔点示意图

工业上一般以软化温度（ST）作为衡量灰分的熔融特性指标，ST＜1200℃为易熔融性灰，ST＝1200～1450℃为可熔融性灰，ST＞1425℃称为难熔融性灰。

6.2.3 燃料油

6.2.3.1 黏度

黏度是表征流体流动性能的指标，是影响燃料雾化质量的主要因素。重油常用的黏度标准是以恩氏黏度（°E）来表示的，即在测定温度下油从恩格勒黏度计中流出200mL所需的时间（s）与20℃蒸馏水流出200mL所需的时间（约52s）之比值。恩氏黏度与流体动力黏度存在以下关系：

$$v=\left(7.31E-\frac{6.31}{E}\right)\times 10^{-6} \tag{6-20}$$

我国重油的牌号，是以50℃时油的恩氏黏度来分类的，一般分为20号、60号、100号及200号四个牌号。

在常温下重油是黏稠的黑色液体，流动性差，在管道输送时需要预热到30～60℃。为了雾化质量，要求在喷嘴前将重油预热到80～130℃，此温度下重油的黏度才能达到要求。

重油的黏度不仅和原油的产地及加工过程有关，还受压力、温度的影响。重油的黏度随着压力升高而增大，随着温度的升高而降低。但在压力1MPa以下时，压力对黏度的影响可忽略。选择合理的加热温度，使重油达到一定的黏度以满足各种不同条件下的要求，甚为重要。若重油的温度过低，黏度过大，会使装卸、过滤、输送困难，雾化不良；温度过高，则易使油剧烈汽化，造成油罐冒顶，发生事故，也容易使烧嘴发生汽阻现象，使燃烧不稳定。

6.2.3.2 闪点、燃点、着火点

燃料油加热到一定温度，表面即挥发逸出油蒸气至空气中。油温越高，油表面附近空气中的油蒸气浓度也就越大。当有火源接近时，若出现蓝色闪光，此时的油温称为油的“闪点”。若继续加热，油温超过闪点，油的蒸发速度加快，用火源接近油表面时在蓝光闪现后能持续燃烧（不少于5s），此时油温称为油的“燃点”。若再继续提高油温，则油表面的蒸气即使无火源接近也会自发燃烧起来，这种现象称自燃，相应的油温称为油的“着火点”。

闪点、燃点和着火点，是使用重油或其他燃料油时必须掌握的性能指标，它们关系到用油的安全技术及燃烧条件。储油罐中油的加热温度应严格控制在闪点以下，以防发生火灾。燃烧室或炉膛内的温度不应低于着火点，否则不易燃烧。

燃料油的闪点与其组成有着密切关系。油的密度越小，闪点就越低。重油的燃点一般比其闪点高10℃左右，重油的着火点为500～600℃。轻质油的闪点低于重质油，表6-5列出了几种常用燃油的闪点，其中闭和开分别表示闪点的测定方法，及开口杯法和闭口杯法。

表6-5 几种常用燃油的闪点

燃油类别	汽油	煤油	轻柴油	重柴油	重油	原油
闪点/℃	－20(闭)	20～30(闭)	50～60(闭)	65～80(闭)	80～130(开)	30～50(闭)

6.2.3.3 凝固点

重油是各种烃的复杂混合物，不像单一的纯净物质那样具有一定的凝固点。重油随着温度的降低，黏度变得越来越大，直到完全失去流动性。当重油完全失去流动性时的最高温度叫凝固点。此时若将盛放油类的器皿倾斜45°，其中的重油油面可在1min内保持不动。显然，凝固点越高，其低温流动性就越差。温度低于凝固点时，燃油就无法在管道中输送。因此生产上常根据凝固点来确定贮运过程中的保温防凝措施。

油的凝固点与其组成有关。含蜡量高的油，凝固点较高；水分含量增加能使凝固点略有提高。我国生产的重油的凝固点一般为30～45℃，原油的凝固点在30℃以下。对于凝固点和闪点比较接近的油（如原油），则在防凝的同时还应注意防火安全。原油的卸油温度一般只比凝固点高10℃左右。

6.2.3.4 其他

（1）机械杂质

机械杂质是指重油在贮藏和加热过程中，生成的重质黏稠状物质和难溶解性物质。这些油垢、油渣物会引起贮油箱、管路系统、过滤器、加热器、燃烧器等堵塞，导致燃烧恶化。为防止和减少淤渣物的生成，应避免将重油重复加热、快速加热和温度发生急剧变化等运行工况，同时应定期通过疏放阀排除已生成的淤渣物，以提高重油的燃烧稳定性。

（2）水分

重油中含水，对燃烧不利，不仅降低燃料的发热量，而且当水分过高时易产生“汽塞”现象使燃烧火焰不稳定。故贮油罐应经常排水，使油中含水量在2%以下。目前国内采用燃油掺水燃烧的技术，系将油与水充分混合呈乳浊状，油包在水的外围，在重油雾化时，水汽化使油颗粒破碎，分散得很细，促进完全燃烧。因此燃油掺水与重油含水不能相提并论。

我国规定的重油质量标准见表6-6。

表6-6 重油的主要质量指标

项目 \ 重油牌号			质量指标			
			20号	60号	100号	200号
恩氏黏度/°E	80℃		≤5.0	≤11.0	≤15.5	—
	100℃		—	—	—	5.5～9.5
闪点(开式)/℃		≥	80	100	120	130
凝固点/℃		≤	15	20	25	36
灰分(A_{ar})/10^{-2}		≤	0.3	0.3	0.3	0.3
水分(M_{ar})/10^{-2}		≤	1.0	1.5	2.0	2.0
硫(S_{ar})/10^{-2}		≤	1.0	1.5	2.0	3.0
机械杂质/10^{-2}		≤	1.5	2.0	2.5	2.5

6.2.4 气体燃料

6.2.4.1 比热容

气体燃料的比热容分定压比热容和定容比热容两种：

① 定压比热容　保持燃气压力不变时，$1m^3$ 燃气温度升高（或降低）1K 所吸收（或放出）的热量称为气体的定压比热容。用符号 c_p 表示，单位为 $kJ/(m^3 \cdot K)$。

② 定容比热容　保持燃气体积不变时，$1m^3$ 燃气温度升高（或降低）1K 所吸收（或放出）的热量称为气体的定容比热容。用符号 c_V 表示，单位为 $kJ/(m^3 \cdot K)$。

两者之间存在下列关系：

$$c_p = c_V + \frac{8.31}{M} \tag{6-21}$$

式中　c_p——标准状态下燃气的定压比热容，$kJ/(m^3 \cdot K)$；

c_V——标准状态下燃气的定容比热容，$kJ/(m^3 \cdot K)$；

M——燃气的相对分子质量。

煤气的平均比热容可按下式计算：

$$c_p = 0.01 \sum X_i c_i \tag{6-22}$$

式中　c_i——各气体成分的平均比热容；

X_i——各气体成分在煤气中所占的体积分数。

6.2.4.2 着火温度

燃气开始燃烧时的温度称为着火温度。单一可燃气体在空气中的着火温度见表 6-7，在纯氧中的着火温度比在空气中低 50～100℃。气体燃料中主要可燃成分的着火温度均较固体燃料和液体燃料低，气体燃料容易着火。

表 6-7　单一可燃气体在空气中的着火温度

气体名称	H_2	CO	CH_4	C_2H_2	乙烯	乙烷	丙烯
着火温度 T/K	673	878	813	612	698	788	733
气体名称	丙烷	丁烯	正丁烷	戊烯	戊烷	苯	硫化氢
着火温度 T/K	723	658	638	563	533	833	543

6.2.4.3 爆炸浓度极限

当可燃气体或油气与空气的浓度达到某个范围时，一旦遇明火或温度升高到某一数值就会发生爆炸的浓度范围称为爆炸浓度极限。爆炸浓度极限有上限和下限。爆炸浓度上限是指可燃气体或油气在爆炸性混合物中的最高浓度值，反之下限时指最低浓度值。可燃气体浓度在爆炸浓度上限和爆炸浓度下限之间的任何值，都具有爆炸的危险。可燃物的爆炸浓度范围愈大，则引起火灾和爆炸的危险性就愈大。常见物质的爆炸浓度极限，见表 6-8。

表 6-8 常见物质的爆炸浓度极限 单位：%

名称	爆炸极限浓度		名称	爆炸极限浓度	
	下限	上限		下限	上限
甲烷	5.0	15.0	戊烯	1.4	8.7
乙烷	2.9	13.0	苯	1.2	8.0
乙烯	2.7	34.0	氢气	4.0	75.9
乙炔	2.5	80.0	一氧化碳	12.5	74.2
丙烷	2.1	9.5	汽油	1.4	8.0
丙烯	2.0	11.7	煤油	1.4	7.5
正丁烷	1.5	8.5	重油	1.2	6.0
丁烯	1.6	10.0	原油	1.7	11.3
戊烷	1.4	8.3			

6.3 燃烧计算

为了达到燃料完全燃烧，应很好地组织燃烧过程，并对燃烧过程是否完善进行检验，为此需要进行燃料的燃烧计算，以获得燃烧过程的重要数据。燃烧计算的内容包括燃料燃烧所需的空气量、烟气生成量、烟气组成及燃烧温度等。

燃烧计算分为两类，一类是为设计燃烧设备或燃烧过程进行的计算，是以燃料组成为基础进行的计算，称为分析计算。通过燃烧计算确定空气管道、烟道、烟囱及燃烧室的尺寸，选择风机型号。另一类是对已有的燃烧设备或燃烧过程的实际操作情况进行评价而进行的计算，是通过对实际燃烧过程中燃烧产物组成及燃料成分等相关实际操作数据进行计算及分析，称为操作计算。以判断其燃烧是否合理，燃烧设备各部位是否漏气，以便及时进行调节。

6.3.1 分析计算

6.3.1.1 理论空气量

单位燃料（1kg 或 $1Nm^3$）完全燃烧所需要的最少空气量称为理论空气量，以符号 V_a^0 表示，其单位为 Nm^3 空气/kg 燃料或 Nm^3 空气/Nm^3 燃料。

燃料的理论空气量实际上是以燃烧的成分组成为依据，通过可燃元素的氧化反应的化学计量关系进行计算的。

（1）固体、液体燃料

已知燃料的元素组成为：C_{ar}、H_{ar}、O_{ar}、N_{ar}、S_{ar}、A_{ar}、M_{ar}，其中的可燃成分为 C_{ar}、H_{ar} 和 S_{ar}。各种可燃物完成燃烧时发生以下化学反应：

$$C + O_2 \longrightarrow CO_2$$

$$H_2+\frac{1}{2}O_2 \longrightarrow H_2O$$

$$S+O_2 \longrightarrow SO_2$$

按化学计量方程可知：1kg燃料中的C_{ar}、H_{ar}和S_{ar}完全燃烧所需的O_2量分别为$\frac{C_{ar}}{12}$(kmol)、$\frac{H_{ar}}{2}\times\frac{1}{2}$(kmol)、$\frac{S_{ar}}{32}$(kmol)。

由于1kg燃料中本身含有$\frac{O_{ar}}{32}$（kmol）的O_2，假设气体为理想气体，1kg燃料燃烧所需理论氧量（$V_{O_2}^0$）为

$$V_{O_2}^0=\left(\frac{C_{ar}}{12}+\frac{H_{ar}}{4}+\frac{S_{ar}}{32}-\frac{O_{ar}}{32}\right)\times 22.4(Nm^3/kg) \tag{6-23}$$

燃烧所需理论空气量：

$$V_a^0=V_{O_2}^0\times\frac{100}{21} \tag{6-24}$$

理论空气量

（2）气体燃料

已知气体燃料组成：CO_2、CO、CH_4、C_mH_n、H_2、H_2S、H_2O、N_2、O_2，其中可燃组成有CO、H_2、CH_4、C_mH_n及H_2S，它们燃烧所需的理论空气量同样可以按化学计量方程来计算：

$$CO+\frac{1}{2}O_2 \longrightarrow CO_2$$

$$H_2+\frac{1}{2}O_2 \longrightarrow H_2O$$

$$CH_4+2O_2 \longrightarrow CO_2+2H_2O$$

$$C_mH_n+\left(m+\frac{n}{4}\right)O_2 \longrightarrow mCO_2+\frac{n}{2}H_2O$$

$$H_2S+\frac{3}{2}O_2 \longrightarrow SO_2+H_2O$$

气体燃料的组成通常用体积分数表示，1Nm^3气体燃料完全燃烧所需理论氧量$V_{O_2}^0$为

$$V_{O_2}^0=\left[\frac{1}{2}CO+\frac{1}{2}H_2+2CH_4+\left(m+\frac{n}{4}\right)C_mH_n+\frac{3}{2}H_2S-O_2\right]\quad (Nm^3/Nm^3\text{ 燃料}) \tag{6-25}$$

1Nm^3气体燃料完全燃烧所需理论空气量V_a^0(Nm^3/Nm^3 燃料）为

$$V_a^0=V_{O_2}^0\times\frac{100}{21}=\left[\frac{1}{2}CO+\frac{1}{2}H_2+2CH_4+\left(m+\frac{n}{4}\right)C_mH_n+\frac{3}{2}H_2S-O_2\right]\times\frac{100}{21} \quad (6\text{-}26)$$

6.3.1.2 实际空气量

在实际燃烧设备中，为保证燃料的完全燃烧，实际使用的空气量一般会比理论空气量要多。在某些燃烧装置中，为满足生产工艺的需要，要求在炉内形成还原性气氛，则又需要供给略低于理论量的空气。因此，实际空气需要量 V_a 与理论空气需要量 V_a^0 是有差别的。实际空气量与理论空气量的比值用空气过剩系数 α 表示，即

$$\alpha=\frac{V_a}{V_a^0} \quad (6\text{-}27)$$

实际空气量为

$$V_a=\alpha V_a^0 \quad (6\text{-}28)$$

空气过剩系数的大小取决于燃料种类、燃烧方式、燃烧设备和燃烧气氛等因素。气体燃料易与空气混合，α 值相对较小；氧化气氛烧成，$\alpha>1$；还原性气氛下烧成，$\alpha<1$；若采用无焰燃烧，α 值会小一些。各种燃料在不同燃烧方式下空气过剩系数的范围如表 6-9 所示。

表 6-9 不同燃料的空气过剩系数

燃料种类	燃烧方法	空气过剩系数
固体燃料	人工燃烧	1.2～1.4
	机械燃烧	1.2～1.3
	粉煤燃烧	1.05～1.25
液体燃料	低压喷嘴	1.10～1.15
	高压喷嘴	1.20～1.25
气体燃料	无焰燃烧	1.03～1.05
	有焰燃烧	1.05～1.20

6.3.1.3 理论烟气量V^0及烟气成分

单位燃料（1kg 或 1Nm^3）与理论空气量完全燃烧所产生的烟气量称为理论烟气量。燃料完全燃烧时，燃烧产物的主要成分为 CO_2、SO_2、H_2O 及空气带入的 N_2。理论烟气量实际上是根据化学计量式得到的单位燃料（1kg 或 1Nm^3）完全燃烧后所产生的气体体积，包括燃烧产物、空气带入的 N_2 和不可燃的气态组分。

（1）固体、液体燃料

1kg 固体或液体燃料完全燃烧所产生的 CO_2、SO_2、H_2O 可按化学计量方程式计算。燃料中的 N 和 M 在燃烧中不发生化学反应，高温下直接以气态形式进入烟气中。

$$V_{CO_2}^0=\frac{C_{ar}}{12}\times 22.4(Nm^3/kg)$$

$$V_{H_2O}^0=\left(\frac{H_{ar}}{2}+\frac{M_{ar}}{18}\right)\times 22.4(Nm^3/kg)$$

$$V_{SO_2}^0=\frac{S_{ar}}{32}\times 22.4(Nm^3/kg)$$

$$V_{N_2}^0=\frac{N_{ar}}{28}\times 22.4+V_{O_2}^0\times\frac{79}{21}(Nm^3/kg)$$

因此，理论烟气量

$$\begin{aligned}V^0&=V_{CO_2}^0+V_{H_2O}^0+V_{SO_2}^0+V_{N_2}^0\\&=\left(\frac{C_{ar}}{12}+\frac{H_{ar}}{2}+\frac{M_{ar}}{18}+\frac{S_{ar}}{32}+\frac{N_{ar}}{28}\right)\times 22.4+V_{O_2}^0\times\frac{79}{21}\end{aligned}\tag{6-29}$$

由烟气中各组分气体的体积和理论烟气总量可以计算出各个组分在烟气中的体积分数。

$$[CO_2]=\frac{V_{CO_2}^0}{V}\times 100\%\tag{6-30}$$

$$[SO_2]=\frac{V_{SO_2}^0}{V}\times 100\%\tag{6-31}$$

$$[H_2O]=\frac{V_{H_2O}^0}{V}\times 100\%\tag{6-32}$$

$$[N_2]=\frac{V_{N_2}^0}{V}\times 100\%\tag{6-33}$$

（2）气体燃料

气体燃料的主要组成为 CO_2、CO、CH_4、C_mH_n、H_2、H_2S、H_2O 和 N_2，燃料燃烧以后的燃烧产物是 CO_2、SO_2、H_2O 及 N_2。由于燃料组成不同，烟气中各个组分的来源有所不同。理论烟气量中 CO_2 来自气体燃料中的 CO_2 以及燃料中含碳化合物 CO、CH_4、C_mH_n 的氧化；H_2O 来自气体燃料中的 H_2、CH_4、C_mH_n、H_2S 及燃料中的水蒸气。

$$V_{CO_2}^0=(CO_2+CO+CH_4+mC_mH_n)(Nm^3/Nm^3)$$

$$V_{H_2O}^0=\left(H_2O+H_2+2CH_4+\frac{n}{2}C_mH_n+H_2S\right)(Nm^3/Nm^3)$$

$$V_{SO_2}^0=H_2S(Nm^3/Nm^3)$$

$$V_{N_2}^0=N_2+V_{O_2}^0\times\frac{79}{21}(Nm^3/Nm^3)$$

因此，理论烟气量 V^0 为

$$\begin{aligned}V^0&=V_{CO_2}^0+V_{H_2O}^0+V_{SO_2}^0+V_{N_2}^0\\&=\left[CO_2+CO+H_2+H_2O+3CH_4+\left(m+\frac{n}{2}\right)C_mH_n+2H_2S+N_2\right]+V_{O_2}^0\times\frac{79}{21}\end{aligned}\tag{6-34}$$

同样方式可以计算烟气中各个组分气体的百分含量。

6.3.1.4 完全燃烧条件下实际烟气量及烟气组成

实际燃烧过程中，为了使燃料完全燃烧，供给的空气量会大于理论空气量，在燃料燃烧过程中，真正与燃料发生化学反应的为理论空气量。此时，烟气量可看成由理论空气量与过剩空气量两部分组成。

过剩空气量为 $V_a - V_a^0 = (\alpha - 1)V_a^0$

则，实际烟气量为

$$V = V^0 + (\alpha - 1)V_a^0 \tag{6-35}$$

完全燃烧条件下，烟气中除含有前已述及的 CO_2、SO_2、H_2O 及 N_2 外，还有过剩空气所带入的 O_2 及 N_2。与理论烟气相比较，O_2 及 N_2 的量有所不同。

N_2 的量，既要考虑燃料自身带入，也要考虑实际空气带入：

$$V_{N_2}^0 = \frac{N_{ar}}{28} \times 22.4 + \alpha V_{O_2}^0 \times \frac{79}{21} (\mathrm{Nm^3/kg\ 燃料})$$

O_2 是由过剩空气带入：$V_{O_2} = (\alpha - 1)V_{O_2}^0$ ($\mathrm{Nm^3/kg}$ 燃料)

固体、液体燃料与气体燃料的组分不同，烟气成分的计算方式有所不同。实际烟气中各个组分的计算列于表 6-10 中。

表 6-10 实际烟气中各个组分气体的量

气体成分	各组分气体量	
	固体、液体燃料	气体燃料
CO_2	$V_{CO_2} = \frac{C_{ar}}{12} \times 22.4$	$V_{CO_2} = V_{CO} + V_{CH_4} + \Sigma V_{C_mH_n} + V_{CO_2}$
SO_2	$V_{SO_2} = \frac{S_{ar}}{32} \times 22.4$	$V_{SO_2} = V_{H_2S} + V_{SO_2}$
H_2O	$V_{H_2O} = \left(\frac{H_{ar}}{2} + \frac{M_{ar}}{18}\right) \times 22.4$	$V_{H_2O} = V_{H_2} + 2V_{CH_4} + V_{H_2S} + \Sigma V_{\frac{n}{2}C_mH_n} + V_{H_2O}$
N_2	$V_{N_2} = \frac{N_{ar}}{28} \times 22.4 + \frac{79}{100} V_a$	$V_{N_2} = V_{N_2} + \frac{79}{100} V_a$
O_2	$V_{O_2} = (\alpha - 1)V_a^0 \times \frac{21}{100}$	$V_{O_2} = (\alpha - 1)V_a^0 \times \frac{21}{100}$

【例 6-2】 已知某窑所用的煤的收到基组成为：

组分	C	H_{ar}	O_{ar}	N_{ar}	S_{ar}	A_{ar}	M_{ar}
含量/%	70	5	8	2	0.5	4.5	10

当 $\alpha = 1.1$ 时，计算 1kg 煤燃烧所需空气量、烟气量及烟气组成百分数。

解 以 1kg 煤为计算基准

(1) 理论空气量 V_a^0：

$$V_a^0 = V_{O_2}^0 \times \frac{100}{21} = \left(\frac{C_{ar}}{12} + \frac{H_{ar}}{4} + \frac{S_{ar}}{32} - \frac{O_{ar}}{32}\right) \times 22.4 \times \frac{100}{21}$$

$$= \left(\frac{0.7}{12} + \frac{0.05}{4} + \frac{0.005}{32} - \frac{0.08}{32}\right) \times 22.4 \times \frac{100}{21}$$

$$= 7.31 (\mathrm{Nm^3/kg})$$

(2) 实际空气量 V_a：

$$V_a=\alpha V_a^0=1.1\times 7.31=8.04(\mathrm{Nm^3/kg})$$

(3) 理论烟气量 V^0：

$$\begin{aligned}V^0&=V_{CO_2}^0+V_{H_2O}^0+V_{SO_2}^0+V_{N_2}^0\\&=\left(\frac{C_{ar}}{12}+\frac{H_{ar}}{2}+\frac{M_{ar}}{18}+\frac{S_{ar}}{32}+\frac{N_{ar}}{28}\right)\times 22.4+V_a^0\times\frac{79}{100}\\&=\left(\frac{0.7}{12}+\frac{0.05}{2}+\frac{0.1}{18}+\frac{0.005}{32}+\frac{0.02}{28}\right)\times 22.4+7.31\times\frac{79}{100}\\&=7.79(\mathrm{Nm^3/kg})\end{aligned}$$

(4) 实际烟气量 V：

$$V=V^0+(\alpha-1)V_a^0=7.79+(1.1-1)\times 7.31=8.52(\mathrm{Nm^3/kg})$$

(5) 烟气组成：

$$CO_2=\frac{C_{ar}/12\times 22.4}{V}\times 100\%=\frac{0.7/12\times 22.4}{8.52}\times 100\%=15.34\%$$

$$H_2O=\frac{(H_{ar}/2+M_{ar}/18)\times 22.4}{V}\times 100\%=\frac{(0.05/2+0.1/18)\times 22.4}{8.52}\times 100\%=8.03\%$$

$$SO_2=\frac{S_{ar}/32\times 22.4}{V}\times 100\%=\frac{0.005/32\times 22.4}{8.52}\times 100\%=0.04\%$$

$$O_2=\frac{(\alpha-1)V_a^0\times 21\%}{V}\times 100\%=\frac{(1.1-1)\times 7.31\times 21\%}{8.52}\times 100\%=1.8\%$$

$$N_2=\frac{N_{ar}/28\times 22.4+V_a\times 79\%}{V}\times 100\%=\frac{0.02/28\times 22.4+8.04\times 79\%}{8.52}\times 100\%=74.74\%$$

6.3.1.5 不完全燃烧条件下实际烟气量及烟气组成

由于空气量（即氧量）供应不足，燃料中将有部分可燃物质不能完全燃烧，此时燃烧产物中含有 CO、H_2 及 CH_4 等可燃气体，但不含有 O_2。含有这些气体量越多，燃烧过程不完全程度增加，能量损失越大。分析烟气中未燃成分的种类与数量，评价燃烧过程的完全程度，为改善燃烧过程提供科学依据。

在缺氧条件下，燃烧过程会有离解反应发生，这时燃烧产物中还会含有 H、O、HO 等自由原子及自由基，这些成分的确定十分复杂。为简化计算，在工程计算中近似认为氧量的不足仅使燃料中的碳不能全部氧化成 CO_2，致使有部分碳以 CO 形式存在。在实际应用中，其他成分的量很少，因此这样的假设计算有足够的准确度。

(1) 固体燃料与液体燃料

由于燃烧过程中提供的 O_2 不足，导致烟气中 CO 生成，不足氧量为 $(1-\alpha)V_{O_2}^0$。

不完全燃烧的反应式：$2C+O_2 \longrightarrow 2CO$

故烟气中的 CO 生成量：$V_{CO}=2(1-\alpha)V^0_{O_2}$

烟气中的 CO_2 量：$V^0_{CO_2}=\frac{C_{ar}}{12}\times 22.4-2(1-\alpha)V^0_{O_2}$

其他成分的量并不发生变化，

$$H_2O\ 量：V^0_{H_2O}=\left(\frac{H_{ar}}{2}+\frac{M_{ar}}{18}\right)\times 22.4(Nm^3/kg)$$

$$SO_2\ 量：V^0_{SO_2}=\frac{S_{ar}}{32}\times 22.4(Nm^3/kg)$$

$$N_2\ 量：V^0_{N_2}=\frac{N_{ar}}{28}\times 22.4+\alpha V^0_{O_2}\times\frac{79}{21}(Nm^3/kg)$$

实际烟气量：

$$\begin{aligned}V&=V_{CO}+V_{CO_2}+V_{H_2O}+V_{SO_2}+V_{N_2}\\&=\left(\frac{C_{ar}}{12}+\frac{H_{ar}}{2}+\frac{M_{ar}}{18}+\frac{S_{ar}}{32}+\frac{N_{ar}}{28}\right)\times 22.4+\alpha V^0_{O_2}\times\frac{79}{21}\end{aligned}\tag{6-36}$$

因为 $$V^0=\left(\frac{C_{ar}}{12}+\frac{H_{ar}}{2}+\frac{M_{ar}}{18}+\frac{S_{ar}}{32}+\frac{N_{ar}}{28}\right)\times 22.4+V^0_{O_2}\times\frac{79}{21}$$

所以 $$V=V^0-(1-\alpha)V^0_{O_2}\times\frac{79}{21}=V^0-(1-\alpha)V^0_a\times\frac{79}{100}\tag{6-37}$$

（2）气体燃料

当 $\alpha<1$ 时，O_2 供给不足。若煤气按比例燃烧，烟气中包含燃烧生成烟气（αV^0）和未燃煤气（$1-\alpha$）两个部分，实际烟气量为：

$$V=(1-\alpha)+\alpha V^0\tag{6-38}$$

【例 6-3】 已知某窑炉使用发生炉煤气为燃料，其组成干基为：

组分	CO_2	CO	H_2	CH_4	C_2H_4	H_2S	N_2
含量/%	4.5	29	14	1.8	0.2	0.3	50.2

湿煤气含水量为 4%。当 $\alpha=1.1$ 时，计算：

（1）$1Nm^3$ 煤气燃烧所需要的空气量；（2）$1Nm^3$ 煤气燃烧生成的烟气量。

解 以 $1Nm^3$ 湿煤气为计算基准。

换算成湿煤气组成

$$x^v=x^d\,\frac{100-H_2O}{100}=0.96x^d$$

组分	CO_2	CO	H_2	CH_4	C_2H_4	H_2S	N_2	H_2O
含量/%	4.32	27.84	13.44	1.73	0.19	0.29	48.19	4.0

(1) 计算 $1Nm^3$ 煤气燃烧所需要的空气量。

理论空气量：

$$V_a^0=\left(\frac{0.2784}{2}+\frac{0.1344}{2}+0.0173\times2+0.0019\times3+0.0029\times\frac{3}{2}\right)\times\frac{100}{21}=1.195(Nm^3/Nm^3)$$

实际空气量： $V_a=\alpha V_a^0=1.1\times1.195=1.315(Nm^3/Nm^3)$

(2) 计算 $1Nm^3$ 煤气燃烧生成的烟气量。

理论烟气量：

$$V^0=(0.0432+0.2784+0.1344+3\times0.0173+4\times0.0019+2\times0.0029+0.4819+0.04)+V_a^0\times\frac{79}{100}$$
$$=1.99(Nm^3/Nm^3)$$

实际烟气量：

$$V=V^0+(\alpha-1)V_a^0=1.99+(1.1-1)\times1.195=2.11(Nm^3/Nm^3)$$

6.3.2 空气量和烟气量的近似计算

实际生产中，燃料的元素分析并不是经常性的检测项目，对燃料的组成分析多数情况下是工业分析。从前述公式可知，理论空气量和理论烟气量及发热量均与燃料的化学组成有关，当燃料种类及组成一定时，理论空气量、理论烟气量与燃料发热量之间存在一定关系，通过大量实验得到相应的经验公式。在缺乏燃料化学组成的情况下，可根据燃料种类及其发热量利用经验公式近似计算理论空气量和理论烟气量。通过确定过剩空气系数计算出实际空气量和实际烟气量。表 6-11 中列出了不同燃料的经验公式。

表 6-11 理论空气量和理论烟气量的近似公式

燃料种类		理论空气量 $V_a^0/(m^3/kg$ 或 $m^3/m^3)$	理论烟气量 $V^0/(m^3/kg$ 或 $m^3/m^3)$
煤		$0.241\times\frac{Q_{net,ar}}{1000}+0.5$	$0.213\times\frac{Q_{net,ar}}{1000}+1.65$
重油		$0.203\times\frac{Q_{net,ar}}{1000}+2.0$	$0.265\times\frac{Q_{net,ar}}{1000}$
煤气	$Q_{net,ar}>12560kJ/m^3$	$0.21\times\frac{Q_{net,ar}}{1000}$	$0.173\times\frac{Q_{net,ar}}{1000}+1.0$
	$Q_{net,ar}<12560kJ/m^3$	$0.26\times\frac{Q_{net,ar}}{1000}-0.25$	$0.273\times\frac{Q_{net,ar}}{1000}+0.25$
天然气		$0.264\times\frac{Q_{net,ar}}{1000}+0.02$	$0.264\times\frac{Q_{net,ar}}{1000}+1.02$

燃料种类不同，理论空气量和理论烟气量有明显不同。对于同一类燃料，理论空气量和理论烟气量的数据相差不大，在工程计算上可以根据燃料种类粗略估算燃料的理论空气量和理论烟气量。表 6-12 中列出各种燃料理论空气量和理论烟气量的大致范围。

表 6-12　各种燃料理论空气量和理论烟气量的范围

燃烧种类	烟煤	重油	发生炉煤气	天然气
V_a^0/(m^3/kg 或 m^3/m^3)	6～8	10～11	1.05～1.4	9～14
V^0/(m^3/kg 或 m^3/m^3)	6.5～8.5	10.5～12	1.9～2.2	10～14.5

6.3.3　操作计算

燃料在燃烧过程中，会存在不完全燃烧，需要通过对实际操作运行过程中的数据进行计算，对实际的燃烧情况进行分析评价，以判定设备及操作水平。对燃烧过程的操作数据检测主要是燃烧产物的组成、燃料组成及消耗量，根据燃料及烟气组成可计算出实际燃烧过程中燃烧的实际空气量和实际烟气量，还可得到过剩空气系数，以了解燃料与空气的配合是否正常，分析燃烧操作是否合适。因此，操作计算也称为检测计算。

6.3.3.1　实际烟气量与实际空气量的计算

燃烧过程中燃料与空气发生化学反应，其组成发生变化，根据质量守恒，某元素在燃烧前后的质量守恒。

已知燃料组成及烟气组成，可利用碳平衡，燃料中 C＝烟气中 C＋灰渣中 C，可计算实际烟气量。利用氮平衡，燃料中 N_2＋空气中 N_2＝烟气中 N_2，可计算实际空气量。

下面以例题来说明具体计算方法。

【例 6-4】 已知：某工业窑炉所用煤的收到基组成为

组分	C_{ar}	H_{ar}	O_{ar}	N_{ar}	S_{ar}	M_{ar}	A_{ar}
含量/%	70	8	5	1	0.2	4	11.8

高温阶段在炉底处测定其干烟气组成为：

组分	CO_2	O_2	N_2
体积分数/%	12	5	83

灰渣分析：含 C 为 15%，含灰分为 85%。

计算：（1）当高温阶段每小时烧煤量为 500kg 时，计算该阶段每小时烟气生成量（Nm^3）及空气需要量（Nm^3）。（2）过量空气系数 α 的值。

解　以 1kg 煤为计算基准。

（1）烟气量（Nm^3/h）计算

煤中 C 量：0.7kg

灰渣中 C 量：$A_{ar}\times\frac{W_C}{W_A}=\frac{11.8}{100}\times\frac{15}{85}=0.0208$

设 1kg 煤生成的干烟气量为 x Nm^3，则烟气中 C 量：$V_{CO_2}x\times\frac{12}{22.4}$

根据 C 平衡：$C_{ar}=A_{ar}\times\frac{W_C}{W_A}+V_{CO_2}x\times\frac{12}{22.4}$

$$x=\left(C_{ar}-A_{ar}\times\frac{W_C}{W_A}\right)\times\frac{22.4}{12}\times\frac{1}{V_{CO_2}}$$

$$=(0.7-0.028)\times\frac{22.4}{12}\times\frac{1}{0.12}=10.45(Nm^3/kg)$$

$$生成的水蒸气量=\left(\frac{H_{ar}}{2}+\frac{M_{ar}}{18}\right)\times\frac{22.4}{100}=\left(\frac{8}{2}+\frac{4}{18}\right)\times\frac{22.4}{100}=0.95(Nm^3/kg)$$

湿烟气量$=10.45+0.95=11.4(Nm^3/kg煤)$

小时湿烟气生成量$=500\times11.4=5700(Nm^3/h)$

（2）空气量（Nm^3/h）计算

煤中N_2量$=\frac{N_{ar}}{28}\times22.4(Nm^3)$

烟气中N_2量$=V_{N_2}x(Nm^3)$

设1kg煤燃烧所需空气量为$y Nm^3$，则空气中的N_2量$=\frac{79}{100}y(Nm^3)$

根据N_2平衡：$\frac{N_{ar}}{28}\times22.4+\frac{79}{100}y=V_{N_2}x$

$$y=\left(xV_{N_2}-\frac{N_{ar}}{28}\times22.4\right)\times\frac{100}{79}$$

$$=\left(10.45\times0.83-\frac{0.01}{28}\times22.4\right)\times\frac{100}{79}$$

$$=10.92(Nm^3/kg)$$

从上面看出燃料中N_2量与空气中N_2量比较，可以忽略，若忽略煤中N_2量，则：

$$y=xV_{N_2}\times\frac{100}{79}=10.45\times0.83\times\frac{100}{79}=10.98(Nm^3/kg)$$

6.3.3.2 过剩空气系数的计算

假设不存在机械不完全燃烧，通过对烟气成分分析，可计算得到空气过剩系数。这类计算方法较多，常用有氧平衡方法和氮平衡方法。

（1）氮平衡方法

由过剩空气系数的定义可得

$$\alpha=\frac{实际空气量V_\alpha}{理论空气量V_\alpha^0}=\frac{实际空气量}{实际空气量-过剩空气量}=\frac{实际空气中N_2量}{实际空气中N_2量-过剩空气中N_2量} \quad (6\text{-}39)$$

根据氮平衡关系，空气中的N_2量＝烟气中N_2的量－燃料中的N_2量

对于固体、液体燃料，燃料中含氮量与燃烧空气中氮量比较，可以忽略，因此可以认为，空气中的N_2量≈烟气中的N_2量。过剩空气带入的N_2可以根据干烟气成分中N_2的量

及不完全燃烧产物 CO 计算得到，则有

$$\alpha=\frac{[N_2]}{[N_2]-\left([O_2]-\frac{1}{2}[CO]\right)\times\frac{79}{21}} \tag{6-40}$$

式中，$[N_2]$、$[O_2]$、$[CO]$ 为干烟气中各组分的体积分数。

对于气体燃料，燃料中的 N_2 含量较高，不能忽略，但烟气中含有 CO、H_2、C_mH_n 等不完全燃烧产物和过剩的 O_2。此时

$$\alpha=\frac{[N_2]-燃料中N_2量}{([N_2]-燃料中N_2量)-\left\{[O_2]-\left[\frac{1}{2}[CO]+\frac{1}{2}[H_2]+\left(m+\frac{n}{4}\right)[C_mH_n]\right]\right\}\times\frac{79}{21}} \tag{6-41}$$

（2）氧平衡方法

由于技术上的需要，会常用富氧或纯氧燃烧。这时采用氧平衡方法进行计算。

$$\alpha=\frac{实际需氧量}{理论需氧量}=\frac{理论需氧量+过剩氧量}{理论需氧量} \tag{6-42}$$

当燃料完全燃烧时，令 $V_{RO_2}=V_{CO_2}+V_{SO_2}$，引入 K，表示理论需氧量与燃烧产物中 RO_2 的比值$\frac{V_{O_2}^0}{V_{RO_2}}=K$，理论干烟气量为 V_g^0，于是

理论氧量
$$V_{O_2}^0=KV_{RO_2}=KV_g^0[RO_2] \tag{6-43}$$

根据氧平衡，有

$$实际氧量=理论氧量+过剩氧量=KV_g^0[RO_2]+V_g^0[O_2]=V_g^0(K[RO_2]+[O_2]) \tag{6-44}$$

代入式(6-42)，可得

$$\alpha=\frac{K[RO_2]+[O_2]}{K[RO_2]} \tag{6-45}$$

式中的 K 值可根据燃料成分计算，表 6-13 列出常用燃料的 K 值计算结果。

表 6-13　常用燃料的 K 值（近似值）

燃料	K	燃料	K
C	1.0	天然煤气	2.0
CO	0.5	烟煤发生炉煤气	0.75
CH_4	2.0	无烟煤发生炉煤气	0.64
焦炉煤气	2.28	烟煤	1.12～1.16
高炉煤气	0.41	无烟煤	1.05～1.10
重油	1.35		

当燃料不完全燃烧时，烟气中仍有 CO、H_2、CH_4 和炭粒等可燃成分。此 α 值计算式为：

$$\alpha=\frac{K([RO_2]+[CO]+[CH_4])+[O_2]-(0.5[CO]+0.5[H_2]+2[CH_4])}{K([RO_2]+[CO]+[CH_4])} \tag{6-46}$$

6.3.4 燃烧温度计算

燃料燃烧时放出热量，使燃烧产物的温度升高。燃料燃烧时，燃烧产物达到的温度叫燃烧温度。燃烧温度可通过分析燃烧过程中热量收入和热量支出的平衡关系来求出。

在对燃烧系统进行热量平衡时，物料基准为 1kg 或 $1Nm^3$ 燃料，温度基准为 0℃。

（1）收入热量

① 燃料的化学热 Q_{net}　燃料带入系统的化学热为燃料的低位发热量，可以通过测试或通过经验公式计算获得，单位为 kJ/kg（或 kJ/Nm^3）。

② 燃料带入的物理热 Q_f

$$Q_f=c_f t_f-c_{f_0} t_{f_0}\approx c_f t_f \quad kJ/kg(或\ kJ/Nm^3) \tag{6-47}$$

式中　t_f，c_f——燃料温度和对应的比热容，kJ/(kg·℃)。

煤的比热容可按下式计算：

$$c_f=M_{ar}c_{H_2O}+(1-M_{ar})c_{f,d} \tag{6-48}$$

式中　c_{H_2O}，$c_{f,d}$——水和煤的干燥基的比热容。

$c_{f,d}$ 可按表 6-14 选用。

表 6-14　固体燃料的干燥基比热容 $c_{f,d}$　　单位：kJ/(kg·℃)

燃料	温度/℃				
	0	100	200	300	400
无烟煤、贫煤	0.921	0.963	1.047	1.130	1.172
烟煤	0.963	1.089	1.256	1.424	
褐煤	1.089	1.256	1.465		
油页岩	1.047	1.130	1.298		

燃料油的比热容可以按下式计算：

$$c_f=\frac{1}{\sqrt{\rho_{20}}}(53.09-0.107t) \tag{6-49}$$

式中　c_f——燃料油在 t℃时的比热容，kJ/(kg·℃)；

ρ_{20}——燃料油在 20℃时的密度，kg/m^3。

气体燃料的平均比热容按照气体燃料组成加权平均，即

$$c_f=\sum X_i c_i \tag{6-50}$$

式中　X_i，c_i——燃料中某组分的体积分数和对应的比热容。

常用气体燃料的定压比热容也可按表6-15查得。

表6-15　常用气体燃料的定压比热容 c_p　　单位：kJ/(Nm³·℃)

温度/℃	天然气	发生炉煤气	焦炉煤气
0	1.55	1.32	1.41
200	1.76	1.35	1.46
400	2.01	1.38	1.55
600	2.26	1.41	1.63
800	2.51	1.45	1.70
1000	2.72	1.49	1.78
1200	2.89	1.53	1.87
1400	3.01	1.57	1.96

③ 空气带入的物理热 Q_a　忽略空气中水蒸气带入的物理热，则空气引入物理热为

$$Q_a = V_a c_a t_a \tag{6-51}$$

式中　t_a，c_a——空气预热温度与对应的空气平均比热容。

（2）支出热量

① 燃烧产物的物理热 Q：

$$Q = Vct_p \text{(kJ/kg 或 kJ/Nm}^3\text{)} \tag{6-52}$$

式中　V——实际烟气量，Nm^3/kg 燃料（或 Nm^3/Nm^3 燃料）；

t_p——烟气实际温度，即实际燃烧温度；

c——烟气的比热容，kJ/(Nm³·℃)。

烟气的平均比热容仍可采用组成加权平均，利用式(6-50)进行计算。也可根据不同燃料种类查表进行近似计算，如表6-16所示。

表6-16　不同燃料燃烧生成的燃烧产物的平均定压比热容 c_p

单位：kJ/(Nm³·℃)

温度/℃	燃料种类			
	煤	重油	发生炉煤气	焦炉煤气
0	1.36	1.36	1.36	1.36
200	1.41	1.41	1.41	1.39
400	1.45	1.44	1.45	1.43
600	1.49	1.47	1.49	1.46
800	1.53	1.52	1.53	1.50
1000	1.56	1.55	1.56	1.54
1200	1.59	1.59	1.60	1.57

续表

温度/℃	燃料种类			
	煤	重油	发生炉煤气	焦炉煤气
1400	1.62	1.62	1.62	1.60
1600	1.65	1.63	1.65	1.62
1800	1.68	1.65	1.68	1.64
2000	1.69	1.67	1.69	1.66

② 由燃烧产物传给周围物体的热量 Q_t，kJ/kg（或 kJ/Nm^3）。

③ 由于机械不完全燃烧造成的热损失 Q_{ml}，kJ/kg（或 kJ/Nm^3）。

④ 由于化学不完全燃烧造成的热损失 Q_{ch}，kJ/kg（或 kJ/Nm^3）。

⑤ 高温下热分解所消耗的热量 Q_{dt}，燃烧产物中部分 CO_2 和 H_2O 在高温下发生热解所消耗的热量，kJ/kg（或 kJ/Nm^3）。

⑥ 灰渣带走的物理热 $Q_{a,s}$，kJ/kg（或 kJ/Nm^3）。

（3）实际燃烧温度

根据热量平衡原理，当输入燃烧室的热量与支出的热量相等时，燃烧产物即达到一个相对稳定的燃烧温度。此温度即是实际燃烧温度 t_p。列出热量平衡关系式

$$Q_{net}+Q_f+Q_a=Q+Q_t+Q_{ml}+Q_{ch}+Q_{dt}+Q_{a,s} \tag{6-53}$$

可得，燃烧温度

$$t_p=\frac{Q_{net}+c_f t_f+V_a c_a t_a-(Q_t+Q_{ml}+Q_{ch}+Q_{dt}+Q_{a,s})}{Vc} \tag{6-54}$$

影响实际燃烧温度的因素很多，且这些因素会随着燃烧设备的结构、操作性能和燃烧方式等而变化。因此，很难精确计算出实际燃烧温度，为便于分析与研究，对实际燃烧过程通过一定假设简化，建立理论燃烧温度和量热式燃烧温度的概念。

（4）理论燃烧温度

在稳态、绝热（$Q_t=0$）、完全燃烧（$Q_{ml}=0$，$Q_{ch}=0$）条件下，如果输入燃烧室的全部热量都用来提高燃烧产物的温度，则称该温度为理论燃烧温度或绝热火焰温度，常用 t_{th} 表示。

通常灰渣带走的热量很小，可认为 $Q_{a,s}\approx 0$。则理论燃烧温度为

$$t_{th}=\frac{Q_{net}+Q_f+Q_a-Q_{dt}}{Vc} \tag{6-55}$$

（5）量热式燃烧温度

假设燃烧在绝热系统中完全燃烧，温度低于1800℃情况下，热分解很少发生，可以不考虑燃烧产物在高温下的热分解，即 $Q_{dt}\approx 0$，此时计算得到的燃烧温度为量热式燃烧温度，用 t_m 表示。

$$t_m=\frac{Q_{net}+c_f t_f+V_a c_a t_a}{Vc} \tag{6-56}$$

量热式燃烧温度与燃烧过程无关，仅与燃料性质有关，是从燃烧温度评价燃料性质的一个指标。

由于燃烧过程及燃烧设备的复杂性，很难准确获得燃烧过程中各项热量损失的数据。在实际燃烧温度计算中，通常根据不同燃烧方式和燃烧设备在实际操作中总结的经验，得到实际燃烧温度与量热式燃烧温度之间的比值，即高温系数，用 η 表示。通过理论燃烧温度估算实际燃烧温度。

$$\eta=\frac{t_p}{t_m} \tag{6-57}$$

$$t_p=\frac{Q_{net}+c_f t_f+V_a c_a t_a}{Vc}\times\eta \tag{6-58}$$

无机非金属材料生产中不同窑炉的高温系数见表6-17。

表6-17　不同窑炉的 η 值

窑炉类型	使用燃料	η 值
玻璃池窑	重油、煤制气	0.65～0.75
水泥回转窑	煤粉	0.70～0.75
水泥干法窑	煤粉	0.75～0.80
陶瓷隧道窑	气体燃料	0.65～0.70
陶瓷倒焰窑	气体燃料	0.73～0.78

在燃烧温度计算时，由于烟气平均比热容 c 随温度而变化，因此需采用迭代法进行计算。

【例6-5】 已知某发生炉煤气的低位发热量为 $Q_{net}=5758\text{kJ/(Nm}^3\cdot℃)$；燃烧所需的空气量为 $V_a=1.315\text{Nm}^3/\text{Nm}^3$ 煤气；实际烟气量为 $V=2.07\text{Nm}^3/\text{Nm}^3$ 煤气；发生炉煤气温度 t_f 与空气温度 t_a 均为20℃，其中空气在0～20℃的平均比热容为 $1.296\text{kJ/(Nm}^3\cdot℃)$。如果燃烧设备的高温系数为0.78，计算燃料燃烧过程的实际燃烧温度。

解　查表6-16可知，0～20℃发生炉煤气的平均比热容为 $1.32\text{kJ/(Nm}^3\cdot℃)$，则：

$$t_p=\frac{Q_{net}+c_f t_f+V_a c_a t_a}{Vc}\times\eta$$

$$=\frac{5758+1.32\times20+1.315\times1.296\times20}{2.07c}\times0.78=\frac{4538.4}{2.07c}$$

即

$$2.07ct_p=4538.4$$

设 $t_p^{(1)}=1500℃$，查表6-16得 $c'=1.635$，计算得到 $t_p^{(2)}=1341℃$，此温度下 $c''=1.62$。进行第2次计算。

$$2.07\times1.62t_p=4538.4$$

得到 $$t_p^{(3)}=1353.4℃$$

$$\frac{1353.4-1341}{1341}\times 100\%=0.92\%$$

经过两次迭代计算得到的结果相对误差为0.92%，能够满足工程要求。由此可得此燃烧过程的实际燃烧温度为1353.4℃。

（6）影响实际燃烧温度的主要因素

① 燃料种类　选用高发热量的燃料，实际燃烧温度提高。当Q_{net}增加速度与烟气量的速度相对应时，对t_p的影响不显著。如甲烷（CH_4）发热量约为戊烷（C_5H_{12}）的1/4，但产生的烟气量是C_5H_{12}的1/4，故理论燃烧温度仅低几十度。

② 过剩空气系数　当$\alpha<1$时，空气量不足，产生化学不完全燃烧，使t_p降低。若α过大，燃烧产生的烟气量过多，也会使t_p降低。所以在实际运行中，在保证燃料完全燃烧的前提下，应尽可能采用α接近于1，以提高燃烧温度。

在纯氧或富氧燃烧时，燃料的燃烧温度比在空气助燃情况下要高。燃料相同条件下，燃烧温度随着富氧程度提高而增大。助燃气体中氧气含量小于40%（体积分数）时，氧含量变化对燃烧温度的影响比较显著；当氧含量大于40%，提高富氧程度对燃烧温度的影响逐渐减缓。

③ 燃料和空气的预热温度　对燃料、空气进行预热，增加燃料与空气的物理显热，而又不会引起燃烧后烟气量的增多，可以有效地提高燃烧温度。对于固体燃料，不易预热。液体燃料的预热受黏度和安全等条件限制。通常采用空气预热的方法。对于发热量的气体燃料，预热空气的效果更加显著在实际工程中，大多采用烟气余热来预热燃料和空气，它不仅提高了预热温度，而且又降低了排烟温度，有利于节能。

④ 燃烧设备的保温　加强燃烧室或窑炉的保温，以减少散热；增加小时燃料燃烧量，以减少每千克燃料的散热损失。但此时应注意传热速度，若传热速度不能相应增加，则往往会使烟气离窑的温度提高，使热效率降低，不符合经济要求。

6.4 燃料的燃烧过程

燃烧是指燃料中的可燃物与空气产生剧烈的氧化反应，产生大量的热量并伴随有强烈发光的现象。

各种不同类型燃料的可燃成分可归纳为两种基本组成，即可燃气体与固态炭。气体燃料的燃烧，即是可燃气体的燃烧。对于液体燃料，在加热汽化后形成气态烃类，高温缺氧情况下裂解生成固态炭及小分子烃类或氢，由此液体燃料的燃烧可看作是可燃气体与固态炭的燃烧。固体燃料在受热时，挥发分逸出，剩下可燃物为固态炭，固体燃料的燃烧实质上也是可燃气体与固态炭的燃烧。研究燃料的燃烧过程可以分别从研究两种基本可燃成分的燃烧过程进行。

燃烧可产生火焰，而火焰又能在适合的可燃介质中自行传播。这种火焰能自行传播的特性是燃烧反应区别于其他化学反应的最主要特征。

燃烧可分为普通的燃烧和爆炸性燃烧两种类型。普通的燃烧亦即正常的燃烧现象，靠燃烧层的热气体传质传热给邻近的可燃气体混合物层而实现火焰的传播。在火焰传播过程中，传播速度较小（不大于1～3m/s），燃烧时压力变化较小，一般可视为等压过程。另一种是爆炸性燃烧，系靠压力波将可燃气体混合物加热至着火温度以上而燃烧，通常是在高压、高温下进行。火焰传播速度大，为1000～4000m/s。工业窑炉的燃料燃烧过程均属于普通的（正常的）燃烧。

6.4.1 燃烧过程的基本理论

6.4.1.1 着火温度

任何燃料的燃烧过程一般可分为两个阶段：着火阶段和燃烧阶段。在着火阶段，燃料与氧化剂进行缓慢氧化反应，氧化反应释放的热量只是提高可燃混合物的温度和累积活化分子。燃烧阶段中反应进行得很快，并发出强烈的光和热。由缓慢氧化反应转变为剧烈氧化反应的瞬间为着火，转变时的最低温度为着火温度。

着火实质是使燃烧反应加速，产生这种加速过程的基本原因主要是高温，因此，往往用热平衡的观点研究着火过程。

以煤气与空气混合物温度着火燃烧为例，燃料的氧化反应为放热反应，混合气体温度上升。燃料氧化反应的放热速率为

$$Q_1 = K e^{\frac{-E}{RT}} \tag{6-59}$$

式中 E——活化能，kJ/kmol；

R——气体常数，kJ/(kmol·K)。

当气体温度 T 高于外界温度 T_0 时，向外界散失热量，即

$$Q_2 = k(T - T_0) \tag{6-60}$$

把式(6-59) 和式(6-60) 的放热曲线和散热曲线绘制在 T-Q 指标上，如图6-3所示。当混合物气体温度 T 在 T_A 和 T_B 之间，由于 $Q_{放} < Q_{散}$，温度会逐渐下降到 A，A 点是稳定点。如果 $T > T_B$，$Q_{放} > Q_{散}$，反应会不断加速，混合物持续上升，直至反应完成。由于外界环境变化，周围介质温度 T_0 提高到 T_0'，散热曲线就会从Ⅰ下移到Ⅱ，放热曲线与散热曲线出现相切。切点 C 是稳定情况存在的极限点，即能够着火燃烧的极限温度（最低温度），C 点对应温度 T_C 为该体系的着火温度。当周围介质温度比 T_0' 高时，$Q_{放}$ 总是大于 $Q_{散}$，温度升高，反应加速，发生自燃现象。

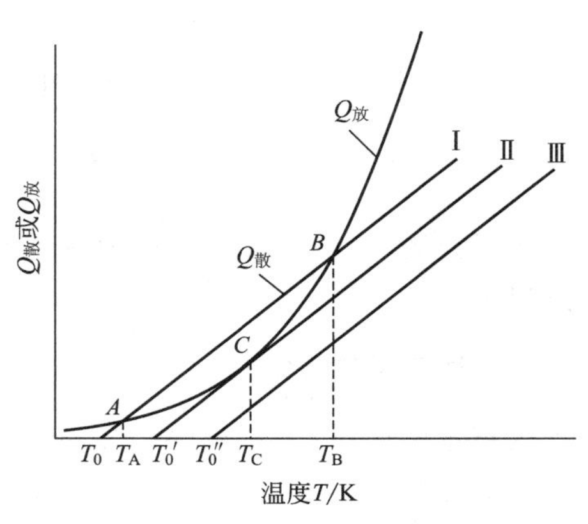

图6-3 放热与散热曲线

从上述分析可知，着火温度是在一定条件下燃料稳定燃烧的最低温度，它并不是一个定值。当氧化反应速率增加（放热速率提高），或散热速率降低时，均使着火温度降低。着火

温度不仅与可燃气体混合物的组成及参数有关，还与散热条件有关。提高混合气体的压力或周围介质的温度，均可使着火温度降低。

工业燃烧技术中，通常采用点火的方法使燃料开始燃烧。点火的热源可以是局部火焰、高温物体或电火花，其特点是从局部开始燃烧，依靠传递过程升温不断加速反应，达到着火温度。

6.4.1.2 可燃气体的燃烧

已有的研究表明，可燃气体的燃烧过程不像化学反应式那么简单，而是一系列链式反应。链式反应的产生必须要有链式刺激物（中间活性物）的存在，如 H、O 及 OH。它们是由于分子间的互相碰撞、气体分子在高温下的分解或电火花的激发而产生。

（1） H_2 的燃烧

氢的燃烧反应是按连续分支链式过程进行的，H 为链式刺激物，其链式反应方程如下：

H
O + H_2
H_2O
OH + H_2
H + O_2
H_2O
H_2
H
OH + H_2
H
H

总的反应是 $H+3H_2+O_2 \longrightarrow 2H_2O+3H$，即一个活性氢原子经反应可产生三个活性氢原子，因此燃烧速度增加极快。在上述的链式反应过程中，以 $H+O_2 \longrightarrow OH+O$ 的反应最慢，它控制着整个链式反应的总速度。

（2） CO 的燃烧

CO 的燃烧与氢相似，是以 H 和 OH 为中间活性物，其链式反应过程如下：

O + CO ⟶ CO_2
H + O_2
OH + CO ⟶ CO_2
H

有研究表明，适量的 H_2O 有利于 CO 的燃烧，最佳值为 7%～9%，水分过多，会降低燃烧温度。

（3）气态烃的燃烧

气态烃的燃烧，比 H_2 和 CO 的燃烧更复杂些，现以甲烷为例，其链式反应过程为：

O
CH_4 + O ⟶ CH_4O + O_2
H_2O
H_2O
CH_4O_2
HCOOH
HCHO + O_2
CO + O ⟶ CH_2
O……………………

在此，O 活性原子的反应是刺激物，甲醛的存在可产生 O 活性原子刺激物，对烃类的燃烧有利。甲烷的氧化反应速度除了 O_2 与 CH_4 和浓度有关以外，与温度和压力有关。分子结构相对简单的甲烷和甲醛的燃烧机理如此复杂，其他高分子烃类的燃烧复杂性可想而知。目前一些研究正在进行，待继续探讨。

由此可知，可燃气体的燃烧，是按链式反应进行的。当可燃气体与空气的混合物加热至着火温度后，要经过一定的感应期后，才能迅速燃烧。在感应期内不断生成含有高能量的中间活性物，此期间没有放出大量热量，故不能立即使邻近层气体温度升高而燃烧。这一现象叫延迟着火现象。延迟着火时间不仅与可燃气体的种类有关，也与温度及压强有关。温度愈高、压强愈大，延迟着火时间愈短。

6.4.1.3 固态炭的燃烧

煤经过热解和挥发分析出以后，剩下的结构类似石墨，由很多晶粒组成的焦炭。液体燃料在一定条件下分解成固体炭黑。因此，炭的燃烧速度决定了燃料的燃烧速度、温度及燃烬时间。

碳的燃烧是气-固两相反应的物理-化学过程。O_2 扩散至炭粒表面与它作用，生成 CO 及 CO_2 气体再从表面扩散出来。

（1）碳和氧反应的机理

关于碳和氧反应的机理，有不同的说法。Hottel 在分析研究燃烧速度的同时对固体燃料的燃烧机理也进行了研究，提出了碳燃烧机理的四种可能性：

① 碳在表面完全氧化生成二氧化碳

$$C+O_2 \longrightarrow CO_2$$

② 碳在表面仅氧化为一氧化碳

$$C+\frac{1}{2}O_2 \longrightarrow CO$$

③ 碳在表面仅氧化成一氧化碳，然后在离表面很近的气膜中与扩散进来的氧反应生成二氧化碳，称为一氧化碳滞后燃烧。

$$C+\frac{1}{2}O_2 \longrightarrow CO$$

$$CO+\frac{1}{2}O_2 \longrightarrow CO_2$$

④ 氧气完全消耗于滞后燃烧，故没有到达固体表面。固体表面只有从气相扩散过来的二氧化碳，所以产生还原反应（Boudouard 反应）：

$$C+CO_2 \longrightarrow 2CO$$

CO 向外扩散，在颗粒四周的滞后燃烧层燃烧而变成 CO_2

$$CO+\frac{1}{2}O_2 \longrightarrow CO_2$$

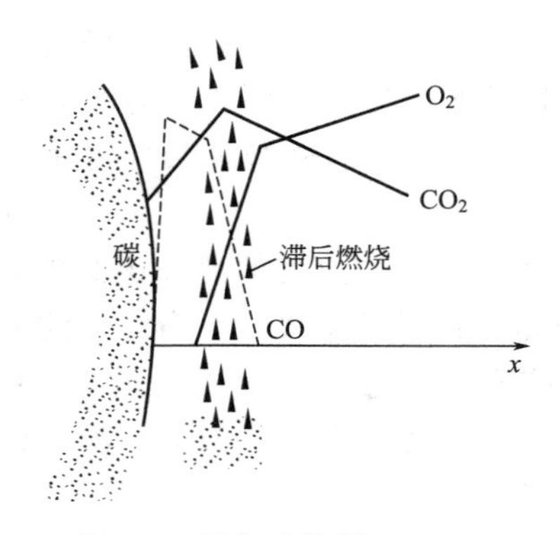

图 6-4　燃烧炭粒附近 CO_2、CO、O_2 浓度的变化

因此二氧化碳向两个方向即固体表面和外界扩散。碳表面附近，O_2、CO 和 CO_2 的浓度变化可见图 6-4。

试验还发现当炭粒表面有水时，会发生气化反应：$C+H_2O \longrightarrow CO+H_2$。工业所用的燃料总是含有水分，燃烧后的烟气里一定有水蒸气存在，会对燃烧有一定的催化作用。

（2）燃烧反应过程控制机理

上述假设有个共同点，即要使碳迅速燃烧，O_2 必须扩散到炭粒表面，在高温下与碳氧化生成碳氧化合物，碳氧化合物必须迅速从碳表面扩散，以使 O_2 再不断扩散至炭粒表面。因此碳的燃烧是氧化反应与扩散过程的结合，其燃烧速率与化学反应速率和扩散速率有关。

假设碳的氧化反应为一级反应，化学反应速率为

$$V_g = kc'_{O_2} \tag{6-61}$$

式中　c'_{O_2}——炭粒表面气相中氧的浓度；

k——化学反应速率常数。

扩散速率可按下式计算

$$V_d = h_d(c''_{O_2} - c'_{O_2}) \tag{6-62}$$

式中　c''_{O_2}，c'_{O_2}——气流中心、炭粒表面氧的浓度；

h_d——扩散系数。

在平衡条件下，$V_d = V_g = V$，将式(6-61) 和式(6-62) 合并整理后，可得，

$$c''_{O_2} = V\left(\frac{1}{k} + \frac{1}{h_d}\right)$$

则，碳的燃烧速率为

$$V = \frac{c''_{O_2}}{\dfrac{1}{k} + \dfrac{1}{h_d}} = \frac{c''_{O_2}}{\dfrac{1}{K}} \tag{6-63}$$

式中　K——总的燃烧速率常数，$K = \dfrac{1}{\dfrac{1}{k} + \dfrac{1}{h_d}}$。

按照反应速率和扩散速率随温度的变化，炭粒燃烧可分为动力区、扩散区和过渡区。

低温时，$t < 1000℃$，化学反应速率常数非常小，$k \ll h_d$，$1/h_d$ 项可忽略，则 $K \approx k$，燃烧速率决定于化学反应速率常数 k，燃烧速率随着温度升高而加剧增加，与气流速率无关。此时，化学反应能力控制了碳燃烧速率，称其为动力燃烧区。由于化学反应速率受温度的影响显著，因此提高燃烧环境温度是提高燃烧速率的最有效方式。

当温度升高到 1400℃以上，$k \gg h_d$，此时 $K \approx h_d$。碳燃烧过程中化学反应速率大大快于氧气的扩散速率，燃烧速率决定于扩散系数 h_d，燃烧速率不随燃料性质而变化，与温度

关系也不大，但气流速率的影响明显。燃烧速率服从于扩散，扩散能力控制燃烧速率，此阶段称为扩散燃烧区。此时改变温度对提高碳燃烧速率的影响不太明显，提高氧气浓度或增加气流紊流程度对提高燃烧速率则更加有效。

过渡区介于动力区和扩散区之间、提高温度和扩散速度都可以提高燃烧速度。

6.4.1.4 火焰及其传播

火焰是由于燃料和空气混合连续燃烧与流动而形成的高温发光体。

在静止的可燃气体与空气的混合物中，当某一局部地区着火燃烧，在燃烧处就形成了燃烧焰面。由于燃烧产生大量的热，使该处温度提高，以热传导的方式传给邻近一层的气体，使其达到着火温度以上而燃烧，并形成新的燃烧焰面，这种焰面不断向未燃气体方向移动的现象叫火焰的传播（扩散）现象。火焰面移动的速率称火焰传播（扩散）速率，其方向与焰面垂直，故又称法向火焰传播速率，以 m/s 表示。火焰传播速率也可理解为单位时间内在火焰单位面积上所燃尽的可燃物量 $[m^3/(m^2 \cdot s)]$，也称为燃烧速率。

燃烧焰面实质就是未燃气体与燃烧产物的分界面，在这个分界面上进行热量交换和质量交换。燃烧反应只在极薄的一层燃烧焰面内进行。

可燃气体与空气的混合气体以一定速率流动，当气流速率与火焰传播速率方向相反、数值相等时，得到稳定的火焰。稳定火焰实质上是个动态平衡。每个燃烧质点在自身向前运动的过程中为填补空缺位置的另一个燃烧质点创造了燃烧着火的准备条件。也即，可以理解为火焰本身在向相反方向传播。

影响火焰传播速率的因素有以下几个方面。

① 燃气种类与组成　燃料的相对分子质量越大，可燃性的范围就越窄。相对分子质量是热扩散性能的函数。碳原子数小的燃料，其层流火焰速率较大。H_2 的火焰传播速率远比 CH_4 大，主要是因为 H_2 的热导率较 CH_4 大所致。

② 燃气与空气比例　在气体混合物中，只有一定浓度范围内的火焰才能传播。火焰传播的上、下限值是可燃气体与空气混合物中可燃气体的最高与最低含量。当混合物中增加惰性气体（如 CO、N_2 等）含量时，会使火焰传播的浓度范围缩小。可燃气体浓度超过火焰传播范围，燃烧放出的热量不足以将邻近层的气体加热到着火温度以上，火焰不能够持续传播。另外，火焰传播速率随着可燃气体与空气比例而变化。在过剩空气系数 α 值接近于 1 而略小于 1 时，出现最大值。

③ 混合气体压力和温度　提高气体混合物的初温，可使邻近层的混合气体较早地达到着火温度而燃烧。火焰传播速率与化学反应速率有关，压强会影响化学反应速率，火焰传播速率随着压强下降而降低。

④ 燃烧管道的尺寸　增加燃烧管的尺寸时，管壁的冷却效应降低，可使单位体积气体的散热量相对地减少，因而均可提高火焰的传播速率。

对湍流燃烧，火焰传播速率还与湍流参数（湍流强度、湍流尺寸等）有关。

当可燃气体与空气的混合物经烧嘴喷出而燃烧时，如果在点燃处火焰法线方向气流分速率大于其火焰传播速率，则火焰根部不断向前移动，最后火焰根部稳定在两者速率相等处，形成稳定火焰。若气体喷出速率较火焰扩散速率小很多时，则火焰根部可能移至烧嘴中，发生“回火”而有产生爆炸的危险。若气流喷出速率远大于其火焰传播速率，则火焰根部不断向前移动，使混合物喷出后不能预热到着火温度而燃烧，发生“脱火”现象，有完全熄火的危险。

要保证火焰稳定燃烧，应由火焰传播速率来控制可燃气体与空气混合物的喷出速率，说明火焰传播速率在烧嘴设计及操作上有着重要意义。

在材料的生产过程中，一般根据工艺要求控制燃烧火焰的长度、性质、刚度。

火焰长度的控制是通过燃烧方法的选择及气流速率的调整来实现的。

火焰的性质，系指火焰气氛，有氧化焰、还原焰、中性焰之分。氧化焰是指燃烧产物中含一定量 O_2 而无 CO 或只有极微量的 CO 存在时的火焰。还原焰的燃烧产物中含一定量的 CO。通常把燃烧气体中 CO 含量低于 2%时称弱还原气氛，CO 含量在 3%～5%时称强还原气氛。中性焰指燃烧气体中既无氧亦无 CO 存在时的火焰，实际上很难达到，一般只能是接近于中性焰。生产中常根据需要控制火焰气氛，例如：当陶瓷原料中钛含量高而铁含量低时，宜在氧化焰中烧成，使钛处于高价而呈白色。在浮法玻璃池窑中，为避免炭粉的过早氧化，往往在 1 号、2 号小炉保持还原焰燃烧。

火焰的刚度，系指火焰的刚直情况，它与喷出气流的速率有关。流速大，则刚度好。当流速小时，由于过剩几何压头的作用，热气流产生向上方向的分速度，而使气流不易按原定方向前进。在玻璃池窑中要求火焰具有一定的刚度。

6.4.2 不同燃料的燃烧过程

6.4.2.1 气体燃料的燃烧

气体燃料的燃烧一般包括三个基本过程：燃料与空气的混合，混合气体升温着火，燃烧。相对于着火、燃烧过程，混合过程要缓慢许多，因此混合速度和混合程度对燃烧速度和燃烧完全程度起着决定性作用。根据燃气与空气的混合方式，可将燃烧分成预混燃烧和非预混燃烧（扩散燃烧）。

（1）扩散燃烧

扩散燃烧是指气体燃料在烧嘴内完全不与空气混合，喷出后扩散作用使两种气体混合和燃烧。燃气和空气在燃烧室内边混合边燃烧，使它在高温下发生裂解，析出微小炭粒，炭粒燃烧辐射出可见光波，呈现出明亮火焰。由于燃烧过程较慢，火焰长而亮，有明显轮廓，所以又称为长焰燃烧、有焰燃烧。

在扩散燃烧中，燃料与空气混合依靠它们之间的质量扩散，扩散燃烧速度主要取决于扩散速率。流动介质中的质量扩散过程与流动状态有关，层流状态下，以分子扩散方式进行。湍流状态，由于大量质点的无规则运动强化了扩散，使燃料与空气之间的质量扩散增加，实现强化燃烧。

气体燃料以层流流动射流进入空气，形成层流扩散火焰。燃料分子向空气扩散，空气向燃料气体扩散，在某一界面上，燃料与空气混合物的浓度达到化学当量比，点火后便可形成燃烧焰面。在燃烧焰面上，$\alpha=1$，燃料与空气中 O_2 完全反应。如果火焰前锋 $\alpha<1$，有过剩燃料存在，燃料扩散到火焰外侧空间，与空气混合继续燃烧，使焰面向外移动到 $\alpha=1$ 的表面。如果火焰前锋 $\alpha>1$，多余的 O_2 向可燃气体扩散，与火焰内燃料混合燃烧，使焰面向内移动到 $\alpha=1$ 的表面。如图 6-5 所示。火焰面内侧为气体燃料和燃烧产物，外侧为空气和燃烧产物。空气通过混合区向燃烧焰面扩散，气体燃料通过混合区向燃烧焰面扩散。燃烧焰面内温度高，燃烧的速率比扩散速率大，只要空气、燃料达到化学计量比，便可立即燃尽，所以燃烧焰面很薄。

当气体燃料流动速率为湍流时，扩散过程由分子扩散转变为气体团扩散，燃烧状态为湍流射流扩散。火焰长度和火焰状态随火焰喷出速率变化，如图 6-6 所示。在层流区，燃料喷出速率增加，火焰逐渐变长。进入湍流状态，火焰前部明显起皱，并逐渐向根部扩展，火焰长度开始缩短。当火焰长度缩短到一定值后，并基本维持不变，火焰长度与喷出速率无关。

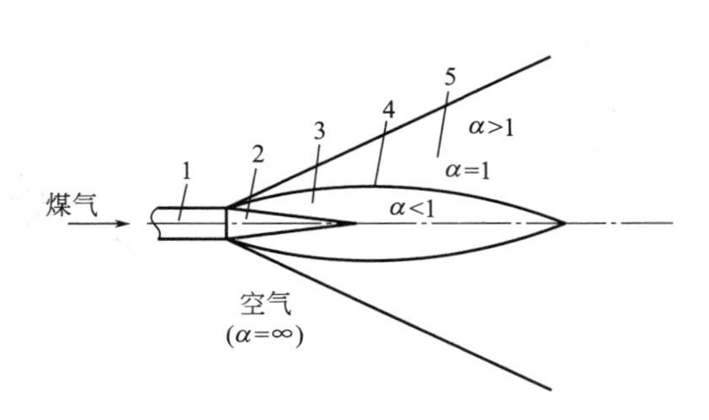

图 6-5　层流扩散火焰

1—单管喷嘴；2—火焰冷核心（纯煤气）；3—煤气和燃烧产物混合内区（$\alpha<1$）；4—燃烧焰面（$\alpha=1$）；5—空气和燃烧产物混合外区（$\alpha>1$）

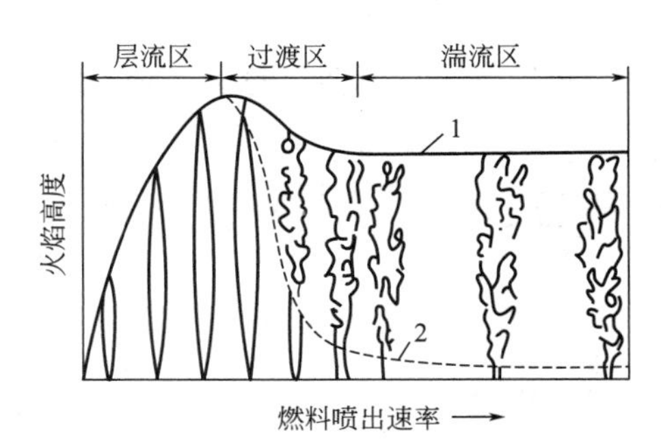

图 6-6　喷出速率与扩散火焰形状的关系

1—破裂点包络线；2—火焰长度包络线

与其他燃烧方法比较，扩散燃烧有如下特点：

① 火焰较长，需要较大的燃烧空间。它的燃烧速率主要决定于空气、煤气的混合速率。因此，强化燃烧过程的主要手段是改善空气、煤气的混合条件。

② 烧嘴的结构对空气、煤气的混合速率起着决定性的作用。因此，当其他条件一定时，通过改变烧嘴的结构，就可以得到不同燃烧速率和火焰长度，但应取较大的过量空气系数（$\alpha=1.15\sim1.25$），否则会出现不完全燃烧现象。

③ 燃烧速率慢，火焰较长，在火焰长度方向上温度分布较均匀。在高温缺氧的条件下，煤气中的重碳氢化合物容易裂解，生成炭黑，造成机械不完全燃烧。同时火焰中生成的炭黑，提高了火焰黑度和辐射换热强度。

④ 不需要很高的煤气压力，在一般情况下，只要有 500～3000Pa 即可，所以常把有焰烧嘴称为低压烧嘴。

⑤ 由于燃料与空气不预先混合，无回火和爆炸的危险，可以将空气、煤气预热到较高的温度，有利于提高炉温和节约燃料。

（2）预混燃烧

预混燃烧是可燃气体预先按照一定比例均匀混合，形成可燃混合气体后燃烧。燃烧速率取决于化学反应速率，燃烧受化学动力学因素控制。也称为动力燃烧。

若预混空气少于燃烧所需，即 $0<\alpha<1$，为半预混燃烧；若燃料与燃烧所需空气全部预先混合，即 $\alpha>1$，为全预混燃烧。

图 6-7 为半预混燃烧的火焰情况。火焰由内焰和外焰两个锥体组成，可燃混合物内 $\alpha<1$，形成一个内锥，同时产生一个外锥。在内锥燃烧焰面上未燃烧的燃料依靠射流从周围吸

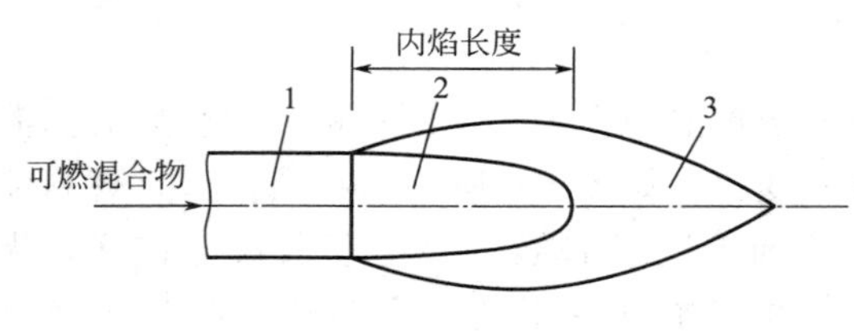

图 6-7　短焰燃烧火焰

1—喷嘴；2—内焰（$\alpha<1$）；3—外焰

入空气并与之混合，继续燃烧，至外锥才燃烧完全。这种燃烧方式，燃烧速度较快，火焰较短，又称为短焰燃烧。

全预混燃烧是燃料与空气在烧嘴内完全混合（$\alpha\geqslant1$），喷出后立即燃烧的一种燃烧方法。此时火焰中只有一个锥形燃烧焰面。在燃烧焰面上大部分燃料被燃烧，剩余的部分燃料在燃烧焰面上继续燃烧。由于燃烧速度快，火焰短而透明，无明显轮廓，全预混燃烧又称为无焰燃烧。

微课22

预混燃烧

预混燃烧与其他燃烧方法比较有如下特点：

① 燃烧过程短，火焰短，需要的燃烧空间小，容积热负荷大，高温区集中。若供风充分，不会发生化学不完全燃烧。燃烧速度主要决定于化学反应速度。因此，改善燃烧过程的有效手段是提高燃烧室温度。

② 过剩空气系数小，$\alpha=1.05\sim1.1$，所以燃烧温度高，排烟热损失少。

③ 由于燃烧速度快，煤气中的碳氢化合物来不及分解，火焰中游离炭粒较少，所以火焰黑度小，不发光，为蓝色透明体。为提高火焰黑度，增强火焰的辐射能力，可人为地在局部提高煤气浓度或喷入重油、煤粉等可燃粒子。

④ 对于喷射式烧嘴，要求煤气有足够的压力，以免引起回火，或因引风量不足而出现燃烧不完全现象。煤气发热量越大，要求煤气的压力越高。

⑤ 有回火和爆炸的危险，要严格控制空气、煤气预热温度。且燃气与助燃空气比例越接近于化学当量比，燃烧效率越高，火焰传播速率越快，火焰稳定范围越小，越容易回火。

6.4.2.2　燃料油的燃烧

燃料油的燃烧方法通常有汽化燃烧和雾化燃烧两种。汽化燃烧方法是将燃料油蒸发裂化制成油气，再按煤气来燃烧。油气制取要经过加热、蒸发汽化、高温裂化、洗涤短过程。对容易蒸发的燃料油，例如汽油和柴油，过程相对简单，但油源紧张且价昂。对于难以蒸发的燃料油，例如重油，设备相对复杂并且制造气过程要散失不少热量。雾化燃烧方法是将重油喷成雾滴，再与空气混合燃烧。重油喷成雾滴极大地增加了重油与空气的接触面积。据计算，$1cm^3$ 的油分散成直径为 $40\mu m$ 的雾滴时，其表面积增加 250 倍。重油与空气充分混合，燃烧迅速又完全。雾化燃烧法只需要满足要求的烧嘴，可以使用品位低的油品，其火焰能够满足工业要求。雾化燃烧方法是材料工业生产中常用的燃烧方法。

（1）重油的雾化燃烧过程

雾化燃烧法的燃烧过程如下：

油雾化成滴

→油滴裂化：急剧受热到500～600℃时，裂化对称进行，生成较轻的碳氢化合物，有足够氧存在时很快燃烧。急剧受热到650℃以上时裂化不对称进行，轻的碳氢化合物呈气体逸出，剩下游离炭粒和难以燃烧的重碳氢化合物，形成“结焦”；如果随烟气排出，即能见到黑烟。

↓

油滴蒸发成油气

C_nH_m（液）⟶ C_nH_m（气）$-Q$

（由于油沸点低，低温下即能蒸发，且系由油滴表面逐步向中心扩展的过程）

→油气与空气混合燃烧：

$$C_nH_m+\left(\frac{m}{4}+n\right)O_2 \longrightarrow nCO_2+\frac{m}{2}H_2O+Q$$

$$C_nH_m+\frac{n}{2}O_2 \longrightarrow nCO+\frac{m}{2}H_2+Q$$

$$C_nH_m+\left(\frac{m}{4}+\frac{n}{2}\right)O_2 \longrightarrow nCO+\frac{m}{2}H_2O+Q$$

$$C_nH_m+nH_2O \longrightarrow nCO_2+\left(\frac{m}{2}+n\right)H_2-Q$$

$$C_nH_m+nCO \longrightarrow 2nCO+\frac{m}{2}H_2-Q$$

→

$$2CO+O_2 \longrightarrow 2CO_2$$

$$2H_2+O_2 \longrightarrow 2H_2O$$

→高温下缺氧时发生热解：

$$C_nH_m \longrightarrow 游离\ nC+\frac{m}{2}H_2-Q$$

$$C_nH_m \longrightarrow \left(n-\frac{m}{4}\right)C+\frac{m}{4}CH_4-Q$$

产生含少量 H_2 的炭粒，称油烟粒。随烟气排出时即冒黑烟，或者进行下列还原反应：

$$C+H_2O \longrightarrow CO+H_2-Q$$

$$C+CO \longrightarrow 2CO_2-Q$$

$$CH_4+H_2O \longrightarrow CO+3H_2-Q$$

$$CH_4+CO_2 \longrightarrow 2CO+2H_2-Q$$

→有足量空气时很快燃烧

（2）重油的雾化方法

根据雾化原理，工程上常见的雾化方法有以下三种：压力式、气动式和旋转式（图 6-8）。

压力式又称机械式。这类装置利用喷中级内油压与喷嘴外气压之差使燃油以高速从喷孔中喷出，见图 6-8（a）。

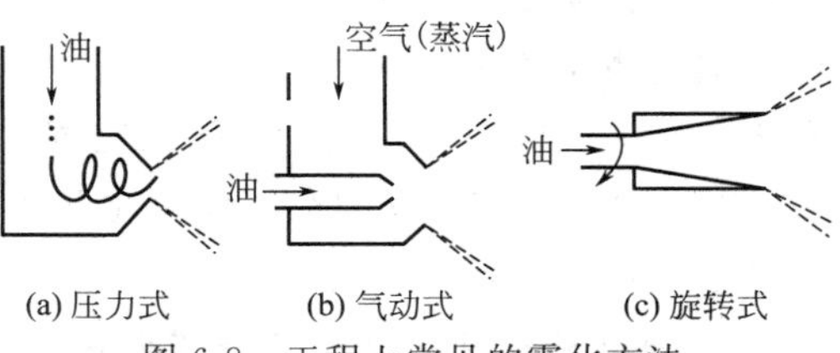

图 6-8　工程上常见的雾化方法

液体燃料的雾化燃烧过程由燃料雾化、液滴汽化、燃料与空气混合、着火燃烧四个阶段组成。雾化燃烧过程包括了热传递、扩散和化学反应等过程，这些过程的进行各有先后，又相互影响，交错重叠。

雾化过程是液体燃料燃烧的前提。实验证明，单个液滴的寿命（汽化所经历的时间）与其直径平方成正比。液滴粒径减少时，汽化所需要时间缩短，燃烧速度大大提高。

油的汽化和蒸发过程是液体燃料燃烧的必经阶段。由于燃料油的着火温度高于其沸点，在着火前必然存在蒸发或过程汽化。经过汽化以后，燃料与空气有效接触、混合。轻质液体燃料的汽化是纯物理过程，重质液体燃料的汽化包括化学裂解过程。

混合过程包括燃料液滴与空气的混合、油蒸气与空气的混合。混合过程速度与喷嘴特性、进气方式和燃烧室内的湍流度等因素有关。

(3) 燃料油的燃烧特点

燃料油在着火前实际上已经蒸发，在燃料表面形成一层油蒸气。燃料油的燃烧可看成是油蒸气的燃烧，一种气态物质的均相燃烧过程，对于重质油，油气会进行热分解，在一定条件下分解成固体炭黑。因此可能同时进行气-气、气-固两相反应。若仪器不足或温度不够高，炭黑未燃完被带走，则形成黑烟。

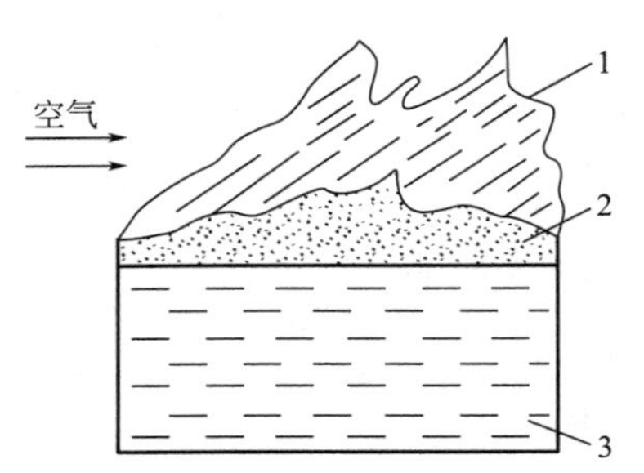

图 6-9 燃料油在液面上的燃烧
1—火焰；2—燃油蒸气；3—液体燃料

图 6-9 为燃料油在液面上的燃烧情况。由于燃料油的蒸发使其表面产生一层蒸气，油蒸气与空气混合并被加热着火燃烧形成火焰。燃烧油表面从火焰中吸收热量，促使蒸发加快，产生更多的蒸气，使燃烧更加迅速。当火焰与油表面间的热交换达到稳定时，油的蒸发速度与燃烧速度相等，油的燃烧速度完全取决于油表面蒸发的速度。因此，增强燃料油的蒸发过程就可强化燃烧。

(4) 燃料油的雾化方法

根据雾化机理的不同，工程上常见的雾化方法有以下三种：压力式、气动式和旋转式，图 6-8 所示。

① 压力式雾化，又称为离心式机械雾化，是利用喷嘴内油压与喷嘴外气压之差使燃油以高速从喷孔中喷出，高速旋转获得转动能。当油从孔口喷出时，壁面约束突然消失，在离心力作用下射流迅速扩展，从而雾化成许多小液滴。离心式机械雾化喷嘴结构简单、操作方便，不需要雾化介质；空气预热温度不受限制。但是雾化喷嘴加工精度高，雾化细度受液压影响大，小容量喷嘴易积炭堵塞。

② 气动式雾化，又称介质式雾化，它利用空气或蒸汽作雾化介质，将其压力能转化为高速气流，使喷出的油流雾化。介质式雾化喷嘴按介质压力不同分为低压喷嘴和高压喷嘴两种类型。高压喷嘴用 $(2.94\sim11.77)\times10^5$Pa 蒸汽或 $(2.94\sim6.86)\times10^5$Pa 的压缩空气作雾化介质，可以采用较高的蒸汽及空气预热温度，单个喷嘴的容量大，调节比大。低压喷嘴用 300～1000mmH_2O 的空气作雾化介质，其空气预热温度不宜太高，防止容易发生热裂反应，生成炭黑，堵塞油管。

③ 旋转式雾化，又称转杯式雾化。它利用转杯高速旋转产生的离心力及空气动力将油流雾化。旋转式喷嘴一般可分为旋转体形和旋转喷口两种。其特点是结构简单、雾化特性好，平均粒度较细，均匀度好；流量密度分布均匀。火焰粗短，对燃料和炉型适应性好，但是噪声大和振动大。

燃料油的雾化还有其他方法，例如：对冲式雾化，是利用两股高速液体射流互相冲击或一股高速射流与金属板冲击进行雾化。振动式雾化，利用声波、超声波等作用，使液体振动、分裂而雾化。

雾化质量指标有：喷雾锥角、喷雾射程、燃料的分布特性、雾化液滴细度、雾化液滴的均匀度、雾化液滴尺寸分布特性。

6.4.2.3 煤的燃烧

(1) 单颗粒煤的燃烧

图 6-10 为煤粒燃烧过程的示意图，大致说明了煤燃烧的基本过程。煤粒的燃烧过程主要包括脱气（挥发分释放）、挥发分着火和燃烧、固定碳燃烧（焦炭燃烧）三个阶段，其中挥发分燃烧与焦炭燃烧在时间上有一定的重叠。

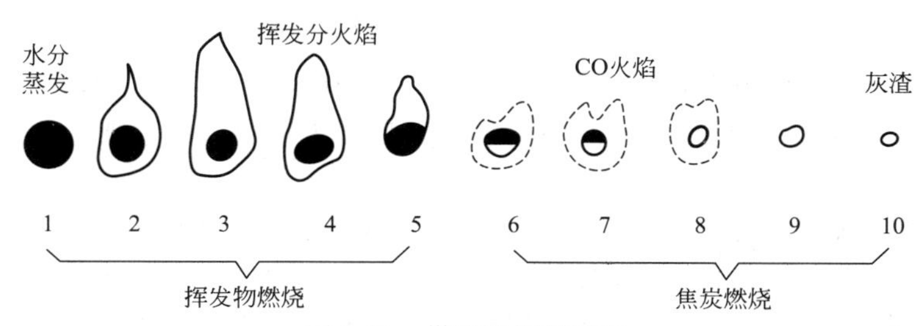

图 6-10　煤粒的燃烧过程

脱气是煤中有机质受热分解生成挥发性气体产物的过程。当煤受热时，发生热分解反应，煤中易分解的碳氢化合物和少量不能燃烧的化合物，如 CO_2，以气态析出。这些析出物即是挥发分。在开始阶段，挥发分的析出速度较高，很短时间内就可析出总挥发分的 80%～90%，剩下的 20%～10%则要经过较长时间才能全部析出。

挥发分的着火一般是在离颗粒表面一段距离的锋面发生的。挥发分从悬浮的颗粒表面向外扩散。颗粒表面处挥发分浓度最高，随着距离增加其浓度不断降低。挥发分燃烧时形成与煤颗粒有一定距离的火焰，氧气全部消耗于挥发分。也就是说挥发分着火燃烧后，一方面加热焦炭，另一方面又与焦炭争夺燃烧所需要的氧气。挥发分基本燃烧完毕所需要的时间为煤粒总燃烬时间的 10%，当挥发分基本燃烧完毕，焦炭燃烧由煤粒的局部逐渐扩展到整个表面。

焦炭在大部分挥发分燃烧以后，才着火燃烧，与挥发分同时燃烬。焦炭的燃烧一般先从表面的某个局部开始，逐渐扩展到整个表面。焦炭周围出现很薄的蓝色火焰，主要是 CO 燃烧形成的火焰。在焦炭燃烧时间内，由于温度高，有少量挥发分继续析出和燃烧，但对燃烧过程不再起主要作用。焦炭中所含有的矿物杂质燃烧后形成的灰分，在燃烧过程中形成妨碍氧气快速通过的灰壳，对燃烧有一定影响，故灰分对燃烧是不利的。

焦炭燃烧为固-气之间的燃烧反应，与在整个空间进行的均匀气相燃烧反应有很大差别。在碳表面进行的燃烧由以下过程组成，①氧扩散到碳表面；②氧吸附于碳表面；③氧与碳进行化学反应，产生生成物；④生成物由碳表面解吸；⑤解吸后的生成物扩散到周围环境。

(2) 粉煤-空气混合物的着火与燃烧

在工业燃煤设备内，通常煤不是以单颗粒而是以粉煤-空气混合物形式进行燃烧的。简化的 Nusselt 学说假定，粉-空气混合物由大小相等的煤粒组成，同时煤粒在气体中均匀分布，因此整个粉煤-气体混合物可看成由许多所谓“气体立方体”组成，每一立方体的中心有一个煤粒，立方体内的气体空间供其燃烧。这样整个混合物的燃烧就是单颗粒燃烧之总和。如上所述，它们各有自己的燃烧空间，彼此互不影响。

在实际的粉煤-空气混合物中，颗粒大小不同，分布也不均匀。由于岩相组成不同，反应活性各异。另外在气流中的运动情况也互有区别。随反应活性、发热量和粒度变化，其燃烧温度、脱气、着火和燃烧的速度不同。在颗粒周围形成火焰以后，既可能传播到其他颗粒，也可能在挥发分浓度足够高时点燃颗粒之间的挥发分。挥发分浓度和气体温度在整个混合体系中是不均匀的，随颗粒分布和流动条件而异。在颗粒燃烧的同时体积缩小，对其运动也必然产生影响。

在实际燃烧设备中，粉煤一般是在悬浮状态下进行燃烧的，在组织燃烧时应注意几点：

① 合理组织炉内气流以加速煤粉着火　为了加速煤粉着火，一方面要注意保持较高的炉膛温度，另一方面则应采用适当的煤粉喷嘴，合理组织炉内气流，加强煤粉流与热气流之间的混合，以增加对流传热。

② 合理控制一次风量　习惯上将随煤粉一起进入燃烧室的空气称为一次空气。一方面，一次风量大，把煤粉与一次风混合物加热到着火所需的热量就大。因此，减少一次风量，对着火有利。另一方面，当煤粉加热到着火温度时，煤中放出的挥发物首先燃烧，挥发物基本烧掉以后焦炭才开始燃烧。因此一次风量也不宜过少，它大体上应满足煤粉挥发物的燃烧需要。

③ 确定合适的一次风喷出速度　煤粉与空气的混合物从烧嘴喷出到着火燃烧所走过的轨迹会形成黑火头。保持其他条件不变，增大一次风喷出速度，黑火头将延长，过大时甚至造成灭火。但一次风喷出速度也不能太小，以防止发生回火。

④ 控制合理的过量空气系数　保持较高的炉膛温度，对加速煤粉着火和燃尽过程都是有利的。而控制合理的过量空气系数则是提高炉膛温度的重要举措之一。

⑤ 注意提高焦炭的燃烧速度　在燃烧过程中由于焦炭粒子的表面包围了一层很难消散的燃烧产物，导致氧分子向焦炭粒子表面扩散时受到很大的阻力；同时，焦炭粒子周围气体中氧的浓度不断降低。因此应设法加强气流的扰动，加快氧的扩散速度；并控制适当的过量空气系数，以保证燃烧后期仍有足够的氧浓度，而使煤粉燃烧迅速完全。

⑥ 制备细度合格粒度均匀的煤粉　细度小的煤粉会使燃烧迅速完全；均匀的粒度（即含粗粒煤粉少）有利于完全燃烧。但要求煤粉过细则不仅没有必要，而且会降低煤磨产量，增加磨煤电耗。

另外要有适当大小和形状的燃烧室（炉膛）空间，以保证煤粉在其中有足够的停留时间，从而燃烧完全。

（3）煤的燃烧方式

根据固体燃料在燃烧设备中的运动形式，煤的燃烧有层状燃烧、悬浮燃烧和流态化燃烧三种基本方式。

层状燃烧是将煤块放在炉箅上，形成一定厚度的燃料层，炉箅之间有一定的缝隙，空气通过炉箅进入燃料层，大部分燃料在燃料层中进行燃烧，少量细小的煤粒被吹起，与燃料热分解的挥发分及焦炭的不完全燃烧产物一起在燃料层上燃烧。燃料边燃烧边由于自身质量或某些动作而逐渐下降，形成灰渣达到炉箅。层状燃烧中煤与空气混合不好，燃烧效率不高，煤烟会直接排放到空气中，燃烧污染严重。由于燃烧状况存在周期性，不适合要求稳定加热的场合。

悬浮燃烧是煤粉与空气的混合物由燃烧器喷入燃烧室，煤粉悬浮在空间燃烧，燃料与空气边混合边燃烧，在悬浮状态下完成燃烧全过程的燃烧方式。悬浮燃烧没有燃料层的存在。为了使煤能够悬浮在空气中并与空气混合良好，必须将煤磨成细粉，再用空气吹入燃烧室内。依据煤粉吹入形式及颗粒度不同，悬浮燃烧分为直流和旋流两种。为了使气流与燃料合理混合、燃烧，有将旋转射流与直流射流相结合的多通道燃烧器。

流态化燃烧是介于层状燃烧和悬浮燃烧之间的一种燃烧方式。燃料为几十微米到几毫米的煤颗粒。燃料进入燃烧室中将先落在炉箅上，当从炉箅流入的空气具有较高速度时，煤颗粒被气流所“流化”，以类似流体那样自由流动。煤颗粒在流化状态下进行燃烧。被吹出燃烧室的细颗粒采用分离器收集之后送回燃烧室，循环燃烧。流态化燃烧对煤种适应性强，不仅可燃烧一般燃料，还可燃烧劣质燃料甚至煤矸石、各种生物质燃料。在燃烧中添加石灰石可以有效抑制烟气中 SO_2 的含量，有利于减少污染和设备腐蚀。燃烧强度大，其容积热负荷为煤粉炉的10倍。但是由于存在机械不完全燃烧损失，燃烧热效率低，且为了使燃料实行流态化，消耗电能较大。

流态化燃烧炉也称为沸腾燃烧炉，有全沸腾和半沸腾两种形式。图6-11为全沸腾燃烧炉的示意图。

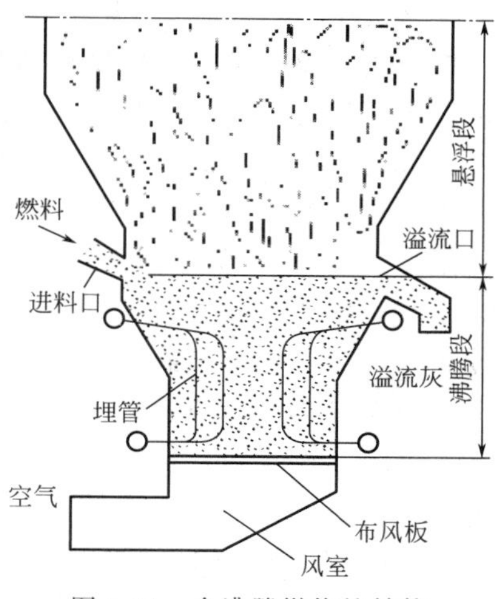

图 6-11 全沸腾燃烧炉结构

6.5 洁净燃烧技术

燃料燃烧过程产生的污染物种类较多，其中对人类环境威胁较大的是烟尘、SO_x、NO_x、CO、CO_2 和碳氢化合物等。了解燃烧污染物形成机理，探索减少或消除污染物生成的有效办法，实现洁净燃烧，已成为目前燃烧科学研究的一个重要方向。目前为降低污染、减少能耗、提高生产效率，实现材料工业的可持续发展，一些洁净燃烧新技术也已在材料生产中得到应用。

6.5.1 燃烧污染与防治

6.5.1.1 NO_x 的生成与控制

烟气中的 NO_x 主要是燃料在燃烧过程中生成的，其中N来源于燃料和空气，O来源于空气。NO_x 包括 N_2O、NO、NO_2、N_2O_3、NO_3 和 N_2O_4 等各种氮氧化物，但主要是NO和 NO_2。

在实际过程中一般把 NO_x 按生成机理分为三种：温度型（热力型）NO_x（T-NO_x）、燃料型 NO_x（F-NO_x）和快速温度型 NO_x（P-NO_x）。

（1）热力型 NO_x

温度型 NO_x 是指燃烧用空气中的 N_2 在高温下氧化而生成的氮氧化物。此生成机理是由前苏联时期科学家捷里道维奇（Zeldovich）提出的，其设想存在下列平衡关系：

$$N_2+O_2 \longrightarrow NO+N \tag{6-64}$$

$$N+O_2 \longrightarrow NO+O \tag{6-65}$$

NO 生成速度为：

$$d[NO]/dt=3\times10^{14}[N_2][O_2]^{1/2}\exp(-542000/RT) \tag{6-66}$$

式中　$[O_2]$，$[N_2]$，$[NO]$——烟气中 O_2、N_2、NO_x 的浓度，mol/cm^3；

R——通用气体常数，8.314J/(mol·K)。

氧原子在整个链式反应中起活化链的作用，由于氮分子的分解生成NO需要的活化能较大，反应必须在高温下进行，因此整个链式反应速度受温度的影响。燃烧温度越高，$d[NO]/dt$ 越大，生成 NO 越多，故又称为热力型 NO。

影响热力型 NO_x 生成的因素有以下几个方面：

温度的影响。当燃烧温度低于 1800K 时，热力型 NO_x 生成量极少；当燃烧温度高于 1800K 时，随着温度升高，NO_x 生成量急剧增加。在实际燃烧过程中，由于燃烧室内的温度分布不均匀，局部高温区是导致 NO 生成的决定性因素。因此，应尽量避免局部高温区的形成，以减少 NO 生成量。

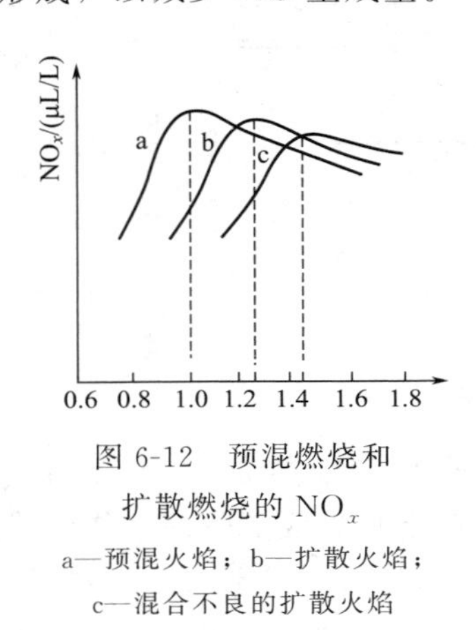

图 6-12　预混燃烧和扩散燃烧的 NO_x

a—预混火焰；b—扩散火焰；c—混合不良的扩散火焰

过剩空气系数的影响。由式(6-64)可知，氧浓度越高，NO_x 生成速度越快，NO_x 越多。在实际过程中情况更复杂，因为过剩空气系数的增加，一方面会增加氧浓度，另一方面使火焰温度降低。从总的趋势看，随着过剩空气系数的增加，NO_x 量先增加，到一个极限值后会下降。如图 6-12 所示，对预混火焰，只有当过量空气系数 $\alpha<1$ 时，增加 α，因燃烧温度也随之增加，NO_x 生成率增加；当 $\alpha>1$ 时，氧浓度增加，但燃烧温度大大降低，故 NO_x 生成率反而降低；当 $\alpha=1$ 时，NO_x 最大。对于扩散火焰，因混合情况较差，故 NO_x 生成率的最大值移至 $\alpha>1$ 的区域，且因燃烧温度较低，NO_x 生成率最大值降低。

停留时间的影响。气体在高温区停留时间对热力型 NO_x 的影响主要是由于 NO_x 生成反应没有达到化学平衡而造成的。气体在高温区停留时间，NO_x 生成量迅速增加，达到其化学平衡。缩短燃料在高温区的停留时间，使 NO_x 生成反应不充分，也可以减少 NO_x 量。

（2）燃料型 NO_x

燃料型 NO_x 是燃料中的氮受热分解和氧化而生成的。实际上，在生成 NO_x 的同时，NO_x 还会被氮化合物（NH、HCN 等）和 C、CO 等还原分解，故燃料氮只有一部分转变为 NO_x。据测定，由挥发分中含氮化合物生成的 NO_x 占燃料型 NO_x 总量的 60%～80%，其余则是焦炭中氮通过多相氧化而生成的 NO_x，其量较少。因此，减小炉内过量空气系数或抑制挥发分燃烧区燃料与空气的混合，可使燃料型 NO_x 生成量减少。

褐煤、页岩等劣质燃料中胺是燃料氮的主要形态，NO_x 排放较多，而 N_2O 很少。相反，烟煤和无烟煤的 N_2O 排放较高。

（3）快速型 NO_x

快速型 NO_x 一般发生在碳氧化合物较多的燃料燃烧火焰中，此时，因火焰面有 CH、

CH_2、C 等基团，它们破坏了空气中 N_2 分子键，使其氧化而生成 NO_x，其生成速度快，故称快速温度型 NO_x。实际上，它也是由空气中 N_2 氧化而来，在燃煤火焰中，它只占 5%以下，故其意义不大。

下面介绍控制 NO_x 的几种燃烧技术：

① 低氧燃烧　低氧燃烧是在炉内总体过量空气系数 α 较低的工况下运行。由上述可知，过量空气系数 α 对燃料 NO_x 和热力 NO_x 都有显著的影响，故减少 α 可使总的 NO_x 减少。但是，α 过低，会使化学和机械不完全燃烧热增加；α 过大，对燃烧也不利。所以，运行中应严格控制 α 值。

② 烟气再循环　将部分低温烟气直接送入初始燃烧区，或与燃烧用空气相混合后送入燃烧区，由于烟气吸热和稀释了氧浓度，使燃烧速度和炉内温度降低，因而可降低温度型 NO_x。

由于该法主要是降低温度型 NO_x，因而在燃气炉中应用较多。燃油和燃煤炉中，因燃料 NO_x 较多，其生成温度低，故用烟气再循环的效果较差，燃用着火困难的燃料时，会影响燃烧稳定性。

③ 分级燃烧　当一个燃烧室装有许多烧嘴时，送入下层烧嘴的空气量少，造成富燃区（$\alpha<1$），其余空气则从最上面的空气喷口送入，形成燃尽区，使下层烧嘴区域来的可燃物燃尽。

分级燃烧时，燃烧速度延缓，火焰温度降低，因而温度型 NO_x 降低，并且，由于第一级为富燃区，使挥发分生成的 NO_x（燃料 NO_x）减少。

6.5.1.2　SO_x 的生成与控制

硫的氧化物 SO_x 主要指 SO_2 和 SO_3，它们是由燃料中硫在燃烧过程中与氧反应而生成。其燃烧反应为：

$$S+O_2 \longrightarrow SO_2 \tag{6-67}$$

$$SO_2+\frac{1}{2}O_2 \longrightarrow SO_3 \tag{6-68}$$

含硫燃料的燃烧火焰的特征是火焰呈淡蓝色，这种颜色是生成 SO_2 的反应形成的。不同燃料的含硫不同，SO_x 排放量不同。煤和重油的含硫量最高，汽油和轻油的含硫量低；气体燃料的含硫最低。

SO_2 中的一部分经反应转变成 SO_3。实际上按该式计算所得的 SO_3 很少，烟气中大多数 SO_3 不是直接由 SO_2 和 O_2 反应生成的，而是在炉内高温下，氧分子离解成氧原子，然后，氧原子与 SO_2 反应生成 SO_3。在一般锅炉内，火焰温度不太高，故氧原子浓度很低。当烟气流过对流受热面时，受热面上的积灰和氧化膜可使 SO_2 催化生成 SO_3，因而使烟气中的 SO_3 浓度增加。

在实际燃烧过程中，影响 SO_x 生成的因素是燃料中的含硫量、过剩空气系数和火焰温度、停留时间、加热速度等。温度提高，SO_x 析出量和速度均有提高。煤的粒度越大，含硫量越高，SO_2 析出时间会越长。煤在炉内停留时间延长，硫的析出率增加。

减少燃烧过程中 SO_x 的生成，除了采用低硫燃料外，还有如下途径。

① 燃料在燃烧前脱硫　燃料中的黄铁矿硫比有机硫的密度大，因而可采用机械重力分离法将黄铁矿硫分离出来。但若粒度细，其脱硫效果差。对细粒黄铁矿与有机硫，用化学方

法脱除，但其工艺费用较高。高强度磁造机脱硫和微波脱硫法的脱硫效果较好。

对于重油，常用加氢脱硫法，即在催化剂下用高压氢与其进行反应，使之变成 H_2S 气体从重油中分离出来。

② 燃烧过程中固硫　这种方法的原理是将燃料中的硫最终转化为硫酸盐随炉渣排出。常用的固硫剂是石灰石，在 800～900℃下发生的固硫（图 6-13）反应如下：

$$CaCO_3 \longrightarrow CaO + CO_2 \tag{6-69}$$

$$CaO + SO_2 + \frac{1}{2}O_2 \longrightarrow CaSO_4 \tag{6-70}$$

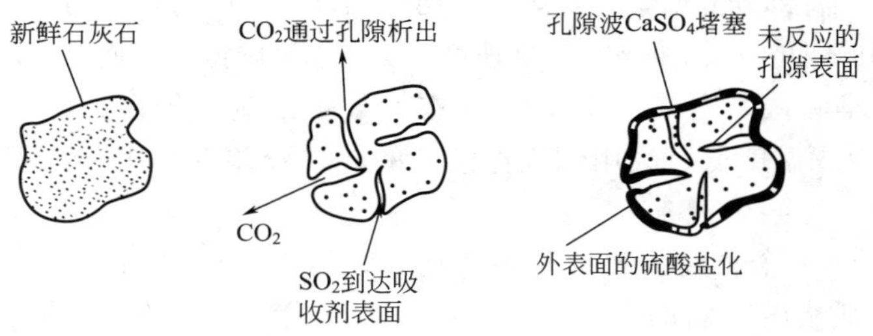

图 6-13　石灰石燃烧固硫过程

在沸腾燃烧条件下，石灰石与 SO_x 接触良好，反应完全，生成的 $CaSO_4$ 热稳定性好，脱硫率高。若温度超过 1000℃，则式(6-70) 的逆反应开始进行，脱硫率降低；反之，若温度低于 750℃，则式(6-69) 反应不能进行。

③ 烟气脱硫　烟气脱硫主要有湿法和干法两种。

湿法脱硫就是采用液体吸收剂洗涤烟气，以吸收 SO_2，其设备小，脱硫率高，但脱硫后烟气温度低，不利于烟气在大气中扩散，有时必须在脱硫后将烟气再加热，这就要消耗一定的能源。

干法脱硫就是采用粉状和粒状吸收剂、吸附剂或催化剂来脱除烟气中的 SO_2。其优点是流程短、无污水和污酸排出，且净化后烟气温度降低很少，有利于脱硫后的烟气在大气中扩散。缺点是烟气中的 SO_2 与吸收剂的接触时间短，传质效果差，脱硫率低，设备庞大。

6.5.1.3　烟尘的生成与控制

① 气体燃料　气体燃料的主要成分是碳氢化合物，它在空气不足的条件下受热时，会热解产生炭黑粒子，称为气相析出型烟尘。在扩散火焰中，燃料与空气混合较差，故容易产生炭黑。碳原子数多和分子组织紧密的碳氢化合物，容易产生炭黑。

② 液体燃料　当液体燃料雾化不良、局部地区油雾浓度很大、供氧不足和炉温较低时，会生成所谓的剩余型烟尘，俗称油灰。油液黏附在燃烧室、燃烧器旋口或炉墙上，经高温汽化后剩下的物质称为积炭，也属于剩余型烟尘。重油的碳原子数多，因而烟尘较多。

③ 固体燃料　固体燃料的挥发分因缺氧燃烧不完全时，也会生成炭黑，即气相析出型烟尘。

煤粉燃烧后所生成的飞灰粉尘，数量较大。粉尘的浓度与颗粒度、燃烧方式、磨煤机型式以及煤质等有关。煤灰分含量越多、磨得越细，烟气中粉尘浓度越大。在炉内高温下，煤灰中的汞（Hg）、钠（Na）和钾（K）等元素会挥发，随后，在低温下凝结成极细的微粒（≤1μm），即形成所谓的亚微米飞灰粒。10μm 以上的灰粒容易沉降，称为落尘，10μm 以下的只飘浮而难于沉降；0.1μm 以下的则根本不沉降，称为飘尘。

防止生成烟尘的主要措施是改善燃料与空气的混合和供给充足的空气。其次是保证足够的温度和停留时间。生产中控制粉尘污染的措施是采用除尘装置。

6.5.1.4 燃烧噪声的生成与控制

燃烧系统噪声源包括燃烧噪声、振荡燃烧噪声以及空气动力噪声。

在燃料燃烧火焰的外表焰上有许多燃烧单元，当燃烧速度很快时，每个单元迅速燃烧。燃烧单元附近气体体积很快膨胀，压力激烈升高并放出热量，燃料混合气随即补充进去，再被加热升温和燃烧，因而引起压力脉动，强度较大的压力脉动向四周传播而产生噪声，即所谓燃烧噪声。燃烧噪声与燃烧速率的平方、燃烧强度成正比。燃烧强度是指单位体积的热量释放率。要降低燃烧噪声，必须降低燃烧速度和燃烧强度。具体措施是改进燃烧器喷嘴的结构和排列方式，或改变燃烧方法。例如用多个小喷口来代替一个大喷口，使燃料以细股喷出。消声器也可使噪声衰减。

燃料通过燃烧器发生强烈振动，使可燃气与空气的混合速度和其他燃料变量（供油量、油气比等）周期性变化，导致燃料燃烧放热引起反应脉动，使燃烧速度和释热率周期性变化，由此而产生的噪声称为燃烧振荡噪声。这种噪声强度大，当它与燃烧系统的自然频率相吻合时会产生共振，使噪声大大增强，严重时可能会损坏系统中元件或设备。减小这种噪声的措施很多，如选用风量和风压合适的风机、保证可燃气或空气的流速稳定、改进燃烧器结构使燃料与空气混合良好等。

空气动力噪声来自燃烧设备与燃烧过程的噪声，如风机和阀门噪声、可燃气与空气从燃烧器喷嘴喷出时的噪声等。

6.5.2 材料生产中的燃烧新技术

6.5.2.1 高温低氧空气燃烧技术

高温低氧空气燃烧（high temperature air combustion，HTAC）是20世纪80年代末至90年代初开发出的新一代燃烧技术。该技术通过两个技术手段来实现，一是采用蓄式烟气余热回收装置，将燃烧助燃空气预热到800℃以上，最大限度地回收高温烟气显热，实现余热的极限回收；二是控制燃烧区氧的浓度在15%～2%以内，达到燃烧过程 NO_x 的最低排放。该技术在冶金工业中主要应用在钢锭连续加热炉、钢包烘烤、均热炉及其他热处理炉。目前HTAC技术多应用于气体或液体燃料燃烧。

（1）高温低氧燃烧技术的工作原理

高温低氧燃烧是将燃料喷射到一种高温低氧的助燃剂中进行的混合和燃烧。高温低氧的助燃剂是把燃烧产物按比例地掺入参与燃烧的高温空气中得到的。现代高效蓄热室中按周期性先后通过工业炉排出的高温烟气和空气使空气预热到高温。预热空气以较高速度向炉内喷射，与炉内气体进行质量交换和动量交换，形成高温低氧的助燃剂，并在炉内形成较大的回流区，使炉气以较高的质量流率在炉内进行循环。

高温低氧燃烧这一概念中，高温是指参与燃烧反应的空气预热温度高（一般＞800℃），低氧是指气体助燃剂中氧气的浓度低（一般＜15%）。在进行高温低氧燃烧时，空气的预热温度应尽量高，以便最大限度地回收烟气余热，达到节约燃料和减低 CO_2 排放量的目的。

通过降低助燃剂中氧气浓度、改变燃料与助燃剂之间的混合方式等手段，调整燃烧反应速度和火焰温度，在满足工艺要求的前提下将火焰温度、NO_x 排放量及燃烧噪声降到最低水平。当其他条件一定时，高温低氧燃烧工况取决于空气的预热温度和助燃剂中氧气的浓度。

（2）高温低氧燃烧技术的基本特征

① 火焰体积显著扩大　高温低氧燃烧通常采用扩散燃烧或扩散燃烧为主的燃烧方式，燃料与助燃空气在炉内边混合边燃烧。这样，燃烧反应时间延长，反应空间增大，火焰体积也因此成倍扩大。

② 火焰温度场分布均匀　燃料在低氧气氛中燃烧，反应时间延长，火焰体积成倍扩大，使得燃料燃烧的释热速率及释热强度有所延缓和减弱，火焰中不再存在传统燃烧的局部高温高氧区，火焰峰值温度降低，温度场的分布也相对均匀。

③ 环保节能效果显著　高温低氧燃烧过程燃烧充分，不再存在传统燃烧的局部高温高氧区，燃烧过程中 NO_x 的生成量极少，燃料消耗量低。同时烟气中的CO、CO_2 和碳氢化合物等气体含量降低，污染物排放量减少。高温低氧燃烧烧嘴能实现节能60%以上，即可减少 CO_2 排放量60%以上。

低 NO_x 污染：由于高温低氧燃烧火焰峰值温度及燃烧区含氧体积浓度降低，NO的生成量大大减少。另外，从反应活化能的角度来看，由于低氧燃烧火焰体积成倍扩大，使得单位体积火焰释放的能量降低，而氧原子与氮气反应的活化能要远高于氧原子与燃气反应的活化能，氧原子与燃气反应更易进行，从而抑制了氧原子与氮气的反应。

④ 低燃烧噪声　采用HTAC，由于含氧体积浓度的降低，尽管预热温度提高，但燃烧速率不会增大甚至会减少。由于HTAC火焰体积成倍增大，燃烧强度反而大为降低。

⑤ 高温度效率、高热回收率和高热效率　高温低氧燃烧能满足不同生产方式的工业炉窑和不同热值燃料的工艺要求。根据高温低氧燃烧的原理，其热回收率和热效率都很高。

6.5.2.2 玻璃熔窑全氧燃烧技术

玻璃熔窑全氧燃烧技术（oxy-fuel fired glass melting）是玻璃行业近年所采用的一项环保节能的燃烧技术，该项技术被誉为玻璃熔化技术的第二次革命。自20世纪90年代初期，大型的工业玻璃熔窑开始采用全氧燃烧，目前全氧燃烧技术已应用在欧洲、美国、亚洲的百余座玻璃池窑，熔制所有的玻璃品种。

全氧燃烧技术就是把空气-燃料燃烧系统改变为氧气-燃料燃烧系统。使用纯度≥85%的氧作燃料（气或油）雾化介质。氧和燃料在氧枪内混合喷入熔窑形成燃烧火焰。因此又被人们称之为“燃料-氧气”燃烧（oxy-fuel fired）。与采用空气作为助燃介质比较，全氧燃烧的传热过程（表6-18）有很大差异。

表 6-18　全氧燃烧传热过程特点

序号	燃烧系统	
	空气＋燃料(air-fuel fired)	氧气＋燃料(oxy-fuel fired)
1	辐射气体(H_2O、CO_2)浓度低，气体热辐射系数低	辐射气体浓度高，气体辐射系数高
2	气体停留时间短，火焰轴向(横火焰)仅为≦1s，平均炉窑容积约8s	气体停留时间长，平均窑容积约30s

续表

序号	燃烧系统	
	空气+燃料(air-fuel fired)	氧气+燃料(oxy-fuel fired)
3	废热烟道口位置受到限制,传热好的关键在于大量明亮火焰及玻璃熔体表面的良好覆盖	燃烧器可以放至任何需要热量的位置,不论烧嘴类型都可达到优良的总体传热,局部热源仍取决于烧嘴类型与配置
4	需换火,间断燃烧,空气蓄热	不需换火,连续燃烧、燃烧稳定

全氧燃烧技术有以下几个基本特征。

① 玻璃熔窑结构改变　全氧燃烧玻璃窑炉取消了蓄热室、小炉、换火系统。

② 玻璃熔化工艺稳定　传统的空气助燃，需要通过定时换火进行烟气与助燃空气的热交换，回收部分热能。在换火过程中，导致窑温和窑压瞬间波动。全氧燃烧玻璃窑炉无需“传统换火工艺”，使得玻璃熔化更加稳定，近乎达到理想境界。

③ 池窑熔化率提高　全氧燃烧提高了玻璃液面的火焰温度，同时，在窑炉气氛中增高的水蒸气浓度还可加速熔化过程，因而可提高池窑熔化率约20%。

④ 玻璃质量提高　气氛中水蒸气大大增加，玻璃液中的OH^-量增多，导致玻璃液黏度、表面张力降低，澄清区气泡释放非常彻底，玻璃熔化质量显著提高。

⑤ 喷枪布置合理　通常空气助燃，因为小炉结构的需要，必须占据沿池壁长度方向较宽的位置，因此，喷枪的合理布置受到限制。采用全氧燃烧，由于燃烧器不同于小炉，外形结构尺寸相对较小，它可以按照熔化温度曲线合理分布，“燃烧器”或对烧、或交叉燃烧。完全可以按照熔化温度曲线自动控制窑内温度，不致烧坏窑体。

⑥ 污染物产生量降低　氧气代替空气助燃，使烟气量和NO_x产生量大幅度降低，因而产生的能耗和污染显著降低。同时由于预熔区的原料受高温气体传热很快形成薄壳，从而阻止了粉料的飞扬。

练习题

1. 气体燃料的燃烧过程主要包括________、________和________三个阶段。

2. 燃料的热值有________和________两种表示方法。

3. 燃料油的燃烧有________和________两种方式。

4. 气体的组成常用各成分所占________百分数表示。

5. 干烟气成分为$CO\%=5.9\%$，$CO_2\%=16.1\%$，$N_2\%=78\%$，过剩空气系数$\alpha=$________。

6. 已知煤的组成：$C_d=73.8\%$，$M_{ar}=3.5\%$，收到基中碳的含量C_{ar}为________。

7. 在理论空气量下完全燃烧，理论烟气成分中是否含有CO?

8. 为提高实际燃烧温度，在保证完全燃烧的前提下，是否应采用较小的空气过剩系数?

9. 煤气在喷嘴内预先与部分空气混合，喷出后燃烧并进一步与二次空气混合燃烧，这种燃烧方法为________。

(a) 无焰燃烧；(b) 扩散燃烧；(c) 雾化燃烧；(d) 长焰燃烧

10. 燃料的发热量越高，理论燃烧温度和实际燃烧温度也越高吗？

11. 燃料中固定碳与元素分析中的碳含量是两个不同的概念吗？

参考答案

习题

1. 若煤质的成分分析结果如下：$C_{ad}=62.6\%$、$H_{ad}=4.6\%$、$S_{ad}=2.8\%$、$N_{ad}=0.8\%$、$O_{ad}=3.1\%$、$M_{ad}=5.0\%$、$A_{ad}=20.1\%$，分析测定得实际水分 $M_{ar}=11\%$，试求实际燃料的收到基成分及发热量。

2. 已知燃料干燥无灰基成分为 $C_{daf}=85\%$、$H_{daf}=6\%$、$S_{daf}=4\%$、$O_{daf}=5\%$，收到水分 $M_{ar}=18.6\%$，干燥基灰分 $A_d=30\%$。试求燃料的干燥基和收到基成分；燃料的发热量。

3. 某天然气成分为 $CH_4=92.9\%$，$C_2H_2=3.87\%$，$C_2H_4=1.09\%$，$CO_2=1.1\%$，$N_2=1.13\%$。天然气中含水量为 $24.8g/m^3$，求该天然气的实际成分。

4. 已知某窑炉使用的重油组成为：

组分	C	H	O	N	S	M	A
含量/%	87.5	11.0	0.15	0.75	0.5	0.06	0.04

空气系数 $\alpha=1.1$，用油量为100kg/h，计算：

① 每小时实际空气用量（Nm^3/h）；

② 每小时实际湿烟气生成量（Nm^3/h）；

③ 干烟气及湿烟气组成百分率。

5. 已知某窑炉用煤的收到基组成为：

组分	C_{ar}	H_{ar}	O_{ar}	N_{ar}	S_{ar}	M_{ar}	A_{ar}
含量/%	75.0	6.8	5.0	1.2	0.5	3.5	8.0

$\alpha=1.2$，计算：

① 实际空气量（Nm^3/kg）；

② 实际烟气量（Nm^3/kg）；

③ 烟气组成。

6. 燃料组成为 $M_{ar}=43\%$ $C_{ad}=37.2\%$、$H_{ad}=2.6\%$、$S_{ad}=0.6\%$、$N_{ad}=0.4\%$、$O_{ad}=12\%$、$M_{ad}=40\%$、$A_{ad}=7.2\%$。求（1）1kg燃料燃烧时所必需的理论空气量；（2）过剩空气系数 $\alpha=1.2$ 时燃烧产物的生成量及组成。

7. 某窑炉使用发生炉煤气为燃料，其组成为：

组分	CO_2	CO	H_2	CH_4	C_2H_2	O_2	N_2	H_2S	H_2O
含量/%	5.5	26.0	12.5	2.5	0.5	0.2	47.0	1.3	4.5

燃烧时 $\alpha=1.2$，计算：

① 燃烧所需实际空气用量（Nm^3/Nm^3 煤气）；

② 实际湿烟气生成量（Nm^3/Nm^3 煤气）；

③ 干烟气及湿烟气组成百分率。

8. 燃烧产物的化学分析得到如下数据：O_2=6.5%、CO=1.8%、H_2=2%、CH_4=1.75%。试求过剩空气系数。

9. 某工业炉所用煤的收到基组成为：

组分	C_{ar}	H_{ar}	O_{ar}	N_{ar}	S_{ar}	M_{ar}	A_{ar}
质量百分数/%	78.0	4.0	3.6	1.4	1.0	5.0	7.0

实际测定燃烧后的干烟气分析数据为：

组分	CO_2	O_2	N_2
体积百分数/%	13.4	6.1	80.5

灰渣中含 C 30%，灰分 70%。计算：

(1) 燃烧所需实际空气量（Nm^3/kg）；

(2) 燃烧生成的实际湿烟气量（Nm^3/kg）；

(3) 空气过剩系数 α 值。

10. 某气体燃料热值为 $Q_{net}=5967kJ/Nm^3$，平均比热容为 $1.34kJ/(Nm^3 \cdot ℃)$。燃料和空气温度均为 28℃。已知燃烧过程的实际空气量和实际烟气量分别为 $1.38Nm^3/Nm^3$ 和 $2.24Nm^3/Nm^3$。若燃烧设备的高温系数为 0.78，计算实际燃烧温度为多少？

11. 某燃煤工业炉，热负荷为 $250\times10^6 kJ/h$，煤质成分为：$M_{ar}=24\%$，$A_d=28.0\%$，$C_{daf}=72.0\%$，$H_{daf}=4.0\%$，$O_{daf}=20.4\%$，$N_{daf}=1.0\%$，$S_{daf}=1.7\%$。空气和煤的温度为 25℃。试求：(1) $\alpha=1.3$ 时，燃料燃烧所需空气量、产生的烟气量；(2) 理论燃烧温度。

附录1 干空气的物理性质(101.325kPa)

温度/℃	密度/(kg/m³)	比热容/[kJ/(kg·℃)]	热导率/[10^{-2}W/(m·℃)]	黏度/10^{-5}Pa·s	普朗特数 Pr
−50	1.584	1.013	2.035	1.46	0.728
−40	1.515	1.013	2.117	1.52	0.728
−30	1.453	1.013	2.198	1.57	0.723
−20	1.395	1.009	2.279	1.62	0.716
−10	1.342	1.009	2.360	1.67	0.712
0	1.293	1.005	2.442	1.72	0.707
10	1.247	1.005	2.512	1.77	0.705
20	1.205	1.005	2.593	1.81	0.703
30	1.165	1.005	2.675	1.86	0.701
40	1.128	1.005	2.756	1.91	0.699
50	1.093	1.005	2.826	1.96	0.698
60	1.060	1.005	2.896	2.01	0.696
70	1.029	1.009	2.966	2.06	0.694
80	1.000	1.009	3.047	2.11	0.692
90	0.972	1.009	3.128	2.15	0.690
100	0.946	1.009	3.210	2.19	0.688
120	0.898	1.009	3.338	2.29	0.686
140	0.854	1.013	3.489	2.37	0.684
160	0.815	1.017	3.640	2.45	0.682
180	0.779	1.022	3.780	2.53	0.681
200	0.746	1.026	3.931	2.60	0.680
250	0.674	1.038	4.288	2.74	0.677
300	0.615	1.048	4.605	2.97	0.674
350	0.566	1.059	4.908	3.14	0.676
400	0.524	1.068	5.210	3.31	0.678
500	0.456	1.093	5.745	3.62	0.687
600	0.404	1.114	6.222	3.91	0.699
700	0.362	1.135	6.711	4.18	0.706
800	0.329	1.156	7.176	4.43	0.713
900	0.301	1.172	7.630	4.67	0.717
1000	0.277	1.185	8.041	4.90	0.719
1100	0.257	1.197	8.502	5.12	0.722
1200	0.239	1.206	9.153	5.35	0.724

附录2 饱和水的物性参数

温度/℃	饱和蒸气压/kPa	密度/(kg/m³)	焓/(kJ/kg)	比热容/[kJ/(kg·℃)]	热导率/[10^{-2} W/(m·℃)]	黏度/10^5Pa·s	体积膨胀系数/10^{-4}℃$^{-1}$	表面张力/(10^{-5}N/m)	普朗特数 Pr
0	0.6082	999.9	0	4.212	55.13	179.21	−0.63	75.6	13.66
10	1.2262	999.7	42.04	4.191	57.45	130.77	+0.70	74.1	9.52
20	2.3346	998.2	83.90	4.183	59.89	100.50	1.82	72.6	7.01
30	4.2474	995.7	125.69	4.174	61.76	80.07	3.21	71.2	5.42

续表

温度/℃	饱和蒸气压/kPa	密度/(kg/m³)	焓/(kJ/kg)	比热容/[kJ/(kg·℃)]	热导率/[10^{-2} W/(m·℃)]	黏度/10^5 Pa·s	体积膨胀系数/10^{-4}℃$^{-1}$	表面张力/(10^{-5}N/m)	普朗特数 Pr
40	7.3766	992.2	167.51	4.174	63.38	65.60	3.87	69.6	4.32
50	12.34	988.1	209.30	4.174	64.78	54.94	4.49	67.7	3.54
60	19.923	983.2	251.12	4.178	65.94	46.88	5.11	66.2	2.98
70	31.164	977.8	292.99	4.187	66.76	40.61	5.70	64.3	2.54
80	47.379	971.8	334.94	4.195	67.45	35.65	6.32	62.6	2.22
90	70.136	965.3	376.98	4.208	68.04	31.65	6.95	60.7	1.96
100	101.33	958.4	419.10	4.220	68.27	28.38	7.52	58.8	1.76
110	143.31	951.0	461.34	4.238	68.50	25.89	8.08	56.9	1.61
120	198.64	943.1	503.67	4.260	68.62	23.73	8.64	54.8	1.47
130	270.25	934.8	546.38	4.266	68.62	21.77	9.17	52.8	1.36
140	361.47	926.1	589.08	4.287	68.50	20.10	9.72	50.7	1.26
150	476.24	917.0	632.20	4.312	68.38	18.63	10.3	48.6	1.18
160	618.28	907.4	675.33	4.346	68.27	17.36	10.7	46.6	1.11
170	792.59	897.3	719.29	4.379	67.92	16.28	11.3	45.3	1.05
180	1003.5	886.9	763.25	4.417	67.45	15.30	11.9	42.3	1.00
190	1255.6	876.0	807.63	4.460	66.99	14.42	12.6	40.0	0.96
200	1554.77	863.0	852.43	4.505	66.29	13.63	13.3	37.7	0.93
210	1917.72	852.8	897.65	4.555	65.48	13.04	14.1	35.4	0.91
220	2320.88	840.3	943.70	4.614	64.55	12.46	14.8	33.1	0.89
230	2798.59	827.3	990.18	4.681	63.73	11.97	15.9	31	0.88
240	3347.91	813.6	1037.49	4.756	62.80	11.47	16.8	28.5	0.87
250	3977.67	799.0	1085.64	4.844	61.76	10.98	18.1	25.2	0.86
260	4693.75	784.0	1135.04	4.949	60.48	10.59	19.7	23.8	0.87
270	5503.99	767.9	1185.28	5.070	59.96	10.20	21.6	21.5	0.88
280	6417.24	750.7	1236.28	5.229	57.45	9.81	23.7	19.1	0.89
290	7443.29	732.3	1289.95	5.485	55.82	9.42	26.2	16.9	0.93
300	8592.94	712.5	1344.80	5.736	53.96	9.12	29.2	14.4	0.97
310	9877.6	691.1	1402.16	6.071	52.34	8.83	32.9	12.1	1.02
320	11300.3	667.1	1462.03	6.573	50.59	8.3	38.2	9.81	1.11
330	12879.6	640.2	1526.19	7.243	48.73	8.14	43.3	7.67	1.22
340	14615.8	610.1	1594.75	8.164	45.71	7.75	53.4	5.67	1.38
350	16538.5	574.4	1671.37	9.504	43.03	7.26	66.8	3.81	1.60
360	18667.1	528.0	1761.39	13.984	39.54	6.67	109	2.02	2.36
370	21040.9	450.5	1892.43	40.319	33.73	5.69	264	0.471	6.80

附录 3 饱和水蒸气表

(1) 饱和水蒸气表(按压力排列)

绝对压力/kPa	温度/℃	蒸汽密度/(kg/m³)	焓/(kJ/kg)		汽化热/(kJ/kg)
			液体	蒸汽	
1.0	6.3	0.00773	26.5	2503.1	2477
1.5	12.5	0.01133	52.3	2515.3	2463
2.0	17.0	0.01486	71.2	2524.2	2453
2.5	20.9	0.01836	87.5	2531.8	2444
3.0	23.5	0.02179	98.4	2536.8	2438
3.5	26.1	0.02523	109.3	2541.8	2433
4.0	28.7	0.02867	120.2	2546.8	2427
4.5	30.8	0.03205	129.0	2550.9	2422

续表

绝对压力/kPa	温度/℃	蒸汽密度/(kg/m^3)	焓/(kJ/kg)		汽化热/(kJ/kg)
			液体	蒸汽	
5.0	32.4	0.03537	135.7	2554.0	2416
6.0	35.6	0.04200	149.1	2560.1	2411
7.0	38.8	0.04864	162.4	2566.3	2404
8.0	41.3	0.05514	172.7	2571.0	2398
9.0	43.3	0.06156	181.2	2574.8	2394
10.0	45.3	0.06798	189.6	2578.5	2389
15.0	53.5	0.09956	224.0	2594.0	2370
20.0	60.1	0.1307	251.5	2606.4	2355
30.0	66.5	0.1909	288.8	2622.4	2334
40.0	75.0	0.2498	315.9	2634.1	2312
50.0	81.2	0.3080	339.8	2644.3	2304
60.0	85.6	0.3651	358.2	2652.1	2394
70.0	89.9	0.4223	376.6	2659.8	2283
80.0	93.2	0.4781	390.1	2665.8	2275
90.0	96.4	0.5338	403.5	2670.8	2267
100.0	99.6	0.5896	416.9	2676.3	2259
120.0	104.5	0.6987	437.5	2664.3	2247
140.0	109.2	0.8076	457.7	2692.1	2234
160.0	113.0	0.8298	473.9	2698.1	2224
180.0	116.6	1.021	489.3	2703.7	2214
200.0	120.2	1.127	493.7	2709.2	2205
250.0	127.2	1.390	534.4	2719.7	2185
300.0	133.3	1.650	560.4	2728.5	2168
350.0	138.8	1.907	583.8	2736.1	2152
400.0	143.4	2.162	603.6	2742.1	2138
450.0	147.7	2.415	622.4	2747.8	2125
500.0	151.7	2.667	639.6	2752.8	2113
600.0	158.7	3.169	676.2	2761.4	2091
700.0	164.7	3.666	696.3	2767.8	2072
800	170.4	4.161	721.0	2773.7	2053
900	175.1	4.652	741.8	2778.1	2036
1×10^5	179.9	5.143	762.7	2782.5	2020
1.1×10^5	180.2	5.633	780.3	2785.5	2005
1.2×10^5	187.8	6.124	797.9	2788.5	1991
1.3×10^5	191.5	6.614	814.2	2790.9	1977
1.4×10^5	194.8	7.103	829.1	2792.4	1964
1.5×10^5	198.2	7.594	843.9	2794.5	1951
1.6×10^5	201.3	8.081	857.8	2796.0	1938
1.7×10^5	204.1	8.567	870.6	2797.1	1926
1.8×10^5	206.9	9.058	883.4	2798.1	1915
1.9×10^5	209.8	9.539	896.2	2799.2	1903
2×10^5	212.2	10.03	907.3	2799.7	1892
3×10^5	233.7	15.01	1005.4	2798.9	1796
4×10^5	250.3	20.10	1082.9	2789.8	1707
5×10^5	208.8	25.37	1146.9	2776.2	1629
6×10^5	275.4	30.86	1203.2	2759.5	1650
7×10^5	285.7	36.57	1253.2	2740.6	1488
8×10^5	294.8	42.58	1299.2	2740.6	1404
9×10^5	303.2	48.89	1313.5	2699.1	1357

（2）饱和水蒸气表（按温度排列）

温度/℃	绝对压力/kPa	蒸汽密度/(kg/m^3)	焓/(kJ/kg)		汽化热/(kJ/kg)
			液体	蒸汽	
0	0.6082	0.00484	0	2491	2491
5	0.8730	0.00680	20.9	2500.8	2480
10	1.226	0.00940	41.9	2510.4	2469
15	1.707	0.01283	62.8	2520.5	2458
20	2.335	0.01719	83.7	2530.1	2446
25	3.168	0.02304	104.7	2539.7	2435
30	4.247	0.03036	125.6	2549.3	2424
35	5.621	0.03960	146.5	2559.0	2412
40	7.377	0.05114	167.5	2568.6	2401
45	9.584	0.06543	188.4	2577.8	2389
50	12.34	0.0830	209.3	2587.4	2378
55	15.74	0.1043	230.3	2596.7	2366
60	19.92	0.1301	251.2	2606.3	2355
65	25.01	0.1611	272.1	2615.5	2343
70	31.16	0.1979	293.1	2624.3	2331
75	38.55	0.2416	314.0	2633.5	2320
80	47.38	0.2929	334.9	2642.3	2307
85	57.88	0.3531	355.9	2651.1	2295
90	70.14	0.4229	376.8	2659.9	2283
95	84.56	0.5039	397.8	2668.7	2271
100	101.33	0.5970	418.7	2677.0	2258
105	120.85	0.7036	440.0	2685.0	2245
110	148.31	0.8254	461.0	2693.4	2232
115	169.11	0.9635	482.3	2701.3	2219
120	198.64	1.1199	503.7	2709.9	2205
125	232.19	1.296	525.0	2716.4	2191
130	270.25	1.494	546.4	2723.9	2178
135	313.11	1.716	567.7	2731.0	2163
140	361.47	1.962	589.1	2737.7	2149
145	415.72	2.238	610.9	2744.4	2134
150	476.24	2.543	632.2	2750.7	2119
160	618.28	3.252	675.8	2762.9	2087
170	792.59	4.113	719.3	2773.3	2054
180	1003.5	5.145	763.3	2782.5	2019
190	1255.6	6.378	807.6	2790.1	1982
200	1554.8	7.840	852.0	2795.5	1944
210	1917.7	9.567	897.2	2799.3	1902
220	2320.9	11.60	942.4	2801.0	1859
230	2798.6	13.98	988.5	2800.1	1812
240	3347.9	16.76	1034.6	2796.8	1762
250	3977.7	20.01	1081.4	2790.1	1709
260	4693.8	23.82	1128.8	2780.9	1652
270	5504.0	28.27	1176.9	2768.3	1591
280	6417.2	33.47	1225.5	2752.0	1526
290	7443.3	39.60	1274.5	2732.3	1457
300	8592.9	46.93	1325.5	2708.0	1382

附录4　标准大气压下烟气的物性参数

（烟气中组成成分的质量分数：$w_{CO_2}=0.13$，$w_{H_2O}=0.11$，$w_{N_2}=0.76$）

t/℃	ρ/(kg/m^3)	c_p /[kJ/(kg·K)]	k /[10^{-2}W/(m·K)]	α /(10^{-6}m^2/s)	μ /10^{-6}Pa·s	ν /(10^{-6}m^2/s)	Pr
0	1.295	1.042	2.28	16.9	15.8	12.2	0.72
100	0.95	1.068	3.13	30.8	20.4	21.54	0.69
200	0.748	1.097	4.01	48.9	24.5	32.8	0.67
300	0.617	1.122	4.84	69.9	28.2	45.81	0.65
400	0.525	1.151	5.7	94.3	31.7	60.38	0.64
500	0.457	1.185	6.56	121.1	34.8	76.3	0.63
600	0.405	1.214	7.42	150.9	37.9	93.61	0.62
700	0.363	1.239	8.27	183.8	40.7	112.1	0.61
800	0.33	1.264	9.15	219.7	43.4	131.8	0.6
900	0.301	1.29	10	258	45.9	152.5	0.59
1000	0.275	1.306	10.9	303.4	48.4	174.3	0.58
1100	0.257	1.323	11.75	345.5	50.7	197.1	0.57
1200	0.24	1.34	12.62	392.4	53	221	0.56

附录5　气体的平均比热容

（1）各单纯气体成分及干空气的平均比热容　　　　单位：kJ/(Nm^3·℃)

温度/℃	CO_2	N_2	O_2	H_2O	干空气	H_2	CO	H_2S	SO_2
0	1.593	1.293	1.305	1.494	1.295	1.277	1.302	1.264	1.733
100	1.713	1.296	1.317	1.494	1.295	1.277	1.302	1.541	1.813
200	1.796	1.300	1.338	1.522	1.308	1.298	1.311	1.574	1.888
300	1.871	1.306	1.357	1.542	1.318	1.302	1.319	1.608	1.959
400	1.938	1.317	1.378	1.565	1.329	1.302	1.331	1.645	2.018
500	1.997	1.329	1.398	1.585	1.343	1.306	1.344	1.683	2.073
600	2.049	1.341	1.417	1.613	1.357	1.311	1.361	1.721	2.114
700	2.097	1.354	1.432	1.641	1.371	1.315	1.373	1.759	2.152
800	2.140	1.367	1.450	1.668	1.335	1.319	1.390	1.796	2.186
900	2.179	1.380	1.465	1.696	1.398	1.323	1.403	1.830	2.215
1000	2.214	1.392	1.478	1.722	1.410	1.327	1.415	1.863	2.240
1100	2.245	1.404	1.490	1.750	1.422	1.336	1.428	1.892	2.261
1200	2.275	1.415	1.501	1.777	1.433	1.344	1.440	1.922	2.278
1300	2.301	1.426	1.511	1.803	1.444	1.352	1.449	1.947	
1400	2.325	1.436	1.520	1.824	1.454	1.361	1.461	1.972	
1500	2.345	1.446	1.529	1.853	1.463	1.369	1.465	1.997	
1600	2.368	1.454	1.538	1.877	1.472	1.378	1.470		
1700	2.387	1.458	1.546	1.900	1.480	1.386	1.478		
1800	2.405	1.470	1.554	1.922	1.487	1.394	1.486		
1900	2.422	1.478	1.562	1.943	1.495	1.398	1.495		
2000	2.437	1.484	1.569	1.963	1.501	1.407	1.507		
2100	2.451	1.491	1.575	1.983	1.508	1.415	1.511		
2200	2.465	1.496	1.583	2.001	1.514	1.424	1.520		

续表

温度/℃	CO_2	N_2	O_2	H_2O	干空气	H_2	CO	H_2S	SO_2
2300	2.478	1.502	1.589	2.019	1.520	1.432	1.524		
2400	2.490	1.508	1.595	2.037	1.526	1.440	1.548		
2500	2.501	1.513	1.602	2.053	1.531	1.449	1.537		

（2）烃类气体的平均比热容　　单位：kJ/(Nm³ · ℃)

温度/℃	CN_4	C_2H_2	C_2H_4	C_3H_6	C_4H_8	C_3H_8	C_4H_{10}	C_5H_{12}
0	1.566	1.871	1.716	2.178	3.069	3.831	4.207	5.212
100	1.658	2.047	2.106	2.504	3.533	2.295	4.752	5.924
200	1.767	2.185	2.328	2.797	4.140	4.743	5.233	6.631
300	1.892	2.290	2.529	3.077	4.400	5.162	5.715	7.293
400	2.022	2.370	2.721	3.337	4.798	5.564	6.196	7.929
500	2.144	2.437	2.893	3.571	5.129	5.916	6.627	8.474
600	2.269	2.508	3.048	3.806	5.455	6.271	7.058	9.022
700	2.357	2.575	3.190	4.015	5.769	6.589	7.452	9.319
800	2.470	2.629	3.341	4.207	6.041	6.887	7.812	9.901
900	2.596	2.684	3.450	4.379	6.305	7.159	8.139	10.265
1000	2.709	2.734	3.567	4.542	6.523	7.410	8.444	10.600

附录 6　固体材料的物理性质

（1）常用材料的物性参数

材料名称	温度 t /℃	密度 ρ /(kg/m³)	热导率 k /[W/(m · K)]	比热容 c /[kJ/(kg · K)]	蓄热系数 s(24h) /[W/(m² · K)]
钢0.5%C	20	7833	54	0.465	—
1.5%C	20	7753	36	0.486	—
铸钢	20	7830	50.7	0.469	—
镍铬钢 18%Cr8%Ni	20	7817	16.3	0.46	—
铸铁 0.4%C	20	7272	52	0.420	—
纯铜	20	8954	398	0.384	—
黄铜 30%Zn	20	8522	109	0.385	—
青铜 25%Sn	20	8666	26	0.343	—
康铜 40%Ni	20	8922	22	0.410	—
纯铝	27	2702	237	0.903	—
铸铝 4.5%Cu	27	2790	168	0.883	—
硬铝 4.5%Cu,1.5%Mg,0.6%Mn	27	2770	177	0.875	—
硅	27	2330	148	0.712	—
金	20	19320	315	0.129	—
银 99.9%	20	10524	411	0.236	—
泡沫混凝土	20	232	0.077	0.88	1.07
泡沫混凝土	20	627	0.29	1.59	4.59
钢筋混凝土	20	2400	1.54	0.84	14.95

续表

材料名称	温度 t /℃	密度 ρ /(kg/m^3)	热导率 k /[W/(m·K)]	比热容 c /[kJ/(kg·K)]	蓄热系数 s(24h) /[W/(m^2·K)]
碎石混凝土	20	2344	1.84	0.75	15.33
普通黏土砖墙	20	1800	0.81	0.88	9.65
红黏土砖	20	1668	0.43	0.75	6.26
铬砖	900	3000	1.99	0.84	19.1
耐火黏土砖	800	2000	1.07	0.96	12.2
水泥砂浆	20	1800	0.93	0.84	10.1
石灰砂浆	20	1600	0.81	0.84	8.90
黄土	20	880	0.94	1.17	8.39
菱苦土	20	1374	0.63	1.38	9.32
砂土	12	1420	0.59	1.51	9.59
黏土	9.4	1850	1.41	1.84	18.7
微孔硅酸钙	50	182	0.049	0.867	0.169
次超轻微孔硅酸钙	25	158	0.0465	—	—
岩棉板	50	118	0.0355	0.787	0.155
珍珠岩粉料	20	44	0.042	1.59	0.46
珍珠岩粉料	20	288	0.078	1.17	1.38
水玻璃珍珠岩制品	20	200	0.058	0.92	0.88
防水珍珠岩制品	25	229	0.0639	—	—
水泥珍珠岩制品	20	1023	0.35	1.38	6.0

（2）常见保温、耐火材料的热物性参数

材料名称	密度 ρ /(kg/m^3)	最高使用温度 /℃	平均比热容 c_p /[kJ/(kg·℃)]	热导率 λ /[W/(m·K)]
黏土砖	2070	1300～1400	$0.84+0.26\times10^{-1}t$	$0.835+0.58\times10^{-3}t$
硅砖	1600～1900	1850～1950	$0.79+0.29\times10^{-3}t$	$0.92+0.7\times10^{-3}t$
高铝砖	2200～2500	1500～1600	$0.84+0.23\times10^{-3}t$	$1.52+0.18\times10^{-3}t$
镁砖	2800	2000	$0.94+0.25\times10^{-3}t$	$4.3-0.51\times10^{-3}t$
滑石砖	2100～2200		1.25(300°时)	$0.69+0.63\times10^{-3}t$
莫来石砖(烧结)	2200～2400	1600～1700	$0.84+0.25\times10^{-3}t$	$1.68+0.23\times10^{-3}t$
铁矾土砖	2000～2350	1550～1800		1.3(1200℃时)
刚玉砖(烧结)	2600～2900	1650～1800	$0.79+0.42\times10^{-3}t$	$2.1+1.85\times10^{-3}t$
莫来石砖(电融)	2850	1600		$2.33+0.163\times10^{-3}t$
煅烧白云石砖	2600	1700	1.07(20～760℃时)	3.23(2000℃时)
镁橄榄石砖	2700	1600～1700	1.13	8.7(400℃时)
熔融镁砖	2700～2800			$4.63+5.75\times10^{-3}t$
铬砖	3000～3200		$1.05+0.29\times10^{-3}t$	$1.2+0.41\times10^{-3}t$
铬镁砖	2800	1750	$0.71+0.39\times10^{-3}t$	1.97
甲	>2650			9～10(1000℃时)
碳化硅砖		1700～1800	$0.96+0.146\times10^{-3}t$	

续表

材料名称	密度 ρ /(kg/m^3)	最高使用温度 /℃	平均比热容 c_p /[kJ/(kg·℃)]	热导率 λ /[W/(m·K)]
乙	＞2500			7～8(1000℃时)
碳素砖	1350～1500	2000	0.837	$23+34.7\times10^{-3}t$
石墨砖	1600	2000	0.837	$162-40.5\times10^{-3}t$
锆英石砖	3300	1900	$0.54+0.125\times10^{-3}t$	$1.3+0.64\times10^{-3}t$

材料名称	密度 ρ /(kg/m^3)	允许使用温度 /℃	平均比热容 c_p /[kJ/(kg·K)]	热导率 λ /[W/(m·K)]
轻质黏土砖	1300 1000 800 400	1400 1300 1250 1150	$0.84+0.26\times10^{-3}t$	$0.41+0.35\times10^{-3}t$ $0.29+0.26\times10^{-3}t$ $0.26+0.23\times10^{-3}t$ $0.092+0.16\times10^{-3}t$
轻质高铝砖	770 1020 1330 1500	1250 1400 1450 1500	$0.84+0.23\times10^{-3}t$	$0.66+0.08\times10^{-3}t$
轻质硅砖	1200	1500	$0.22+0.93\times10^{-3}t$	$0.58+0.43\times10^{-3}t$
硅藻土砖	450 650	900	$0.113+0.23\times10^{-3}t$	$0.063+0.14\times10^{-3}t$ $0.10+0.228\times10^{-3}t$
膨胀蛭石 水玻璃蛭石	60～280 400～450	1100 800	0.66	$0.058+0.256\times10^{-3}t$ $0.093+0.256\times10^{-3}t$
硅藻土石棉粉 石棉绳 石棉板	450 800 1150	300 600	0.82	$0.07+0.31\times10^{-3}t$ $0.073+0.31\times10^{-3}t$ $0.16+0.17\times10^{-3}t$
矿渣棉 矿渣棉砖	150～180 350～450	400～500 750～800	0.75	$0.058+0.16\times10^{-3}t$ $0.07+0.16\times10^{-3}t$
红砖	1750～2100	500～700	$0.80+0.31\times10^{-3}t$	$0.47+0.51\times10^{-3}t$
珍珠岩制品	220	1000		$0.052+0.029\times10^{-3}t$
粉煤灰泡沫混凝土 水泥泡沫混凝土	500 450	300 250		$0.099+0.198\times10^{-3}t$ $0.10+0.198\times10^{-3}t$
超细玻璃棉毡/管	18～20	400		$0.033+0.00023t$
A 硅藻土制品	500	900		$0.0395+0.00019t$
B 硅藻土制品	550	900	0.84～0.92	$0.0477+0.0002t$
微孔硅酸钙制品	250	650		$0.041+0.0002t$
超轻质耐火黏土砖	540～610	1150～1300		$0.093+0.00016t$
轻质耐火黏土砖	800～2040	1350～1450		(0.7－0.84)＋0t00058t

附录 7 某些材料在法线方向上的辐射率

材料名称	t/℃	ε	材料名称	t/℃	ε
表面磨光的铝	20～50	0.06～0.07	银	20	0.02
商用铝皮	100	0.090	石棉布	—	0.78
在 600℃氧化后的铝	200～600	0.11～0.19	石棉纸板	20	0.96
磨光的黄铜	38～115	0.10	石棉粉	—	0.4～0.6
无光泽发暗的黄铜	20～350	0.22	石棉水泥板	20	0.96
在 600℃氧化后的黄铜	200～600	0.59～0.61	水(厚度>0.1mm)	50	0.95
磨光的铜	20	0.03	石膏	20	0.8～0.9
氧化后变黑的铜	50	0.88	焙烧过的黏土	70	0.91
粗糙磨光的铁	100	0.17	磨光木料	20	0.5～0.7
磨光过的铸铁	200	0.21	石灰	—	0.3～0.4
车削过的铸铁	800～1025	0.60～0.70	磨光的熔融石英	20	0.93
没有加工的铸铁	900～1100	0.87～0.95	不透明石英	300～835	0.92～0.68
镀锌发亮的铁皮	30	0.23	耐火黏土砖	20	0.85
商用涂锡铁皮	100	0.07	耐火黏土砖	1000	0.75
生锈的铁	20	0.61～0.85	耐火黏土砖	1200	0.59
磨光的钢	100	0.066	硅砖	1000	0.66
轧制的钢板	50	0.56	耐火刚玉砖	1000	0.46
磨光的不锈钢	100	0.074	镁砖	1000～1300	0.38
合金钢(18Cr-8Ni)	500	0.35	表面粗糙的红砖	20	0.88～0.93
生锈的钢	20	0.69	抹灰的砖体	20	0.94
镀锌钢板	20	0.28	硅粉	—	0.3
镀镍钢板	20	0.11	硅藻土粉	—	0.25
氧化后的镍铬丝	50～500	0.95～0.98	高岭土粉	—	0.3
铂	1000～1500	0.14～0.18	水玻璃	20	0.96
水	0	0.97	不透明玻璃	20	0.96
雪	0	0.8	含铅的耐热玻璃及 Pyrex 玻璃	260～540	0.95～0.85
磨光浅色大理石	20	0.93	上釉陶瓷	20	0.92
砂子	—	0.60	白色发亮的陶瓷	—	0.70～0.75
硬橡皮	20	0.95	水泥	—	0.54
煤	100～600	0.81～0.79	水泥板	1000	0.63
焦油	—	0.79～0.84	在铁表面上的白色搪瓷	20	0.90
石油	—	0.8	锅炉炉渣	0～100	0.97～0.93
玻璃	20～100	0.94～0.91	锅炉炉渣	200～500	0.88～0.78
玻璃	250～1000	0.87～0.72	锅炉炉渣	600～1200	0.78～0.76
玻璃	1100～1500	0.70～0.67	锅炉炉渣	1400～1800	0.69～0.67

附录 8 常见物系的扩散系数

（1）标准大气压下常见的两组分体系的分子扩散系数

体系	温度		扩散系数
	℃	K	$D/(10^{-4}m^2/s)$
空气-H_2O	0	273	0.220
	25	298	0.260
	42	315	0.288
空气-CO_2	3	276	0.142
	44	317	0.177

体系	温度		扩散系数
	℃	K	$D/(10^{-4}m^2/s)$
空气-NH_3	0	273	0.170
空气-H_2	0	273	0.611
空气-He	44	317	0.765
空气-乙醇	25	298	0.135
	42	315	0.145
H_2-N_2	25	298	0.784
	85	358	1.052
H_2-NH_3	25	298	0.783
H_2-SO_2	50	323	0.610
He-CH_4	25	298	0.675
He-N_2	25	298	0.687
CO_2-N_2	25	298	0.167
CO_2-O_2	20	293	0.153
	100	373	0.318
H_2O-CO_2	34.3	307.3	0.202
O_2-N_2	0	273	0.181
CO-O_2	0	273	0.185

（2）溶质和溶剂（水）组成的稀溶液的分子扩散系数

溶质	温度/℃	扩散系数/$(10^{-9}m^2/s)$	溶质	温度/℃	扩散系数/$(10^{-9}m^2/s)$
H_2	25	4.80	Cl_2	16	1.26
O_2	25	2.41	HCl	0	1.80
N_2	29.6	3.47	NaCl	18	1.26
CO_2	25	2.00	醋酸	20	1.19
NH_3	12	1.64	甲醇	15	1.26
CH_4	20	1.40	乙醇	15	1.00

（3）固体中的分子扩散系数

扩散物质(A)	固体扩散介质(B)	温度/℃	扩散系数/$(10^{-9}m^2/s)$
氦	硼酸硅(耐热)玻璃	20	4.49×10^{-6}
		500	2.00×10^{-3}
氢	镍	85	1.16×10^{-3}
		165	1.05×10^{-2}
汞	铅	20	2.50×10^{-10}
锑	银	20	3.51×10^{-16}
镉	铜	20	2.71×10^{-10}
氦	铁	20	2.59×10^{-4}
铝	铜	20	1.30×10^{-25}

附录 9 CO_2 和水蒸气辐射率计算图

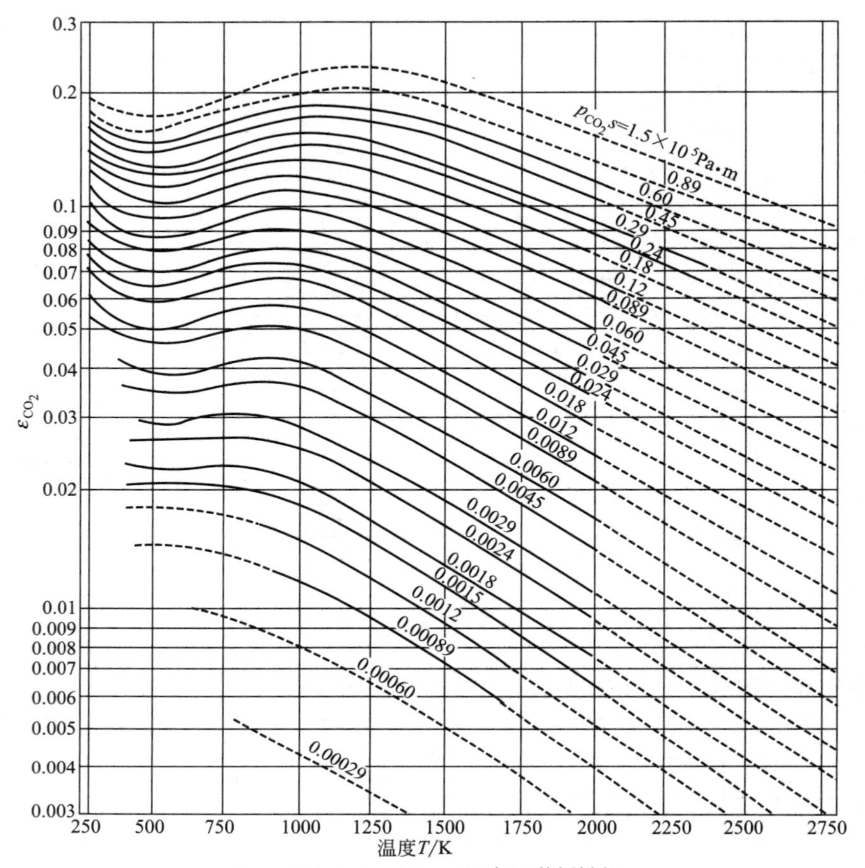

(a) p=1.0atm(1atm=101325Pa)时CO_2的辐射率

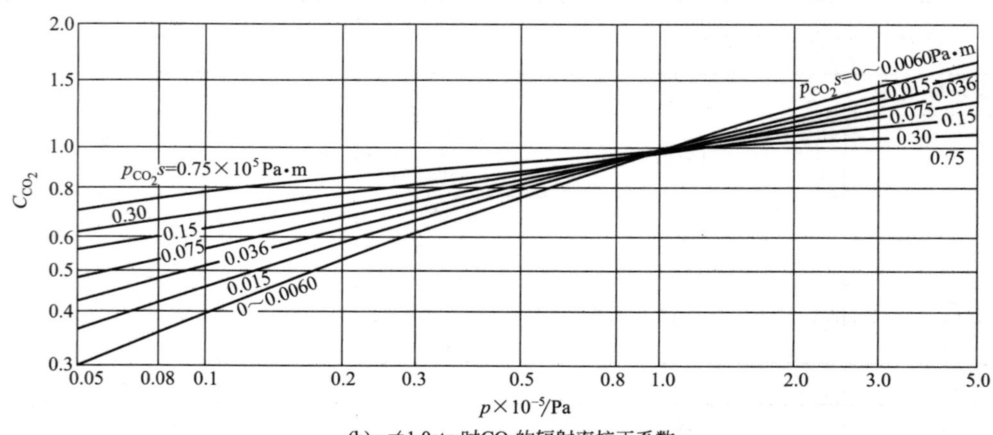

(b) $p\neq1.0$atm时CO_2的辐射率校正系数

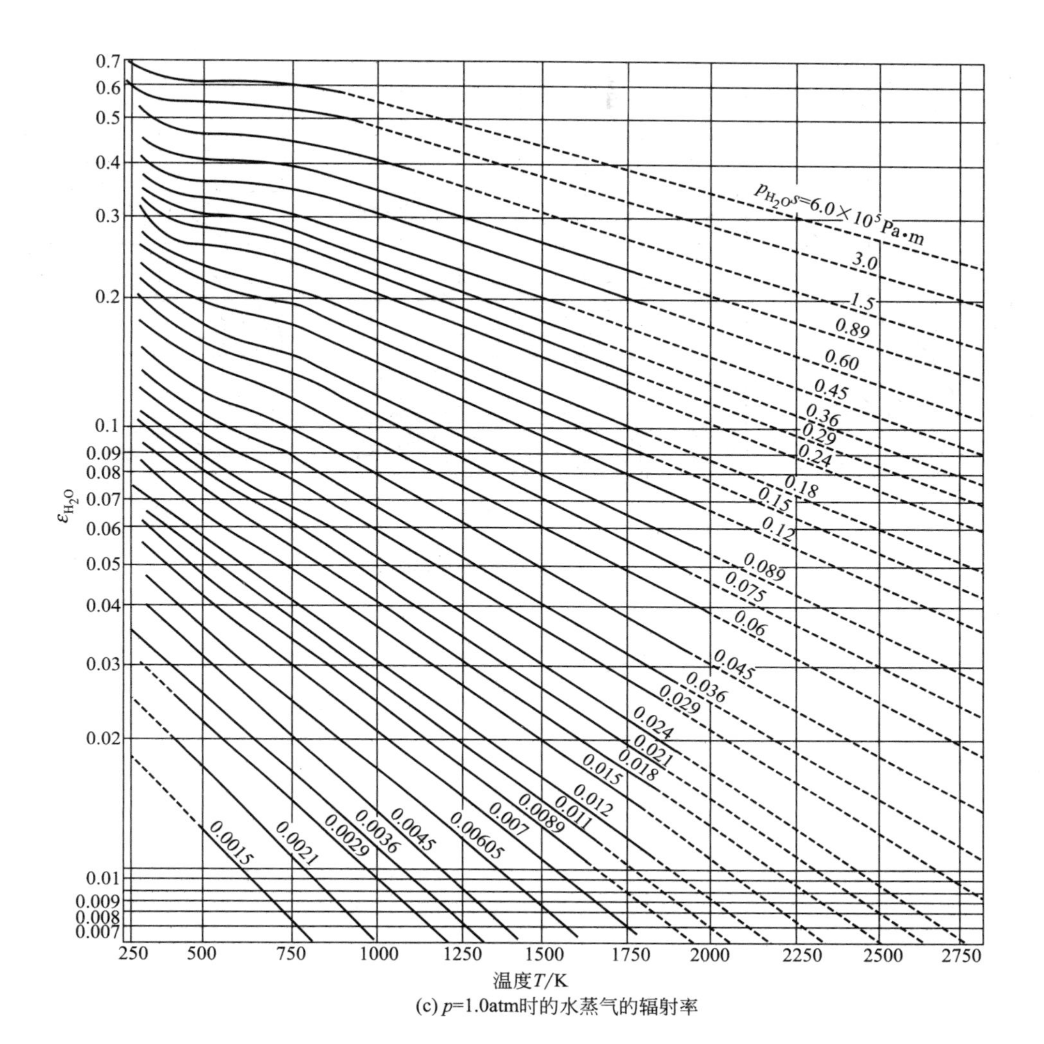

(c) p=1.0atm时的水蒸气的辐射率

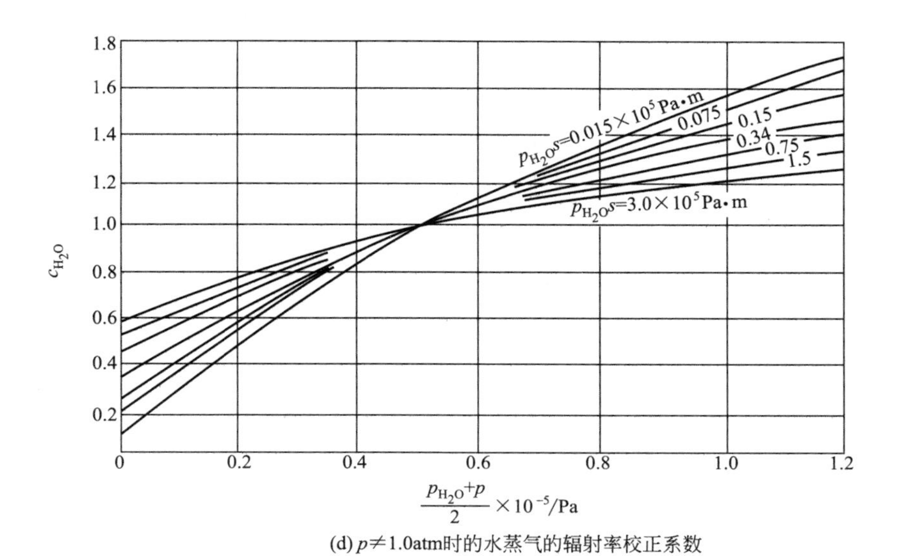

(d) $p\neq$1.0atm时的水蒸气的辐射率校正系数

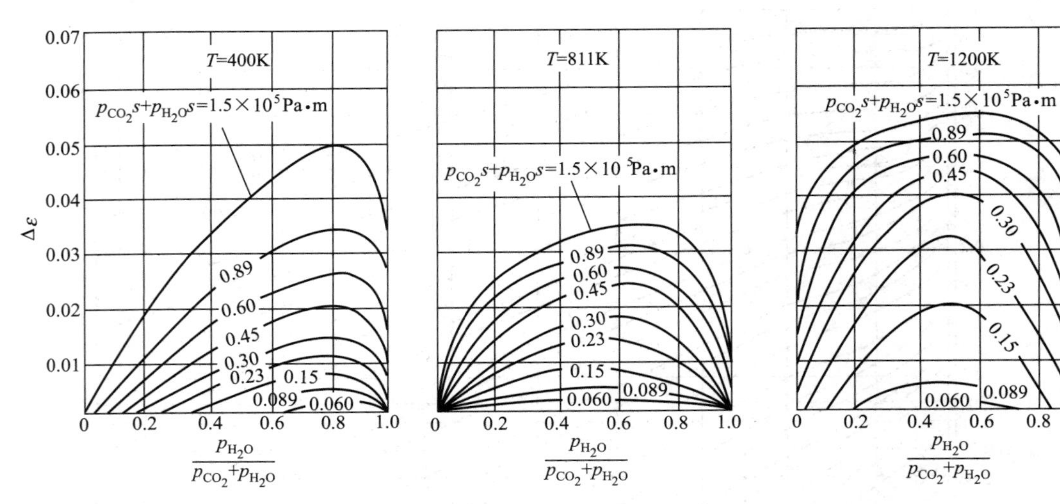

(e) 同时含有CO_2和H_2O时气体辐射率校正值

参考文献

[1] 柴诚敬，贾绍义. 化工原理. 北京：化学工业出版社，2022.
[2] 曲祖源. 工程研究基础. 武汉：武汉理工大学出版社，2002.
[3] 杨俊杰. 相似理论与结构模型试验，武汉：武汉理工大学出版社，2005.
[4] L. 普朗特，K. 奥斯瓦提奇，K. 维格哈特. 流体力学概论. 北京：科学出版社，2008.
[5] 刘京，刘鹤年，陈文礼. 王砚玲. 流体力学. 4 版. 北京：中国建筑工业出版社，2023.
[6] 罗惕乾. 流体力学. 北京：机械工业出版社，2017.
[7] 周光坰，严宗毅，许世雄，章克本. 流体力学. 2 版. 北京：高等教育出版社，2000.
[8] 王运东，骆广生，刘谦. 传递过程原理. 北京：清华大学出版社，2006.
[9] Finnemore E John，Franzini Joseph B. Fluid Mechanics With Engineering applications：2th edition. 影印版. 北京：清华大学出版社，2003.
[10] Merle C. Potter，David C. Wiggert，Bassem Ramadan. Mechanics of Fluids. 4th edition. Global Engineering，2012.
[11] James Welty，Gregory L. Rorrer，David G. Foster. Fundamentals of Momentum，Heat，and Mass Transfer. 7th edition. NewYork：John Wiley & Sons，2021.
[12] Streeter Victor L，Wylie E，Benjamin W. Fluid Mechanics. Ninth edition. 影印版. 北京：清华大学出版社，2003.
[13] 陈涛，张国亮. 化工传递过程基础. 3 版. 北京：化学工业出版社，2011.
[14] Holman J P. HeatTransfer. 10th edition. New York：Mc Gram Hill，2020.
[15] 刘彦丰，等. 传热学. 2 版. 北京：中国电力出版社，2021.
[16] 陶文铨. 传热学. 5 版. 北京：高等教育出版社，2019.
[17] 弗兰克 P. 英克鲁佩勒，大卫 P. 德维特，狄奥多尔 L. 伯格曼，等. 传热和传质基本原理. 6 版. 葛新石，叶宏，译. 北京：化学工业出版社，2021.
[18] 陈卓如，王洪杰，刘全忠. 工程流体力学. 3 版. 北京：高等教育出版社，2013.
[19] 南碎飞，窦梅. 传递过程原理. 北京：化学工业出版社，2021.
[20] 曾作祥. 传递过程原理. 上海：华东理工大学出版社，2013.
[21] 陈敏恒，丛德滋，齐鸣斋，等. 化工原理. 5 版. 北京：化学工业出版社，2020.
[22] 戴干策，任德呈，范自晖. 传递现象导论. 北京：化学工业出版社，2014.
[23] 谭天恩，窦梅，等. 化工原理. 4 版. 北京：化学工业出版社，2018.
[24] 廖传华，耿文华，张双伟. 燃烧技术、设备与工业应用. 北京：化学工业出版社，2018.
[25] 齐飞，李玉阳，苑文浩. 燃烧反应动力学. 北京：科学出版社. 2021.
[26] GB/T 212—2008. 煤的工业分析方法.
[27] 陈敏，王楠，徐磊. 耐火材料与燃料燃烧. 2 版. 北京：冶金工业出版社，2020.
[28] 李建新. 燃烧污染物控制技术. 北京：中国电力出版社，2012.
[29] 刘圣华，姚明宇，张宝剑. 洁净燃烧技术. 北京：化学工业出版社，2006.
[30] 徐通模，惠世恩. 燃烧学. 3 版. 北京：机械工业出版社，2023.
[31] 潘剑锋，王谦. 燃烧学理论基础及其应用. 2 版. 镇江：江苏大学出版社，2022.